中厚板生产实用技术

王生朝　编著

北　京
冶 金 工 业 出 版 社
2009

内 容 提 要

本书紧跟中厚板发展最新状况，对中厚板生产的工艺和设备等一般原理、产品的性能控制、产品的厚度控制和板形控制，设计计算、自动控制等，都做了详尽说明，并介绍了两年来我国引进的代表国际先进水平的宽厚板生产线情况。

本书可作为与中厚板生产技术相关的教学用教材，也可供科研、设计及工程技术人员参考阅读。

图书在版编目(CIP)数据

中厚板生产实用技术/王生朝编著. —北京：冶金工业出版社，2009.6

ISBN 978-7-5024-4924-7

Ⅰ. 中…　Ⅱ. 王…　Ⅲ. ①中板轧制　②厚板轧制　Ⅳ. TG335.5

中国版本图书馆 CIP 数据核字（2009）第 067600 号

出版人　曹胜利

地　　址　北京北河沿大街嵩祝院北巷 39 号，邮编 100009

电　　话　(010)64027926　电子信箱　postmaster@cnmip.com.cn

责任编辑　杨盈园　美术编辑　张媛媛　版式设计　张　青　孙跃红

责任校对　侯　瑂　责任印制　牛晓波

ISBN 978-7-5024-4924-7

北京兴华印刷厂印刷；冶金工业出版社发行；各地新华书店经销

2009 年 6 月第 1 版，2009 年 6 月第 1 次印刷

787mm×1092mm　1/16；20 印张；478 千字；304 页；1-3000 册

58.00 元

冶金工业出版社发行部　电话：(010)64044283　传真：(010)64027893

冶金书店　地址：北京东四西大街 46 号(100711)　电话：(010)65289081

（本书如有印装质量问题，本社发行部负责退换）

前　言

在钢铁产品当中，中厚板用途广泛、需求量大，是极其重要的钢材种类之一，中厚板轧机水平也是一个国家钢铁工业装备水平的标志之一。随着我国工业的发展，对中厚钢板产品，无论从数量上还是从品种质量上都提出了更高的要求。船舶制造、桥梁建筑、石油化工等工业的迅速发展，以及钢板焊接构件、焊接钢管及型钢的广泛应用，需要大量的宽而长的优质钢板，国内对中厚板的市场需求一直保持增长态势，因而中厚板生产得到了很快的发展，中厚板在国民经济中的地位日趋重要。

如今中厚板生产趋向合金化、大型化，轧机也趋向重型化、高速化和自动化。近年来我国从SMS-Demag、奥钢联和达涅利等公司引进了多套先进的宽厚板生产线，怎样利用先进的装备开发新品种、提高产品综合性能、提高产品质量、降耗节能等成为中厚板生产的重要课题。

本书具有实用性、新颖性和全面性，希望它的出版能为国内从事宽厚板生产的教学、科研、生产和工程技术人员提供有益参考。

本书由湖南工业大学王生朝主编，参加编写的有舞阳钢铁公司的赵海民和郑州教育学院的王莹，以及湖南工业大学的陈晗、孙斌、欧玲、蔡素莉等。

在编写本书的过程中，作者参考了多种相关书籍，以及宝钢、舞钢、武钢、首钢、湘钢等中厚板生产厂资料，得到这些企业同行的热情帮助。在此，一并对相关资料提供者表示由衷的感谢。

由于水平所限，书中有不妥之处，敬请广大读者批评指正。

作　者

2009 年 1 月

目　录

1 概　述

在钢铁产品当中，钢板是钢材的重要品种，在发达国家，钢板产量占钢材生产总量50%以上。中厚板（厚度大于4.0mm）广泛用于建筑工程、机械制造、容器制造、造船、桥梁、锅炉制造等，是极其重要的钢材品类之一。随着我国工业的发展，对中厚钢板产品，无论从数量上还是从品种质量上都已提出了更高的要求。近代由于船舶制造、桥梁建筑、石油化工、汽车制造等工业迅速发展，以及钢板焊接构件、焊接钢管及型钢的广泛应用，使国内对中厚板的市场需求一直保持增长态势，因而中厚板生产得到了很快的发展，中厚板在国民经济中的地位日趋重要。

我国的钢铁工业在近10年一直保持高速稳定的发展，截至目前全国有70余套中厚钢板轧机，包括宝钢、沙钢和鞍钢等引进的代表国际先进水平的5米轧机。本书就中厚板的有关实用技术作一介绍。

钢板是一种宽厚比和表面积都很大的扁平钢材，分类方法如下：

(1) 按厚度分类：1) 薄板；2) 中板；3) 厚板；4) 特厚板。

我国的分类标准中，称厚度在4.0mm以上的为中、厚板（其中4～20mm为中板，20～60mm为厚板，60mm以上的为特厚板），0.2～4.0mm为薄板，0.2mm以下称为极薄带钢或箔材。

钢板的这种分类虽然也是基于各类产品相似的技术要求和生产工艺与设备特点，但实际上各国习惯并不一样。例如日本规定3.0～6.0mm为中板，6.0mm以上为厚板，3.0mm以下为薄板。

从钢板的规格来看，世界上生产钢板的厚度范围最薄已达到0.001mm，最厚达500mm，宽度范围最宽达5350mm，最重250t。

(2) 按生产方法分类：1) 热轧钢板；2) 冷轧钢板。

(3) 按表面特征分类：1) 镀锌板（热镀锌板、电镀锌板）；2) 镀锡板；3) 复合钢板；4) 彩色涂层钢板。

(4) 按用途分类：1) 桥梁钢板；2) 锅炉钢板；3) 造船钢板；4) 装甲钢板；5) 汽车钢板；6) 屋面钢板；7) 结构钢板；8) 电工钢板（硅钢片）；9) 弹簧钢板；10) 其他。

一个钢种的钢板可以有不同的规格、不同的用途，同一个用途的钢板也可采用不同的钢种来生产，因此，标志一个钢板品种通常是要用钢板的钢种、规格、用途等来表示。

板带钢的用途非常广泛，对板带材的技术要求具体体现为产品的标准，板带材的产品标准一般包括有品种（规格）标准、技术条件、试验标准及交货标准等。根据板带材的用途不同，对其提出的技术要求也各不一样，但对板带钢产品的基本要求仍可以归纳为“尺寸精确板形好，表面光洁性能高”。对板带钢产品的基本要求包括化学成分、几何尺寸、板形、表面、性能等几个方面。

（1）钢板的化学成分要符合选定品种的钢的化学成分（通常是指熔炼成分），这是保证产品性能的基本条件。

（2）钢板的外形尺寸包括厚度、宽度、长度以及它们的公差应满足产品标准的要求。例如公称厚度为0.2～0.5mm 的冷轧板带钢，其厚度允许偏差 A 级精度为 ±0.04mm，B级精度为 ±0.05mm，公称宽度不大于 1000mm 的冷轧板带钢宽度允许偏差为 +6mm，公称长度不大于 2000mm 的冷轧板带钢长度允许偏差为 +10mm。对钢板而言，钢板的厚度精度要求是钢板生产和使用时特别关注的尺寸。钢板的厚度控制是一条钢板生产线技术装备水平的重要标志之一。

（3）钢板常常作为包覆材料和冲压等进一步深加工的原材料使用，使用上要求板形平坦。在钢板的技术条件中对钢板的不平度提出要求，以钢板自由放在平台上，不施加任何外力的情况下，钢板的浪形和瓢曲程度的大小来度量。不同品种的钢板不平度的要求不同，例如公称厚度大于 4～10mm 的热轧钢板、钢带在测量长度 1000mm 条件下，不平度要不大于 10mm；公称厚度大于 0.70～1.50mm、公称宽度大于 1000～1500mm 的冷轧钢板、钢带，不平度要不大于 8mm。

（4）使用钢板做原料生产的零部件，原钢板的表面一般是工作面或外表面，从使用的要求出发对钢板表面有较高的要求，生产中从设备和工艺上要保障能生产出满足表面质量要求的产品。技术条件中通常要求钢板和钢带表面不得有气泡、裂纹、结疤、拉裂和夹杂，钢板和钢带不得有分层；钢板表面上的局部缺陷可用修磨的方法清除，清除部位的钢板厚度不得小于钢板最小允许厚度。

（5）根据钢板用途的不同，对钢板和钢带的性能要求不同，对性能的要求包括 4 个方面：力学性能、工艺性能、物理性能、化学性能。对力学性能的要求包括对强度、塑性、硬度、韧性的要求，对绝大多数的钢板、钢带产品而言力学性能是最基本的要求；工艺性能包括冷弯、焊接、深冲等性能；材料使用过程中对物理性能有要求时在技术条件中提出，如电机和变压器用钢对磁感强度、铁磁损失等物理性能提出要求；材料使用过程中对化学性能有要求时在技术条件中提出，如不锈钢板、钢带对防腐、防锈、耐酸、耐热等化学性能提出要求。

1.1 世界中厚钢轧机的发展概况

美国在 1850 年左右，用二辊可逆式轧机生产中板。轧机前后设置传动辊道，用机械化操作实现来回轧制，而且轧辊辊身长度已增至 2m 以上，轧辊是靠蒸汽机传动的。

1864 年美国创建了世界上第一套三辊劳特式中板轧机，它不需要轧辊正反转而利用升降台进行来回轧制，当初盛行一时，推广于世界。

到 1891 年，美国钢铁公司霍姆斯特德厂，为了提高钢板厚度的精度，投产了世界上第一套四辊可逆式厚板轧机。

1918 年卢肯斯钢铁公司科茨维尔厂为了满足军舰用板的需要，建成了一套 5230mm 四辊式轧机，这是世界上第一套 5m 以上的特宽的厚板轧机。

1907 年美国钢铁公司南厂为了轧边，首次创建了万能式厚板轧机，这套轧机立辊能力很小，板边压下量很有限，虽然效果不明显，但在当时还是十分新奇的。

南厂在1931年还建成了世界上第一套连续式中厚板轧机，在精轧机组后设精整作业线，用于大量生产厚度为10mm左右的中板，满足了市场上对这类尺寸钢板的需要。

欧洲国家中厚钢板生产也是比较早的。1910年，捷克斯洛伐克投产了一套4500mm二辊式厚板轧机。1940年，德国建成了一套5000mm四辊式厚板轧机，1937年，英国投产了一套3810mm中厚板轧机。1939年，法国建成了一套4700mm四辊式厚板轧机。1940年，意大利投产了一套4600mm二辊式厚板轧机。1913年，西班牙建成了一套二辊式厚板轧机。这些轧机都是用于生产机器和兵器用的钢板，多数是为了二次世界大战备战的需要。

1941年日本制钢公司室兰厂投产了一套5280mm四辊式厚板轧机，采用蒸汽机传动，主要是满足海军用钢板的需要。

第二次世界大战期间，美、苏、英、法、德、意、日、加等八国为了制造军舰和坦克等武器，先后都投产了一批厚板轧机。

第二次世界大战后，机器制造、造船，建筑、桥梁、压力容器罐及大直径输送管线等部门的发展，特别是海上运输，能源开发与焊接技术的进步，对中厚钢板的需要量和品种质量方面提出了更高的要求。

20世纪50年代工业发达国家除完成大量技术改造工作之外，还新建成一批4064mm（160in）以下的低刚度轧机。20世纪60年代发展以4700mm为主大刚度的双机架轧机，实现了控制轧制操作的要求，使中厚板的质量有了大幅度的提高，并且掌握了中厚板生产的计算机控制。

20世纪70年代轧机又升了一级，发展以5500mm为主的特宽型的单机架轧机，以满足天然气和石油等长距离输送所需要大直径管线用板。

20世纪80年代，由于中厚板使用部门的萧条，许多主要产钢国家的中厚板产量都有所下降，西欧国家、日本和美国关闭了一批中厚板轧机（宽度一般在3、4m以下）。德国蒂森公司拥有4套中厚板轧机，现只剩杜依斯堡3700mm最好的1套，其他三套都以二手设备出售了。

日本原有15套宽厚板轧机，现在只留有8套比较好的，其余7套都淘汰了。美国原有18套宽厚板轧机，现在还有一半在生产，其他都被迫停产。世界上曾有中厚板轧机200多套，其中宽厚板轧机约120套，目前只剩下中厚板轧机约150套，其中宽厚板轧机约70套。

20世纪80年代开始，国外除了大的厚板轧机以外，其他大型的轧机已很少再建。

1984年底，法国东北方钢铁联营公司敦刻尔克厂在4300mm轧机后面增加一架5000mm宽厚板轧机，增加了产量，且扩大了品种。1984年底，苏联伊尔诺斯克厂新建一套5000mm宽厚板轧机，年产量达100万t，以满足大直径焊管和舰艇用的宽幅厚板的需求。1985年初，德国迪林根冶金公司迪林根厂将4320mm轧机换成4800mm轧机，并在前面增加一架特宽的5500mm轧机，以满足1625mm（64in）大直径DOE焊管用板的需求。1985年12月日本钢管公司福山厂新制造了一套4700mmHCW型轧机，替换下原有的轧机，更有效地控制板形，以提高钢板的质量。

1.2 我国中厚板轧机装备概况

1.2.1 我国中厚板轧机的装备和引进概况

纵观全球中厚板生产线的发展历史，第一次的建设高潮是美国于20世纪60年代掀起的，第二次是日本于20世纪70～80年代掀起的，而第三次则无疑是我国掀起的。目前我国是全球中厚板生产线发展最快、数量最多的国家。

我国第一套中板轧机是1936年在鞍山钢铁公司第一中板厂建成的2300mm三辊劳特式轧机。1958年鞍钢建成了2800/1700半连续钢板轧机，1966年武钢建成了2800中厚板轧机和1966年太钢建成了2300/1700炉卷轧机，这三套轧机生产中厚板的机组都是二辊加四辊双机架的形式，均从前苏联引进。

1978年舞钢建造了一套4200mm宽厚板轧机。由于三辊劳特式轧机的固有缺点，自1970年开始，对三辊劳特式轧机进行改造，或者加一台四辊轧机，或者换成四辊轧机及其他形式。

截至2007年底全国有46个企业70余套中厚钢板轧机，设计年产能力4530万t。在建中厚钢板轧机规模2630万t，2010年全国中厚钢板轧机年产能力达到7160万t。在建规模最大的地区是华东。在建中厚板轧机多为大于或等于3800mm宽厚板轧机，这些新建的生产线中，绝大多数是大轧制力、大功率、高刚度的最新一代中厚板轧机，它们都为国际先进水平的宽厚板轧机，为实现控轧控冷工艺、生产出性能优良的中厚板产品创造了装备上的有利条件。

在全球至今投入工业生产的16家5000～5500mm级宽厚板厂中，法国1套，中国、美国和德国各两套，俄罗斯4套，日本5套，见表1-1。国内投产及在建的5m以上轧机生产线装备情况，见表1-2。国内大型中厚板轧机（4000～5000mm）主要设备和技术状况，见表1-3，中国已建3500mm级以上宽厚板生产线厂家见表1-4。其设备基本参数和引进技术情况见各表。

表1-1 世界5m宽厚板轧机有关参数

国别	工厂名称	开始生产年代	轧机规格			产能/万t·a^{-1}	5m轧机参数			
			辊身长/mm	轧辊直径/mm	形式		主电机功率/kW	最大轧制力/t	牌坊立柱断面/cm^2	牌坊单重/t
美国	卢青斯公司科茨维尔厂	1918	3560/5230	1270/865	三辊/四辊	30	2×4000HP		4850	181
美国	美国钢铁公司格里厂	1962	4064/5335	19665/825	四辊	120	2×4400			
日本	新日铁室兰厂	1940	5300	1600/1100	四辊	36	30000HP（蒸汽机）			
日本	新日铁大分厂	1976	5500	2400/1200	四辊	190	2×8000	10000	11000	365
日本	住友鹿岛厂	1971	5335/4724	2000/1010	四辊	192	2×4500	9000	10000	260
日本	JFE仓敷厂	1976	5500	2400/1200	四辊	100	2×8000	8000		380
日本	JFE京滨厂	1976	5500	2400/1230	四辊	180	2×6400	8000		

续表 1-1

国别	工厂名称	开始生产年代	轧机规格			产能/万t·a^{-1}	5m 轧机参数			
			辊身长/mm	轧辊直径/mm	形式		主电机功率/kW	最大轧制力/t	牌坊立柱断面/cm^2	牌坊单重/t
德国	多特蒙德厂	1952	5000	1600/1000	四辊					
	米尔海姆厂	1969	5000	1950/1120	四辊	120	2×7360		8600	282
	迪林根公司	1985	5500/4800	2400/1200	四辊	130	2×10900	10800	9400	390
法国	敦刻尔克厂	1984	5000/4300	2300/1210	四辊	120				
俄罗斯	莫斯科镰刀和斧头厂	1940	5300	1600/1050	四辊	50				
	下塔吉尔厂	1950	5000	1600/1000	四辊	50	13600HP	3800		
	伊尔诺斯克厂	1984	5000		四辊	100				
中国	宝钢	2005	4950/5300	2300/1210	四辊	140/180	2×10000	10000	11900	388
	沙钢（一）	2007	4900/5050	2300/1210	四辊	150/180	2×10000	10000		536

注：宝钢和沙钢，双机架时年产 180 万 t，辊身指支撑辊/工作辊。

表 1-2　国内大型宽厚板轧机（5000～5500mm）主要设备和技术状况

序号	工厂名称	轧机规格（宽度 mm×辊数）	热矫直机形式	切边剪形式	定尺剪形式	产能/万t·a^{-1}	投产时间/改造时间	附注
1	宝钢厚板厂	5100×4＋5300×4（立辊＋四辊）	四重式 9 辊	滚切式	滚切式	180	2005/2008	SMS 供货，川崎为其生产技术和质量担保，西门子电气，弯辊＋CVC 技术，二期 180 万 t/a
2	沙钢厚板厂	5100×4（四辊＋立辊）	四重式 9 辊矫直机	滚切式双边剪＋滚切式剖分剪	滚切式	140	2006 年 11 月	引进奥钢联技术
3	鞍钢厚板厂	5500×4（四辊＋立辊）＋5000×4（四辊）	四重式 9 辊矫直机	滚切式	滚切式	150	2006	引进德国 SMS 技术，设备合作制造
4	辽宁营口厚板厂（二）	5000×4（立辊＋四辊）＋5000×4（四辊）	四重式 9 辊矫直机	滚切式双边剪＋滚切式剖分剪	滚切式	150	2008	引进德国 SMS 技术，设备合作制造
5	江苏沙钢厚板厂（二）	5100×4（四辊）	四重式 9 辊矫直机	滚切式双边剪	滚切式	140	2009	引进奥钢联技术，设备合作制造

注：宝钢和沙钢 1 号线 5m 轧机已投产。

表 1-3　国内大型中厚板轧机（4000～5000mm）主要设备和技术状况

序号	工厂名称	轧机规格（宽度 mm×辊数）	热矫直机形式	切边剪形式	定尺剪形式	产能/万 t·a^{-1}	投产时间/改造时间	附　注
1	鞍钢厚板厂	4300 ×4	四重式 9 辊	滚切式	滚切式	100	1993/2003	引进旧设备，引进技术改造
2	舞钢厚板厂（一）	4200×4	四重式 11 辊	滚切式	斜刃剪	120	1979/1998	全部国产，1998 年引进双边剪技术改造
3	舞钢厚板厂（新厂）	4100×4（粗轧在建）	四重式 9 辊	滚切式	滚切式	113	2007	引进德国 SMS 技术
4	宝钢-新疆八钢厚板厂	4200×4 +3500×4	四重式 11 辊	滚切式	摆动剪	143	1991/2001	3500 轧机、矫直机国产，引进旧 4200 轧机。浦钢厚板厂待搬迁改造到新疆八钢使用，2008 年投产
5	秦皇岛厚板厂（二）	4300×4	四重式 11 辊矫直机	滚切式	滚切式	120	2006 年 10 月	引进德国 SMS 技术，设备合作制造
6	宝钢-浦钢罗泾厚板厂	4300×4 +4300×4（四辊+立辊）	四重式 11 辊矫直机	滚切式	滚切式	160	2008 年 4 月	引进德国 SMS 技术，设备合作制造
7	莱芜厚板厂	四重式 9 辊矫直机 4300×4		滚切式	滚切式	180	约 2008	引进德国 SMS 技术，设备合作制造
8	武钢-湖北鄂钢厚板厂	4300×4 +4300×4（四辊+立辊）	四重式 11 辊矫直机	滚切式	滚切式	120	约 2008	引进奥钢联技术，设备合作制造

表 1-4　中国已建 3500mm 级以上宽、中厚板生产线厂家

公司	轧机规格/类型	产品规格/mm×mm×mm	年产量/万 t·a^{-1}	投产时间/改造时间	主要装备
湘钢	3800+3800/4h+4h	(6～120)×(1500～3650)×(6000～18000)	180	2005/	德国 SMS
新余	3800+3800/4h+4h	(8～100)×(1500～3600)×(6000～18000)	150	2005/	德国 SMS
济钢	3200+3500/4h+4h	(6～50)×(1500～3200)×(6000～12000)	210	1998/2001	荷兰霍哥文二手
永兴	3500/4h+4h	(6～40)×(1500～3200)×(6000～12000)	120	2005/	国　产
天钢	3500/4h+4h	(6～40)×(1500～3200)×(6000～12000)	120	2006/	国　产
首秦	3500/4h+炉卷	(6～50)×(1500～3200)×约 12000 板/卷	60	1993/	西班牙二手
首钢	3500/4h	(6～50)×(1500～3200)×约 12000	80	1989/2003	美国二手
唐钢	3500/4h+4h	(6～50)×(1500～3200)×约 12000	80	2007/	国　产
安钢	3500/4h(炉卷)	(5～50)×(1500～3200)×约 12000 板/卷	80	2005/	意大利达涅利
南钢	3500/4h(炉卷)	(3～50)×(1500～3200)×约 12000 板/卷	75	2004/	西门子奥钢联
韶钢	3500/4h(炉卷)	(8～40)×(1500～3200)×约 12000 板/卷	80	2005/	意大利达涅利
北台	3500/4h	(6～40)×(1500～3200)×(6000～9000)	80	2006/	国　产
文丰	3500/2h+4h	(6～40)×(1500～3200)×(6000～9000)	80	2007/	国　产

1.2.2 我国引进5m宽厚板生产线基本特征

现代中厚板生产的发展表现在以下方面：洁净钢的生产；厚板连铸比绝对优势；加热炉采用了步进梁式，并使用出钢机；轧机大尺寸大刚度增加；HAGC装置和板形控制装置（液压弯辊、PC、CVC轧机）等，并附设立辊轧机；TMCP + ACC和CR + ACC相结合；强力热矫直机，冷床采用步进格板式和辊盘式；滚切式双边剪、定尺剪和剖分剪；自动喷印探伤等。

以下就国内引进的宝钢和沙钢5m轧机为例，说明现代轧机的装备和工艺技术情况。它们代表了宽厚板生产线轧机的发展方向。

1.2.2.1 宽厚板轧机的技术特征

单位辊面宽轧制力达到20kN/mm，单位辊面宽的轧制力矩达到1.5kN · m/mm，单位辊面宽的轧制功率达到4kW/mm，轧机刚度达到10MN/mm的高水平，可以实现低温大压下控制轧制。我国宝钢与2005年投产的5000mm轧机更上了一个档次，主马达功率2×10000kW，最大轧制力10000t，牌坊断面11900cm^2，牌坊单重388t，刚度系数100000kN/mm，沙钢5000mm轧机与之相似（不同的是宝钢牌坊为整体浇铸，沙钢为拼焊结构）。以上可见采用高刚度大功率轧机是一个明显的趋向，原因有：第一，可以用单次大压下量轧制，使钢板得到细晶粒组织，提高钢板性能；第二，便于采用控温轧制，满足TMCP对轧机的需求，实现在较低的温度下的控制轧制；第三，减少轧制时弹跳，可以得到更为精确厚度的钢板。

1.2.2.2 加热炉

加热炉采用了步进梁式，并使用出钢机，实现了热装热送操作，使热装率大于40%；板坯加热采用步进梁式加热炉，具有高产、优质、低耗等特点，且生产操作自动化程度较高，为保证轧机产量和产品质量提供了可靠保证。

（1）宝钢5m加热采用新型双套步进梁式加热炉及间歇车底式炉，为适应双排装料，宝钢宽厚板轧机连续式加热炉左右设置双套步进机构，分升降框架和平移框架，配备各自的传动机构，提高加热炉的操作灵活性。炉型采用多区供热的箱型结构，便于分区控制各段温度，适应热坯加热和冷热坯混装时的加热要求；各供热段用隔墙适当分隔，能独立地进行流量调节和温度控制整个加热炉将采用高精度燃烧控制系统，热工控制和装、出炉设备控制实现全自动化。

（2）沙钢加热炉情况：10.7×52m^{2}8段步进梁式加热炉，以焦炉煤气为燃料，最大标定和小时产量分别为245t/h和300t/h，热装率达60%～70%。炉内236个烧嘴，上部为平焰和侧向烧嘴，下部为侧烧嘴，80m^3/h和110m^3/h平焰烧嘴各有60和72个；400m^3/h、450m^3/h和500m^3/h侧烧嘴分别为28个、48个和28个。风量助燃风机70000m^3/h，风压13kPa/a，1450r/min；现场有炉压测量差压变送器、压力变送器、流量控制器、液位控制器、压力控制器，带黑度补偿板坯高温计、炉内残氧分析仪和NO_x分析仪表，各段煤气和高温空气控制阀及煤气总管调节阀。

1.2.2.3 采用TMCP技术

控制轧制和控制冷却技术在国际上普遍称之为TMCP（Thermo - Mechanical Control Process）技术，是当代宽厚板轧机生产高性能、高强度钢板必须具备的技术。也即控制冷却速度和控温轧制，其前提一是要用高刚度、大功率轧机；二是要有良好的控制冷却系统，宝钢5000mm 轧机引进了 DQ + U 形管层流冷却系统，沙钢5000mm 轧机采用 U 形管层流冷却系统。

（1）宝钢宽厚板轧机的精轧机具有高刚性、大力矩、高速度等特点，同时采用 CVC 板形控制技术，可实现低温大压下，提高控轧效果。宝钢宽厚板轧机一期投产后就将采用控制轧制工艺，生产高强度船板、管线钢等 TMCP 型产品。为减少控轧过程中间待温冷却对产量的负面影响，将采用多块钢交叉轧制工艺及中间喷水冷却工艺。在工艺选择、平面布置、粗轧机预留位置的确定及过程控制系统等方面充分考虑到控轧工艺的基本要求，最多可实施 4 块钢串联式交叉轧制。宝钢厚板轧机加速冷却装置采用喷射冷却和层流冷却组合形式。

对常规控冷产品采用层流冷却方式，对高冷却速率的控冷产品采用喷水冷却和层流冷却组合的方式，在该装置上可实现直接淬火（DQ）工艺，全套装置具有冷却速率高及冷却速率调节范围广等特点。冷却过程采用计算机自动控制，在硬件设备及计算机控制功能方面，具备实施控冷工艺的基本要求，但如何针对不同的钢种性能要求采用最佳的控冷工艺需进行研究。

（2）沙钢采用 MUPIC（Multi Purpose Interrupted Cooling，多功能间断式冷却）系统，装置位于轧机与热矫直机间，采用高密度高压喷嘴，水压 500kPa，最大与最小单位水流量调节比为 10 ~ 20，根据钢板宽度调节集管边部冷却水量。横向可移遮挡的 24m × 5.1m MULPIC 装置上下各 24 根不锈钢集管 5.9 万个喷嘴组成 MULPIC 水枕，每个集管配有过滤装置保护喷嘴喷射高密度冷却水，侧喷装置吹扫，水流量 $850m^3/h$，20 ~ 50mm 低 C – Mn 钢板温降 300℃加速冷却速率 10 ~ 30℃/s；钢板温降 700℃直接淬火冷却速率 10 ~ 40℃/s，可在线加速冷却或直接淬火热处理。与 MULPIC 装置相连每个辊道单独用矢量电机控制，该 MULPIC 装置设 ABCD 4 区，每区上下集管供 MUPLIC 装置喷射加速冷却，该装置对热机轧制后加速冷却或直接淬火钢板表面产生湍流，生产高强韧性钢板。

1.2.2.4 现代化厚板轧机均采用液压压下厚度控制、弯辊装置及凸度控制装置等

现代厚板轧机虽然轧机牌坊和支承辊直径尽量加大，使轧机刚度显著增加，仍然把减少钢板凸度放到非常高的地位，也是提高生产效益的一项重要措施。目前，为了减少轧辊挠度，采用补偿与修正的措施有：

（1）加大支承辊直径及机架立柱断面；

（2）合理设计机架和辊系、原始辊型；

（3）由宽至窄板的程序轧制；

（4）弯工作轧辊或和弯支承辊、阶梯辊、可变凸度辊（VC 辊）、高精度辊型轧机（HC 轧机）、交叉轧辊轧机（PC 轧机）及连续可变凸度轧机（CVC 轧机）等。

为保证所轧制钢板厚度、凸度、平直度等都达到很高的精度要求，宝钢 5000mm 轧机安设有液压压下厚度控制，采用 CVC^{PLUS} 和工作辊弯辊板形控制技术。工作辊窜动行程：±150mm；弯辊力：max4000kN/侧。工作辊窜动在道次间歇时间内完成，由于采用高次 CVC 曲线方程，凸度调节能力能满足生产的要求。

A　宝钢主轧机技术参数

轧机形式　　　　　CVC^{PLUS} 四辊可逆式

最大轧制力	100000kN（轧制可用）；108000kN（轧制控制）；115000kN（轧制泄压）
轧机模数（实测值）	8400kN/mm（60MN 轧制力）
轧制速度	0 ±3.16/7.30m/s
工作辊	ϕ1210/1110mm ×5300mm
支撑辊	ϕ2300/2100mm ×4950mm
工作辊窜动行程	±150mm
弯辊力	max4000kN/侧
轧机开口度	550mm（新辊时）
主传动电机	2 ×AC10000kW（主电机采用 BF 布置）
主传动电机转速	0 ~ ±50/120r/min
主传动电机输出力矩	额定力矩 1910kN · m 最大力矩 4298kN · m 切断力矩 5252kN · m

B　沙钢主轧机技术参数

型式为四辊可逆式，带液压 AGC。组合式牌坊，共两片，总重 1000t。无限冷硬铸铁工作辊，ϕ1210/1110mm ×5050mm，硬度 HS68 ~ 72，最大轧制力 100000kN，最大速度 7.3m/s，最大开口度 550mm，带工作辊弯辊，弯辊力 4000kN/侧。离心浇铸合金铸钢支撑辊 ϕ2300/2110mm ×4900mm，硬度 HS40 ~ 50。主电机 2 × AC10000kW ×0/50/120r/min，输出力矩最大 4775kN · m。

1.2.2.5　采用强力矫直机

(1) 宝钢 5m 宽厚板轧机采用的热/冷矫直机具有强力、高刚性、辊缝全液压调节及配备自动化控制系统等特点。

热矫直机采用可逆强力机型，最大矫直力为 44000kN，能满足超低温控冷材热矫直要求。矫直机采用预应力立柱及高刚性框架，矫直辊上辊系采用高响应伺服阀液压压下装置，具有动态控制功能（AGC），同时满足矫直变厚度钢板的要求；上辊系具有整体前后倾动，左右倾动，预设定正、负弯辊，以尽可能改善平直度；出入口辊可单独调整，保证矫直后钢板平直地离开热矫直机。

冷矫直机采用可逆 9/5 辊变辊数矫直机，最大矫直力为 35000kN。对于薄规格产品采用小辊距 9 辊矫直，对厚规格产品采用大辊距 5 辊矫直，钢板有效矫直厚度范围比常规矫直机扩大 50%，采用小变形量最大矫直厚度可达 50mm，能满足部分热处理后钢板冷矫直的需求。

(2) 沙钢 5m 采用四重九辊可逆式热矫直机，矫直力 35000 ~ 40000kN，矫直辊 ϕ5360mm ~ 5100mm。该热矫直机全液压调节矫直全过程对上矫直辊组弯辊调节补偿和模型预设定位置调节，实现矫直过程自动控制。液压过载保护上矫直辊组，并可单独升降调节入/出口下矫直辊。

1 台四重十一辊可逆式冷矫直机，矫直力 32000 ~ 35000kN，矫直辊 ϕ5220mm ~ 5100mm。矫直过程液压辊缝自动位置调节响应快，上矫直辊组弯辊调节补偿上框架变形并纠正钢板浪形。

1.2.2.6　完善的热处理设备

（1）宝钢5000mm轧机一期工程设有无氧化热处理炉及淬火机供钢板常化、淬火、调质等处理用，二期工程还将增设特厚钢板热处理设施，德国迪林根公司除设有辊底式炉及压力淬火机外，还设有步进式炉和直装式炉供特厚钢板热处理用。

（2）沙钢热处理跨内设置LOI公司制造的正火、淬火、回火热处理无氧化辐射管辊底炉及淬火机和40MN厚板压平机，作常化、淬火+回火调质热处理。热处理抛丸后的钢板经涂漆线底层涂料处理、辐射管固化炉内烘干。

1.2.2.7　设立轧辊线全线跟踪系统

宝钢5m轧机宽厚板轧机采用四级计算机管理及控制，它们是，L4：整体产销系统；L3：生产控制级；L2：过程控制级；L1：基础自动化控制级。

四级计算机系统结构合理、硬件先进、应用软件功能完善，使整个厚板工厂的生产管理、质量管理、过程控制及操作都纳入计算机管理和控制，有利于协调生产计划，保证工艺设备的最佳化运转，充分发挥设备能力，稳定生产高质量产品。

其他，切边剪及定尺剪和刨分剪均采用滚切式剪，剪切厚度不大于50，剪切能力大大提高。

1.3　宽厚板轧制技术的发展

1.3.1　当代新型中厚板车间的特点

中厚板轧机是轧钢设备中的主力轧机之一，代表一个国家钢铁工业发展的水平，世界上每个工业先进的国家都拥有若干套。各国的中厚板轧机和生产技术都各有其特色，钢板质量和各项经济指标也达到了较高的水平。总的说，目前日本的厚板轧机性能和生产技术在世界上居于领先地位。

当代新型中厚板车间的特点是：轧钢机的大型化、强固化，轧机的产量高、质量好、消耗低，向连续化、自动化方向发展，不断取得技术进步。

（1）除特厚或特殊要求小批量的产品，仍采用大扁钢锭、锻压坯或压铸坯外，一般均用连铸坯做原料。

（2）采用计算机控制装出炉的多段步进式、推钢式加热炉进行坯料加热，通过延长炉体，改进砌筑结构，强化绝热及利用废气余热措施（特别是采用蓄热式加热炉），不仅提高了炉子的寿命，而且降低了能耗。

（3）采用15~20MPa高压水除鳞箱、高压水喷头和轧机前后除鳞装置，能有效地清除炉生和次生氧化铁皮，提高钢板表面质量。先进的高压水除鳞设备还可以自动控制水量。

（4）采用高强度机架，以满足控制轧制和板形控制的要求。增强刚度、强固化轧机的措施；增大牌坊立柱断面，加大支撑辊直径，加大牌坊质量。为实现控制轧制要求，轧制力已由过去的30~40MN增至80~105MN；新型宽厚板轧机支撑辊直径，由过去的1800~2000mm加大到2100~2400mm；牌坊立柱断面，由6000~8000cm^2增加到10000cm^2；每扇牌坊单重，由3.6MN增加到4.5MN；轧机刚度由5~8MN/mm增加到10MN/mm；主电机功率最大为2×10000kW；在品种上可以生产宽5350mm，长60m的钢板。

(5) 为了提高钢板的精度和成材率，板形控制已成为中厚板轧机一项不可缺少的新技术。广泛采用液压 AGC、弯辊装置，采用特殊轧机（如 VC 轧辊、HC 轧机、PC 轧机等）、特殊轧制方法及计算机控制，实现了自动化板形动态控制。

(6) 提高轧制速度（最快可达 7.5m/s），以适应坯料增大后轧件加长，缩短轧制周期。宽厚板轧机的工作辊最大直径达到 1200mm，双机架的轧机，精轧机工作辊较粗轧机工作辊直径小些，有利于轧制薄规格。工作辊一般采用四列滚柱轴承，支撑辊则采用油膜轴承。

(7) 快速自动换辊以缩短换辊时间，提高轧机作业率。更换工作辊采用侧移式双小车和管子自动拆卸机构，每次只要 6 ~10min。更换支撑辊采用小车式，并直接拖入轧辊间，减少了轧机跨吊车的操作，有利于轧机的正常工作。

(8) 交流化的主传动系统。随着电力电子技术、微电子技术的发展，现代控制理论特别是矢量控制技术以及近年来交流调速系统的数字化技术的应用，促进了交流调速系统的发展，目前交流调速的调速性能达到甚至优于直流调速。国外宽厚板轧机主传动电动机有一些由直流电机改为交流同步电动机供电，新建的厚板轧机更是优先选用交流化的主传动系统。

(9) 控制轧制与快速冷却相配合，已能生产出调质热处理所要求的钢板。

(10) 采用步进式或圆盘式冷床，以减少钢板划伤，提高钢板表面质量。

(11) 切边以滚切式双边剪为主，头尾及分段横切采用滚切剪。双边剪每分钟剪切次数可达 32 次。定尺每分钟可达 24 次，以满足高产的要求。

(12) 在线超声波无损自动探伤，除了具有连续、轻便、成本低，穿透力强和对人体无害等优点外，还有以下优点：

1) 再现钢板内部缺陷，能确定其准确位置；

2) 可以发现其他方法不能探出的细小缺陷；

3) 检验效率比 X 射线等方法高 5 ~7 倍；

4) 磁力探伤只能检验磁化材料却不能探奥氏体不锈钢，而超声波则不受此限制。

(13) 计算机应用在宽厚板轧机上，既提高了产量又提高了质量。目前，测温、测压、测厚、测长、测板形、超声波探伤等自动化手段齐全，从板坯仓库开始，加热炉、轧机、矫直机、冷床、剪切线、辊道输送、吊车输送、打印和喷字标志检查以及收集堆垛，已全面实现了自动化，将整个车间操作情报系统、过程计算机、管理计算机以及所有的自动化设备，有机地结合起来，使车间消耗和定员大大减少。

1.3.2 宽厚板生产技术的发展状况

最近 10 多年，国外宽厚板轧机的生产从扩大产量型转向提高尺寸精度及表面质量型，并对板形控制、平面形状控制提出了更高的要求。而从 20 世纪 70 年代开始采用的厚板控制轧机技术和 80 年代开发实用化的加速冷却技术应用以来，TMCP 工艺已成为当今厚板生产的主要工艺。

下面以最近 10 年来所取得的技术成就为基点，介绍厚板轧制技术的发展概况。

1.3.2.1 高尺寸精度轧制技术

近年来用户对钢板厚度尺寸精度、板形、表面质量、材质性能提出了更高要求，如板

厚公差要求为 ±0.2 ~ 0.4mm，板宽公差要求为 4 ~ 6mm，钢板的旁弯要求全长小于 5mm，从而推动了以厚度、宽度、板形控制为主的高尺寸精度轧制技术的进一步发展。

(1) 厚度控制。在靠近轧机（距轧机中心线 2.0 ~ 2.1m）处设置 γ 射线测厚仪，使监控及反馈控制能快速应答从而提高钢板全长厚度精度，即在原有 AGC 基础上有效地利用 FF-AGC 和 MON-AGC 来保证厚度控制的高精度。

(2) 宽度控制。日本住友鹿岛厂、川崎水岛厂、新日铁大分厂等厚板轧机在投产多年后增设了立辊轧边机，既用于平面形状控制，也设置了液压 AWC 系统，具有 ABS-AWC、FF-AWC、MON-AWC 等功能，宽度控制精度已达 5.7mm。

(3) 板形控制。以往厚板轧制以辊形和弯辊装置作为凸度和平坦度的基本控制方法；现在厚板轧机采用工作辊移动（AWS）＋强力弯辊（WRB）、成对交叉辊轧机（PC）和连续可变凸度轧机（CVC）等方法，前两种形式的轧机已有应用，PC 轧机对全宽度的板凸度控制值已达 40μm 水平，而正在建设的瑞典 SSAB3700mmCVC 形式厚板轧机已于 1998 年投产。

1.3.2.2 平面板形控制技术

厚钢板在成形轧制和展宽轧制阶段的不均匀变形，使轧制后的钢板偏离距离因而增加切头、切尾和切边损失，此项金属损失在以往的常规轧制方法中占 5% 以上。

20 世纪 70 年代末日本川崎水岛厂开发了 MAS 平面形状控制法，根据预测模型在成形和展宽轧制阶段，对板坯厚度断面给予变化的压下量进行形状控制，使钢板在轧制终了时的形状接近矩形，自 1978 年此项技术应用以来，可比传统方法提高成材率 4.4%。

1982 年左右又开发了与 MAS 法大体相同的“狗骨轧制法”，即轧制开始时将板坯厚度断面头尾部分轧成斜模型，然后展宽轧制和延伸轧制。

水岛厂在开发 MAS 基础上于 1985 年研制出 TFP 技术，轧制“免切边钢板”，即用铣削床铣边。

1.3.2.3 控制轧制和控制冷却技术

厚钢板控制轧制技术是在轧制过程中的不同温度段给予规定的压下变形，以生产高强度、高低温韧性并有良好焊接性能的技术。采用控制轧制工艺的目的是通过细化晶粒来提高强度和韧性，而细化晶粒的关键是控制 950 ~ 600℃ 时的变形量，同时增大道次压下量的效果更佳，因而要求厚钢板轧机的轧制力要很大，刚性要很好。

控制轧制的研究始于生产韧性和强度都好的造船钢板，以后发现在添加微量合金元素（Nb、V、Ti 等）的钢材轧制中更需采用控制轧制技术。

厚钢板在控制轧制后进行快速喷水冷却，可使低碳当量（如 $C_{eq} < 0.30\%$）的钢板强度和韧性都得到提高，并可获得良好的焊接性能。低碳当量而强度和韧性都高的钢材，对于具有广泛用途的焊接结构钢非常重要。这样，可以采用大热量输入的焊接工作，从而提高工效和降低成本。

将钢板的控制轧制和随后的加速冷却工艺过程统称为 TMCP 工艺。应用 TMCP 工艺技术可以生产综合力学性能和焊接性能均优良的高强度焊接结构钢板。因而该项技术已成为近 20 年来厚钢板生产领域最为发达的工艺技术。

TMCP 技术已为世界各国普遍关注并予应用。前一个时期主要用于生产高强度造船钢板和长距离输送石油、天然气用管线钢板，以及其他用途的高强度焊接结构钢板。近年来

TMCP 工艺技术又被开发用于 LPG 储罐和运输船用钢板、高层建筑用厚壁钢板、海洋构造物等重要用途的钢板。以造船板、管线用板、焊接结构钢板等产品为主的厚钢板轧机，采用 TMCP 技术生产的钢板约占 30% ~50%，日本有约 41% 的厚钢板采用 TMCP 技术生产。

1.4　我国中厚板生产的技术进步与不足

目前，我国中厚板轧机生产线的总体装备水平与国外先进水平相比，还存在一定的差距。首先是装备落后，具体表现为加热炉大部分是推钢式加热炉，3000mm 以下轧机占总数量的 80% 左右，轧制能力较低，后部精整能力不足，探伤线、热处理、喷丸等工艺大部分厂没有配备等等；其次是核心的技术不精不专，尤其是独特的、具有自主知识产权的工艺技术不多。

近几年，国内一些大型钢铁企业正在逐步引进、消化、改造一批先进的中厚板生产设备，如首钢、济钢 3000mm 轧机、鞍钢 4300mm 轧机、宝钢 5000mm 轧机等，这对于我国的中厚板生产企业提升整体装备水平，提升产品档次、质量，将会起到极大的促进作用，产品水平将提升到一个较高的档次，企业的发展同时注意到：

(1) 先进技术是生产优质产品的核心。随着国内中厚板产能增加和工艺升级改造、引进新的工艺装备，我国近年来中厚板产量和品种板比例逐年提高，成材率也逐年提高，工序能耗逐年下降。产品档次提升和质量提高的核心竞争力源于工艺技术的开发和应用，钢质洁净技术，微合金化技术，晶粒细化技术和尺寸、表面精准化技术，都是中厚板生产的主要先进技术，这 4 个方面的技术集成最终体现为钢材性能最佳和生产成本最低。首钢在近几年的品种钢开发中，运用合金元素与工艺结合，较好地开发了高强板、z 向板、管线钢、桥梁板等控轧控冷产品。

目前国内新上中厚板和主要骨干企业均采用了一批新技术，开发了一批新产品，如舞钢厚板厂、鞍钢厚板厂、济钢中厚板厂等开发出了 X70 管线、550D 超低碳贝氏体高强结构钢等一大批技术含量高、质量等级高的产品。这些产品的开发和更高级产品的开发研制，标志着我国的中厚板行业已经从规模效益型向品种质量效益型转变，标志着随着工艺装备的提高，工艺技术以微合金化和控轧控冷为主的结合日趋成熟，标志着冶炼、连铸、轧制技术的提高已逐步可以满足高档产品的国产化。

(2) 中厚板装备技术发展应以市场需求为中心。中厚板生产技术的发展应以专用板、特殊条件板为核心产品，发展趋势为钢质的洁净化、低碳高强化、具备大线能量焊接和制品化的综合性能的优良产品。对于特殊用途板还要求耐高温、高压、抗裂、耐蚀等性能，应围绕着这些产品完善开发有关核心技术。

下一步中厚板生产的特点是围绕高强、耐蚀、耐候、高焊接性能等特殊要求的产品配置相应的工艺和装备，对于拟生产中高档次产品的生产厂应具备 TMCP、常化、淬火、冷矫、探伤、喷丸等工艺装备以及相应工艺。

(3) 中厚板装备技术发展应与下游产业紧密结合。中厚板产品的用途广、规格多，重点工程用量大。下游产业的迅速发展，必将对中厚板产品、技术、装备提出更高的要求。目前，造船业、油气输送管线、石油平台、石油储罐、桥梁、高层建筑以及工程机械等行业都对中厚板提出了高强度、高韧性、高综合性能的要求。随着新技术的发展，中厚板下游产业必将会提出更高的要求。为此，中厚板装备技术的发展要更多地关注下游产业的需求，生产出具备特殊功能的产品，满足不同用户的需求。

1.4.1 生产技术和装备方面的进步

近10多年来，国内外中厚板生产技术与装备都有了长足进步，特别是我国的进步比较明显，现在新建成的一批轧机已比20世纪70年代日本建设的4700mm和5500mm宽厚板轧机的装备水平大大前进了一步。日本已20多年没有新建中厚板轧机了，但逐年来对现有轧机都进行不同程度的技术改造，使装备水平有了较大的提高，特别是生产技术水平仍然处于全球领先的地位。

1.4.1.1 生产技术方面的进步

A 原料方面

选择合理的原料规格是保证钢板优质高产的基础。原料的选择一般以连铸板坯为主，趋向于全连铸化，连铸比达95%以上，除特厚或特殊要求小批量的产品，仍采用大扁钢锭、锻压坯或压铸坯外，一般均用连铸坯做原料。

原料的厚度尺寸应保证钢板压缩比的前提下应尽可能小，不同的原料压缩比的大小也不相同，一般认为连铸坯压缩比为3～5左右。板坯尺寸增大，厚达340mm，宽达2400mm，最长已增至工作辊辊身长减去150～200mm，以前需减去500mm；最大单重达33t，而纵轧方式可达到93t；板坯尺寸偏差小了，厚度为不大于±4～5mm，宽度为不大于±10～20mm，长度为小于+50～0mm；钢质洁净，有害元素成分低，$S<25\times10^{-6}$，$P<40\times10^{-6}$，$H<1.5\times10^{-6}$，$O<20\times10^{-6}$，$N<10\times10^{-6}$，总量$<100\times10^{-6}$；压缩比减小，一般大于2.5～3性能可保证合格；内在无夹杂、分层、内裂及白点等缺陷，且不得有不小于ϕ2～5mm的缺陷存在。

原料再进行加热前要进行表面清理。清理方法分热状态下清理和冷状态下清理两种。热状态清理一般为火焰清理。火焰清理机安装在连铸机和切割机之间，对板坯进行全面剥皮处理，清理一般为0.5～5mm。全面剥皮处理可以保证板坯的表面质量，但金属消耗较大。

B 推行热装热送操作

为了节能和提高炉子加热能力，新建厂都很注意炼钢连铸和轧钢加热炉之间板坯运输、保温及调度等关系，热装热送率达40%～70%以上，热装温度达450～680℃以上，吨钢燃耗降至0.8GJ以下，并在板坯仓库内设置保温坑或罩，尽可能提高板坯装炉温度。目前，日本已实现了直接轧制，使燃料达到零耗。

C 控轧控冷

钢板轧后冷却可分为轧后工艺冷却和轧后自然冷却两种。轧后工艺冷却是对不同钢号的钢板根据不同的化学成分、厚度、轧制工艺和性能要求采用不同的冷却方式、冷却速度、开冷和终冷温度，以控制组织结构和综合性能。中厚板轧机最适合于控轧控冷工艺，许多钢板都可用此工艺生产，某些方面其性能超过热处理钢板，有的厂已实现控轧率达60%以上。条件好的厂以TMCP为主，而一般厂均以CR生产。目前冷轧方式都采用在轧机前后延伸辊道上多块钢板轧制来实现。

日本TMCP有快冷装置的称为水冷型，而不用快冷的称为非水型。各公司都有自己的专利，如新日铁为NIC，日本钢管为NCT，川崎为SCR和KTR，住友金属为SHT和SSC，神户为 KONTROLL。

将控轧与快冷有效地结合在一起是中厚板生产技术的一大进步，这种工艺可显著地改善钢板性能，降低生产成本与节约贵重合金元素。也可采用轧后直接淬火工艺，取代一部分用热处理炉生产调质钢板，其效果就更加明显。

这项技术有软硬件之分，硬件指轧机和快冷装置，而软件是指操作技术和各种钢种控轧控冷规程及其模型。前者是基础，后者是灵魂，应该说软件比硬件更有价值。

D 板形控制

就控制钢板的板形而言，这是一项钢板三维立体形状的控制技术，目标是生产出尺寸偏差非常小、切头尾和切边极少、矩形、近似矩形及齐边（不切边或铣边）、性能均一的平直钢板。借此技术可扩大产品品种，生产出各种异形板。因此，板形控制已成为中厚板生产技术中一项不可或缺的工艺部分。

控制板形一般由纵向（长度）、横向（宽度）及平面三部分所构成，三者互相影响。目前都采用多功能、响应快、大行程、高性能 HAGC 系统，且将响应快的直动型伺服阀直接安置在液压缸上，以提高其响应性，而压下系统采用数字控制，缸位置控制由数字信息处理机来执行，其控制精度显著提高。

这项技术除加大机架牌坊立柱截面和支撑辊直径来提高轧机本身刚度以外，为了减少生产中轧辊挠度和钢板凸度，采取了一些补偿与修正措施。如弯工作轧辊或弯支撑辊（塔兰托等厂）、阶梯辊（大部分厂都用）、可变凸度辊（原和歌山厂用 VC 辊）、高精度辊型轧机（如福山厂 HC 轧机）、交叉轧辊轧机（如君津厂和浦项厂 PC 轧机）及连续可变凸度轧机（如奥克塞洛森德厂 CVC 轧机）等。这些技术德国和日本都做了大量研究工作，尚在不断摸索完善之中。20 世纪 90 年代开始，附设立辊轧机又被重视起来，新建改建厂多家设置了立辊轧机，日本和韩国都取得了很好效果。一般成材率可提高 1% ~3%，但生产率会降低 15%左右。我国近年引进的宽厚板轧机都带有附着立辊（如舞钢 4100mm 等）。

由于检测元件、传感器、通讯及计算机等技术的提高，在高速、连续及自动化生产中已能准确及时地检测板形尺寸与外形的各种参数。目前检测技术已走向专业化、智能化和全面自动化阶段，对钢板厚度、宽度、长度、凸度平面板形、镰刀弯、不平直度、头尾形状、浪形及表面缺陷等均能精确稳定地检测。

E 自动化程度

自动化是优质、高产、低耗及安全生产的保证。但因中厚板生产的特点，在轧机和精整线上实现自动化都比较难。中厚板的自动化比热带要晚 10 多年，而且多数技术都是从热带上移植过来。目前，国内外中厚板厂都在实现自动化，日本水岛厂早已做到四级计算机，操作人员已缩减达 1/3 以上，许多设备和工序已见不到人，板坯库和成品发货区原先都是人工集中地方，自从采用生产管理计算机以后，调度工作均在机房内由 1 ~2 人控制。

我国中厚板厂大多数都在实现基础和过程计算机控制。全面计算机自动化控制，而且水平较先进的首推宝钢 5m 厚板厂，与国外相比也是大大前进一步。

1.4.1.2 装备方面的进步

A 炉外精炼

生产专用钢板时，为了保证钢水的纯净度，炉外精炼工序很重要。2005 年以前只有宝钢、鞍钢、武钢等少数厂可对供转炉的铁水进行炉外精炼，而新建和在建的近 3/5 生产线配备了LF钢包炉和VD真空脱气装置组成的炉外精炼系统，不少生产厂的炉外精炼系统还是专门为中厚板生产线独立配备的。新建的生产线中绝大部分将炼钢、连铸、轧钢各工序有机地联合布置，整个生产过程实现了热衔接，有利于降耗、降成本。

B 加热炉

步进式加热炉被公认为当代最先进的炉型。老生产线中只有鞍钢厚板、武钢轧板、济钢中厚板、邯钢中板采用，而新建在建的生产线中有13条选用此炉型，比起我国原先普遍使用的推钢式加热炉在提高板坯质量、减少氧化、烧损等方面大大前进了一步。从与轧制产能匹配角度和轧制品种考虑，宝钢的5000mm轧机设置了两座，首钢抚宁的4300mm轧机设置了3座。

C 主轧机

由于历史原因，老生产线中3000mm以下的轧机占了绝大多数，由于轧制力、主电机功率、刚度系数低等原因，很难实现真正意义上的控轧控冷，产品档次难以提高。新建和在建的生产线大都是大轧制力、大功率、高刚度，属于世界级的水平。新生产线的高压水除鳞水平也大有提高，不仅水压增大，而且都是轧前粗除鳞与轧制过程精除鳞相结合。

D 快冷装置

在生产高等级、高技术含量、高附加值产品时，一般都采用控制轧制技术工艺。此技术的应用必须有良好的冷却系统相配合，新建和在建的生产线大多都装备了先进的快冷系统。装置一般都采用DQ + U形管层流的冷却形式，一些老生产线近几年也对冷却系统进行了改造，目前酒钢中板采用ADCO气雾冷却，鞍钢厚板、新余中板、舞阳厚板、武钢轧板等采用U形管层流冷却，首钢中板、南钢中板采用直流式层流冷却，都属于比较先进实用的装备。

E 热矫直机

2005年以前大都采用辊式矫直机，此形式由于受辊径和辊距的配合限制，所以矫直板厚有一定范围，一般最厚与最薄之比为4，新生产线中大都采用有张力机能的新型矫直机。其矫直最厚与最薄之比可以达到25，而且矫直力也可以增加一倍。也有些老生产线对原有的矫直机进行了改造，如济钢中厚板采用了法国进口的11辊四重式矫直机，效果较好，矫直精度达1.5mm/m。

F 冷床

2005年以前，大多数生产线采用拉钢冷床，非但容易划伤钢板，也容易造成钢板冷却不均匀。新建生产线的冷床大都采用步进格板式或盘辊式，有足够的面积放置钢板，不需要在冷床前进行热剪分段，对提高成材率有利。也有一些老生产线对冷床进行了改进，如柳钢采用步进式冷床，浦钢和济钢采用了盘辊式，效果都不错。

G 超声波探伤装置

采用超声波探伤是查明钢铁产品内在质量的最理想手段，2004年以前只有鞍钢厚板、柳钢中板、秦皇岛中板配置了此装置，近几年约有12条生产线装置了此装置，以济钢中厚板从加拿大引进的脉冲反射多通道超声波探伤装置和鞍钢厚板的探伤装置为最好，可实现100%探伤。有80%的新建生产线配备了超声波探伤装置，大都为组合双晶直探式，可进行100%板面探伤。

H 剪切机

21世纪初，我国中厚板生产线上的剪切机大都是20世纪70年代的水平，剪切精度和效率都低，这与当时普遍存在的重轧制、轻精整有关系。近几年，济钢中厚板、鞍钢厚板、舞钢厚板等6家企业对剪切进行了改造，改用先进的滚切式双边剪，效果较好。新建的生产线大都采用滚切式双边剪和滚切式横剪，剪切厚度和精度都比较理想。

I 热处理

推行控轧控冷技术后，产品的热处理量大大减少，但即使先进国家的中厚板产品仍然有20%以上需要热处理后才能满足交货条件。热处理工序中，目前世界上采用辊底式无氧化辐射炉被认为是最先进的，先进国家已100%采用。但我国老生产线只有武钢轧板、鞍钢、济钢中厚板采用，而新建在建的生产线中绝大部分都已采用，这为热处理质量进一步提高打下了良好的基础。

1.4.2 技术装备和品种质量方面的不足

1.4.2.1 技术装备方面存在的不足

A 大多数轧机宽度尺寸偏窄

我国新建的中厚板轧机大多在3.5m以上，而在20世纪投产的23套轧机中有17套尺寸在3.0m以下（其中9套尺寸在2.5m以下）。由于轧机刚度、轧制力、功率等先天缺陷，直接制约了中厚板品种的扩大和质量的提高，尤其是轧机力在3000~6000t的轧机难以实现真正意义上的控制轧制技术，这是造成我国中厚板产品中专用板比例偏低的主要原因之一。

B 老生产线的加热方式落后

步进式加热炉由于加热质量好、氧化少、烧损极低、加热方式灵活等特点，已成为当今世界上最先进的一种炉型。早在15年前，日本、德国、韩国等就已100%采用，但我国有一半以上生产线采用推钢式加热炉，甚至有的生产线采用的炉型比推钢式还要落后。

C 热装热送工艺未被广泛应用

众所周知，推行热装热送工艺能取得显著的节能效果，而我国不少中厚板厂在推行过程中保温措施不力，热装温度偏低，未达到理想的节能效果。热装热送工艺在先进国家已得到普遍重视和推广。热装热送率达到60%~70%，燃料单耗已降至1.1GJ/t以下，而我国普遍在2.2~2.5GJ/t左右。

D 自动化水平偏低

目前已实施计算机自动化控制的老生产线大多是实现基础和过程计算机二级控制，而日本水岛、君津、德国迪林根等早已实现四级计算机控制，我国尚有1/4的老生产线甚至没有真正意义上的计算机控制，一些轧机虽然配备了AGC系统，但没有实现闭环控制，因此连二级计算机控制都没实现。

E 控轧控冷技术不完善

控轧控冷技术是控制奥氏体和相变产物的组织状态，从而达到控制钢材的组织性能以及轧后控冷阶段的工艺参数，在不降低韧性的前提下进一步提高钢的强度的先进技术，对提高产品质量有显著意义。此技术在日本应用率达70%以上，我国起步不晚，但进展不理想，不少厂家采用的是简易喷淋冷却装置及用控温轧制来替代控制轧制。其主要原因是不少生产厂的轧机能力不足以及冷却系统配备不先进，难以实施控轧控冷工艺所造成的。

F　精整水平偏低

除新建的生产线和经改造后的生产线外，我国还有一些生产线的矫直机性能偏低，刚度不够，矫直钢板很难达到平直度的要求；有些生产线仍旧在使用链绳格板式冷床、冷却能力差，有些已改成滚动爪子式，但划伤问题仍未很好解决；有些生产线仍使用落后的铡刀剪，剪切精度和效率都低。

G　检测手段不完备

钢铁产品的内在质量仅靠取样化验是不能完全查明的，需要经过“探伤”。日本、德国、美国、韩国等早在10多年前就已100%采用超声波探伤，而我国老生产线仍有一些采用线外人工探伤方式，效率低、劳动强度大，占用了场地且易漏探。

1.4.2.2　主要品种在质量方面的不足

A　造船用钢

(1) 从生产线装置和工艺技术水平来讲，我国有2/3的生产线可以生产一般强度的造船用钢，而能生产高强度造船用钢的仅有宝钢、舞钢、首钢、鞍钢、武钢、重钢、南钢等，其中宝钢、舞钢可以生产E40级船板，其他几家只能生产E36级以下的船板。而日本、德国等中厚板厂15年前就可以生产E36以上级别了。

(2) 表面质量有待进一步提高，露天存放容易锈蚀，而进口船板不但板形好，而且还涂过底漆，露天存放不会生锈。

(3) 焊接性能普遍不很理想，尤其是高强度、高韧性的品种。此外，国产船板在厚度、精度的控制方面普遍较差，船厂对此反应较强烈。

(4) 板形不尽如人意，不少国产船板在分切、焊接前板形并无问题，但分切后钢板翘曲现象较明显，这主要是没有很好解决残余应力的问题。

B　管线钢

(1) X70级别以上的管线钢属于中厚板中的高端产品，由于它要求高强度、高韧性和在不预热条件下进行输入热量的焊接，并且要有优良的抗氢诱导裂纹，因此，对钢水的硫、磷含量要求很严格。目前我国有近18条生产线可以生产管线钢，但大部分只能生产X70以下品种。只有宝钢、武钢、鞍钢等能大批量生产X80级别，而日本、德国等已能生产X100甚至更高级别的管线钢。

(2) 除宝钢、鞍钢外，其他厂家供应的产品都不能在宽度上完全满足用户要求。

(3) 产品在韧性、焊接性、强度、残余应力、屈服比等指标的稳定性方面不如日本和德国的，质量异议时有发生。

(4) 板形不尽如人意，不少国产船板在分切、焊接前板形并无问题，但分切后钢板翘曲现象较明显，这主要是没有很好解决残余应力的问题。

(5) 大部分中厚板厂还不能保证不大于0.2mm的厚度公差。

C　桥梁用钢

国内桥梁用钢起步较早，但发展速度不快，主要开发了16Mnq、15Mnq、15MnNq等，其中16Mnq虽然应用较广泛，但其板厚效应严重是最大的缺陷，而15MnVNq、15Mnq等在有些长江大桥应用后，认为焊接性能较差，因而以后就没有得到推广应用。近几年，宝钢、武钢、鞍钢等开发了微合金化高性能桥梁板，提高了其韧性和焊接性能并得到广泛应用，但能生产此品种的厂家仍然不多。

D　压力容器、锅炉用钢

近年，我国生产压力容器钢在强度、韧性及耐压性上有不少提高，但焊接性能、耐腐蚀性能与先进国家的品种相比，还有一定差距。从2005年开始，不少用户希望能提供IF钢、调质钢的压力容器钢，这对我国不少中厚板厂来说又是一个新的挑战。

由于锅炉是一种具有潜在危险性的特殊设备，所以对钢板的质量要求非常严格，多年来用户锅炉板的质量异议较多，从一个侧面反映了锅炉板质量存在的问题。

2 中厚板生产工艺流程

中厚板生产线成套设备主要有：立辊轧机、四辊轧机、矫直机、定尺剪、双边剪和剖分剪、快速冷速装置等。其生产工艺流程基本为：连铸坯→上料→板坯加热→除鳞→(粗轧)→精轧(控制轧制)→(快速冷却)→热矫直→冷床→检查修磨→切头、切尾、取试样、切定尺和切边→标志→收集。

对中厚板生产来说，其工艺流程一般基本如图 2-1 所示。

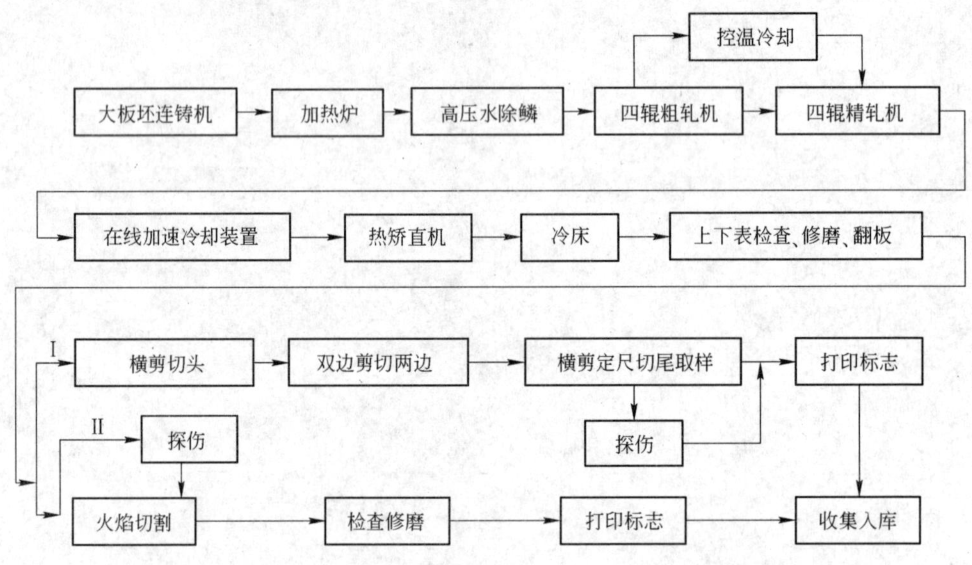

图 2-1 中厚板生产工艺流程

Ⅰ—厚度≤50mm 时；Ⅱ—厚度 >50mm 时

5000mm 轧机的基本工艺流程如图 2-2 所示。

中厚板生产主要设备有步进式加热炉 1 座（1 ~ 3 座）、高压水除鳞装置 1 套、四辊可逆粗轧机 1 架、四辊精轧机 1 架、层流冷却装置 1 套、矫直机 1 台、滚切式双边剪、定尺剪各 1 台、超声波探伤装置 1 套、卷取机 3 台（预留 1 台）、钢卷运输线等。

（1）某国产 3000mm 轧机，年产量 120 万 t 双机架的生产线，成品钢板尺寸：厚度5 ~ 50mm，宽度 1000 ~ 2700mm，长度 3000 ~ 16000mm，轧制钢板最大长度 30m。原料板坯规格：板坯厚度 250mm，板坯宽度 1000 ~ 1600mm，板坯长度 1600 ~ 2900mm，最大坯重 9. 05t。平面布置见图 2-3。

工艺流程为：连铸坯→上料→板坯加热→除鳞→(粗轧)→精轧(控制轧制)→热矫直→(快速冷却)→检查修磨→切头、切尾取试样、切定尺和切边→收集

（2）以下为济钢 3500mm 厚板厂平面布置及工艺流程情况。济南钢铁集团总公司济钢股份有限公司中厚板厂，一期工程设计年产量40万t，1998年2月投产；二期工程设计

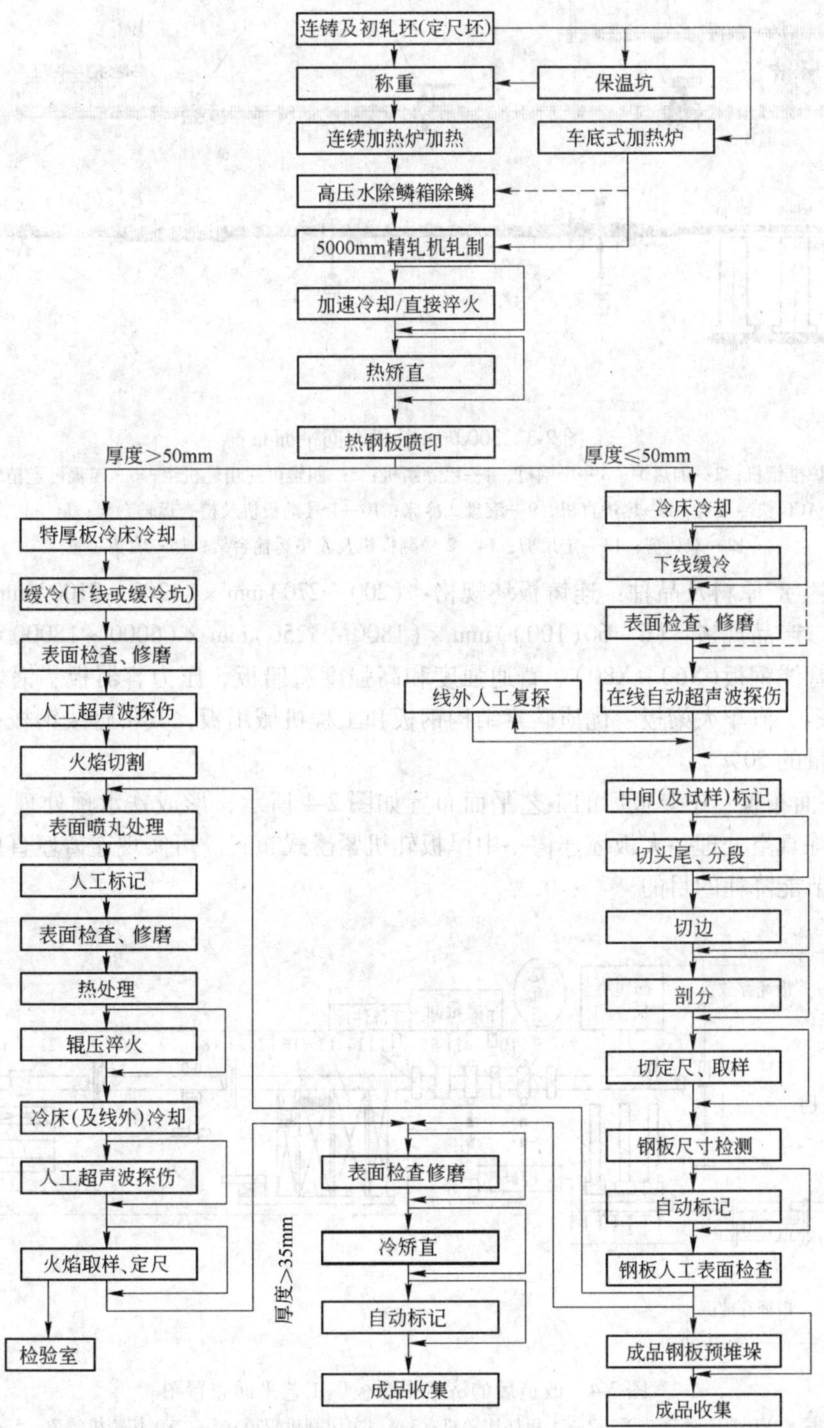

图 2-2　5000mm 轧机生产线基本工艺流程

年产 80 万 t，现已竣工达产；三期工程设计年产 115 万 t，包括一座步进式加热炉（已投产）、轧后控制冷却装置、在线超声波探伤、3500t 强力矫直机。

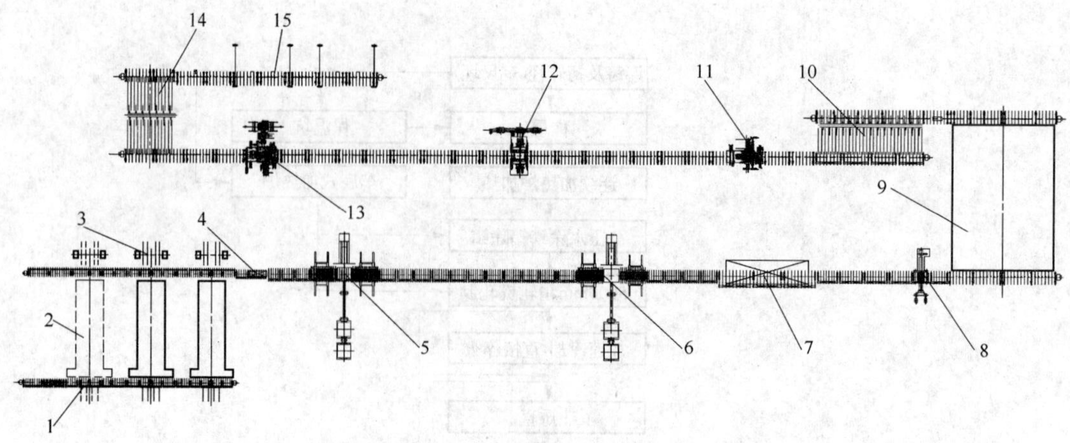

图 2-3　3000mm 轧机车间平面布置

1—入炉推钢机；2—加热炉；3—出钢机；4—粗除鳞机；5—四辊可逆粗轧机组；6—四辊可逆精轧机组；7—ACC 快冷装置；8—热矫直机；9—滚盘式冷床；10—1 号翻板机及检查运输台架；11—切头剪；12—双边剪；13—定尺剪；14—2 号翻板机及收集运输台架；15—收集装置

1）其生产原料及品种：连铸板坯规格：(200 ~ 270) mm × (1200 ~ 2100) mm × (2000 ~ 3200) mm。产品规格：(6 ~ 60(100)) mm × (1800 ~ 3250) mm × (6000 ~ 18000) mm；主要品种有：管线钢板(X60 ~ X80)、普通强度和高强度造船板、压力容器板、锅炉板、桥梁板、耐候钢、汽车大梁板、优质碳素结构钢板和工程机械用板，其中管线钢板和造船板两项占总产量的 50%。

2）平面布置：中厚板厂的工艺平面布置如图 2-4 所示，形成铁水预处理→顶底复吹转炉→精炼真空处理→大板坯连铸→中厚板轧机紧凑式布置。可实现连铸坯直接热装加热炉，达到节能降耗的目的。

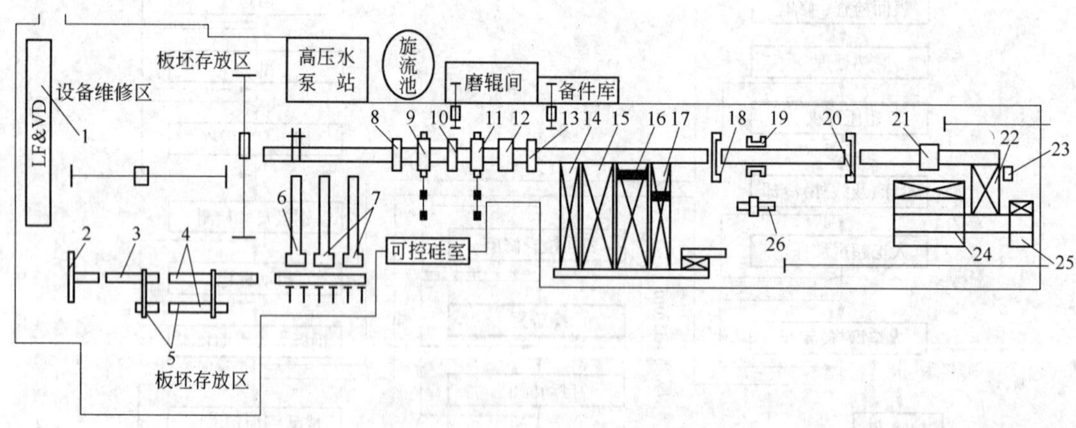

图 2-4　改造后的济钢中厚板厂工艺平面布置图

1—LF 精炼炉和 VD 真空处理装置；2—大板坯连铸机；3—一次切割机辊道；4—二次切割机辊道；5—移坯机及辊道；6—步进式加热炉；7—推钢机加热炉；8—高压水除鳞箱；9—四辊粗轧机；10—中间冷却装置；11—四辊精轧机；12—在线加速冷却装置；13—热矫直机；14—1 号冷床；15—2 号冷床；16—3 号冷床及翻板机；17—4 号冷床及翻板机；18—1 号横剪；19—滚切式双边剪；20—2 号横剪；21—在线超声波探伤装置；22—检查台；23—自动喷印打印机；24—21.5m 磁吊及垛板台；25—13.5m 磁吊及垛板台；26—液压压力矫直机

2.1 加热

在厚板生产中，加热是首要工序，为了获得理想的轧制状态，必须根据钢材的本身性能，采用合理的加热制度，把板坯加热到轧制所要求的温度。

2.1.1 加热的目的及要求

将室温提高到满足热加工所需温度的过程称为钢的加热。加热的目的有：第一，提高钢的塑性和降低变形抗力。钢在常温状态下的塑性较差，且轧制十分困难，通过加热，可以明显提高钢的塑性，使钢变软，改善钢的轧制条件。同时，坯料在轧制温度较高时，对轧辊的变形抗力较小；当轧制温度较低时，相应的变形抗力会增大。因此，轧制温度高时，变形抗力小，可以较大的压下量进行轧制，减少轧辊的磨损或断辊及轧机设备事故。例如，高碳钢在常温下的变形抗力约为600MPa，这样在轧制时就需要很大的轧制力，消耗大量能源，而且制造困难，磨损快。如果将它加热至1200℃时，变形抗力将会降至30MPa，比常温下的变形抗力低20倍。第二，使坯料内外温度均匀，坯料内外温差会使金属产生内应力而造成中厚板的废品或缺陷。通过均热使坯料断面内外温差缩小，避免出现危险的温度应力。第三，改变金属的组织。消除钢坯在浇注中带来的一些组织缺陷。

钢的加热应满足下列要求：

(1) 加热温度应严格控制在规定的温度范围，防止产生加热缺陷。钢的加热应当保证在轧制全过程都具有足够的可塑性，满足生产要求，但并非说钢的加热温度愈高愈好，而应有一定的限度，过高的加热温度可能会产生废品和浪费能源。

(2) 加热制度必须满足不同钢种、不同断面、不同形状的钢坯在具体条件下合理加热。

(3) 钢坯的加热温度应在长度、宽度和断面均匀一致。

2.1.2 厚板加热工艺的特点

由于厚板的产品种类较多，板坯的规格变化大，所以加热温度的变化范围较广，一般在950~1250℃左右，这与热连轧的情况不完全一样，由于生产的批量小，炉内板坯的温度变化频繁，这样就造成加热炉的热负荷变化较大，加热温度的控制要求较高。

2.1.3 加热缺陷的预防与处理

钢在加热过程中，往往由于加热操作不好，加热温度控制不当以及加热炉内气氛控制不良等原因，使钢产生各种加热缺陷，严重地影响钢的加热质量，甚至造成大量废品和降低炉子的生产率。因此，必须对加热缺陷及其产生的原因、影响因素以及预防或减少缺陷产生的办法等进行分析和研究，以期改进加热操作，提高加热质量，从而获得加热质量优良的产品。

钢在加热过程中产生的缺陷主要有以下几种：钢的氧化、脱碳、过热、过烧以及加热温度不均匀等。

2.1.3.1 钢的氧化

钢在高温炉内加热时，由于炉气中含有大量O_2、CO_2、H_2O，钢表面层要发生氧化。

钢坯每加热一次，有0.5%～3%的钢由于氧化而烧损。随着氧化的进行及氧化铁皮的产生造成了大量的金属消耗，增加了生产成本，因此烧损指标是加热炉作业的重要指标之一。

氧化不仅造成钢的直接损失，而且氧化后产生的氧化铁皮堆积在炉底上，特别是实炉底部分，不仅使耐火材料受到侵蚀，影响炉体寿命，而且清除这些氧化铁皮是一项很繁重的劳动，严重的时候加热炉会被迫停产。

氧化铁皮还会影响钢的质量，它在轧制过程中压在钢的表面上，就会使表面产生麻点，损害表面质量。如果氧化层过深，会使钢坯的皮下气泡暴露，轧后造成废品。为了清除氧化铁皮，在加工的过程中，不得不增加必要的工序。

氧化铁皮的导热系数比纯金属低，所以钢表面上覆盖了氧化铁皮，又恶化了传热条件，炉子产量降低，燃料消耗增加。

A　钢的氧化过程及氧化铁皮结构

钢在加热过程中，其表层的铁与炉气中氧化性气体O_2、CO_2、H_2O、SO_2等接触发生化学反应并生成氧化铁皮，这个反应称为钢的氧化。根据氧化程度的不同，生成几种不同的铁的氧化物——FeO、Fe_3O_4、Fe_2O_3。

氧化铁皮的形成过程也是氧和铁两种元素的扩散过程，氧由表面向铁的内部扩散，而铁则向外部扩散，外层氧的浓度大，铁的浓度小，生成铁的高价氧化物。所以氧化铁皮的结构实际上是分层的，最靠近铁层的是FeO，依次向外是Fe_3O_4和Fe_2O_3。各层大致的比例是FeO占40%，Fe_3O_4占50%，Fe_2O_3占10%。这样的氧化铁皮其熔点在1300～1350℃。

B　影响氧化的因素

影响氧化的因素有：加热温度、加热时间、炉气成分、钢的成分，这些因素中炉气成分、加热温度、钢的成分对氧化速度有较大的影响，而加热时间主要影响钢的烧损量。

（1）加热温度的影响。因为氧化是一种扩散过程，所以温度的影响非常显著，温度愈高，扩散愈快，氧化速度愈大。常温下钢的氧化速度非常缓慢，600℃以上时开始有显著变化，钢温达到900℃以上时，氧化速度急剧增长。这时氧化铁皮生成量与温度之间有如下关系：

钢温/℃	900	1000	1100	1300
烧损量比值	1	2	3.5	7

（2）加热时间的影响。在同样的条件下，加热时间越长，钢的氧化烧损量就越多。所以加热时应尽可能缩短加热时间。例如提高炉温可能会使氧化增加，但如果能实现快速加热，反而可能使烧损由于加热时间缩短而减少。又如钢的相对表面越大，烧损也越大，但如果由于受热面积增大而使加热时间缩短，也可能反而使氧化铁皮减少。

（3）炉气成分的影响。火焰炉炉气成分对氧化的影响是很大的，炉气成分决定于燃料成分、空气消耗系数n、完全燃烧程度等。

按照对钢氧化的程度分：氧化性气氛、中性气氛、还原性气氛，炉气中属于氧化性的气体有O_2、CO_2、H_2O及SO_2，属于还原性的气体有CO、H_2及CH_4，属于中性的气体

有 N_2。

加热炉中燃料燃烧生成物常是氧化性气氛，在燃烧生成物中保持 2% ~3% CO 对减少氧化作用不大，因为燃料燃烧不完全，炉温降低，将使加热时间延长而使氧化量增加。由于钢与炉气的氧化还原反应是可逆的，因此，炉内气氛的影响主要取决于氧化性气体与还原性气体之比。如果在炉内设法控制炉气成分，使反应逆向进行，就可以使钢在加热过程中不被氧化或少氧化，对于正常工作的加热炉无法实现还原性气氛，因为炉气中不可能存在大量的 H_2 和 CO，所以在连续加热炉中要实现控制气氛的加热是相当困难的。

当燃料中含 S 或 H_2S 时，燃烧后 SO_2 气体或极少量 H_2S 气体，它们对 FeO 作用后生成低熔点的 FeS，熔点为 1190℃，这会使钢的氧化速度急剧增大，同时生成的氧化铁皮更加容易熔化，这就大大加剧了氧化的进行。

(4) 钢的成分。对于碳素钢随其 C 含量的增加，钢的烧损量有所下降，这很可能是由于钢中的 C 氧化后，部分生成 CO 而阻止了氧化性气体向钢内扩散的结果。

合金元素如 Cr、Ni 等它们极易被氧化成为相应的氧化物，但是由于它们生成的氧化物薄层组织结构十分致密又很稳定，因而这一薄层的氧化膜就起到了防止钢的内部基体免遭再氧化的作用。耐热钢之所以能够抵抗高温下的氧化，就是利用了它们能生成致密而且机械强度很好又不易脱落的这层氧化薄膜，比如铬钢、铬镍钢、铬硅钢等都具有很好的抗高温氧化的性能。

C　减少钢氧化的方法

操作上可以采取以下方法减少氧化铁皮：

(1) 保证钢的加热温度不超过规程的规定温度。

(2) 采取高温短烧的方法，提高炉温，并使炉子高温区前移并变短，缩短钢在高温中的加热时间。

(3) 保证煤气燃烧的情况下，使过剩空气量达最小值，尽量减少燃料中的水分与硫含量。

(4) 保证炉子微正压操作，防止吸入冷风贴附在钢坯表面，增加氧化。

(5) 待轧时要及时调整热负荷和炉压，降炉温，关闭闸门，并使炉内气氛为弱还原性气氛，以免进一步氧化。

2.1.3.2　钢的脱碳

A　脱碳的产生及其危害

钢在加热时，在生成氧化铁皮的基础上，由于高温炉气的存在和扩散的作用，未氧化的钢表面层中的碳原子向外扩散，炉气中的氧原子也透过氧化铁皮向里扩散，当两种扩散会合时，碳原子被烧掉，导致未氧化的钢表面层中化学成分贫碳的现象称为脱碳。

碳是决定钢性质的主要元素之一，脱碳使钢的硬度、耐磨性、疲劳强度、冲击韧性、使用寿命等力学性能显著降低。对工具钢、滚珠轴承钢、弹簧钢、高碳钢等质量有很大的危害，甚至因脱碳超出规定而成为废品。所以脱碳问题是优质钢材生产中的关键问题之一。

B　影响脱碳的因素及防止脱碳的方法

和氧化一样，影响脱碳的主要因素是温度、时间、气氛，此外钢的化学成分对脱碳也有一定的影响。下面说明这些因素对脱碳的影响以及减少脱碳的措施。

a 影响脱碳的因素

(1) 加热温度对脱碳的影响。加热温度对钢坯可见脱碳层厚度的影响对不同金属其影响也有所不同，一些钢种随加热温度升高，可见脱碳层厚度显著增加，另有一些钢种随着温度的升高，脱碳层厚度增加，加热温度到一定值后，随着温度的升高，可见脱碳层厚度不仅不增加，反而减小。

(2) 加热时间对脱碳的影响。加热时间愈长，可见脱碳层厚度愈大。所以，缩短加热时间，特别是缩短钢坯表面已达到较高温度后在炉内的停留时间，以达到快速加热，是减少钢坯脱碳的有效措施。

(3) 炉内气氛对脱碳的影响。气氛对脱碳的影响是根本性的，炉内气氛中 H_2O、CO_2、O_2 和 H_2 均能引起脱碳，而 CO 和 CH_4 却能使钢增碳。实践证明，为了减少可见脱碳层厚度，在强氧化气氛中加热是有利的，这是因为铁的氧化将超过碳的氧化，因而可减少可见脱碳层厚度。

(4) 钢的化学成分对脱碳的影响。钢中的含碳量越高，加热时越容易脱碳，若钢中含有铝（Al)、钨（W）等元素时，则脱碳增加；若钢中含有铬（Cr)、锰（Mn）等元素时，则脱碳减少。

b 防止脱碳的主要方法

(1) 对于脱碳速度始终大于氧化速度的钢种，应尽量采取较低的加热温度；对于在高温时氧化速度大于脱碳速度的钢，既可以低温加热又可以高温加热，因为这时氧化速度大，脱碳层反而薄。

(2) 应尽可能采用快速加热的方法，特别是易脱碳的钢应避免在高温下长时间加热。

(3) 由于一般情况下火焰炉炉气都有较强的脱碳能力，即使是空气消耗系数为0.5的还原性气氛，也不免产生脱碳。因此，最好的方法只能根据钢的成分要求、气体来源、经济性及要求等，选用合适的保护性气体加热。在无此条件的情况下，炉子最好控制在中性或氧化性气氛，可得到较小的脱碳层。

2.1.3.3 钢的过热与过烧

如果钢加热温度过高，而且在高温下停留时间过长，钢内部的晶粒增长过大，晶粒之间的结合能力减弱，钢的力学性能显著降低，这种现象称为钢的过热。过热的钢在轧制时极易发生裂纹，特别是坯料的棱角、端头尤为显著。

产生过热的直接原因，一般为加热温度偏高和待轧保温时间过长引起的。因此，为了避免产生过热的缺陷，必须按钢种对加热温度和加热时间，尤其是高温下的加热时间，加以严格控制，并且应适当减少炉内的过剩空气量，当轧机发生故障长时间待轧时，必须将炉温降低。

过热的钢可以采用正火或退火的办法来补救，使其恢复到原来的状态再重新加热进行轧制，但是，这样会增加成本和影响产量，所以，应尽量避免产生钢的过热。

如果钢加热温度过高，时间又长，使钢的晶粒之间的边界上开始熔化，有氧渗入，并在晶粒间氧化，这样就失去了晶粒间的结合力，失去其本身的强度和可塑性，在钢轧制时或出炉受震动时，就会断为数段或裂成小块脱落，或者表面形成粗大的裂纹，这种现象称为钢的过烧。

过烧的钢无法挽救，只好报废，回炉重炼。生产中有局部过烧，这时可切掉过烧部分，其余部分可重新加热轧制。

过热、过烧事故的发生往往集中在以下几个时刻上：

(1) 急火追产量时。由于生产中事故较多，班内轧钢产量较低，为了追产量，强化加热，加热段内炉温过高，造成事故。

(2) 停机待轧时间较长，炉子保温压火时间较长，炉温掌握不好就会发生过热、过烧、粘钢事故。

(3) 加热特殊钢种时，没按该钢种的加热工艺要求去做，如有关段的炉温掌握的高或加热时间过长等，均能造成过热、过烧或粘钢现象发生。

(4) 由于加热工责任心不强或由于热检测元件损坏，没有发现，致使仪表显示失真，操作时又没有注意“三勤”，就有可能发生过热、过烧和粘钢等事故。

过热、过烧和粘钢事故的预防，应注意以下几点：

(1) 注意均衡生产，不追急火，追产量。

(2) 注意根据待轧时间处理炉子的保温和压火，即应遵守停机待轧时的炉子热工制度。

(3) 加热特殊钢种时，首先熟悉其加热工艺要求，并在生产中严格掌握。

(4) 注意“三勤”操作，克服懒惰，增强责任心，随时检查，随时联系，随时调整以免事故发生。

2.1.3.4 表面烧化和粘钢

由于操作不慎，可能出现表面烧化现象，表面温度已经很高，使氧化铁皮熔化，如果时间过长，便容易发生过热或过烧。

表面烧化了的钢容易烧结，黏结严重的钢出炉后分不开，不能轧制，将报废。因此，表面烧化的钢出炉时要格外小心，表面烧化过多，容易使皮下气孔暴露，从而使气孔内壁氧化，轧制后不能密合，因此产生发裂。

一般情况下，产生粘钢的原因有3个：

(1) 加热温度过高使钢表面熔化，而后温度又降低。

(2) 在一定的推钢压力条件下，高温长时间加热。

(3) 氧化铁皮熔化后粘结。

当加热温度达到或超过氧化铁皮的熔化温度（1300～1350℃）时，氧化铁皮开始熔化，并流入钢料与钢料之间的缝隙中，当钢料从加热段进入均热段时，由于温度降低，氧化铁皮凝固，便产生了粘钢。此外，粘钢还与钢种及钢坯的表面状态有关。一般酸洗钢容易发生粘钢，易切钢不易发生粘钢。钢坯的剪口处容易发生粘钢。

发生粘钢后，如果粘的不多，应当采用快拉的方法把粘住的钢尽快拉开，但切不可用关闭烧嘴或减少风量的方法降温，因为降低温度使氧化铁皮凝固，反而使粘钢更为严重。一般情况下应当在处理完粘住的钢之后，再调整炉温。如果粘钢严重，尤其是两个以上的钢坯之间发生粘钢，需用一定重量的撬棍在粘钢处进行多次冲击，方能撬开。

防止表面烧化的措施，主要是控制加热温度不能过高，在高温下的时间不能过长，火焰不直接烧到钢上。

2.1.3.5 钢的加热温度不均匀

A 钢温不均的表现及原因

如果钢坯的各部分都同样地加热到规程规定的温度，那么钢的温度就均匀了。这时轧制所耗电力小，并且轧制过程容易进行。但要达到钢温完全一致是不可能的，只要钢坯表面温度和最低部分温度差不超过50℃，就可以认为是加热均匀了。

钢温不均通常表现以下几种：

（1）内外温度不均匀：内外温度不均匀表现为坯料表面已达到或超过了加热温度，而中心还远远没有达到加热温度，即表面温度高，中心温度低，这主要是高温段加热速度太快和均热时间太短造成的。内外温度不均匀的坯料，在轧制时其延伸系数也不一样，有时在轧制初期还看不出来，但经过轧制几个道次之后，钢温就明显降低，甚至颜色变黑和钢性变硬，如果继续轧制就有可能轧裂或者发生断辊现象。

（2）上下面温度不均匀：上下面温度不均匀，经常都是下面温度较低，这是由于炉底管的吸热及遮蔽作用，钢坯下表面加热条件较差所致。同时由于操作不当及下加热能力不足时，也会造成上下加热面钢温不均。

上加热面的温度高于下加热面的钢坯，在轧制时，由于上表面延伸好，轧件将向下弯曲，极易缠辊或穿入辊道间隙，甚至造成重大事故；上加热面温度低于下加热面温度时，轧件向上弯曲，轧件不易咬入给轧制带来很大困难。

（3）钢坯长度方向温度不均：钢坯沿长度方向温度不均，常表现为：

1）坯料两端温度高，中间温度低，尤其对较宽的炉子更易出现这种现象。这主要是由于炉型结构的原因，坯料两端头在炉中的受热条件最好。

2）两端温度低，中间温度高。这主要是炉子封闭不严，炉内负压吸入冷风使坯料端头冷却所致。

3）一端温度高，一端温度低。一般长短料偏装，或沿宽度方向上炉温不均时易出现。

4）在有水冷滑道管的连续式炉内，在钢坯与滑道相接触的部位一般温度都较低，而且有明显的水冷黑印。水管黑印常造成板带钢厚度不均，影响产品质量。

B 避免钢坯加热温度不均的措施

对于中心与表面温差大的硬心钢，应适当降低加热速度或相应延长均热时间，以减小温差。

钢的上下表面温差太大时，应及时提高上或下加热炉炉膛温度，或延长均热时间，以改变钢温的均匀性。但应注意并非所有的炉子都是这样，应根据具体情况采取相应措施。

避免钢在长度方向上加热温度不均匀的措施，是适当调整烧嘴的开启度，特别是采用轴向烧嘴的炉子，以保证在炉子宽度方向炉温分布均匀；同时还要注意调整炉膛压力，保证微正压操作，做好炉体密封，防止炉内吸入冷空气。

钢的加热温度不均不仅给轧制带来困难，而且对产品质量影响极大，因此生产中必须尽可能地减少加热的温度不均匀性。

2.1.3.6 加热裂纹

加热裂纹分为表面裂纹和内部裂纹两种，加热中的表面裂纹往往是由于原料表面缺陷（如皮下气泡、夹杂、裂纹等）消除不彻底造成的。原料的表面缺陷在加热时受温度应力的作用发展成为可见的表面裂纹，在轧制时则扩大成为产品表面的缺陷，此外过热也会产生表面裂纹。

2.1.4 加热工艺

加热工艺制度包括加热温度、加热速度、加热时间、加热制度等。

2.1.4.1 加热温度

钢的加热温度是指钢料在炉内加热完毕出炉时的表面温度。确定钢的加热温度不仅要根据钢种的性质，而且还要考虑到加工的要求，以获得最佳的塑性，最小的变形抗力，从而有利于提高轧制的产量、质量，降低能耗和设备磨损。实际生产中加热温度主要由以下几方面来确定。

A 加热温度的上限和下限

碳钢和低合金钢加热温度的选择主要是借助于铁碳合金状态图（图 2-5）。当钢处于奥氏体区其塑性最好，加热温度的理论上限应当是固相线 *AE*（1400 ~ 1530℃），实际上由于钢中偏析及非金属夹杂物的存在，加热还不到固相线温度就可能在晶界出现熔化而后氧化，晶粒间失去塑性，形成过烧。所以钢的加热温度上限一般低于固相线温度 100 ~ 150℃。碳钢的最高加热温度和理论过烧温度见表 2-1。加热温度的下限应高于 Ac_3 线 30 ~ 50℃。根据终轧温度再考虑到钢在出炉和加工过程中的热损失，便可确定钢的最低加热温度。终轧温度对钢的组织和性能影响很大，终轧温度越高，晶粒集聚长大的倾向越大，奥氏体的晶粒越粗大，钢的机械性能越低。所以终轧温度也不能太高，最好在 850℃ 左右，不要超过 900℃，也不要低于 700℃。

表 2-1 碳钢的最高加热温度和理论过烧温度

含碳量（质量分数）/%	最高加热温度/℃	理论过烧温度/℃	含碳量（质量分数）/%	最高加热温度/℃	理论过烧温度/℃
0.1	1350	1490	0.9	1120	1220
0.2	1320	1470	1.1	1080	1180
0.5	1250	1350	1.5	1050	1140
0.7	1180	1280			

B 加热温度与轧制工艺的关系

上面讨论的仅是确定加热温度的一般原则。实际生产中，钢的加热温度还需结合压力加工工艺的要求。如轧制薄钢带时为满足产品厚度均匀的要求，比轧制厚钢带时的加热温度要高一些；坯料大加工道次多要求加热温度高些，反之小坯料加工道次少则要求加热温度低些等。这些都是压力加工工艺特点决定的。

高合金钢的加热温度则必须考虑合金元素及生成碳化物的影响，要参考相图，根据塑性图、变形抗力曲线和金相组织来确定。

目前，国内外有一种意见，认为应该在低温下轧制，因为低温轧制所消耗的电能，比提高加热温度所消耗的热能要少，在经济上更合理。

2.1.4.2 加热速度

钢的加热速度通常是指钢在加热时，单位时间内其表面温度升高的度数，单位为℃/h。有时也用加热单位厚度钢坯所需的时间（min/cm），或单位时间内加热钢坯的厚度（cm/min）来表示。钢的加热速度和加热温度同样重要。在操作中常常由于加热速度控制

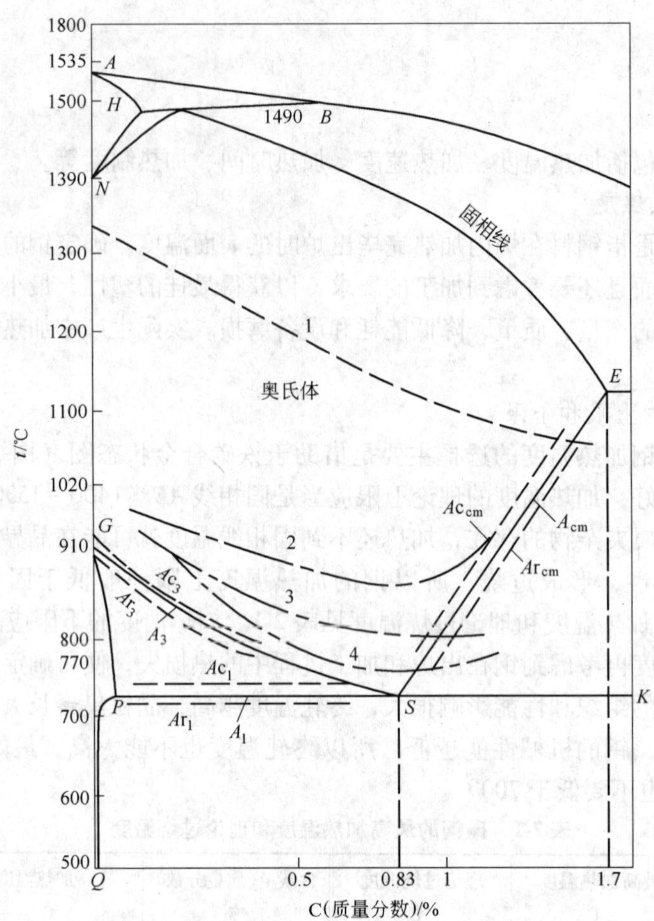

图 2-5　Fe-C 合金状态图（其中指出了加热温度界限）

1—锻造的加热温度极限；2—常化的加热温度极限；

3—淬火时的温度极限；4—退火的温度极限

不当，造成钢的内外温差过大，钢的内部产生较大的热应力，从而使钢出现裂纹或断裂。加热速度愈大，炉子的单位生产率愈高，钢坯的氧化、脱碳愈少，单位燃料消耗量也愈低。所以快速加热是提高炉子各项指标的重要措施。但是，提高加热速度受到一些因素的限制，对厚料来说，不仅受炉子给热能力的限制，而且还受到工艺上钢坯本身所允许的加热速度的限制，这种限制可归纳为在加热初期断面上温差的限制，在加热末期断面上烧透程度的限制和因炉温过高造成加热缺陷的限制。下面分述它们对加热速度的影响：

（1）在加热初期，钢坯表面与中心产生温度差。表面的温度高，热膨胀较大，中心的温度低，热膨胀较小。而表面与中心是一块不可分割的金属整体，所以膨胀较小的中心部分将限制表面的膨胀，使钢坯表面部分受到压应力；同时，膨胀较大的表面部分将强迫中心部分和它一起膨胀，使中心受到拉应力。这种应力称为“温度应力”或“热应力”。显然，从断面上的应力分布来看，表面与中心处的温度应力都是最大的，而在表面与中心之间的某层金属则既不受到压应力也不受到拉应力。可以证明，钢坯加热时的温度应力曲线与温度曲线一样，也是呈抛物线分布。

加热速度愈大，内外温差愈大，产生的温度应力也愈大。当温度应力在钢的弹性极限以内时，对钢的质量没有影响，因为随着温度差的减小和消除，应力会自然消失。当温度应力超过钢的弹性极限时，则钢坯将发生塑性变形，在温度差消除后所产生的应力将不能完全消失，即生成所谓残存应力。如果温度应力再大，超过了钢的强度极限时，则在加热过程中就会破裂。这时温度应力对于钢坯中心的危害性更大，因为中心受的是拉应力，一般钢的抗拉强度远低于其抗压强度，所以中心的温度应力易造成内裂。

如果钢的塑性很好，即使在加热过程中形成很大的内外温差，也只能引起塑性变形，以任意速度加热，都不会因温度应力而引起钢坯断裂。如果钢的导热性好（或导热系数高），则在加热过程中形成的内外温差就小（因 $\Delta t = qS/2\lambda$），因而加热时温度应力所引起的塑性变形或断裂的可能性较小。低碳钢的导热系数大，高碳钢和合金钢的导热系数小，因而高碳钢和合金钢在加热时容易形成较大的内外温差，而且这些钢在低温时塑性差、硬而脆，所以它们在刚入炉加热时，容易发生因温度应力而引起的断裂。

如果被加热坯料的断面尺寸较小，则加热时形成的内外温差也较小；断面尺寸大的钢坯，因加热时形成较大的内外温差，容易因温度应力而导致钢坯变形或断裂。

根据上述分析，可概括下列结论：

1）在加热初期，限制加热速度的实质是减少温度应力。加热速度愈快，表面与中心的温度差愈大，温度应力愈大，这种应力可能超过钢的强度极限，而造成钢坯的破裂。

2）对于塑性好的金属，温度应力只能引起塑性变形，危害不大。因此，对于软钢温度在500～600℃以上时可以不考虑温度应力的影响。

3）允许的加热速度还与金属的物理性质（特别是导热性）、几何形状和尺寸有关，因此，对大的高碳钢和合金钢加热要特别小心，而对薄材则可以任意速度加热而不致发生断裂的危险。

(2) 在加热末期，钢坯断面同样具有温度差。加热速度愈大，则形成的内外温度差愈大。这种温度差愈大，可能超过所要求的烧透程度，而造成压力加工上的困难。因此，所要求的烧透程度往往限制了钢坯加热末期的加热速度。

但是，实际和理论都说明，为了保证所要求的最终温度差而降低整个加热过程的加热速度是不合算的。因此，往往是在比较快的速度加热以后，为了减少这一温差而降低它的加热速度或执行均热，以求得内外温度均匀。这个过程称为“均热过程”。

(3) 钢坯表面的温度是和炉温相联系的。炉温过高给准确地控制钢坯表面温度带来困难。特别是当发生待轧时，将因炉温过高而造成严重氧化、脱碳、粘钢、过烧等。这在连续加热炉上常是限制快速加热的主要因素。

上述的两个温度差（加热初期为避免裂纹和断裂所允许的内外温差和加热末期因烧透程度的要求内外温差）都对加热速度有所限制，以及准确地控制钢坯达到所要求的加热温度所需要的加热时间，这三个要素构成了制定加热制度的主要基础。

一般低碳钢大都可以进行快速加热而不会给产品质量带来什么影响。但是，加热高碳钢和合金钢时，其加热速度就要受到一些限制，高碳钢和合金钢坯在500～600℃以下时易产生裂纹，所以加热速度的限制是很重要的。

2.1.4.3 加热时间

钢的加热时间是指钢坯在炉内加热至达到轧制所要求的温度时所必需的最少时间，通常，总加热时间为钢坯预热、加热和均热三个阶段时间的总和。

要精确地确定钢的加热时间是比较困难的。因为它受很多因素影响，目前大都根据现有炉子的实践大致估计，也可根据推荐的经验公式计算。

钢的加热时间采用理论计算很复杂，并且准确性也不大，所以在生产实践中，一般连续式加热炉加热钢坯常采用经验公式：

$$\tau = CS$$

式中 τ——加热时间，h；

S——钢料厚度，cm；

C——每厘米厚的钢料加热所需的时间，h/cm。

对低碳钢 $C = 0.1 \sim 0.15$

对中碳钢和低中合金钢 $C = 0.15 \sim 0.2$

对高碳钢和高合金钢 $C = 0.2 \sim 0.3$

对高级工具钢 $C = 0.3 \sim 0.4$

在实际生产中，钢坯的加热时间往往是变化的。这是因为加热炉必须很好地与轧机配合。在生产某些产品的过程中，炉子生产率小于轧机的产量时，常常为了赶上轧机的产量而造成加热不均，内外温差大，甚至有时为了提高出炉温度而将钢表面烧化，而其中间温度尚很低，造成加热质量很差。若炉子生产率大于轧机的产量时，则钢在炉内的停留时间大于所需要的加热时间，造成较大的氧化烧损量，这些情况均不符合加热要求。如遇到上述情况，应对炉子结构及操作方式作合理的改造或调整，使炉子产量和轧机产量相适应。

2.1.4.4 加热制度

加热制度是指在保证实现加热条件的要求下所采取的加热方法。具体地说，加热制度包括温度制度和供热制度两个方面。

对连续式加热炉来说，温度制度是指炉内各段的温度分布。供热制度对连续加热炉是指炉内各段的供热分配。

从加热工艺的角度来看，温度制度是基本的，供热制度是保证实现温度制度的条件，一般加热炉操作规程上规定的都是温度制度。

具体的温度制度不仅决定于钢种、钢坯的形状尺寸、装炉条件，而且依炉型而异。加热炉的温度制度大体分为：一段式加热制度、两段式加热制度、三段式及多段式加热制度。这里重点介绍三段式加热制度。

三段式加热制度是把钢坯放在 3 个温度条件不同的区域（或时期）内加热，依次是预热段、加热段、均热段（或称应力期、快速加热期、均热期）。

这种加热制度是比较完善的加热制度，钢料首先在低温区域进行预热，这时加热速度比较慢，温度应力小，不会造成危险。当钢温度超过 500 ~ 600℃以后，进入塑性范围，这时就可以快速加热，直到表面温度迅速升高到出炉所要求的温度。加热期结束时，钢坯断面上还有较大的温度差，需要进入均热期进行均热，此时钢的表面温度不再升高，而使中心温度逐渐上升，缩小断面上的温度差。

三段式加热制度既考虑了加热初期温度应力的危险，又考虑了中期快速加热和最后温度的均匀性，兼顾了产量和质量两方面。在连续式加热炉上采用这种加热制度时，由于有预热段，出炉废气温度较低，热能的利用较好，单位燃料消耗低。加热段可以强化供热，快速加热减少了氧化和脱碳，并保证炉子有较高的生产率，所以对许多钢坯的加热来说，这种加热制度是比较完善与合理的。

这种加热制度适用于大断面坯料、高合金钢、高碳钢和中碳钢冷坯加热。

某中板厂板坯加热制度见表2-2。

表2-2　板坯加热制度

含碳量（质量分数）/%	钢　种	出炉温度/℃	各段温度/℃			加热速度/m · min^{-1}
			均热段	一加热段	二加热段	
<0.25	Q195F-Q255F Q235-255 08-25 08F-20F 15Mn-20Mn 15MnVg 16Mnq 15MnVNq 15MnVNR 16MnR 15g-20g 09MnCuPTi	1180～1230	1200～1250	1250～1310	1170～1230	7～9/10
0.26～0.45	Q275 30-40 53Mn-40Mn 25g 20CrMnSiA 25CrMnSi	1180～1210	1210±20	1270±30	1170±20	9～10/10
0.46～0.65	45-60 50Mn-65Mn	1170～1190	1200±20	1260±30	1160±20	11～12/10
特钢	按专用规程					

2.2　轧制

轧制是中厚板生产的钢板成形阶段。中厚板的轧制可分为除鳞、粗轧、精轧三个阶段。

2.2.1　除鳞

除鳞是将在加热时生成的氧化铁皮（初生氧化铁皮）去除干净，以免压入钢板表面形成表面缺陷。初生氧化铁皮要在轧制开始阶段去除，因为这时氧化铁皮尚未压入钢中，易于去除，同时清除面积少。

清除氧化铁皮的方法很多，在旧的中厚板轧机上曾经采用投入竹枝、荆条、食盐等方法去除初生氧化铁皮，但效果不好，以后也曾经采用专门的二辊轧机、立辊轧机给钢坯（或钢锭）以小的变形量使氧化铁皮与金属分离，然后用高压水或高压空气将氧化铁皮冲去。这种方法虽然可以获得较好的清除氧化铁皮效果，但是投资较大。现代化的中厚板轧机上已经普遍采用造价低廉的高压水除鳞箱，它能满足清除初生氧化铁皮的需要，这种情况已成定局。用高压水泵将高压水供给除鳞箱，水压过去一般在10~12MPa左右，这一压力偏低。现在要保证喷口压力在15~20MPa以上。对合金钢板因氧化铁皮与钢板间结合较牢，要求高压水压力取高值。喷水除鳞是在箱体内完成的，起到安全和防水溅的作用。除鳞装置的喷嘴可以根据板坯的厚度来调整喷水的距离，以获得更好的效果。

在以钢锭为原料的中厚板厂采用立辊轧机还是有必要的。一是立辊可以挤破钢锭外表面的初生氧化铁皮，然后再用高压水冲去，这比单用高压水去除氧化铁皮效果更好；二是立辊还起到去除钢锭锥度的作用。

为了去除轧制过程中生成的次生氧化铁皮，在轧机前后都需要安装高压水喷头。在粗轧、精轧过程中都要对轧件喷几次高压水。

2.2.2 粗轧

粗轧阶段的主要任务是将板坯或扁锭展宽到所需要的宽度并进行大压缩延伸。根据原料条件和产品要求，可以有多种轧制方法供选择。这些方法是全纵轧法、综合轧制法、全横轧制法、角轧-纵轧法。

2.2.2.1 全纵轧法

纵轧就是钢板的延伸方向与原料（钢锭或钢坯）纵轴方向相一致的轧制方法。当原料的宽度稍大于或等于成品钢板的宽度时就可不用展宽轧制，而直接纵轧轧成成品，所以称为全纵轧法。全纵轧法由于操作简单所以产量高，轧制钢锭时，钢锭头部的缺陷不致扩展到钢板的全长上去。但全纵轧法由于在轧制中（包括在初轧开坯时）轧件始终沿着一个方面延伸，使钢中偏析和夹杂等呈明显的带状分布，带来钢板组织和性能的各向异性，使横向性能（尤其是冲击性能）降低。全纵轧法由于无法用轧制方法调整原料的宽度和钢板组织性能的各向异性，因此在实际生产中用得并不多。

2.2.2.2 综合轧制法

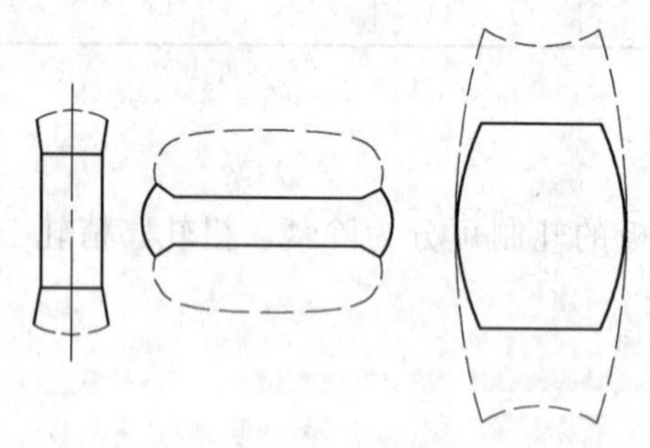

图2-6 综合轧制法

综合轧制法即横轧-纵轧法。横轧即是钢板的延伸方向与原料的纵轴方向相垂直的轧制（见图2-6）。综合轧制法，一般分为三步：首先纵轧1~2道次平整板坯，称为成形轧制；然后转90°进行横轧展宽，使板坯的宽度延伸到所需的板宽，称为展宽轧制；最后再转90°进行纵轧成材，称为延伸轧制。

综合轧制法是生产中厚板中最常用的方法。其优点是：板坯宽度不受钢板宽度的限制，可以根据原料情况任意选择，比较灵活，由于轧件在横向有一定的延伸，改善了钢板的横向性能。通常连铸坯的规格尺寸比较少，因此更适合采用综合轧制法。但此法在操作中从原料到横轧、从横轧到纵轧，轧件共有两次90°旋转，因此使产量有所降低，并易使钢板成桶形，增加切边损失，降低成材率。此外由于板坯横向伸长率还不大，使钢板组织性能各向异性改善还不够明显，横向性能仍然容易偏低。

2.2.2.3　全横轧制法

全横轧制法即将板坯进行横轧直至轧成成品。此法只能用于板坯长度大于或等于钢板宽度时。当用连铸板坯做原料时，采用全横轧法与采用全纵轧法一样会造成钢板组织性能明显的各向异性。但如果用初轧板坯做原料，那么由于初轧时轧件的延伸方向与厚板轧制时的延伸方向相垂直，因而大大地改善钢板的各向异性，显著改善钢板的横向性能。为使钢板性能较为均匀，应该在由钢锭算起的总变形中使其纵向和横向的压下率相等。此外全横轧法比综合轧制法可以得到更整齐的边部，钢板不易成桶形（见图2-7），因而减少了切损。还由于全横轧法比综合轧制法减少一次转钢时间，使产量有所提高。因此全横轧法经常用于以初轧坯为原料的中厚板生产。但由于受到钢坯长度规格数量的限制，调整钢板宽度的灵活性小。

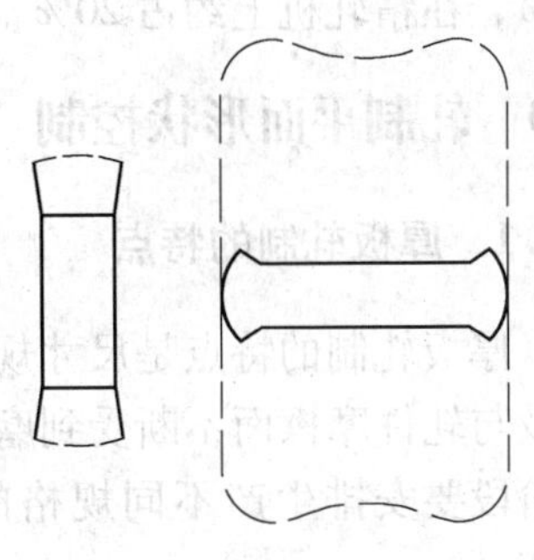

图2-7　全横轧制法

2.2.2.4　角轧-纵轧法

所谓角轧就是将轧件纵轴与轧辊轴线成一定角度送入轧辊进行轧制的方法（见图2-8）。其送入角在15°～45°范围内变化，每一对角线轧制1～2道后即更换到另一对角线进行轧制。轧件在角轧时每轧一道都会使轧件在原宽度方向得到一定延伸而使宽度加大，同时轧件会变成平行四边形。当轧件转向另一对角线轧制时，轧件宽度继续加大，而轧件从平行四边形回到矩形。轧件每轧制一道其轧后宽度可按下式求出：

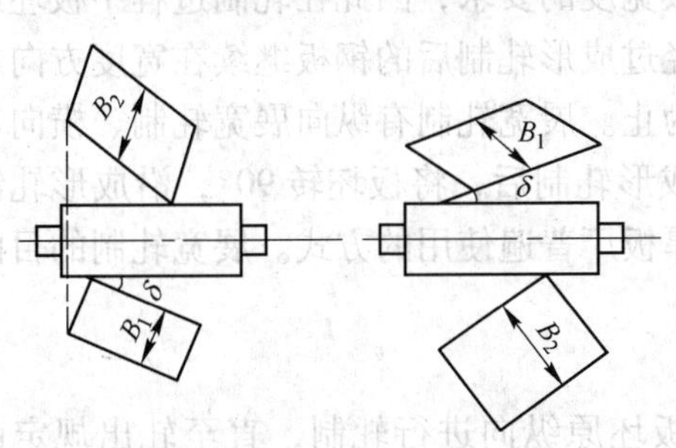

图2-8　角轧-纵轧法

$$B_2 = B_1\mu l[1 + \sin^2\delta(\mu^2 - l)]^{1/2}$$

式中　B_1、B_2——轧制前、后钢板的宽度；

δ——该道次的送入角；

μ——该道次的延伸系数。

角轧的优点是可以改善咬入条件、减少咬入时产生的巨大冲击力，而且角轧时轧件和轧辊的接触宽度小于横轧，因而也使轧制压力减少，从而改善了板形，提高了产量。对于过窄的板坯采用角轧法可以防止轧件在导板上"横搁"。角轧-纵轧法由于使轧件在纵、横两个方向上都得到变形，因而能改善轧件的各向异性。缺点是需要拨钢，因而使轧制周期延长，降低了产量，而且送入角及钢板形状难以控制，使切损增大，成材率降低，劳动强度大，操作复杂，难以实现自动化。因此角轧-纵轧法只用在用钢锭做原料的三辊劳特式轧机上。

2.2.3　精轧

精轧阶段的主要任务是质量控制，包括厚度、板形、表面质量、性能控制。轧制的第二阶段粗轧与第三阶段精轧间并无明显的界限。通常把双机座布置的第一台轧机称为粗轧机，第二台轧机称为精轧机。对两架轧机压下量分配上的要求是希望在两架轧机上的轧制节奏尽量相等，这样才能提高轧机的生产能力。一般的经验是在粗轧机上的压下约占

80%，在精轧机上约占 20%。

2.3 轧制平面形状控制

2.3.1 厚板轧制的特点

厚板轧制的特点是尺寸规格繁多、轧制中要求有展宽轧制。由于工作辊是处在受热膨胀及与轧件摩擦而不断受到磨损的综合影响下工作，所以辊形随时都在变化。因此，在不同阶段要安排生产不同规格的产品。安排厚板轧制计划时还要考虑加热能力和燃耗等因素。

厚板轧制过程一般分为成形轧制、展宽轧制、精轧轧制三个阶段。

2.3.1.1 成形轧制（Sizing Rolling）阶段

成形轧制也称为整形轧制。是将板坯沿长度方向（即沿纵向）上轧制 1 ~4 道次。成形轧制的目的是为了消除板坯表面因清理而产生的不规则形状的影响，使展宽轧制前获得准确的坯料厚度及端部成扇形以减少横轧时的桶形，为提高展宽轧制阶段的板厚精度和板宽精度打下良好的基础。

2.3.1.2 展宽轧制（Broadside Rolling）阶段

通常厚板坯料的宽度和长度满足不了成品钢板宽度的要求，因此在轧制过程中板坯或钢锭需要在轧机前后的旋转辊道上进行转钢，使经过成形轧制后的钢板继续在宽度方向或长度方向得到展宽，直至达到成品钢板毛边宽度为止。展宽轧制有纵向展宽轧制、横向展宽轧制和角轧展宽轧制三种。横向展宽轧制是在成形轧制后，将板坯转 90°，沿成形轧制时的宽度方向进行轧制，使板坯展宽，这是目前厚板厂普遍使用的方式。展宽轧制的目的是为了得到规定的轧制宽度。

2.3.1.3 精轧（Finishing Rolling）阶段

精轧是在展宽轧制后，再将板坯转 90°，沿板坯原纵向进行轧制，直至轧出规定的厚度、所要求的质量。该阶段的任务是质量控制和轧制延伸，通过板形控制、厚度控制、性能控制及表面质量控制等手段生产出板厚精度高、同板差小、平坦度好及具有良好的综合性能的钢板。

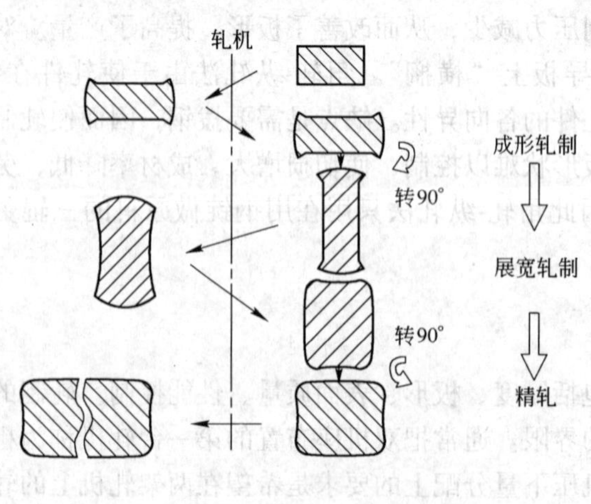

图 2-9 厚板轧制过程

轧制过程如图 2-9 所示。因此在厚板的轧制过程中，不只是在板坯纵向上进行了轧制，而且在横向上也进行了轧制。

2.3.2 平面形状控制

厚板用途广泛，因此产品尺寸规格也多种多样。为了获得不同尺寸规格的产品，板坯不仅要在长度方向上轧制，也需要在宽度方向上轧制。由于板坯在长度和宽度方向的端部都要产生不均匀变形，使轧后的钢板平面形状一般不为矩形，从而造成钢板的切头、切尾和切边量增加，严重影响厚板成材率。

早在1976年，日本就开始了厚板平面形状控制技术的研究，在平面形状控制的基本原理、工艺技术及平面形状检测等领域进行了许多工作。特别是随着液压控制技术和计算机控制技术在厚板轧机上的成功应用，使厚板的成材率得到了显著的提高。据报道，日本多家厚板生产厂的成材率在20世纪80年代初期，就已经普遍达到90%以上，切头尾及切边损失控制在4%以下。日本名古屋厚板厂采用立辊轧边法，除了对钢板的平面形状实施控制外，还能对钢板的宽度进行控制，生产出齐边的钢板，使厚板的成材率达到96.8%的高指标。日本川崎水岛厂开发了MAS轧制法，在厚板轧制初始的成形道次和展宽道次轧制时，沿轧制方向将轧件两端轧成楔形，使轧件的四角在随后的轧制过程中被充满，整个轧件呈近似矩形，从而减少了切头尾及切边的损失。

先进的平面形状控制方法的共同特点是，需要四辊轧机和近接配置的立辊轧机的相互配合。在成形及展宽阶段，通过平辊或立辊的连续压下，适当改变轧件的形状，控制金属的横向流动和纵向流动，使轧件在延伸轧制阶段获得最佳的矩形"充满度"。同时，立辊轧机根据测宽仪的测量，对轧件进行AWC、SSC控制，提高了宽度控制精度，使以此为基础的平面形状控制技术更加完善。

国内外的许多厚板工厂在控制钢板平面形状即钢板的矩形化方面开展了大量卓有成效的工作。总结出符合各自工艺及装备特点的控制方法，都不同程度地达到了减少切损的目的，国外主要厚板厂采用的平面形状控制技术见表2-3。

表2-3　国外主要厚板厂采用的平面形状控制技术

厂　家	住友鹿岛	川崎水岛	NKK京滨	NSC君津	浦项2号	迪林根
平面形状控制技术	立辊轧边法	MAS法	类似MAS	类似MAS	立辊	无

2.3.2.1　平面形状形成过程

在厚板生产中，影响成材率的因素有切头尾、切边、氧化铁皮、轧废、质量缺陷等，其中平面形状不良（切头尾与切边）造成的损失占了很大的比例。厚板轧制过程的特殊性造成其轧后的平面形状多不呈矩形，在交货以前必须进行切头尾和切边处理。因此研究轧制过程中的平面形状变形规律，使平面形状矩形化，减少切头尾与切边损失，在提高厚板的成材率中起重要作用。

厚板轧制过程中，轧制完成后的钢板平面形状，是成形轧制、展宽轧制及精轧轧制各个过程中平面形状变化量叠加的结果。成形和展宽轧制阶段头尾端产生的不均匀变形合成起来，导致轧后钢板的平面形状不是真正的矩形。成形和展宽轧制过程中发生的平面形状变化如图2-10所示。图中c_1和c_3部分那样的凹形是由于头尾端局部展宽造成的，而c_2和c_4部分那样的凸形是因为在宽度方向上，两边部分比中间部分展宽大，因而在长度方向上发生延伸差，再加上c_1和c_3部分局部展宽的影响而产生的。所以轧制结束时的平面形状是由板坯尺寸、成品尺寸及影响展宽的诸多因素决定的。就影响平面形状的因素而言，除了横向轧制比（轧制宽/板坯宽，即展宽比或横向延伸）和长度方向轧制比（轧制长/板坯长，即纵向延伸）之外，还有压下率、变形区接触弧长等因素。一般来说，在展宽比小和长度方向轧制比大的情况下，轧件头尾端部显凸形，而边部显凹形，变形结果如图 2-11*a* 所示，在展宽比大和长度方向轧制比小的情况下，轧件头尾端部显凹形，而边部显凸形，结果如图 2-11*b* 所示。

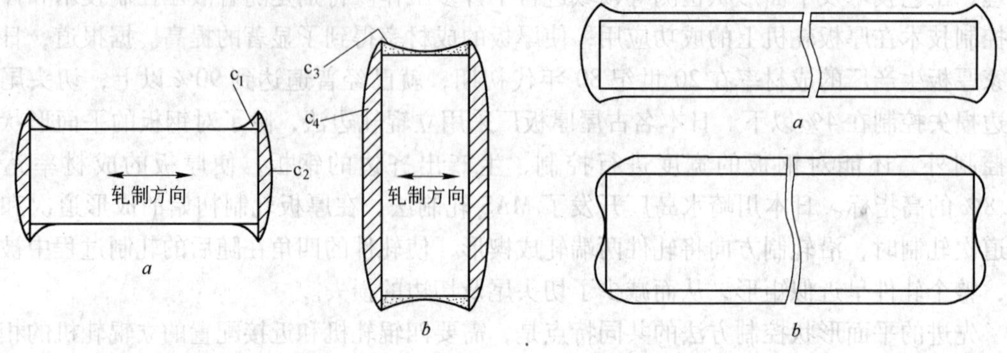

图 2-10 轧制过程中的平面形状改变

a—成形轧制后；*b*—展宽轧制后

图 2-11 轧制结束时的钢板平面形状

a—展宽比小，长度方向轧制比大；

b—展宽比大，长度方向轧制比小

2.3.2.2 平面形状控制技术

平面形状控制技术是成品钢板的矩形化技术，平面形状控制的实质是实现中间道次的变断面轧制。当前已经开发出许多平面形状控制手段，如厚边展宽轧制法（Mizushima Automatic Plan View Pattern Control System，MAS 法）、狗骨轧制法（DBR 法）、薄边展宽轧制法、立辊轧边法等。

A 厚边展宽轧制法（MAS 法）

厚边展宽轧制法是日本川崎制铁公司水岛厚板厂开发并于 1978 年开始用于生产的平面形状控制技术。这种技术通过预测每块钢板轧制终了的平面形状变化量，给出相应的压下量来控制辊缝的开度以改变轧材的厚度，最终使钢板的平面形状成为矩形。这种技术的控制过程如下：

(1) 由预报模型求得边部和端部形状的变化量，把它换算成成形轧制最终道次的板厚分布；

(2) 在成形轧制的最后一个道次中，给沿长度方向相应各点以规定的厚度差；

(3) 将板坯回转 90°进行展宽轧制，由于宽向厚度不同，从板边到板中心的压下率也不同，从而使平面形状得以改善。

厚边展宽轧制法的原理如图 2-12 所示。为了控制轧件侧面形状，在最后一道延伸时用水平辊对展宽面施以可变压缩。如果侧面形状凸出则轧件中间部位的压缩大于两端，如图中形状；如果轧件侧面形状凹入，两端的压缩就应大于中间部分。将这种不等厚的轧件旋转 90°后再轧制，就可以得到侧面平整的轧件，称为整形 MAS 法。同理，如果在横轧后一道次上对延伸面施以可变压缩，旋转 90°后再轧制就可以控制前端和后端切头，称为展宽 MAS。

实线表示采用厚边展宽轧制方法轧后的钢板形状，虚线为采用传统轧制方法轧后的钢板形状。

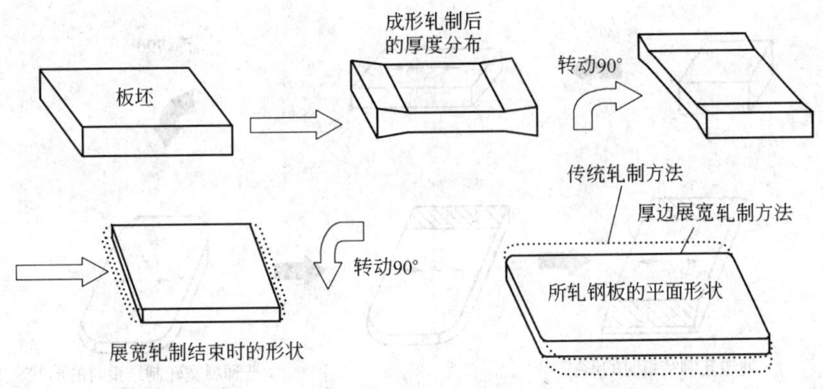

图 2-12　厚边展宽轧制法（MAS）的原理

厚边展宽轧制法的要点是正确预报终轧后的形状，定量取得轧制过程中阶段的平面形状变化。同时在控制方面，为了实现在轧制中板坯的厚度变化，不仅需要大负荷响应性能良好的液压 AGC 控制，而且需要对厚度变化模型的偏移的设定和厚度变化量的高精度控制系统。

B　狗骨轧制法（DBR 法）

狗骨轧制法（Dog Bone Rolling，即 DBR 法）是日本钢管福山厚板厂开发的一种平面形状控制技术，该技术是将预测到的长度方向的平面形状变化量都补偿到宽度方向的厚度截面上，将轧件先轧成两边厚、中间薄的“狗骨”形状，然后再沿坯料的长度方向一直作延伸轧制，直到轧出成品钢板。该方法与 MAS 法的补偿原理基本相同，不同之处在于，狗骨轧制法只能解决轧件头尾的“舌形”，不能补偿轧件边部的不均匀变形。此外，DBR 法在确定“狗骨”量时，考虑了“狗骨”部分在压下时的宽展。图 2-13 为 DBR 法轧制原理示意图。

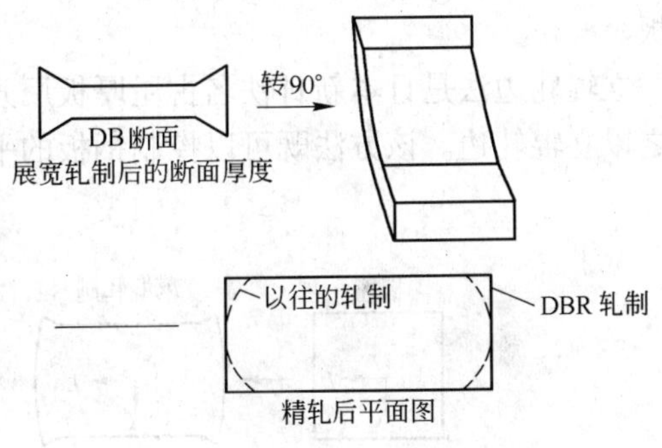

图 2-13　DBR 法轧制原理示意图

C　薄边展宽轧制法

薄边展宽轧制法也称为差厚展宽轧制法，是日本川崎制铁公司千叶厚板厂采用的平面形状控制技术。该技术是将展宽轧制后的不均匀变形量折算成轧辊水平倾斜的角度，在展宽轧制后，紧接着倾斜轧辊，追加两道次变形，对板坯的两边进行轧制，使薄边展宽轧制后的板坯形状接近矩形，以消除成形轧制与展宽轧制阶段不均匀变形而形成的头尾凸形。然后将轧件转动 90°，延伸轧制为平面形状较好的成品钢板。

薄边展宽轧制法的生产过程如图 2-14 所示，虚线为未实施该技术时成品钢板的平面形状。

D　立辊轧边法

立辊轧边法控制平面形状的过程如图 2-15 所示，该方法利用立辊的侧压来消除边部

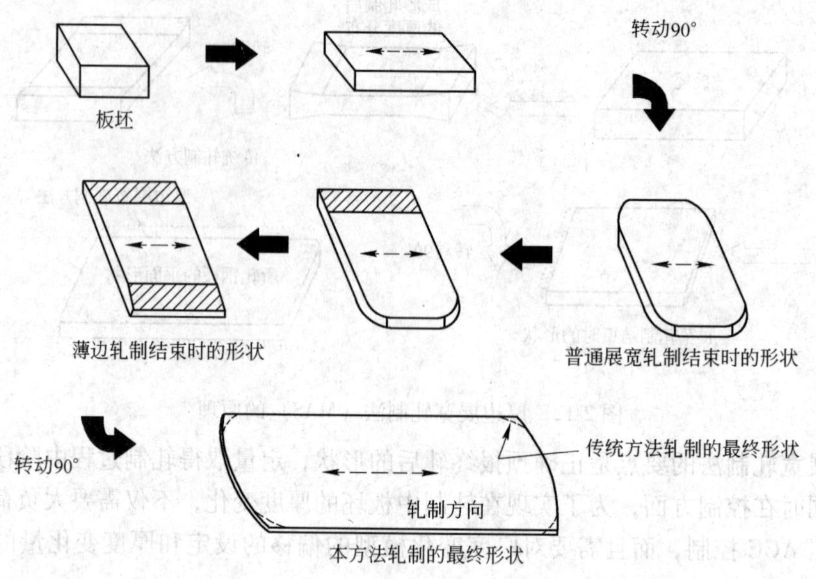

图 2-14　薄边展宽轧制法的生产过程

的局部展宽和端部的不均匀变形。同时，对钢板的宽度进行控制，以生产出齐边的钢板。

立辊轧边法是日本新日铁名古屋厚板厂开发的技术，是在采用 MAS 轧制法的基础上，辅之以立辊轧边。该方法既可以控制钢板的平面形状，又使钢板齐边。

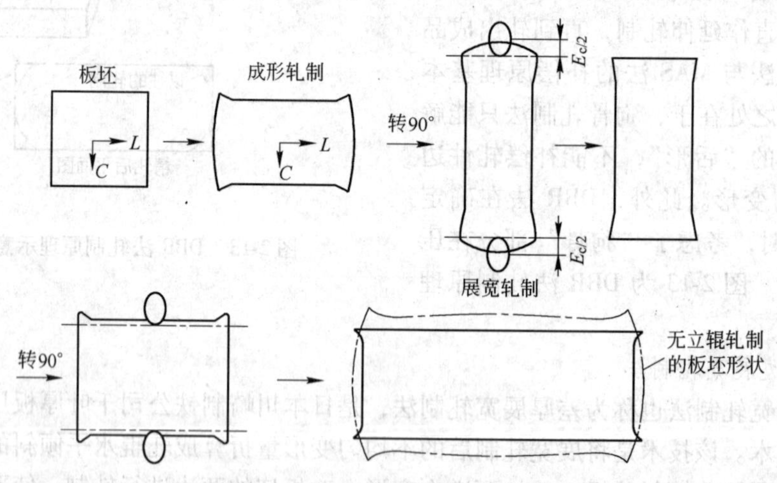

图 2-15　立辊轧边法控制平面形状的过程

E　咬边返回轧制法

采用钢锭作为坯料时，在展宽轧制完成后，根据设定的咬边压下量确定辊缝值，将轧件一个侧边送入轧辊并咬入一定长度，停机轧辊反转退出轧件，然后轧件转过 180°将另一侧边送入轧辊并咬入相同长度，再停机轧辊反转退出轧件，最后轧件转过 90°纵轧两道消除轧件边部凹边，得到头尾两端都是平齐的端部。其原理如图 2-16 所示。我国舞钢厚板厂采用此法使成品钢板的平面形状、矩形度以及板厚精度都得到了明显的改善。

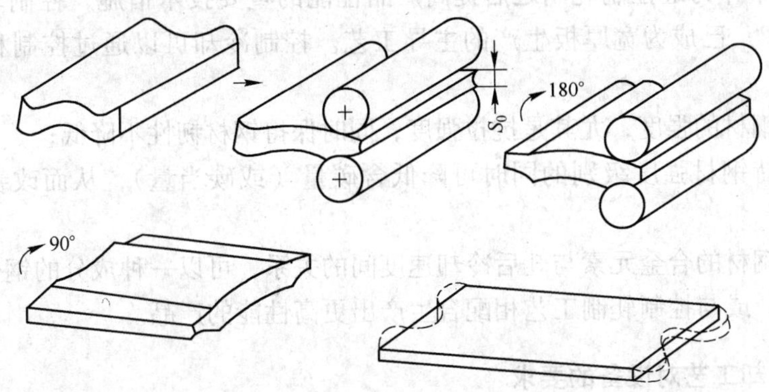

图 2-16　咬边返回轧制法示意图

（虚线为未实施咬边返回轧制法轧制的成品钢板平面形状）

F　留尾轧制法

留尾轧制法也是我国舞钢厚板厂采用的一种方法。由于坯料为钢链，锭身有锥度，尾部有圆角，所以成品钢板尾部较窄，增大了切边量。留尾轧制法示意图如图 2-17 所示。钢锭纵轧到一定厚度以后，留一段尾巴不轧，停机轧辊反转退出轧件，轧件转过 90°后进行展宽轧制，增大了尾部宽展量，使切边损失减小。舞钢厚板厂采用咬边返回轧制法和留尾轧制法使厚板成材率提高 4%。

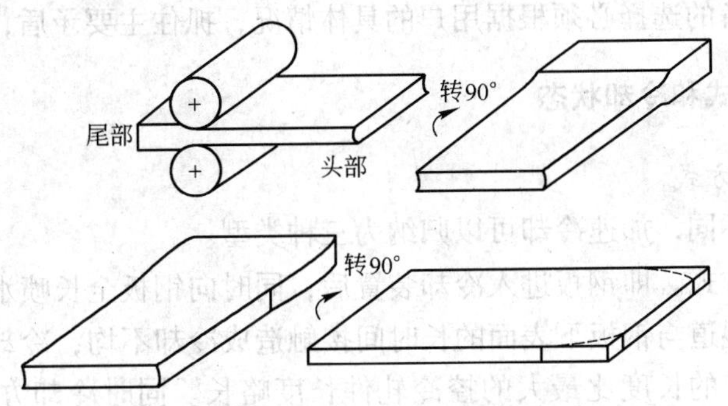

图 2-17　留尾轧制法示意图

（虚线为未实施留尾轧制法的成品钢板平面形状）

2.4　冷却

2.4.1　轧后钢板加速冷却的目的

20 世纪 70 年代后，以日本为代表的厚板用户，对厚钢板的强度、低温韧性和焊接性能提出了更高的要求，这些要求仅依靠现有控制轧制技术是无法满足的。因此不仅要用轧制工艺来控制奥氏体，而且要用轧后冷却来控制相变本身，也就是利用轧后水冷进行控制冷却。为此进行了许多冷却工艺和冷却设备的研究开发工作。1980 年日本钢管公司福山厚板厂首次成功地设置了在线快速冷却设备（OLAC），标志着控制冷却已从实验室阶段进入了生产实际应用。目前在国外大多数厚板厂都设置有轧后快速冷却装置，并把控制冷却技术作为继控制轧制之后提高产品性能的重要技术措施，控制轧制和控制冷却技术（TMCP）已成为宽厚板生产的主导工艺。控制冷却可以通过控制相变过程达到以下目的：

（1）提高钢材的强度，尤其是抗拉强度，同时保持钢材韧性不降低；

（2）在保持钢材强度级别的同时可降低含碳量（或碳当量），从而改善了钢材的焊接性；

（3）利用钢材的合金元素与轧后冷却速度间的关系，可以一种成分的钢生产出不同性能要求的产品，或与控制轧制工艺相配合生产出更高性能的产品。

2.4.2　加速冷却工艺对设备的要求

加速冷却目的的实现，冷却设备是第一要解决的问题。对加速冷却设备必须满足以下要求：

（1）能均匀冷却整个厚板（包括板宽、板长、板厚方向）；

（2）尽量减少冷却过程中产生的应变等形状不良和残余应力；

（3）有足够的冷却速度，并能准确地调整冷却速度和控制冷却起始和终冷温度；

（4）设备投资少、生产稳定、便于维修。

各国使用的轧后冷却设备种类很多，有喷流冷却（高压喷水冷却）、喷射冷却、水幕层流冷却、管层流冷却（包括高密度管层流冷却）、喷雾冷却、浸水冷却等。这些设备各有优缺点，冷却设备的选择必须根据用户的具体情况，抓住主要矛盾，慎重选择。

2.4.3　加速冷却方式和冷却状态

2.4.3.1　*冷却方式*

按冷却方式的不同，加速冷却可以归纳为三种类型。

（1）同时冷却方式。即钢板进入冷却装置后，同时向钢板全长喷水使钢板达到规定的温度。为了避免因辊道与钢板下表面的长时间接触造成冷却不均，冷却装置所在辊道具有摆动功能。冷却装置的长度比最大的控冷轧件长度略长。同时冷却方式可减少钢板头尾温差。

（2）连续冷却方式。即钢板在通过控制冷却装置的过程中，边前进，边冷却，使之从头至尾渐次达到规定的终冷温度。这是目前世界上采用最多的冷却方式。

（3）兼容冷却方式。当钢板较厚较短时，可采用同时冷却方式；当钢板较长时，可采用连续冷却方式。

2.4.3.2　*冷却状态*

冷却状态是指钢板在控制冷却是否处于压力结束状态。钢板在辊压状态下称为约束型冷却，反之，称为非约束型冷却。约束型冷却装置主要用于直接淬火处理。

通过改善冷却均匀性，一些新建的控制冷却装置实现了在非约束型冷却方式下对钢板的直接淬火处理。

2.4.4 加速冷却种类

当前在中厚板轧后控制冷却设备中使用最多的是气雾冷却、水幕层流冷却和管层流冷却。

2.4.4.1 气雾冷却

气雾冷却有冷却能力调整范围宽、冷却均匀等优点，但由于使用了空气，造成联合喷嘴结构和配管系统比较复杂、设备费用增加、噪声比较大和车间雾气较大等缺点，所以过去选用较少。近年由于对钢材冷却均匀性的要求提高，因此有几个厂新建的控冷设备选择了气雾冷却，如敦刻尔克厂（1989 年）、浦项厚板厂（1989 年）、伯利恒厂（1998 年）和我国的酒泉钢厂。

2.4.4.2 水幕层流冷却

水幕层流冷却装置是各种冷却装置中冷却能力最强的，冷却区长度也最短，因此被各厚板厂广泛采用。但是随着用户对产品均匀冷却的要求日益提高，水幕冷却的缺点就突出了，主要有：

（1）由于冷却能力强，因此钢板在厚度方向上冷却不均匀性较大；

（2）中凸的水幕头制造精度要求高，生产使用中不易长期稳定成幕，水幕两端形成的哑铃形也很难完全消除，这些都影响钢板横向冷却的均匀性；

（3）不能采用有利于厚钢板均匀冷却的同时冷却操作方式；

（4）为了保持幕状层流，各个水幕的水量调节范围就比较小，尤其生产薄规格钢板时难以采用小水量的低冷速冷却。

2.4.4.3 管层流冷却

管层流冷却是最早用于厚板的冷却装置，但由于它冷却能力较低、冷却区较长（一般在 40m 左右），因此人们更看好水幕冷却装置。20 世纪 90 年代后有感于水幕冷却的缺点和对钢板冷却均匀性要求的提高，经改进制造出高密度管层流冷却装置，并优化结构尺寸，尽量减少各 U 形管喷流横向间的相互干扰（它不能像水幕冷却那样完全消除），使冷却能力大为提高，可接近于水幕冷却。因而高密度管层流使原有的管层流冷却的缺点得以改善，优点得以保留，其主要优点是：

（1）板厚方向冷却比较均匀；

（2）设备制造工艺简单，对水中杂质的要求可低于对水幕冷却装置的要求，水流的稳定性好；

（3）可以采用连续冷却和同时冷却两种操作方式；

（4）由于没有成幕性的要求，因此流量调节范围较宽，冷却能力调节比较灵活；

（5）可以通过改变集管上的 U 形管之间距离和管径尺寸，比较容易地改善板宽方向的冷却均匀性。正是由于这些优点，20 世纪 90 年代国际上已有多个工厂采用了高密度管层流的冷却装置。如俄勒冈厚板厂（1996 年）、蒂森厚板厂、我国的台湾中钢（1993 年），日本水岛厂也将普通管层流冷却装置中的一段（1/4）改造成高密度管层流（1995 年）。

从以上分析不难看出，随着用户对产品质量要求的日益提高，轧后冷却装置已不只是追求高冷却速度，而是要在一定冷却速度下注重冷却的质量（冷却的均匀性）和可控性。

表2-4为中厚板生产的几种加速冷却方式的比较。

表2-4 加速冷却方式的比较

形式	特　点
高压喷嘴（MLPIC）	高密度、高压力的冷却水可连续到达钢板表面并形成紊流，水压可高达500kPa，冷却水渗透性高，适合汽膜较厚的情况；冷却速度调节范围较宽，可用于加速冷却和直接淬火。耗水量大，对水质要求高，喷嘴易堵塞
集管层流冷却	水流为层流状，钢板冷却均匀，可冷却厚度20～50mm厚的钢板；需要的冷却区长，不易实现高冷速，不适合直接淬火冷却，对水质要求较高
水幕冷却	水流为层流状，没有相邻水柱在冲击钢板时形成的干扰；冷却效率最高，对水质要求不严，冷却速度调节范围小，对需低速冷却的厚钢板不适用
气雾冷却（ADCO）	采用压缩空气使水雾化，钢板冷却均匀，冷却速度调节范围最宽。设备管线复杂，噪声大

2.4.5 影响冷却质量的主要因素

影响冷却质量的主要因素有：

(1) 冷却速度。为了使钢板获得均匀的组织和力学性能，冷却装置的冷却速度应随钢板厚度增加而降低。如果厚钢板的冷却速度太高，钢板的表面和中部温差会过大。对厚规格钢板而言，沿厚度方向的热传导系数是限制因素；对薄钢板而言，表面的热传递系数才是关键因素。加速冷却应用的温度范围一般为800～500℃，处于稳定膜态沸腾区，因此热交换系数的稳定是控制冷却速度的关键因素。典型直接淬火的温度范围为900～200℃，冷却过程通过部分膜态沸腾区，热交换系数对冷却效果不产生主要影响。

(2) 钢板平直度。如果进入冷却区的钢板平直度差，就会造成钢板冷却不均，并使板形更加恶化。因此，坯料的均匀加热和轧机具有良好的平直度控制水平是取得良好板形的前提条件。如果以生产薄规格钢板为主，75%以上的钢板厚度在20mm以下，可以考虑在冷却装置前设置预矫直机。

(3) 钢板表面状态。由于氧化铁皮的导热系数较钢低，残留的氧化铁皮会破坏稳定的膜态沸腾，导致钢板的不均匀冷却。因此，轧制过程中的有效除鳞是很重要的。

(4) 钢板温度的均匀性。包括提高钢板进入冷却装置时的均匀性和避免冷却过程的头尾和边部过冷。采用低的冷却速度时（通常钢板以低速运行），要提高钢板进入冷却装置时头尾温度的均匀性，应限制钢板的长度，也可采取同时冷却方式。随钢板宽度的增大，钢板横向冷却不均匀的趋势也增加。可采用边部罩、水量中凸分配避免边部过冷。避免钢板头尾过冷需要可靠的计算机模型和快速的冷却介质开闭速度。增加下部喷嘴供水比例，避免钢板上表面过冷。

2.4.6 确定冷却装置位置的因素

确定冷却装置位置的因素有：

(1) 冷却装置应靠近轧机。轧件在轧机中结束变形后，将产生晶粒组织的回复和静态再结晶。以 C 含量（质量分数）0.2%，变形量 30% 的钢为例，950℃时变形完成后的第 10s，60% 的奥氏体晶粒发生了再结晶。钢板终轧至冷却开始的时间不宜超过 20s。

(2) 避开易受到冷却水及蒸汽的干扰工艺仪表。为测厚仪、测宽仪、板形仪、钢板平面形状测量仪、镰刀弯测量仪留出安装位置。

(3) 控制轧制中交叉轧制必要的辊道长度。

(4) 应考虑矫直机对控制冷却装置位置的影响。有少部分厂将矫直机设置在控制冷却装置前。还有一些在控制冷却装置前设预矫直机，在控制冷却装置后再设矫直机。其目的是保证钢板进入控制冷却段时具有平直的板形，也因为高强度钢板在冷却后很难再进行矫直。在冷却装置前设置（预）矫直机将拉大了主轧线的设备间距，同时增加了钢板终轧至开始控制冷却的时间，会降低了控轧控冷的效果。

(5) 采取同时冷却方式时，钢板完全进入冷却段后才开始喷水冷却，冷却装置更易于靠近轧机布置；采取连续冷却方式时，钢板应以冷却速度进入冷却段，冷却装置和轧机之间应留出钢板减速需要的辊道长度。

2.4.7 冷却段长度的确定

连续冷却方式冷却装置的长度主要取决于要求的冷却速率 *CR* 和钢板的移动速度 *V*。*CR* 可由产品的厚度方向的硬度梯度 ΔH、碳当量 C_{eq}、钢板厚度 h 等参数确定。

为了保证钢板冷却后的平直度，钢板的移动速度不宜太低，可参考生产节奏选定。必须在最低速度和最小板厚的基础上确定一个最短长度。

采取同时冷却方式时，以需控制冷却的最大钢板长度为基础，确定控制冷却段设备长度。

2.4.8 冷却装置与矫直机的关系

(1) 紧凑式。控制冷却装置与热矫直机紧靠布置，同步操作，适合于厂房受限制的旧厂改造。

(2) 分离式。控制冷却的钢板完全离开控制冷却设备后再进入矫直机。

矫直速度和冷却装置内钢板移动速度一般均为 0~2.5m/s。两者工艺速度存在同步的条件，但也存在不利的影响。冷却段钢板的速度根据钢种和规格确定。而矫直速度还应参照板形情况。薄规格钢板冷却时移动速度一般较快。如果钢板强度高，钢板与矫直辊间的接触面减小，摩擦力小，矫直速度高时可能出现打滑。

2.4.9 冷却技术的最新应用成果

日本和欧洲控制冷却技术的发展水平见表 2-5 和表 2-6。

表 2-5 冷却方式和对应的钢种

钢 种	抗拉强度 σ_b/MPa				
	490	590	690	780	950
船 板	AC	—	—	—	—
海洋结构板	AC	AC	—	—	—

续表 2-5

钢种	抗拉强度 σ_b/MPa				
	490	590	690	780	950
管线钢	AC	AC	AC	—	—
建筑结构板	AC	DC	DC	DC	—
桥梁板	AC	DC	DC	DC	—
低温容器板	AC	DC	—	—	—
超低温容器板	AC	—	DC	—	DC
工程机械	AC	DC	DC	DC	

注：AC 为加速冷却，DC 为直接淬火。

表 2-6　控制冷却技术生产钢种的主要性能

钢种	板厚/mm	C_{eq}	σ_s/MPa	σ_b/MPa	DWTT85/%	夏氏冲击试验温度/℃	夏氏冲击功/J
X80	19	0.5	590	701	-50	-30	359
X100	20	0.39	718	887	-30	-40	186
船板	25	0.33	372	515	—	-50	169
海洋结构	65	0.34	422	518	—	-90	302
HT590	80	0.43	493	663	—	—	222
HT590	100	0.44	453	601	—	—	272
HT980	34	0.50	795	861	—	—	206
HT980	50	—	943	996	—	—	219

2.5　精整

精整工序在中厚板生产过程中占有极其重要的位置。它的作业线最长、功能最多，而且最复杂。精整工序包括钢板的轧后冷却、矫直、画线、剪切或火焰切割、表面质量和外形尺寸的检查、缺陷的修磨、取样及试验、钢板的钢印标志及钢板的收集、堆垛、记录、判定入库等环节。每一个环节对钢板的产量和品种，内部质量和外形质量、力学性能和工艺性能，以及钢材的成材率和企业的经济效益等都产生举足轻重的作用。

中厚板精整工艺的组成，一般随着轧制钢种的不同而不同。我国目前中厚板精整工艺组成，基本上是两种类型。

（1）以生产碳素钢、低合金钢为一大类。这一类中厚板生产车间，其精整工艺通常由轧后冷却，热状态矫直、翻钢板、画线、剪切、修磨、标志、分类、堆垛等组成。

（2）对于除生产上述钢种外还生产中级、高级合金钢的中厚板车间，除需具备上述必不可少的工艺外还需设有热处理、酸碱洗、探伤等工艺处理。

2.5.1　冷却方式

钢材的冷却是保证钢材质量的重要环节，根据钢材品种及钢种的不同，冷却方式可以采用自然冷却（空冷），强制冷却（风冷、水冷），缓慢冷却（堆冷、缓冷）等几种方式。

2.5.1.1　自然冷却

自然冷却指轧制终了后钢材在冷床上自然空气冷却。当冷床有足够的工作面积，而对钢材的组织及性能又无特殊要求时，大都可以采用这种冷却方式，例如普碳钢。自然通风冷却时，轧件在空气中通过传导、辐射和对流将自身的热量向周围环境排放。其中传导所散发的热量很少，通常可以忽略不计。辐射和对流的过程是轧件先通过辐射把热量传给周围的物体，再通过对流把大部分辐射热传给空气，热空气上升，从车间屋顶的排气孔把热量散发到周围的环境，轧件上的热量主要是通过对流散发。

2.5.1.2　强制冷却

当冷床面积较小，或对钢材的力学性能或内部组织有一定的要求时，可采用强制冷却。根据强制冷却时的冷却速度，又可将其归纳为以下两种情况：

(1) 喷雾冷却。喷雾冷却用特殊喷头使冷却水变成雾状水滴，用另一个喷头喷射出的压缩壁气将细雾珠吹到钢板上。

(2) 喷水冷却。在钢材上直接喷水的冷却，这种方法的作用：提高冷床的利用率，提高钢材的力学性能，还可以减少由于冷却不均所产生的弯曲，带钢可于轧制后在辊道运行过程中立即进行喷水冷却。

2.5.1.3　缓慢冷却

缓冷一般是为了让钢中有害元素氢得到扩散，冷却高级特厚钢板时使用缓冷装置。

2.5.2　冷床

冷床的结构形式有滑轨式冷床，运载链式冷床、辊式冷床、步进式冷床和离线冷床五种结构形式。

2.5.2.1　滑轨式冷床

这种冷床一般由具有一定距离的钢轨（或灰口铸铁做成）和带有拨爪的拉钢机组成。拉钢机有钢丝绳的，有链条式的。链式拉钢机又有单拨爪和多拨爪之分。特点是结构比较简单，造价低廉，在比较老的中厚板车间使用。这种滑轨式冷床，由于钢板在滑轨上被拉钢机拉着滑动，钢板下表面划伤是不可避免的，散热不好。

2.5.2.2　运载链式冷床

这种冷床是在滑轨式冷床基础上，经改革而成。它的特点是：钢板下表面只与运载链接触，并保持相对静止，完全脱离滑轨，而运载链则托在滑槽内。这种冷床，虽解决了钢板下表面划伤问题：但链子很多很重，磨损严重，易发生故障，在我国使用不太广泛。

2.5.2.3　辊式冷床

辊式冷床由滑轨式冷床改造而成，分为小辊式和全辊式两种。前者仍用钢丝绳拖运，小辊是被动的，只起撑托钢板作用，改滑动摩擦为滚动摩擦，减轻了钢板下表面的划伤。全辊式冷床，各辊子都是主动同步转动的，顺作业线布置，辊呈圆盘状并相互交错布置，如图 2-18 所示，所以称为圆盘辊式冷床。

2.5.2.4　步进式冷床

步进式冷床的工作原理是，当钢板在冷床上不运行时，载运活动梁与固定梁条同高，

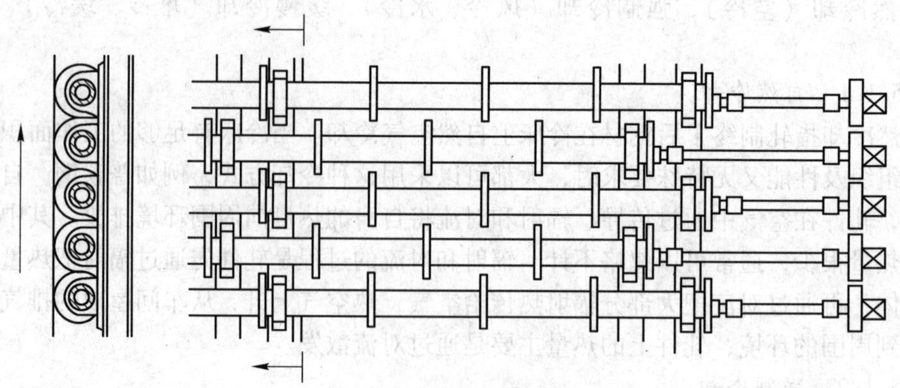

图 2-18 圆盘辊式冷床

当钢板在冷床上要运行时，载运活动梁将钢板从固定梁上抬起，然后载运活动梁逐步地运送钢板，当运送一定距离后，载运活动梁开始下降，把钢板放在固定的梁条上，最后再移回至原来的位置上，又开始上升到与固定梁条同高，重新处于静止状态。

2.5.2.5 离线冷床

离线冷床不像在线冷床那样边传送边冷却钢板，而是固定在一个地方冷却钢板。用钢架或滑轨排列成一个平台，构造简单。钢板用桥式起重机或专用吊具搬入搬出。

这种冷床主要用于冷却特厚钢板。

2.5.3 矫直

钢板在热轧时，由于板温不可能很均匀，延伸也存在偏差，以及随后的冷却和输送原因，不可避免地会造成钢板起浪或瓢曲。为保证钢板的平直度符合产品标准规定，对热轧后的钢板必须进行矫直。

中厚板的矫直设备可大致分为辊式矫直机和压力矫直机两种。如图 2-19 所示，辊式矫直机上下分别有几根辊子交错地排列，钢板边通过边进行矫直。压力矫直机有两个固定支点支撑钢板，压板施加压力而进行矫直。

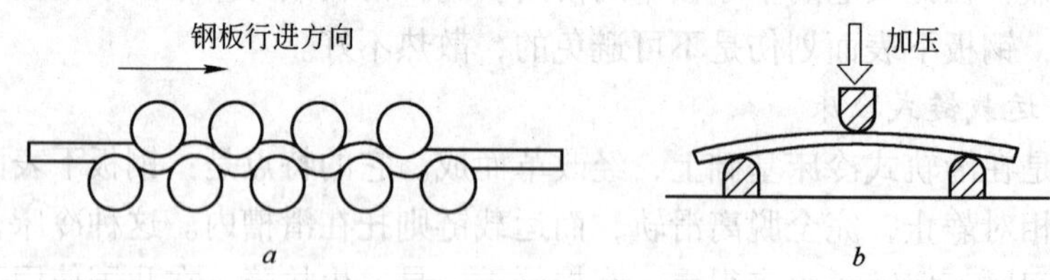

图 2-19 矫直机

a—辊式矫直机；*b*—压力矫直机

一般在厚板厂使用的辊式矫直机有三种：热矫机、冷矫机、热处理矫直机。

热矫机设置在轧制线的轧机后方，它是矫直热钢板的。冷矫机在精整工序，矫直冷钢板。热处理矫直机通常设在热处理炉的出口侧，矫直经过热处理的钢板。

热矫直是使板形平直不可缺少的工序。用于轧制线上的中厚板矫直机有二重式和四重式两种。有些中板厂配备两台热矫直机，一台用来矫直较薄的钢板，一台用来矫直较厚的钢板。

目前现代化中厚板厂为了满足高生产率和高质量的要求都改为安装一台四重式热矫直机。几种二重式与四重式热矫直机的矫直辊布置如图 2-20 所示。

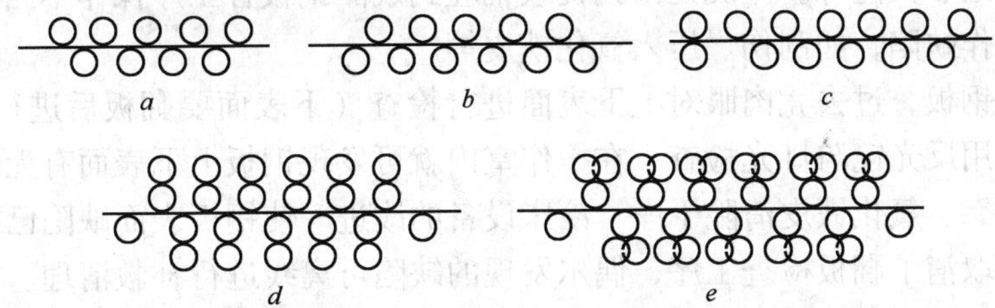

图 2-20 热矫直机的矫直布置

a，*b*—二重式热矫直机的矫直辊布置；*c*—带送料辊的二重式热矫直机的矫直布置；*d*—支撑辊与矫直辊布置在同一垂直轴线上的四重式热矫直机；*e*—支撑辊与矫直辊不在同一垂直轴线上的四重式热矫直机

矫直机辊数多为 9 辊或 11 辊。矫直终了温度一般在 600 ~ 750℃，矫直温度过高，矫直后的钢板在冷床上冷却时还可能发生翘曲，矫直温度过低，钢的屈服强度上升，矫直效果不好，而且矫直后钢板表面残余应力高，降低了钢板的性能，特别是冷弯性能。

为了矫直特厚钢板和对由于冷却不均等原因产生的局部变形进行补充矫直，在中厚板厂还设有压力矫直机，可以矫直厚度达 300mm 的钢板，矫直压力 5 ~ 40MN。为矫直高强度钢板还设置了高强冷矫机，可以矫直到 50mm 厚，4250mm 宽的钢板。

随着控轧控冷工艺技术的应用，终轧与加速冷却后的钢板温度偏低（450 ~ 600℃），而钢板的屈服强度提高很多。因而对热矫直机的性能提出很高的要求，即在低温区对厚板能进行大应变量的矫直工作，从而促进了热矫直机向高负荷能力和高刚度结构发展。

为提高矫直质量，而且要求矫直的板厚范围也扩大了许多。所以，出现了第三代热矫直机，其主要特点是高刚度、全液压调节及先进的自动化系统。

以 MDS 制造的热矫直机为例，由计算机控制的矫直辊缝调节系统可根据钢板厚度设定调节上辊组的开口度，入、出口方向和左右方向的倾斜调节，上组可以快速打开、关闭、上矫直辊的弯曲调节用以纠正钢板的中间浪和左右边浪，每个上辊和下辊组的入、出口可以单独调节。

MDS 为迪林根厚板厂制造的一台重型九辊式热矫直机，最大矫直力为 30000kN，矫直钢板厚度为 5 ~ 110mm，据介绍，最大矫直厚度为 300mm。

三菱重工为水岛厂制造并于 1988 年投产的十五矫直机，入、出口各 4 个小直径的矫直辊、中间主体部分为 7 个大直径的矫直辊，其矫直钢板厚度为 4.5 ~ 265mm，最大矫直力为 41000kN。当矫直厚规格时，入、出口各 2 个小辊抬起，矫薄规格时 15 个矫直全部投入，此时轻型与重型矫直辊之间形成最大为 1100kN 的能力。

SMS 设计的新型高性能九辊式厚板热矫直机，最大特点是矫直辊数和辊距可变，从而可扩大矫直的板厚范围，如矫直从九辊式可改为五辊式，矫直的板厚范围为 5 ~ 120mm，最大宽度为 4500mm。另一个特点是所有的矫直辊（上、下）为单独传动和单独调节。

2.5.4 翻板、表面检查及修磨

钢板表面缺陷按其来源分为两类。一类是由钢锭、钢坯或连铸坯本身带来的，称为钢质缺陷，如结疤、夹渣等。一类是由钢锭或钢坯到成品钢板各工序操作不当或其他原因造成的，称为操作缺陷，如刮伤、压入氧化铁皮等。

冷却后的钢板，过去凭肉眼对上下表面进行检查（下表面要翻板后进行检查）。现在有的已开始改用反光镜与灯光检查，在操作室内就可发现钢板上下表面有无缺陷。近来由于板坯质量可靠、氧化铁皮清除干净、冷床设备的改进等使钢板表面缺陷已很少，因此国外个别工厂还取消了翻板检查工序，偶尔发现的缺陷可离线进行补救清理。对发现的钢板表面缺陷可根据其严重程度分别采用修磨、切除等措施。

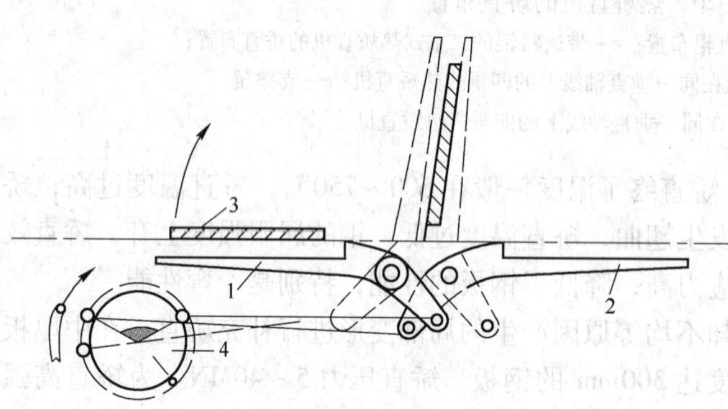

图 2-21　带有曲柄连杆机构的翻板机

1，2—两组杠杆；3—钢板；4—曲柄

2.5.4.1　翻板机形式

中厚板厂在冷床后都安装有翻板机，翻板机的作用是为了实现对钢板上、下表面的质量检查。常见的翻板机有两种形式，一种是曲柄式，另一种是正反齿轮式。两种方式中以曲柄式翻板机为好，它的优点是翻板平稳、噪声低、不会夹伤钢板，而且能双向翻板，如图 2-21 和图 2-22 所示。

2.5.4.2　砂轮机

用于厚板修磨的砂轮机有如下几种：手推砂轮机、自动砂轮机、圆盘式砂轮机、手砂轮机、砂带修磨机、不摆头砂带修磨机、自动磨削机。

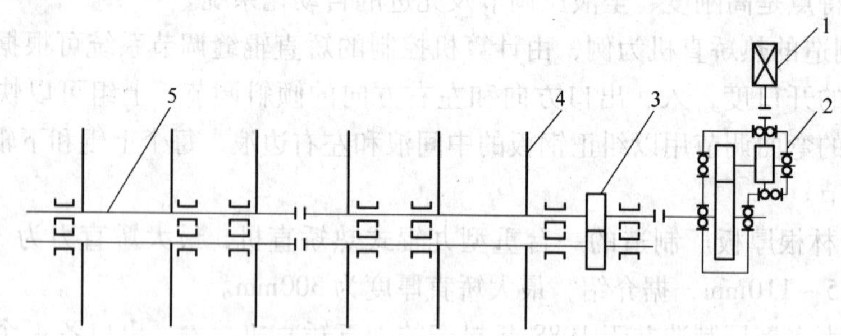

图 2-22　正反齿轮式的翻板机

1—电动机；2—减速机；3—齿轮；4—托臂；5—长轴

（1）手推砂轮机。这是在厚板修磨中最常使用的一种砂轮机。如图 2-23 所示，在小型手推车上装上电动机，砂轮由三角皮带传动。作业人员手持砂轮机，边左右摆动砂轮边拉着手推车前进。

（2）自动砂轮机。这是一种使手推砂轮机摆头和走行自动化的机械。在钢板上铺设钢轨和这种机械配套时，它就边磨削一定宽度边行走。可以不用人工修磨，一人即可操纵数

台机械。因而适于大面积修磨，最近人们都喜欢用它。这种机械和手推砂轮机的大小大致一样，移动场地比较简单。

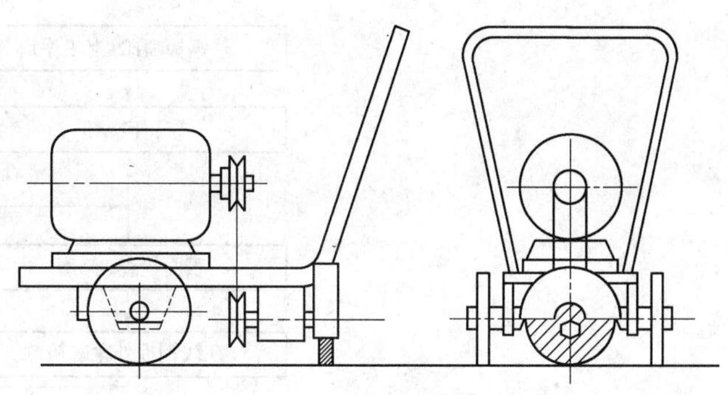

图 2-23　手推砂轮机

（3）圆盘式砂轮机。这种型号也称为角砂轮，质量轻、体形小，一般用于狭小场所或从下方修磨钢板下表面等。

（4）手砂轮机。这种型号使用扁平砂轮，其特点与圆盘式砂轮机相同。

（5）砂带修磨机。这是一种用磨削砂带代替手推砂轮机的砂轮，使它在皮带轮上旋转的机械。使用方法与手推砂轮机相同。

（6）不摆头砂带磨削机。这是一种使用磨削皮带的砂轮机，不是边使用边摆头，而是边修磨边前进。

（7）自动磨削机。在沿着钢板长度方向敷设钢轨上走行的台车上，装载一台在台车上沿宽度方向走行的磨削机，如一台桥式起重机。将需要修磨的钢板放在两条钢轨之间，开动磨削机就可以修磨任何部位的缺陷。它能够自由确定磨削部位，指定磨削部分的宽、长，并且还能够遥控。

然而，由于修磨板的搬出搬入，修磨部位、修磨面积没有规律性等原因，目前还不能充分发挥其能力。

2.5.5　剪切工艺与设备

2.5.5.1　概述

钢板剪切是对冷却后的钢板进行切头、切尾、切边、剖分、定尺及取样。

从国内外已投产的宽厚板轧机生产实践可以看出，轧机的生产能力和潜力很大，其薄弱环节往往在加热和精整工序，因此在设计厚板生产线时，必须使加热和精整车间的能力满足轧机的要求。

就剪切线而言，它的设计必须满足下述要求：

（1）保证与轧机的生产能力相适应；

（2）剪切机剪切力的选择必须留有富余，以便适应将来轧制高强度品种的需要；

（3）保证符合不断提高的厚板剪切质量和钢板尺寸精确度的要求；

（4）在剪切线的布置和设备选型及结构上满足自动化控制要求；

（5）留有富余生产能力，以满足将来生产能力和产品范围扩大的要求。

2.5.5.2　剪切线工艺流程

图 2-24 所示为我国新引进的某宽厚板剪切线的工艺流程。

2.5.5.3　剪切过程分析

经过生产实际和科学实验验证：剪切过程由压入变形和剪切滑移两个阶段组成，剪切过程的实质是金属塑性变形过程。

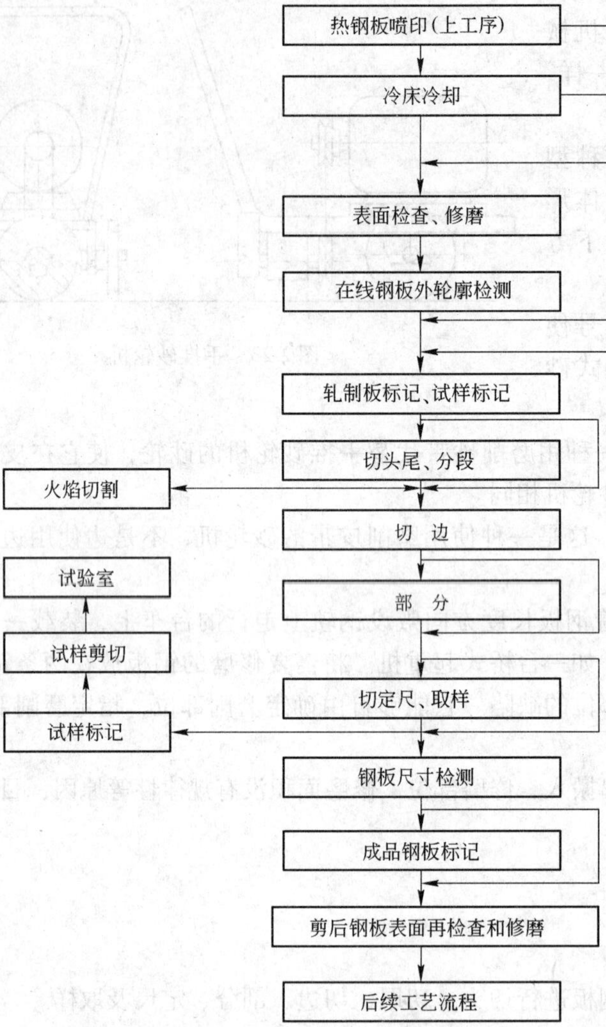

热钢板喷印(上工序)
冷床冷却
下线缓冷
表面检查、修磨
在线钢板外轮廓检测
自动超声波探伤
线外人工超声波复探
轧制板标记、试样标记
切头尾、分段
火焰切割
切 边
试验室
部 分
试样剪切
切定尺、取样
试样标记
钢板尺寸检测
成品钢板标记
剪后钢板表面再检查和修磨
后续工艺流程

图 2-24 宽厚板剪切线的工艺流程

如图 2-25 所示，当上剪刃下移与轧件接触后，剪刃开始压入轧件，由于压力 p 在开始阶段比较小，在轧件剪切断面上产生的剪切力小于轧件本身的抗剪能力，因此轧件只发生局部塑性变形，因此这一阶段称为压入变形阶段。随着上剪刃下移量增加，轧件压入变形增大，压力 p 也不断增加。当剪刃压入到一定深度，即压力 p 增加到一定值时，轧件的局部压入变形阻力与沿剪切断面的剪切力达到相等，剪切过程处于由压入变形阶段过渡到剪切滑移阶段的临界状态。当大于轧件本身的抗剪能力时，轧件沿剪切面产生相对滑移，开始

上剪刃
钢板
p
p
α
下剪刃

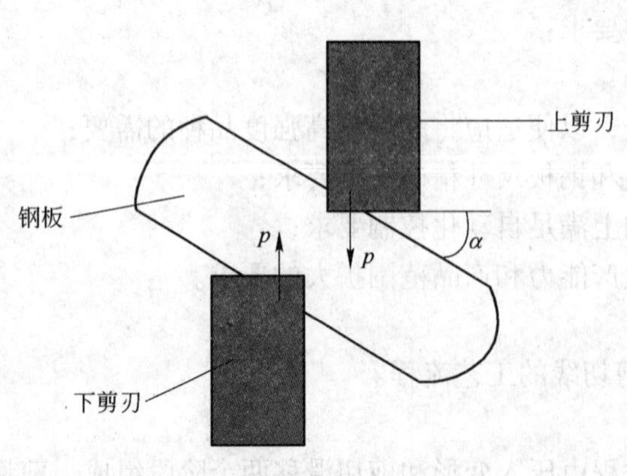

图 2-25 剪切过程示意图

了真正的剪切，这一阶段称为剪切滑移阶段。在剪切滑移阶段，由于剪切断面的不断减小，剪切力也不断变小，直至轧件的整个截面被剪断为止，完成整个剪切过程。

由图 2-25 可知，随着上下剪刃压入钢板深度的增加，钢板转角 α 会不断增大，导致钢板剪切质量（断面垂直度）的下降；钢板被剪断后，翘起的钢板端部落下会冲击辊道，同时 α 的增大，剪刃对钢板的水平推力也会不断增大，从而导致刃台与机架的滑道磨损加剧，而且当上下刃台的刚性较差时还会改变剪刃间隙，造成剪切困难。为了克服钢板在剪切过程中转动带来的缺点，在剪切机处设有钢板压紧装置，减小钢板转动。

2.5.5.4 影响单位剪切抗力的因素

金属性质：金属材料的强度极限越高，剪切抗力越大，塑性越低。对应于剪断时的相对切入深度越小，即金属断的越早。因此单位剪切抗力与金属的强度和塑性有关。

剪切温度：剪切温度越高，单位剪切抗力越小，对应于剪断时相对切入深度则越大。

变形速度：热剪时，单位剪切抗力随变形速度增加而增加。冷剪时，剪切速度对单位剪切抗力影响很小，一般可不考虑。

剪刃侧向间隙：剪刃侧向间隙的大小，可以使剪切时的受力状况发生变化。当侧向间隙由零逐渐增大时，受力状况由压缩→剪切→弯曲等状态依次发生，侧向间隙过小或过大都会使单位剪切抗力增加。因此合理选择和保持剪刃侧向间隙的大小，对于正确使用剪切机十分重要。实验表面，剪刃侧向相对间隙增大，单位剪切抗力减小，对应的断裂时的相对切入深度增加。

刀钝半径：刀钝半径的大小直接影响剪切抗力的大小。刀钝半径越大，刀就越不“快”，剪切抗力就越大，同时断裂时的相对切入深度也增加。

剪切断面的宽高比 $\frac{b}{h}$：当 $\frac{b}{h} \leqslant 1$ 时，单位剪切抗力与 $\frac{b}{h}$ 无关；当 $\frac{b}{h} > 1$ 时，单位变形抗力随 $\frac{b}{h}$ 增大迅速增大。同时根据实验证明，在断面面积相同的条件下，$\frac{b}{h}$ 越大，被剪切钢板的弯曲变形越大；$\frac{b}{h}$ 越小，则剪刃压入金属的变形越明显。此外，当增加 $\frac{b}{h}$ 时，对应于由压入阶段进入剪切阶段的相对切入深度增加，剪切抗力也随之增大。

除以上因素外，压板、剪刃与轧件的摩擦系数及剪刃几何形状等因素对单位剪切抗力都有一定的影响，但这些因素相对来说影响较小，可以忽略。

2.5.5.5 剪切工艺要求

剪切工艺要求如下：

(1) 各种钢板的剪切厚度都应满足剪机剪切力的要求。对于滚切式剪，剪切力可用以下的公式进行计算：

$$F = A \times \tau_t$$

式中 F——剪切力；

A——剪切区域的面积；

τ_t——剪切应力，$\tau_t = 0.8\sigma_b$；

σ_b——钢板的抗拉强度。

在计算剪切力时，A 的计算比较复杂，对不同的材质由于断裂区的不同而不同，在不同的剪切角度下，由于 A 的面积不同，剪切力也发生变化。

（2）剪切钢板时应避开其蓝脆温度。一般钢板的蓝脆温度为300℃左右。

（3）需带温切割的钢板，应抢温剪切，以避免剪裂。

（4）避免两块钢板重叠剪切。

（5）钢板两边的剪切量应尽量一致。

（6）对钢板温度较高时，应进行温度补偿，以补偿钢板的热胀冷缩。其简易计算公式为：

收缩量(mm) = 温度值(以百度计) × 长或宽(m)

2.5.5.6 剪切缺陷及其预防措施

剪切时发生的主要缺陷是毛边、塌边、剪裂、压痕、接痕以及成品尺寸和形状精度不符合要求。

产生毛边和塌边的影响因素有：上下剪刃的间隙；钢板的压紧方法；剪刃的锋利程度；有无润滑；剪切速度。

产生剪裂的原因为：剪切时钢板温度处于蓝脆区，或需带温剪切的钢板温度太低；切边量不够。

产生压痕的原因：剪台有异物或剪切毛刺被剪刃带入钢板与剪台之间，再剪切时造成压痕。

产生接痕的主要原因：剪切长边时，钢板定位不紧，造成两次剪切线明显错位。

影响长度精度因素有：测长仪的精度；钢板的停止精度；目标长度的设定，即要考虑热膨胀因素。

2.5.5.7 中厚板剪切机的基本类型和特点

剪切机是用于将钢板剪切成规定尺寸的设备。

按剪切机用途不同可分为：横切剪和切边剪等，按剪切机的驱动方式可分为机械剪、液压剪和气动剪，按机架的形式可分为开式剪和闭合剪。

按照刀片形状和配置方式及钢板情况，在中厚板生产中常用的剪切机有：斜刀片式剪切机（通称侧刀剪）、圆盘式剪切机、滚切式剪切机三种基本类型。其中，我国应用最多的是斜刀片式剪切机，其次是圆盘式剪切机。

滚切式剪切机是近年来出现的一种新型剪切机，它在现代化的中厚板生产中将具有更多的优越性和更强的生命力。三种剪切机刀片配置如图2-26所示。

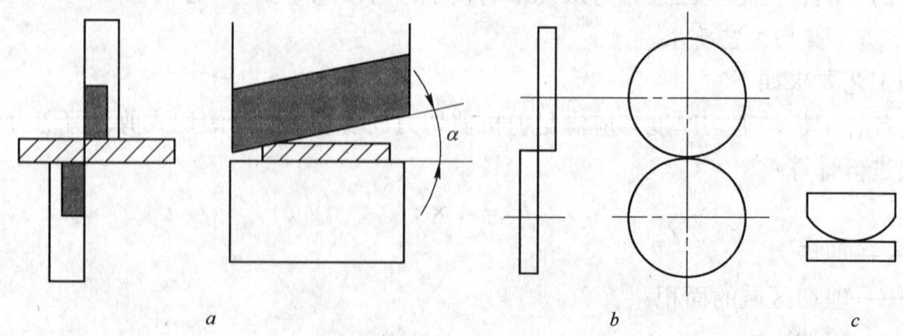

图2-26 剪切机刀片配置图

a—斜刃剪；*b*—圆盘剪；*c*—滚切剪

对上述三种类型剪切机的特点分述如下。

A 斜刀片剪切机

这种剪切机的两个剪刃是成某一角度配置的，即其中一个剪刃相对于另一个剪刃是倾斜配置的。在生产中多数上刀片是倾斜的，其倾斜角度一般为1°～6°。其特点如下：

(1) 适应性强。对钢板温度适应性强，既适用于热状态也适用于冷状态钢板的剪切，对钢板厚度适应性强，对40mm以下的钢板均能剪切。

(2) 剪切力比平行刃相对减小，能耗低。这是因为上刀片具有一定倾斜角，使刀片与钢板接触长度缩短，对同样厚度的钢板，其剪切力比平行刃大大降低了。

(3) 斜刀片剪断机的缺点：一是剪切时斜刃与钢板之间有相对滑动；二是由于间断剪切，空程时间长，剪切速度慢，产量低。

B 圆盘式剪切机

圆盘式剪切机的两个刀片均是圆盘状的，如图2-26所示。这种剪切机常用来剪切钢板的侧边，也可用于钢板纵向剖分成窄条。圆盘剪一般均要配有碎边机构。其特点如下：

(1) 一般剪切厚度限于25mm以内。

(2) 可连续纵向滚动剪切，速度快，产量高，质量好，对带钢的纵边剪切更能显示出它的优越性。

(3) 对于小批量生产，规格品种多，钢板宽度变换频繁，则需要频繁调整其两侧边剪刃间的距离。

C 滚切式剪切机

滚切式剪切机是在斜刃侧刀剪的基础上，将上剪刃做成圆弧形，如图2-26所示。上剪床在两根曲轴带动下，使上剪刃由一端开始向另一端逐渐接触，类似圆盘剪的间断剪切，可用来剪切钢板的头尾，也可用来剪切钢板的侧边。它的特点是：同斜刃剪相比钢板的滑动小，开口度两侧对称均匀，剪切质量好，钢板通过顺利，相同能力时，滚切剪设备质量轻。

2.5.5.8 中厚板剪切机的结构

A 斜刀片剪切机结构

斜刀片剪切机的种类比较多，按刀片在机架上的位置可分为开式和闭式：按剪刃运动特点又可分为上切式和下切式：按上刀片运动轨迹，又可分为垂直剪和摆动剪。我国使用最广泛的斜刀片剪切机是刀片垂直运动的上切式剪切机，如图2-27所示。

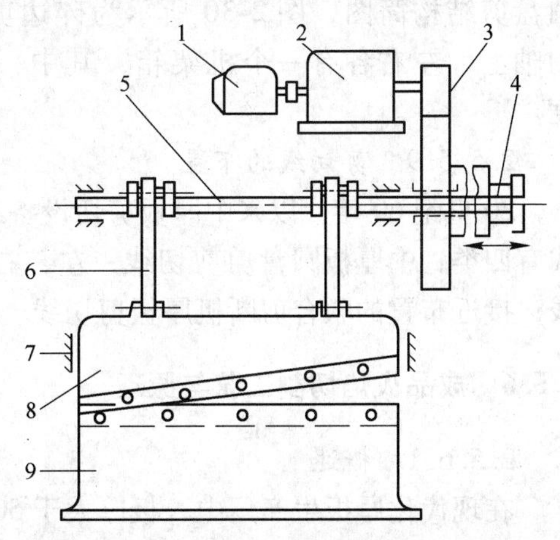

图2-27 斜刀片剪切机简图

1—电动机；2—减速机；3—开式齿轮传动；4—离合器；5—曲轴；6—连杆；7—滑道；8—上刀架；9—下刀架

斜刀片剪切机一般由传动部分、离合部分、机架部分、曲轴或偏心部分、上下刀架（剪床）等组成。用带飞轮的异步电动机驱动，经减速机或皮带轮以及开式齿轮传动，带动曲轴（或偏心轴）使上剪床沿着机架的滑道垂直往复运动来完成剪切过程。刀架的动作由离合器控制，离合器有牙嵌式、摩擦片式，用脚踏杠杆、气缸或电磁阀操纵。下剪床固定在机架上。上剪床除与曲轴连接外，尚有平衡装置，平衡方式有重锤和气缸两种。

这种剪切机适用性强，寿命比较长，剪刃安装方便，对剪切钢板头尾和侧边都适用。但剪切尺寸精度不够，特别是由于间断剪切，回程时间较长，单位时间内的剪切次数不够多，剪切效率不太高。

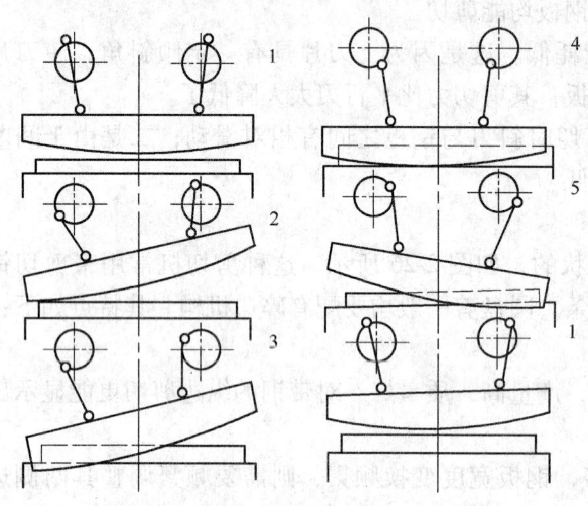

图 2-28 滚切式剪切机剪切过程示意图

1—起始位置；2—剪切开始；3—左端相切；4—中部相切；5—右端相切

B 滚切式剪切机的结构

滚切式剪切机剪切时，呈弧形的上刀刃在剪切时相对于平直的下刀刃作滚动（见图 2-28）。由于剪切运动是滚动形式的，与上刀刃倾斜的剪切形式相比剪切质量大为提高。其边部整齐，加工硬化现象也降低了剪切阻力，刀刃重叠量很小（超出下刀刃 1 ~5mm），在整个刀刃宽度上重叠量是不变的，因此避免了钢板和废边的上弯现象。

由于滚切机的明显优点，20 世纪 70 年代初各国相继建造了各种用途与规格的圆弧滚切式剪切机。当今无论是新设计还是老机组改造，都已选用滚切式剪切机。

C 圆盘式剪切机结构

圆盘剪主要由传动系统、机箱、机座、调整系统、剪刀片构成。图 2-29 所示为圆盘剪结构简图，图 2-30 所示为碎边剪结构简图。圆盘剪的每个刀片均固定在单独的轴上，左右各有一个机架箱，其中一个是可以左右调整的，以适应不同的剪切宽度。

2.5.5.9 剪切线的布置

20 世纪 60 年代以来中厚板剪切设备组成及布置上的变化如图 2-31 所示。主要布置形式有四类：中厚板圆盘剪剪切线；左、右纵剪布置的中厚板剪切线；双边剪中厚板剪切线；接近布置的联合剪断机厚板剪切线。

2.5.6 成品火焰切割工艺与原理

2.5.6.1 概述

在现代化厚板生产厂中，板厚大于 50mm 的钢板在总产量中都占有相当比重，但由于受到剪切设备的限制，对于这种厚度范围的钢板一般用火焰切割机进行切割。

中厚板厂的火焰切割机主要有移动式自动火焰切割机和固定式自动火焰切割机，其基本装置是氧气切割器，以及安装切割器的电动小车。在国外，已使用等离子切割新技术切割中厚板，其优点是切割速度快、切割引起的变形小、质量好。

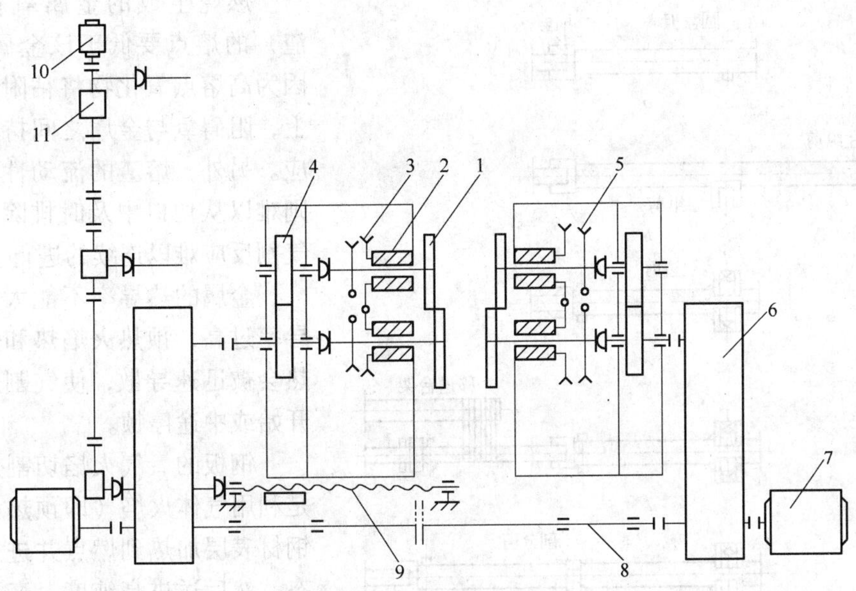

图 2-29　圆盘剪结构简图

1—刀片；2—偏心套；3—驱动偏心套的蜗轮蜗杆；4—减速机构；5—刀片间隙调整机构；6—主减速机；7，10—电动机；8—同步轴；9—传动丝杠；11—减速机

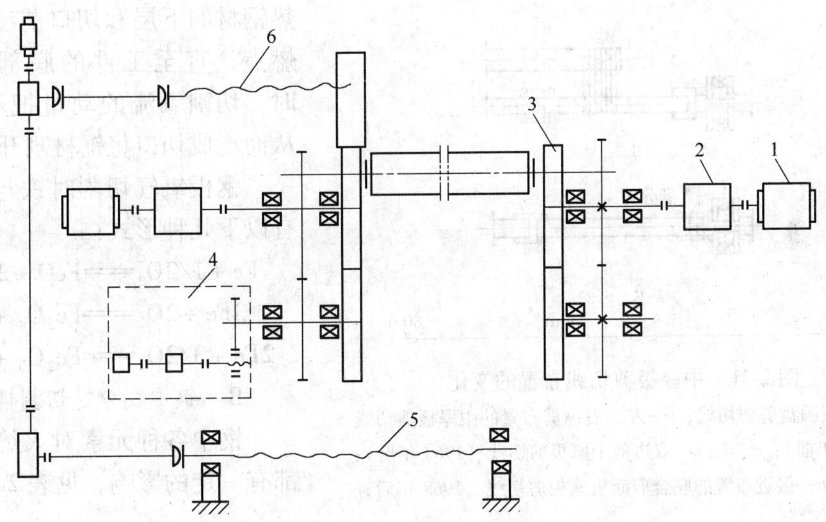

图 2-30　碎边剪结构简图

1—主传动电动机；2—主传动减速机；3—刀架；4—间隙调整；5—机架横移丝杠；6—侧导板横移丝杠

2.5.6.2　火焰切割基础知识

A　金属可实现氧气切割的必要条件

金属能同氧气发生剧烈的燃烧反应并能放出足够的反应热。这种燃烧热除补偿辐射、导热和排渣等热散失外，还必须保证将切口前缘的金属表层迅速且连续预热到燃点。

金属的燃点要低于它的熔点，否则金属在达到燃点前就被熔化了，达不到气割目的。

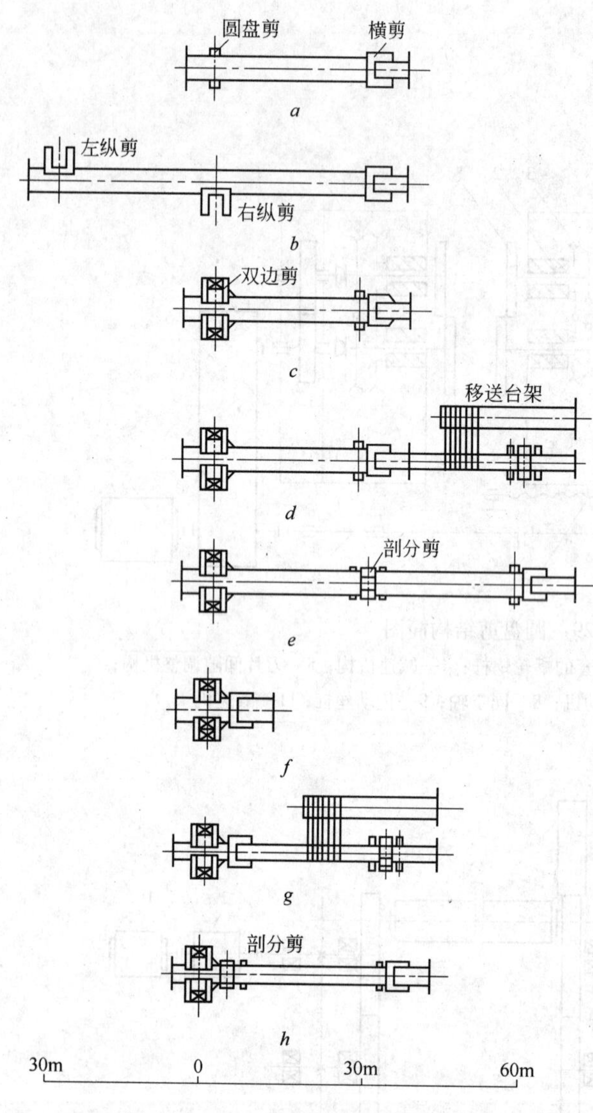

图 2-31　中厚板剪切线布置的变化

a—中板圆盘剪剪切线；*b*—左、右纵剪布置的中厚板剪切线（1963 年前）；*c*，*d*，*e*—双边剪中厚板剪切线（1963 年后）；*f*，*g*，*h*—接近布置的联合剪断机厚板剪切线（1968 年后）

燃烧生成的金属氧化物（熔渣）的熔点要低于该金属的熔点。因为高熔点氧化物将粘附在切割面上，阻碍氧与金属之间持续进行反应。另外，熔渣的流动性要好，否则难以从切口中及时排除，也会使气割反应难以连续的进行。

金属的热导率不能太高，如热导率过高，预热火焰热和燃烧反应热会被迅速导散，使气割过程不能开始或中途停顿。

钢板的氧气火焰切割过程首先是利用气体火焰（即预热火焰）将钢材表层加热到燃点并进入活化状态，然后送进高纯度、高流速的切割氧，使钢中的铁在氧氛围中燃烧生成氧化铁熔渣同时放出大量的热，借助这些燃烧热和熔渣不断加热钢材的下层和切口前缘使之达到燃点，直至工件的底部。与此同时，切割氧流的动量把熔渣吹除，从而形成切口将钢材割开。

钢板氧气切割时铁与氧的反应有以下几种形式：

$$Fe + 1/2O_2 = FeO + 267kJ$$

$$3Fe + 2O_2 = Fe_3O_4 + 1120.5kJ$$

$$2Fe + 3/2O_2 = Fe_2O_3 + 823.4kJ$$

B　钢中成分对切割性能的影响

钢中各种元素对火焰切割特性都有一定的影响，见表 2-7。

表 2-7　各种元素对钢材气割性的影响

元 素	对钢材气割性的影响
C	<0.45%，无影响；>0.5%，气割性差（因 C 含量高，钢的燃点升高），同时割前需要预热，以防止切割表面硬化和裂纹；>1% ~1.2%，就难以气割
Mn	<14% 无明显影响
Si	一般对气割无影响
P	钢中含量较低，无影响
S	钢中含量较低，无影响

续表 2-7

元素	对钢材气割性的影响
Cr	<5%，且钢板表面清洁，切割不太困难，但因产生高熔点、黏度大的 Cr_2O_3 熔渣，切割速度减慢。含 Cr 较多时，割前需预热； >10% 的高铬钢需采用氧-溶剂切割
Ni	对气割影响不大
Mo	<5% 时对切割无影响
W	<14% 对切割无影响；>14% 难切割
V	促进切割过程
Ti	对切割无影响

碳钢和低合金钢的气割性见表 2-8。

表 2-8 碳钢和低合金钢的气割性

钢的碳当量/%	气割特性
<0.6	无工艺上的限制，不需要预热
0.6~0.8	夏季允许无预热情况下切割，冬季在切割厚钢板和复杂零件时需加热至150℃
0.8~1.1	为防止淬火裂纹，需预热或随同切割加热到 200~300℃
>1.1	为避免出现裂纹，需预热至 300~450℃ 或更高温度，并随后缓冷。碳的质量分数大于 1.2% 的碳钢难以气割

注：碳当量计算公式 $C_{eq} = C + 0.16Mn + 0.3(Si + Mo) + 0.4Cr + 0.2V + 0.04(Ni + Cu)$。

宝钢宽厚板产品合金含量一般不超过 10%，所以通常情况下不会由于材质变化造成对切割速度、切割质量的影响。

C 常用切割燃气性能对比

气割用燃气主要包括以下几种气体：乙炔、丙烷、液化石油气、天然气、混合燃气，它们的简要评价见表 2-9。

表 2-9 常见燃气操作性经济性安全性比较

评价项目		乙炔	丙烷	液化石油气	天然气	混合燃气
操作性	点火难易程度	方便	不易	较难	较难	较方便
	预热时间	短	较长	较长	较长	较长
经济性	气体费用（包括氧气）	高	较低	较低	低	较低
	切割速度	较快	较慢	较慢	较慢	较快
	切割面质量	一般	较好，厚板尤佳	较好，厚板尤佳	较好	较好
安全性	爆炸危险性	大	不太大	不太大	不大	不大

结合将来宽厚板生产厂的产品结构、工艺要求及气体消耗等多方面要求，选用液化石油气作为切割燃气能够很好地满足生产需要，去改用天然气将使切割费用有进一步的下降。

D 气割机种类

采用机械化切割既能提高切割效率、降低劳动强度，又能大大改善气割质量，从而加

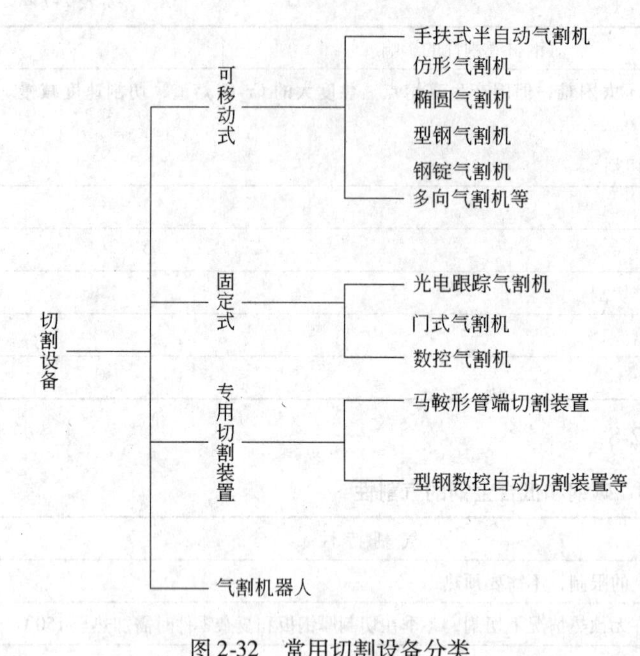

图 2-32 常用切割设备分类

快生产进度、降低生产成本。常用切割机种类如图 2-32 所示。

现国内厚板生产厂使用的火焰切割机主要是手扶式半自动气割机、光电跟踪气割机、门式气割机和数控气割机，其中数控火焰切割机不但气割操作的自动化程度高，而且还具有以下优点：

切割精度高：在正确选择切割参数、切割路线及防止和减少变形措施的条件下，成品的尺寸精度可达 ±0.5mm。

材料利用率高：通过自动套料系统合理排料，材料利用率可达到95%。

生产效率高：可同时使用多个割枪同时切割 2～4 个同形或同形镜像工件，并省去了制作样板和钢板画线，大大提高了切割效率。

数控火焰切割机虽有较多优点，但设备投资高，且要求熟悉编程和机器性能的技术人员，对操作者的综合技术要求较高。因此主要应用于外形复杂、精度要求高的大尺寸工件的套排料切割。从宝钢宽厚板厂的生产工艺、自动化水平要求看，成品火焰切割应使用门形数控火焰切割机。

E 切割面质量

我厂要求成品火焰切割机的切割精度必须满足德国 DIN2310.4 Ⅰ级精度，该标准将切割面质量根据切割面平面度 u、割纹深度 h 进行分等。其中切割面平面度 u：所测部位切割面上的最高点和最低点、按切割面倾角方向所作两条平行线的间距；割纹深度 h：沿切割方向 20mm 长的切割面上，以理论切割线为基准的轮廓峰顶线和轮廓谷地线之间的距离。

割面平面度 u 和割纹深度 h 按质量的好坏和钢板厚度依次分为 1、2、3 共 3 个等级（各等级数值与板厚的关系详见德国 DIN2310 标准）。

切割面整体质量分为Ⅰ、Ⅱ两个等级，相应等级评定表见表 2-10。

表 2-10 切割面质量等级评定

切割面质量	切割面平面度 u	割纹深度 h
Ⅰ级	1 等和 2 等	1 等和 2 等
Ⅱ级	1～3 等	1～3 等

F 工件尺寸偏差

工件的尺寸偏差是指工件基本尺寸与切割后的实际尺寸之差值。实际尺寸应在切口经过清理并冷却到室温后进行测量。德国 DIN2310 标准相应等级见表 2-11。

表 2-11　德国 DIN2310 标准相应等级

精度等级	切割厚度/mm	基本尺寸范围/mm			
A	3 ~ 12	±1.0	±1.5	±2.0	±3.0
	12 ~ 50	±0.5	±1.0	±1.5	±2.0
	50 ~ 100	±1.0	±2.0	±2.5	±3.0
	100 ~ 150	±2.0	±2.5	±3.0	±4.0
	150 ~ 200	±2.5	±3.0	±3.5	±4.5
	200 ~ 250	—	±3.0	±3.5	±4.5
	250 ~ 300	—	±4.0	±5.0	±6.0
B	3 ~ 12	±2.0	±3.5	±4.5	±5.0
	12 ~ 50	±1.5	±2.5	±3.0	±3.5
	50 ~ 100	±2.5	±3.5	±4.0	±4.5
	100 ~ 150	±3.0	±4.0	±5.0	±6.0
	150 ~ 200	±3.0	±4.5	±6.0	±7.0
	200 ~ 250	—	±4.5	±6.0	±7.0
	250 ~ 300	—	±5.0	±7.0	±8.0

G　切割面质量的测定

a　切割面质量样板、测量仪器与量具

切割面质量样板是用作鉴定切割面质量的比较样板。这一样板在现场作对比测量，对比得出的切割质量等级即作为评定结果。割面平面度 u 和割纹深度 h 的数值也可用测量仪器和量具分别测定。

b　测量方法

割面平面度 u 和割纹深度 h 应在没有缺陷的切割面上进行，且不应在切割始端和终端进行。

Ⅰ级：在每米切割长度上至少测量两个部位，每个测量部位 u 测定 3 次，距离 20mm，h 测量 1 次。

Ⅱ级：在每米切割长度上至少测量一个部位。每个测量部位 u 测定 3 次，距离 20mm，h 测量 1 次。

2.5.6.3　切割工艺

影响火焰切割的因素有割嘴大小及形状、使用气体种类、纯度及压力、切割钢板材质与厚度及表面状况、切割速度、预热焰的强度、切割钢板的温度、割嘴与钢板间的距离和割嘴的角度等。

切割工艺基本要求：

（1）应根据切割钢板的厚度安装适当孔径的割嘴。

（2）将氧气和燃气压力调至规定值。

（3）然后用切割点火器点燃预热焰，接着慢慢打开预热氧气阀，调节火焰白心长度，使火焰成中性焰，预热起割点。

（4）在切割起点上只用预热焰加热，割嘴垂直于钢板表面，火焰白心尖端距钢板表面1.5 ~2.5mm。

（5）当起点达到燃烧温度（暗红色）时，打开切割氧气阀，瞬间就可进行切割。

（6）在确认已割至钢板的下表面后，就沿着切割线以适当速度移动割嘴而进行切割。

（7）切割终了时，先关闭切割氧气阀，再关闭预热焰的氧气阀，最后关闭燃气阀。

2.5.7 喷丸清理和涂漆

2.5.7.1 喷丸设备

厚板喷丸装置有立式与卧式两种。虽然它们在本质上没有区别，但立式的在喷丸工序的前后要将钢板竖起放倒。还有钢板的传送也有问题，现在多采用卧式装置。

图2-33所示为卧式喷丸装置的示意图。钢丸由高速旋转的喷射机的叶轮片尖端喷射出去，轨迹呈搅涡状，以非常高的速度清扫钢板以去除钢板上的氧化铁皮。

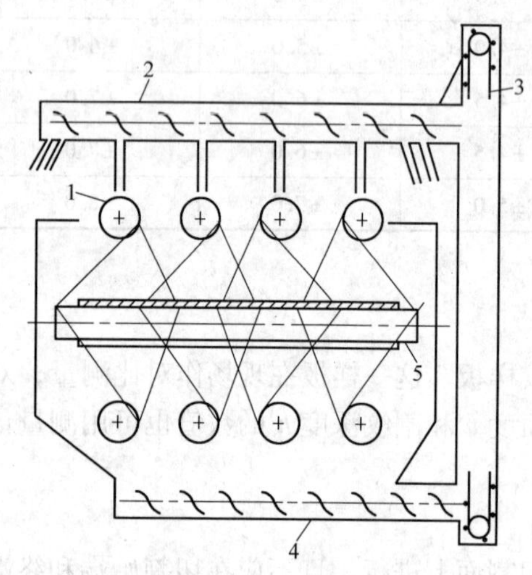

图2-33 喷丸装置示意图

1—喷射机；2—上部螺旋式输送机；3—链斗式输送机；4—下部螺旋式输送机；5—辊道

散落在钢板上的钢丸由刮板和压缩空气扫入抛射室下部的漏斗内，在漏斗下部装有一个过滤网，使大块破片不会卷进下部的螺旋式输送机。钢丸循环在进入螺旋式输送机之前，通过风选式分选机，利用气流将清除掉的氧化铁皮，不能使用的钢丸以及其他异物分离开来。此外，也有安装旋转式分离器的。经过分离后，将能够使用的钢丸通过螺旋式输送机将它送到边侧，再用链斗式输送机送往上部，供各喷射机使用。

抛射室用钢板围起来，里面铺上一层碳钢铸件，在直射部位还要装上耐磨性能好的铬制垫板，在检查孔的部位上特别铺上一层橡胶内衬，如果密封不严密就容易漏钢丸。在漏斗侧面装有钢丸补给口，以便在运转中也能补给。

抛射室内有乱弹射的钢丸，传送钢板用的辊子容易磨损，因此一般使用耐磨钢或使用衬胶辊。喷丸机内的辊子间距一般为700 ~800mm，如间距过大，当通过薄板时有掉进两个辊子之间的危险。如辊子与侧板之间的密封不严密，也会造成漏钢丸。

2.5.7.2 喷丸和涂漆

造船、桥梁、大型油罐等用厚板做原料的大型钢结构物，其坯料的保管、半成品的保管及安装等多在室外进行，且多数工期很长，因此，必须注意防锈。喷丸清理和涂漆就是为满足这种要求而采用的手段，其主要目的是把钢板最初生成的氧化铁皮去掉，进行首次防锈处理，以防止加工过程中生锈，便于进行成品完工后的防锈和涂漆。这种喷丸清理和涂漆工作过去都是由桥梁厂和造船厂进行的，后来逐渐过渡给钢板生产厂进行。其原因一方面是由于桥梁、造船厂的喷丸能力不足，另一方面由钢板生产厂作喷丸处理时，在去掉氧化铁皮的同时，很容易发现表面缺陷，有利于充分清理，对确保质量有好处。而且，在用无氧化炉进行热处理时，也必须预先除掉氧化铁皮。

喷丸处理使用的喷射材料有砂粒、切碎的钢丝及钢球等，通常采用直径为 1.0mm 的钢球。在喷丸处理中，为了除掉氧化铁皮，需要把这些喷射材料以 60m/s 的高速度喷到钢板表面上，因此钢板表面会产生微小的凹凸不平，并引起轻微的加工硬化。表面加工硬化层深度应限于表面层 1.0mm 以内，最深可达 2.0mm。硬度的提高程度和硬化层深度，随板厚与材质而变化。由于加工硬化，伸长率有很大的降低。表面发生凹凸后会使弯曲性能变坏。

涂漆作业是用手动或自动喷雾器把用户指定的涂料按照规定的干燥涂膜厚度均匀地喷涂到钢板上。涂漆板的涂膜厚度不均和过厚，对气体切割性和焊接性有影响，所以，对涂膜厚度要进行限制，在确保发挥防锈效果的前提下，涂膜厚度越小越好。

2.5.8 钢板标志

2.5.8.1 钢板标志的内容和目的

在钢板入成品库时，钢板表面必须标有明显的产品标志。标志的内容为：供方名称（或厂标）、标准号、牌号、规格及能够跟踪从钢材到冶炼的识别号码等。有关标志的具体要求，均按 GB/T 247—1997 或相应的标准以及协议规定执行。钢板标志的目的是为了便于识别，防止钢板在出厂后的存放、运输和使用时，造成钢质混乱，不利于合理地使用钢板。

2.5.8.2 钢板标志的方式

A 喷字

喷字是在钢板端部的上表面放上用薄钢板（或合金铝板等）制成的漏字板，摆上所需要的漏字，然后用喷枪喷涂白色的高温涂料或油漆。由于换字速度较慢，作业环境较差，故有的企业已使用自动喷字机。

B 打印

由于钢板在长期储存和吊运过程中，其表面相互摩擦或与其他物体摩擦，以及酸洗、喷丸、锈蚀等原因，造成喷字变得模糊不清，因此还要在钢板表面的一角打上钢印，通常只打钢号、生产批号（或炉罐号）。打印是利用高强度的钢字，使用压力或冲击力将钢字印在钢板表面上。通常使用的打印方式有：手工打印，液压滚字机，打印机等。

C 贴标签

事先将标记内容写在标签纸上，然后将标签纸贴在钢材的端面或侧面上，这种方法既简单又可靠。

2.5.9 钢板的分类、收集

凡经剪切机剪成各种长宽尺寸规格，并检查判定合格的钢板，都必须按照钢质、炉罐号、批号、尺寸规格以及每吊钢板所允许的最大重量等进行分类、收集。其目的在于防止钢质和规格混乱，便于吊运和成品管理，合理使用钢材。

这项工作的主要任务是：将不同炉罐号、钢质、批号、尺寸规格的钢板进行分类；将各类钢板运送到适当场地，进行垛板。

2.6 热处理

2.6.1 热处理原理和工艺

对力学性能有特殊要求的钢板还需要进行热处理。近年来中厚钢板生产中虽然已经广泛采用了控制轧制、控制冷却新工艺，并收到了提高钢板的强度与韧性、取代部分产品的常化工艺的效果。但是控制轧制、控制冷却工艺还不能全部取代热处理。热处理仍然用于一些产品的常化处理和低合金高强度钢的调质处理。并且热处理产品仍然具有整批产品性能稳定的优点。因此现代化的厚板厂一般都带有热处理设备。

2.6.1.1　钢及其分类

工业用钢是经济建设中使用最广泛、用量最大的金属材料，在现代工农业生产中占有极其重要的地位。工业用钢中的碳素钢，由于价格低廉，便于冶炼，容易加工，且通过含碳量的增减和不同的热处理可使其性能得到改善，因此能满足很多生产上的需要，至今仍是应用最广泛的钢铁材料。但是，随着现代科学技术的发展，对钢铁材料的性能提出了越来越高的要求，即使采用各种强化途径，如热处理，塑性变形等，碳钢的性能在很多方面仍然不能满足要求。

在碳钢的基础上有意地加入一种或几种合金元素，使其使用性能和公益性能得以提高的以铁为基的合金即为合金钢。但是应当指出，合金钢并不是在一切性能上都优于碳钢，且其价格比较昂贵，所以必须正确地认识并合理使用合金钢，才能使其发挥出最佳效用。

A　按用途分类

这是主要的分类方法，我国合金钢的部颁标准一般都是按照分类编制的。根据钢材的用途可以分为三类：

(1) 结构钢：用于制造各种工程结构（船舶、桥梁、车辆、压力容器等）和各种机器零件（轴、齿轮、各种连接件等）的钢种称为结构钢。其中用于制造工程结构的钢又称为工程用钢或构件用钢，它包括碳钢中的甲类钢、乙类钢、特类钢以及普通低合金钢；机器零件用钢则包括渗碳钢、调质钢、弹簧钢、滚动轴承钢等。

(2) 工具钢：工具钢是用于制造各种加工工具的钢种。根据工具的不同用途，又可分为刃具钢、模具钢、量具钢。

(3) 特殊性能钢：特殊性能钢是指具有某种特殊的物理性能或化学性能的钢种，包括不锈钢、耐热钢、耐磨钢、电工钢等。

B　按化学成分分类

按钢的化学成分可分为碳素钢和合金钢两大类。

碳素钢又分为：(1) 低碳钢，$w_C \leqslant 0.25\%$；(2) 中碳钢，$w_C = 0.25\% \sim 0.6\%$；(3) 高碳钢，$w_C > 0.6\%$。

合金钢也可分为：(1) 低合金钢，合金元素总含量 $w \leqslant 5\%$；(2) 中合金钢，合金元素总含量 $w = 5\% \sim 10\%$；(3) 高合金钢，合金元素总含量 $w_C > 10\%$。

另外，根据钢中所含主要合金元素种类的不同，也可分为锰钢、铬钢、铬镍钢、硼钢等。

C　按显微组织分类

按平衡状态或退火状态的组织分类，可以分为亚共析钢、共析钢、过共析钢和莱氏体钢。

按正火组织分类，可分为珠光体钢、贝氏钢、马氏体钢和奥氏体钢。

按加热冷却时有无相变和室温时的显微组织分类，可分为铁素体钢、奥氏体钢和复相钢。

D　按品质分类

主要是按钢中的P、S等有害杂质的含量分类，可分为：（1）普通钢，$w_P \leqslant 0.045\%$，$w_S \leqslant 0.055\%$；（2）优质钢，$w_P \leqslant 0.040\%$，$w_S \leqslant 0.040\%$；（3）高级优质钢，$w_P \leqslant 0.035\%$，$w_S \leqslant 0.030\%$。

2.6.1.2　铁碳合金

铁碳合金相图是表示含碳量在0～6.69%范围内不同成分的铁碳合金在极其缓慢冷却（或加热）的条件下，在不同温度时所具有的状态和组织。从中可以了解到各种不同成分的钢和铸铁在温度改变时状态和组织的变化，以及室温时的组织。

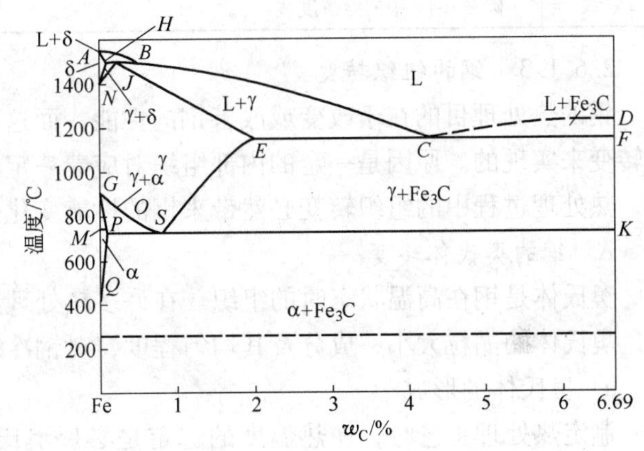

图2-34　Fe-Fe_3C的相图简图

含碳量大于6.69%的铁碳合金在工业上是没有实用意义的，所以现在的铁碳合金相图实际上是Fe-Fe_3C的相图。

简化后的Fe-Fe_3C的相图如图2-34所示。

相图中的点、线、区及其意义如下：

相图中的特性点：Fe-Fe_3C相图中的特性点的温度、含碳量及其意义列于表2-12中。

表2-12　Fe-Fe_3C相图中的特性点

特性点	温度/℃	含碳量（质量分数）/%	特性点的意义
A	1538	0	纯铁的熔点
C	1148	4.3	共晶点
D	1227	6.69	渗碳体的熔点
E	1148	2.11	碳在γ-Fe中的最大溶解度
F	1148	6.69	共晶渗碳体的成分
G	912	0	α-Fe$\rightleftharpoons$γ-Fe纯铁同素异构转变温度
K	727	6.69	共析渗碳体的成分
P	727	0.0218	碳在α-Fe中的最大溶解度
Q	室温	0.008	室温下碳在α-Fe中的最大溶解度
S	727	0.77	共析点

相图中的特性线见表2-13。

表 2-13　相图中的特性线

特性线	特性线意义
ABCD 线	液相线
AHJECF 线	固相线
ES 线	碳在奥氏体中的溶解度变化曲线
GS 线	奥氏体在冷却（加热）过程中开始析出铁素体（铁素体转变成奥氏体）的转变（终了）温度线
ECF 线	共晶转变线
PSK 线	共析转变线
PQ 线	碳在 α-Fe 中的溶解度线

2.6.1.3　钢的组织转变

钢的热处理目的在于改变或改善钢的性能，而这一目的是通过钢在热处理过程中的组织转变来实现的。原因是一定的内部组织对应着一定的性能，组织不同性能也不相同，因此，热处理过程中的组织转变必然带来钢的性能变化。

A　钢的奥氏体转变

奥氏体是钢在高温状态时的组织。在许多热处理工艺中，通过将钢加热获得奥氏体组织，奥氏体的晶粒大小、成分及其均匀程度，对钢冷却后的组织和性能有着重要影响。

a　奥氏体的形成

制定热处理工艺时，加热温度的选定是必保奥氏体转变的先决条件。从铁碳相图得知，任何成分的碳素钢加热到 A_1 以上时，珠光体就向奥氏体转变；但只有当温度升高至 A_3 或 A_{cm}以上时，钢中的铁素体或二次渗碳体才全部溶入奥氏体。

(1) 共析钢的奥氏体转变。共析钢的室温平衡组织为珠光体。珠光体是铁素体和渗碳体的两相混合物。其中铁素体是基体相，具有体心立方晶格，只含有极少量的碳，而渗碳体是分散相，具有复杂斜方晶格，含碳量很高。

奥氏体的形成是通过形核和长大两个过程完成的。首先在铁素体和渗碳体的相界面上形成奥氏体晶核，然后晶核向铁素体和渗碳体两方面长大，随着时间增长，奥氏体晶核的不断增多和逐渐长大，直到珠光体全部消失，奥氏体转变便告结束。

(2) 非共析钢的奥氏体转变。亚共析钢在加热到 A_1 以上温度，完成珠光体向奥氏体转变后，继续升高温度，便在铁素体晶界处形成奥氏体晶核，同时进行长大，当加热温度达到 A_3 以上，铁素体全部消失，得到单相奥氏体。过共析钢与亚共析钢的奥氏体转变相似，加热到 A_1 以上，完成珠光体的奥氏体转变，随着温度继续升高，二次渗碳体不断溶于奥氏体，当加热温度到达 A_{cm} 以上，致使二次渗碳体全部溶解，单相奥氏体即形成。

b　影响奥氏体转变速度的因素

奥氏体的形成是依靠原子的扩散，通过形核和长大过程完成的。凡是影响扩散，影响形核与长大的因素，都会影响奥氏体的转变速度。

(1) 加热温度的影响。加热温度剧烈地影响奥氏体的形成速度。温度越高，珠光体向奥氏体转变的孕育期越短，且转变温度越高，奥氏体的形成速度越快，转变所需的时间越短。这是因为温度越高，奥氏体与珠光体的自由能差越大；又由于温度越高，原子扩散越快，奥氏体的形核与长大、渗碳体的溶解及奥氏体的均匀化都进行得越快。

（2）加热速度的影响。在连续加热时，加热速度对奥氏体形成过程也有重要影响。加热速度越快，则珠光体的过热速度越大，转变是在一个温度范围内完成的，且加热速度越快，转变的孕育期越短，转变所需的时间也越短。

（3）钢成分的影响。钢中含碳量对奥氏体的形成速度有很大影响。钢中含碳量越高，则奥氏体的转变速度越快。这是因为含碳量越高，钢中碳化物数量越多，这必然导致铁素体与碳化物的相界面越大，则奥氏体的形核机会便越大。同时，奥氏体中碳浓度越高，原子的扩散速度越快，因而奥氏体形成就越快。奥氏体的形成速度与含碳量的关系见表2-14。

表 2-14　奥氏体的形成速度与含碳量的关系

钢中含碳量(质量分数)/%	奥氏体化温度/℃	形成体积分数为50%奥氏体的时间/s
40	740	420
88	740	220
36	740	100

此外，钢中合金元素对奥氏体的形核与长大、碳化物的溶解以及奥氏体均匀化都有很大影响。

（4）原始组织的影响。原始组织对奥氏体形成速度影响也很大。奥氏体转变速度最快的是原始组织为淬火状态的，其次是正火状态的，最慢的是球化退火的。这是因为转变的快慢与原始组织的稳定程度有关。淬火状态的组织最不稳定，其次是正火状态的组织，球化退火的组织最稳定，尤其是淬火状态的组织在 A_1 以下升温过程中已经分解出大量细微的碳化物，且弥散度相当大，界面最多，最有利于奥氏体的形核与长大，所以转变最快。正火状态的片状珠光体界面也很大，所以转变也较快。而球化退火的粒状珠光体，相界面最小，因此奥氏体转变最慢。总之，原始组织越弥散，奥氏体化速度越快。

c　奥氏体晶粒的长大及影响因素

（1）奥氏体晶粒的长大。钢加热到临界点以上，奥氏体形成刚结束时的晶粒是非常细小的，但是随着加热温度升高或时间延长就会出现晶粒长大的现象。奥氏体的晶粒长大是一个自发过程，这是因为晶界处原子排列不规则，因而能量较高，所以晶粒就相互吞并使晶界面减少，晶粒便不断长大。

（2）影响奥氏体晶粒长大的因素。尽管奥氏体长大是个自发过程，但是不同的外界条件，却有不同程度的抑制或促进其长大过程的进行。

1）加热温度和保温时间的影响。加热温度越高，晶粒长大越快，最终晶粒的尺寸也越大。反之，加热温度越低，晶粒就越细小。在一定加热温度下，随着保温时间的延长，晶粒不断长大，但长到一定尺寸后便几乎不再长大。从而认为，保温时间对晶粒长大的作用不如加热温度的作用大。

2）加热速度的影响。在加热温度相同时，加热速度越快，奥氏体晶粒越细小，因为加热速度越快，则过热度越大，形核率大，奥氏体的起始晶粒越小；又因为加热速度越快，则加热时间越短，晶粒来不及长大。所以快速短时加热可获得细小的实际晶粒，感应加热和激光加热的热处理都是根据这一原理而应用于实际的实例。

3）钢成分的影响。含碳量对奥氏体晶粒度的影响。当加热温度相同时，含碳量越低，则奥氏体晶粒越细小，相反，含碳量越高，越增加碳原子和铁原子的扩散速度，促使奥氏体的晶粒长大。

合金元素对奥氏体晶粒长大的影响是显著的，几乎所有合金元素都不同程度的阻碍奥氏体的晶粒长大。

B 钢的珠光体转变

热处理将钢加热获得奥氏体组织并不是最终的目的，而最终的目的是在于让奥氏体组织通过不同的冷却得到所需要的组织和性能。奥氏体向珠光体转变是奥氏体冷却转变的重要理论之一，钢的退火和正火就是充分利用这一理论来实现的。

a 珠光体的形成

从铁碳相图得知，共析钢加热获得单相奥氏体以后，缓慢冷却下来，将发生共析转变，形成珠光体。

不难看出，奥氏体向珠光体转变必须进行碳的重新分布和铁的晶格重组，需要碳原子和铁原子的扩散来完成，因此，珠光体的转变是个扩散型转变。

b 珠光体的组织和性能

根据共析渗碳体的形状，珠光体分为片状珠光体和球化体两种。根据共析渗碳体的粗细，又可分为珠光体、索氏体（细珠光体）和托氏体（极细珠光体）三种。就其实质而言，它们都是同一种组织，只是渗碳体的形状和分散度不同而已。

片状珠光体的性能主要取决于层间距，而层间距的大小有取决于过冷奥氏体的转变温度，转变温度越低，即过冷度越大，则形成的珠光体组织越细，层间距越小，珠光体的强度和硬度越高，同时塑性和韧性变好。

在相同硬度下，球化体比片状珠光体的拉伸性能好得多，此外，球化体的切削加工性能、冷变形性能以及淬火工艺性能都比片状珠光体好。而且，钢中含碳量越高，片状珠光体的工艺性能越差，球化体相对越好。所以碳素工艺钢都必须具有粒状珠光体组织，才便于机械加工和淬火。

C 钢的马氏体转变

淬火是使钢强化的主要方法，其主要原因是获得了马氏体组织。将淬火后得到的马氏体组织在不同温度下回火，改变马氏体的组织和结构，可以在很大范围内改变钢的性能，以适应各种零件的不同性能要求。

马氏体的组织、结构和性能介绍如下。

a 马氏体的晶体结构

马氏体是碳在 α-Fe 中的过饱和固溶体，具有体心正方晶格，马氏体的晶体结构中，c 轴比其他两个 a 轴长一些，轴比 c/a 称为马氏体的正方度。在平衡条件下，α-Fe 的体心立方晶格中溶碳极微。而马氏体转变时，奥氏体的碳原子将全部“固定”在马氏体中，而且这些过饱和固溶的碳原子分布在沿 c 轴的扁八面体间隙中，因而使 α-Fe 的体心立方晶格发生正方畸变，c 轴伸长，而其余两 a 轴缩短。马氏体的碳浓度越高，则晶格常数 c 越大，而 a 越小，因而正方度越大。

b 马氏体的组织形态

淬火钢中的马氏体有两种形态，一种是片状马氏体，另一种是条状马氏体。

(1) 条状马氏体。条状马氏体为长条状晶格，其立体形态为细长的板条状。在低碳钢中长度约几微米，横截面近似椭圆形，宽度通常为0.1~0.2μm，在显微镜下表现为一束束细条状的组织，条状马氏体又称为位错马氏体。条状马氏体有一个重要特点，就是在形成之后立即发生不同程度的分解，称为自回火。条状马氏体的自回火对提高马氏体的强韧性，对于防止变形和开裂，起着重要作用。

(2) 片状马氏体。片状马氏体的立体形态呈双凸透镜状。通常在金相显微镜下所看到的仅是其界面的形态，呈针状或竹叶状，片与片之间相互成一定角度相交。在一个奥氏体晶粒中，最先形成的马氏体片贯穿整个晶粒，后形成的马氏体片不能穿过先形成的马氏体片，所以越是后形成的马氏体片，尺寸越小。马氏体片的最大尺寸主要取决于奥氏体的晶粒度。马氏体片越细小越好，由于热处理过热导致的粗大马氏体会使钢的强度和韧性降低。因此，在生产中要务必防止过热现象的发生。由于片状马氏体具有微细孪晶的亚结构，所以又称为孪晶马氏体。显微裂纹只出现在片状马氏体中，而且钢的过热程度越大，淬火后的显微裂纹越多。这种显微裂纹在应力作用下会逐渐扩展，相互连通，导致工件开裂。

c　马氏体的性能

马氏体的强度和硬度主要取决于马氏体的碳浓度，马氏体的强度和硬度随着碳浓度的增高而增高。马氏体中的合金元素对其硬度影响不大，但可提高强度。马氏体的塑性和韧性主要取决于它的亚结构。条状马氏体具有高的强韧性。片状马氏体的性能是硬度高而脆性大。

D　钢的贝氏体转变

从C曲线得知，在珠光体相变温度区以下，马氏体相变温度区以上的温度范围内，过冷奥氏体转变的产物为贝氏体组织。通过热处理方法获得贝氏体的过程称为贝氏体淬火。为更好地利用贝氏体淬火法，深入认识贝氏体转变的规律是必要的。

a　贝氏体的组织

贝氏体是过冷奥氏体在中温区的转变产物，是由过饱和的铁素体与碳化物组成的两相混合物。

(1) 上贝氏体。在普通的中、高碳钢中，上贝氏体的形成温度范围约为350~550℃，在低碳钢中它的形成温度要高些。在光学显微镜下，当转变量不多时，所观察到的上贝氏体，呈羽毛状。

(2) 下贝氏体。对于一般中、高碳钢来说，下贝氏体的形成温度约为350℃之间。典型的下贝氏体是由片状铁素体和其内部沉淀碳化物所组成的混合组织。在光学显微镜下铁素体呈针状或片状。下贝氏体的铁素体含有高度过饱和的碳原子。其亚结构中位错密度比上贝氏体高，并在试样表面呈现浮凸现象。

(3) 粒状贝氏体。在低碳钢和低、中碳合金钢中，会出现粒状贝氏体。它形成于中温区的最上部大约500℃以上的范围内。在粒状贝氏体中，铁素体呈不规则的大块状，上面分布着许多粒状或条状“小岛”，它们原是富碳的小区，随后有的分解为铁素体和渗碳体，有的转变成马氏体，也有的不变化而残存下来。所以，粒状贝氏体形态多变，很不规则。

b　贝氏体的性能

不同的贝氏体组织，其性能也不相同。下贝氏体的性能最好，具有高的强度、高的韧性和高的耐磨性。上贝氏体韧性较差。

E　钢在回火时的转变

淬火钢的组织主要由马氏体和部分残余奥氏体组成。马氏体处于碳的过饱和状态，残余奥氏体处于过冷状态，淬火钢的组织是不稳定的，有向更加稳定状态变化的趋势。此外，淬火组织中存在大量的高密度位错、过饱和空位、大量相界面和亚晶界等晶体缺陷及较大的内应力，都是自发的向稳定状态转化的倾向。但是，这种转变必须依靠原子扩散才能实现，而室温下原子扩散困难，所以淬火组织在室温很难变化。只有提高温度，增大原子的活动能力，才能促进淬火组织的转变。

a　淬火钢回火时的组织转变

(1) 碳原子的偏聚。在100℃以下温度范围内回火时，马氏体晶体内将进行碳原子的偏聚。由于在此温度范围内，碳原子只能作短距离的扩散迁移，向晶体缺陷中或马氏体的一定晶面上偏聚。在低碳板条状马氏体中，碳原子绝大部分都偏聚到高密度的位错线上。在高碳片状马氏体中，碳原子多偏聚在马氏体的一定晶面上，过饱和碳原子的偏聚过程可看成马氏体分解的准备阶段。

(2) 马氏体的分解。在100℃以上回火时，马氏体便发生分解，析出碳化物，导致马氏体中碳浓度降低和正方度减少。随回火温度的升高，马氏体分解得越快，析出的碳化物越多，马氏体的浓度也降低得越多。同时，随回火温度的升高马氏体正方度越来越小，其晶格常数也逐渐趋近于$\alpha-Fe$的晶格常数。

回火时间对马氏体分解的影响，在回火的初期，马氏体碳浓度降低较快，即回火最初马氏体分解较快，回火超过2h以后，则分解就不明显了。但是，经同样温度回火后，原始碳浓度高的，回火后的马氏体碳浓度仍较高。

(3) 残余奥氏体的转变。在200~300℃回火时，除马氏体继续分解外，还要发生残余奥氏体的转变。残余奥氏体转变的产物与过冷奥氏体在相同温度的转变产物是一致的，即残余奥氏体具有和过冷奥氏体相似的C曲线。在200~300℃回火时，残余奥氏体可转变为马氏体，随后马氏体再分解。

(4) 渗碳体的形成。当回火温度在250~400℃范围时，碳原子已能进行较长距离的扩散，碳化物将会随温度的升高逐渐转变为渗碳体。

(5) 铁素体的回复、再结晶与渗碳体球化、粗化。当回火温度升高到400℃以上，由于铁原子扩散能力增强，铁素体细小的亚晶逐渐长大，同时晶体内位错密度下降，晶格畸变逐渐消失，即发生铁素体的回复过程。回复后的铁素体仍具有条状或片状的特征。回火温度升高到600℃以上，铁素体便发生再结晶，由位错密度低的等轴晶粒的铁素体取代回复组织。在此阶段还将发生渗碳体的球化和粗化。当回火温度高于400℃时，渗碳体已开始球化和聚集。继续升高回火温度，渗碳体球化和聚集长大的速度随之增加。当回火温度超过600℃以后，细粒状渗碳体将迅速粗化。渗碳体聚集长大是有小颗粒渗碳体的溶解，经过碳原子扩散，然后使大颗粒渗碳体长大的过程。

b　回火转变产物的组织和性能

(1) 回火过程中性能的变化。回火时，由于组织发生了变化，因而其性能也将随之改变。力学性能的变化规律是随着回火温度升高，强度、硬度下降，而塑性、韧性提高。

(2) 回火转变产物。回火转变产物通常分为以下四种。

1）回火马氏体：淬火钢经150～250℃回火后，其组织称为回火马氏体。

2）回火托氏体：淬火钢经350～450℃回火后，获得回火托氏体组织。

3）回火索氏体：淬火钢经500～650℃回火后，获得回火索氏体组织。

4）回火珠光体：淬火钢经650℃～A_1温度范围回火后，获得回火珠光体组织。

淬火钢回火时，随回火温度的升高，其力学性能总的变化趋势是强度、硬度反而大大降低，这种现象称为回火脆性。常见的回火脆性有低温回火脆性和高温回火脆性两类。

（1）低温回火脆性。低温回火脆性又称为第一类回火脆性或不可逆回火脆性。这类回火脆性发生在250～400℃回火以后，无论碳钢还是合金钢，只要在这一回火脆性区内回火，都会不同程度地出现脆性。低温回火脆性具有不可逆性。

（2）高温回火脆性。高温回火脆性又称第二类回火脆性或可逆回火脆性。这类回火脆性是在450～575℃之间回火并缓慢冷却后出现的，若快冷则不出现脆性。高温回火脆性具有可逆性，如果把已出现回火脆性的钢，重新加热到脆性温度区回火，然后快冷，其脆性即可消除。

2.6.1.4　钢的热处理工艺

中厚板生产中常用的热处理作业有常化、淬火、回火、退火四种。

A　退火

退火是将钢加热到高于钢的临界点（某些情况下也可加热到临界点以下），保温后使其缓慢冷却，获得近似平衡状态的组织。

退火的目的是使钢件软化便于切削加工；消除内应力以防工件加工后尺寸变化；细化晶粒；使钢的成分均匀；改善组织，为以后的热处理作准备。

退火的种类很多，常用的有：扩散退火、完全退火、不完全退火、等温退火、球化退火、再结晶退火和去应力退火等。

B　正火

正火是将钢加热到Ac_3或Ac_{cm}以上40～60℃，经保温使钢完全奥氏体化，然后在流通的空气中冷却。正火与退火相比，正火的冷却速度比退火稍快，所以正火的珠光体比退火后细，硬度和强度也略高于退火。

正火是将钢加热保温后工件出炉冷却，炉子的利用率比退火高，生产周期比退火短，成本稍低于退火，工艺简单应用广。

C　淬火与回火

淬火与回火是生产上广泛应用的两种热处理工艺。通常都是联在一起进行，就是淬火后紧接着回火，淬火与回火是强化钢材最重要的热处理方法。它可以改变钢的内部组织，使钢获得最高的强度，更好的发挥它的潜力。淬火后配以不同温度的回火，能调整钢的性能使其满足不同的性能要求。

a　淬火

（1）淬火的定义与目的：将钢加热到Ac_1或Ac_3以上30～50℃，经过保温，使之全部或部分奥氏体化，然后以大于临界冷却速度v的冷却速度进行冷却，获得马氏体组织的热处理方法称为淬火。

目的是获得马氏体，从而提高钢的强度、硬度和耐磨性。

（2）冷却介质。淬火时为了获得马氏体组织，必须选用合适的冷却介质，使奥氏体组织的工件以超过临界冷却速度的冷却速度进行冷却。但并不是冷却速度越大越好，因为冷却速度越大，工件的内应力越大，工件变形也越大，甚至开裂。因此选用合适的冷却介质必须考虑到以上两点。

从C曲线可知，奥氏体最不稳定的区域是在曲鼻部，即650~500℃的范围内。为了得到马氏体组织，并不是在任何温度范围内都需要快冷，从淬火温度到650℃之间和鼻部温度以下不希望冷速太大，尤其在M_s点以下发生马氏体转变时，更不希望冷速太快，否则容易引起变形和开裂。

(3) 钢的淬透性。钢的淬透性是每种钢所固有的特性，它表示钢在一定的淬火条件下淬火时，获得淬硬层深度的能力。淬火的目的是获得马氏体，通常是以一定的条件下淬火后获得马氏体组织的深度来表示淬透性的大小。

钢的淬透性主要取决于化学成分。含碳量低于0.8%的碳钢，随含碳量的增加，淬透性略有增加。合金钢中的Mn、Cr、Mo、Si、Ni都能提高淬透性。除此之外，奥氏体化温度对淬透性也有一定的影响，奥氏体化温度越高，保温时间越长，则奥氏体的成分越均匀，残余渗碳体或碳化物的溶解也越彻底，使过冷奥氏体越稳定，C曲线越右移，淬火临界冷却速度越小，故淬透性越好。

必须指出：钢的淬透性与具体工件的实际淬硬层深度是有区别的淬火后淬硬层深度，不仅取决于钢的淬透性，还受工件尺寸大小和冷却介质的影响。

b 回火

回火是将淬火后的钢加热到A_1点以下的某一温度，保温一段时间后在空气中冷却到室温的热处理工艺称为回火。

(1) 回火的目的是：获得所需的综合性能；稳定淬火后的组织和尺寸；降低和消除淬火应力。

(2) 回火分类：低温回火是在150~250℃温度范围内进行回火，可降低工件的内应力和脆性，回火后的组织是回火马氏体，硬度没有下降，保持高的硬度和高耐磨性的特点。

中温回火是在350~450℃范围内进行回火，得到回火屈氏体。强度和硬度均明显下降，韧性提高，淬火应力已基本消除。

高温回火是在500~650℃范围内进行的回火，得到回火索氏体组织。淬火后再进行高温回火习惯上称为调质处理。调质处理后既有足够高的强度，并有良好的塑性和韧性，即具有良好的综合力学性能。

(3) 回火脆性：淬火钢回火时，随回火温度的升高，其力学性能总的变化趋势是强度、硬度反而大大降低，这种现象称为回火脆性。常见的回火脆性有低温回火脆性和高温回火脆性两类。

(4) 回火稳定性：淬火后的钢在回火过程中抵抗硬度下降的能力称为钢的回火稳定性。

2.6.2 热处理常用设备

中厚钢板热处理炉按运送方式分，有辊底式、步进式、大盘式、车底式，外部机械化室式及罩式等六种。按加热方式分，有直焰式和无氧化式两种。淬火处理用的淬火机有压力式和辊式之分，淬火用介质有水和油两种。

下面介绍几种热处理炉。

2.6.2.1　辊底式炉

辊底式炉可用于钢板的正火、调质、淬火及回火等热处理。这种炉子产量和机械化、自动化程度高，得到广泛应用。

辊底式炉结构由炉墙、炉顶、炉底辊及炉门所组成。炉墙一般均用轻质硅和绝热砖砌筑，炉墙外面护有钢板和钢构件。炉顶有拱顶与吊顶两种，拱顶有固定式和可卸式之分。炉底辊穿过两侧墙伸到炉体外部，炉墙上砌有与辊端形状相应的辊颈砖。砖孔与辊颈之间的间隙要保证炉底辊受热膨胀时和辊颈砖产生位移时，不致妨碍炉底辊的转动，且尽量减少热损失。炉门用卷扬或液压升降，关闭要严密，升降及时。当用保护气氛时，需用密封炉门。中厚钢板辊底式热处理炉如图 2-35 所示。

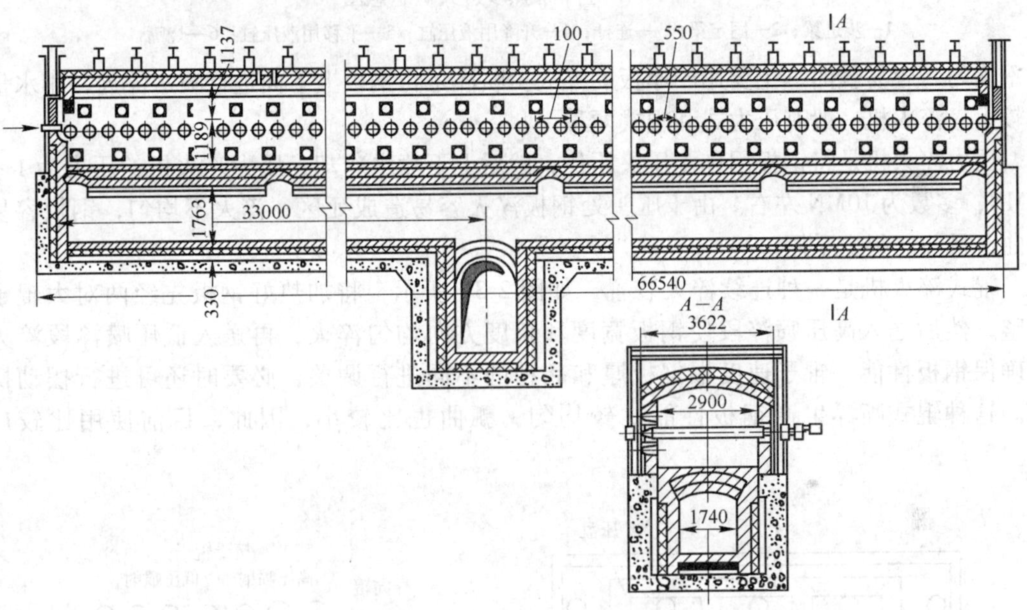

图 2-35　中厚板辊底式热处理炉

2.6.2.2　步进式炉

步进式炉是靠专用的步进机构使工件在炉内移动的一种机械化炉子。步进式炉如图 2-36 所示，步进梁处在下面最低位置 *A* 点，此时钢板处在固定梁 2 上。然后步进梁 1 垂直上升超过固定梁时，将钢板托起到 *B* 点，并水平位移到 *C* 点。步进梁垂直下降至 *D* 点，将钢板放在固定梁上，步进梁后移回到 *A* 点。如此循环步移，钢板达到热处理制度要求后，由出料机运出。步进式炉主要优点是没有黑印和划伤，但投资大、维护要求高。步进梁有耐热钢和耐火材料梁两种。耐热钢一般为 Cr30Ni20、Cr26Ni14 等，使用炉温低于 1150 ~ 1200℃。耐火材料梁是在型钢框架上砌绝热砖和耐火材料，优点是炉温高，节省大量耐热钢，缺点是比较笨重。步进式炉用于特厚板热处理有一定的优点，目前使用很少。

2.6.2.3　淬火机

淬火方式有浸淬式和喷淬式两种。浸淬是把钢板浸入水中或油中进行淬火，因冷却速

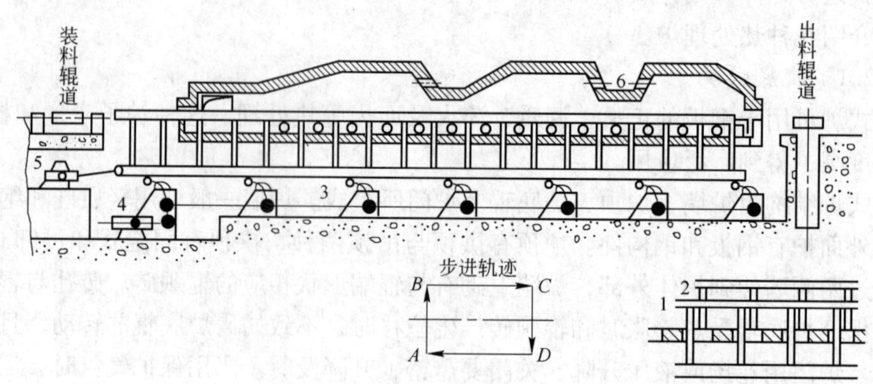

图 2-36　上下加热步进式炉示意图

1—步进梁；2—固定梁；3—连杆；4—升降用液压缸；5—平移用液压缸；6—烧嘴

度不均匀，容易瓢曲，主要用于厚板的淬火。喷淬是将钢板上下面进行喷水淬火，用水量比较大。淬火机一般有压力式和辊式两种。

压力淬火机是将钢板用许多压头压住，然后上下喷水冷却，压力淬火机的压力为1～25MN，多数为10MN左右。由于压头处钢板淬火容易造成死区，淬火不均匀，钢板容易瓢曲，目前已很少采用。

辊式淬火机是一种连续淬火装置，如图2-37所示，将加热好钢板先经两对大辊子平整，然后送入高压喷淬段使钢板宽度和长度方向均匀淬火，再送入低压喷淬段淬火以确保钢板性能。辊子速度根据板厚和品种的不同进行调整，必要时还可进行摆动操作。这种辊式喷淬生产钢板性能比较均匀，瓢曲也比较小，因此，目前使用比较广泛。

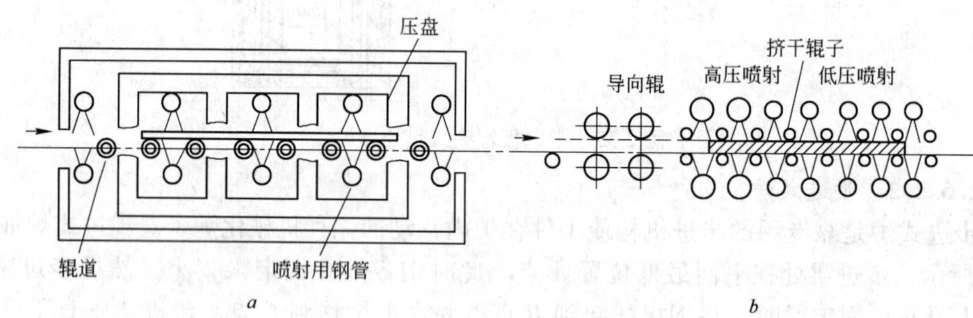

图 2-37　厚板淬火装置的示意图

a—压力淬火装置；*b*—连续淬火装置

2.7　钢板的质量检验

对钢板进行质量检验的目的是验证钢板能否满足有关技术条件的要求，并正确评定其质量水平。检验的依据是国家标准、有关的行业标准、国外标准、企业内控标准以及用户提出的技术协议等。

2.7.1 内部组织检验（化学成分检验）

在中厚板厂，一般情况下，对化学成分不进行检验。有特殊要求的钢板，可在坯料上取样，或在成品钢板上取样，进行化学成分的校对检验。

2.7.1.1 试样的切取

一般情况下，试样是按轧制批号切取，个别情况须每块钢板切取试样。试样的种类、数量以及试验项目都应符合有关标准规定 。

2.7.1.2 低倍组织检验

低倍组织检验，又称为宏观检验。它是以肉眼观察为主，也可以借助低倍率（不大于10倍）的放大镜观察金属的内部缺陷和组织结构。根据观察的情况，评定钢板的质量。在中厚板生产的检验中，通常采用断口法、酸浸法等进行低倍组织检验。断口法用于评定钢板中的缩孔痕迹、疏松、夹杂、分层、白点和岩状断口；酸浸法常用于检验钢板中的缩孔痕迹、疏松、裂纹、脱碳层、白点和偏析等。根据检验情况按有关标准，评定钢板的级别。

2.7.1.3 高倍组织检验

高倍组织的检验，也称为显微观察检验。它通常用来检验用于重要设备上的优质碳素结构钢板和低合金钢板的质量。高倍组织的检验的好处，就是可以更好地观察和评定微观组织、金属夹杂和非金属夹杂、白点、脱碳层和渗碳层深度、带状组织、游离渗碳体、奥氏体晶粒度、珠光体和铁素体的原始晶粒度等。

2.7.2 力学性能和工艺性能检验

钢板的力学性能主要指静负荷试验中的屈服强度、抗拉强度、伸长率、断面收缩率、硬度和动负荷试验中的常温冲击、低温冲击、时效冲击等。工艺性能是指宽、窄冷弯效果。

2.7.3 钢板的外形尺寸检验

钢板的外形尺寸是指其断面尺寸和外形尺寸，它主要包括：

（1）厚度：一般用千分尺或各种测厚仪在距钢板边部不小于40mm处测量。

（2）宽度：一般用钢卷尺测量。

（3）长度：一般用钢卷尺测量。

（4）切斜度：一般采用角尺或钢卷尺测量。

（5）不平度：一般是将钢板自由地放在平台上，且不施加任何外力时，用米尺测量钢板与米尺间的最大距离。

对钢板的外形尺寸测量及其判定应符合GB709及有关专业标准的规定。

2.7.4 钢板表面质量检验

钢板表面质量，是以表面和断面缺陷的程度以及外形缺陷程度来表示的。钢板表面缺陷，按其来源有两大类，一是钢锭或钢坯本身带来的缺陷，称为钢质缺陷；二是由钢锭或钢坯到成品的各工序操作不当和其他原因造成的缺陷，称为操作缺陷。

2.7.4.1 钢质缺陷

A 分层

这种缺陷主要是由于原料中有气泡、气囊、缩孔、夹杂、严重疏松和严重偏析存在，轧制时不能使其分离的部分得到焊合造成的，因此，这类缺陷通常在钢板截面出现平行于轧制面的分层或局部的缝隙。为保证钢板的质量，一般均用切除的方法消除分层缺陷。对用钢锭轧制的钢板，其头部应切除足够的量。

B 气泡

这种缺陷在钢板表面为无规则地分布，在某些局部呈现圆形凸起，凸起的外缘比较圆滑，经过酸洗后在凸起部分发亮。气泡是因钢板内部有气体，该处在轧制后不能焊合而造成的。为了保证质量，一般采用切除的方法消除这种缺陷。

C 表面夹杂

这种缺陷在钢板表面呈明显的点状、块状和长条状分布。其颜色一般为红棕色、淡黄色或灰白色。表面夹杂具有一定的深度。产生这种缺陷的原因除原料本身带有非金属夹杂物外，还与加热有关。加热时，炉顶或炉墙的耐火材料落到原料表面，轧制后压入表面，就产生表面夹杂。处理这类缺陷时，应根据面积的大小和深度，采取不同方法。对于小块或较浅的表面夹杂，一般用修磨的方法清理；对于大块或较深的，则采用切除的方法消除这种缺陷。

D 发纹

发纹是钢板表面上深度不大的发纹细纹。其长短和形状没有规律。其分布有时是断续的，有时是密集的。发纹在钢板的断面上有时呈现蓝色，有时出现断续的灰白色发状小细纹。

产生发纹的原因：较薄钢板出现发纹，主要是由于原料皮下气泡，在轧制时未焊合所造成的；较厚钢板出现的发纹除上述原因外，在蓝脆区的温度范围内剪切，也是产生断面上发纹的原因。处理这类缺陷一般采用切除的方法。

E 裂纹和裂缝

这类缺陷是钢板表面呈不规则形状的裂纹。其方向和部位，因纵横轧制的方法不同而异。单个裂缝可在任何部位产生；密集的裂纹，则多分布在钢板的边缘部位，如皱纹和鱼鳞状。

原因是由于原料中的气泡在轧制后的破裂和暴露，或是由于原料表面清理不彻底，或者是对钢板边缘产生的发纹处理不当等而产生的。在生产中常把带有这种缺陷的部位切除掉。

F 结疤

造成这类缺陷的主要原因有：原料在清理时的深宽比不当，或表面毛刺没有清除掉。这类缺陷在钢板表面呈现连接的块状或片状。对于轻微的结疤可以采用修磨进行清理；对于较严重的结疤则应切除。

2.7.4.2 操作缺陷（中厚板的轧制缺陷）

A 凸包

这种缺陷在钢板的表面呈现为周期性的局部凸起。其产生原因是由于轧辊或矫直机辊面掉肉或表面硬度不够被硬物压出凹坑所致。对这类缺陷的处理，应按凸起程度和范围大小来决定处理方法。如果凸起不超过允许偏差范围，可以进行修磨或降级处理；对于凸起较严重和范围较大的应判为废品，及时更换轧辊或矫直辊。

B 麻点

这种缺陷按照其特点与形成的原因，有两种情况：一种是原料在加热时，燃料喷渍侵蚀表面，经过轧制以后，在钢板表面的局部呈黑色窝状的粗糙凹坑面，一般多为小块状或密集的麻面，所以称为黑麻点。另一种是原料在加热时，由于氧化严重，在轧制时氧化铁皮全部或部分脱落，在钢板表面出现局部块状和连续的粗糙面，或者出现灰白色面凹坑，所以称为光麻点。处理这类缺陷时，可采用轻微的修磨，严重的应采用切除的方法。预防的办法是控制好加热炉的温度波动与喷油量均匀以及高温氧化阶段的温度、氧化气氛和时间，并在轧制时加强除鳞，尽可能将原料表面氧化铁皮除尽。

C 氧化铁皮压入

产生这类缺陷的主要原因是轧制时，原料表面有氧化铁皮或在轧制过程中产生再生氧化铁皮未除尽。因此，在轧制完成后，钢板表面粘附一层灰黑色或红棕色氧化铁皮，一般呈块状或条状。其深度较光麻点浅。轧制时加强除鳞，可以减少这类缺陷。在消除这类缺陷时，较轻的可采用修磨方法，如果影响产品质量的，则应将其切除。

D 划伤

在钢板表面有低于轧制面的直线或横向沟痕。它长短不一、部位不定。分布或为连续、或为间断。划伤处，有的有氧化现象；而有的则露出金属光泽。前者为高温划伤，后者为低温划伤。对于纵向的划伤，多为轧制时的护、导板或辊道的尖角部分与钢板接触所造成的。而横向划伤，则多为钢板在横移过程中所造成的。轻微的划伤可以不处理或修磨，严重的划伤要切除。

E 折叠

产生这类缺陷的原因，主要是操作不当，而使轧件刮框，或碰撞异物造成局部卷凸，或轧辊掉皮，造成周期性凸包，再经轧制而压合，形成折叠；另外，在对原料表面清理时，没有将其尖锐的棱角清除掉；或在清除时的深宽比不符合标准等，均会导致钢板表面局部形成双层金属折合。其外形与裂纹（缝）相似。对于这种缺陷，一般采用切除的方法处理。如果连续出现这种缺陷，则应查明并消除产生缺陷的原因再轧制。

F 压痕

在轧制过程中，有时在轧辊的表面有黏合硬物（焊渣、铁皮等），或者有小件异物掉在轧件，轧制以后，在钢板的表面呈现出不同形状和大小的凹坑。在轧制过程中，由于轧辊表面黏合有硬物所产生的压痕缺陷较多。压痕较轻微的，可采用修磨方法消除。但压痕较严重的必须切除。

G 波浪形和瓢曲

这类缺陷是在冷却过程中产生的，在冷却过程中，钢板上、下表面及各部位冷却不均匀，造成收缩不一致而产生瓢曲，后又因终冷温度过低而难以矫平。厚度越厚的钢板在冷却过程中越容易产生瓢曲。

另外，堆冷、缓冷的钢板也会出现波浪形和瓢曲，其原因是堆冷温度偏高，地面不平或长度、宽度方向摆放不当而造成的。这种缺陷经冷矫后可以得到纠正。

H　镰刀弯和厚度不合

这种缺陷是由于压下操作不当造成的。如轧辊调整不好、轧辊窜动、辊缝与压下量控制不当、轧辊轴承磨损、压头轴承压坏、轴瓦磨偏、轧件温度不均匀、送钢不正等都可能产生这类缺陷。

I　剪坏

这种缺陷是在剪切过程中的操作不当造成的。

这些缺陷基本上可分为允许存在和不允许存在两大类。剪切时常见的缺陷有毛边、塌边、剪裂、压痕、接痕以及成品尺寸和形状精度不符合要求等。产生原因已在钢板剪切工序做了介绍。

2.7.5　钢板内部缺陷的无损探伤

中厚钢板内部缺陷的无损探伤，主要采用压电超声波探伤和电磁超声波探伤方法。

2.8　检测仪表

为了准确检测必要的工艺参数，以便控制系统及时进行调整控制，提高厚板厂自动化作业水平，提高生产的稳定性和产品的质量，从而满足高水平的质量与控制要求。从原料上料至成品收集整个作业线，将设置相应的传感器及检测仪表，主要检测内容包括质量、温度、压力、宽度、长度、厚度、板形、板外轮廓、平直度以及速度、位置等。

2.8.1　特殊检测仪表

特殊检测仪表的测量装置沿轧线布置，根据需要和可能在轧线上设置仪表测量房（如在精轧机入口上方、精轧机出口、热矫直机出口等处）以及仪表室，其控制装置设置在仪表室内。仪表测量房、仪表室具有隔热、抗震、防噪功能。

2.8.1.1　高温仪（Pyrometer）

轧线高温仪的配置如图 2-38 所示。

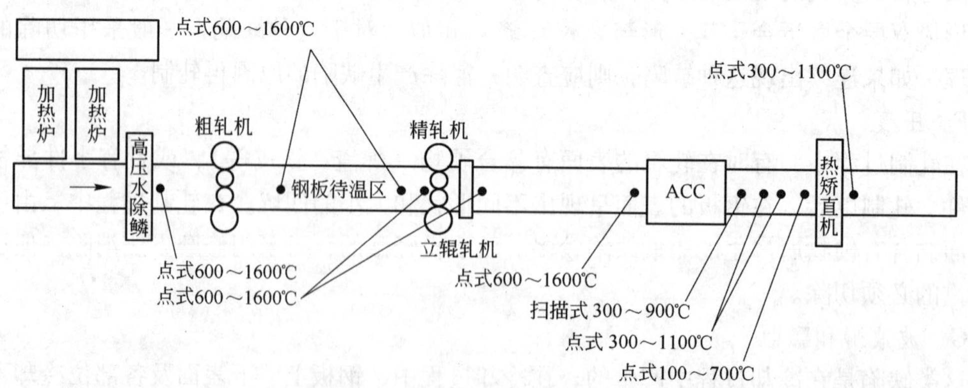

图 2-38　轧线上的高温仪位置

高温仪主要采用红外线测温，分为固定式及扫描式两种。

固定式高温仪用于轧制钢板的温度检测及控制，从粗轧机前到冷床沿轧线设置，其控制终端就近放置在操作室中。扫描式高温仪用于 ACC 快速冷却钢板的检测及控制，设置在 ACC 快速冷却装置后，其控制终端放置在热矫直机操作室中。

高温仪配备有光学系统，通过聚焦从轧制材料辐射的红外能量到内部探测器来测量温度。一个信号微处理器用来处理和调整该信号，它包括放射补偿，数字线性化，峰值采集，求平均值，跟踪保持和高低限报警等功能。

校准方法：高温仪的校准是用一个可移动的参考源（黑体炉）和一个与设备上使用型号相同的检验过的高温仪相对比进行。

2.8.1.2 轧线特殊仪表

某宽厚板轧线特殊仪表的配置如图 2-39 所示。

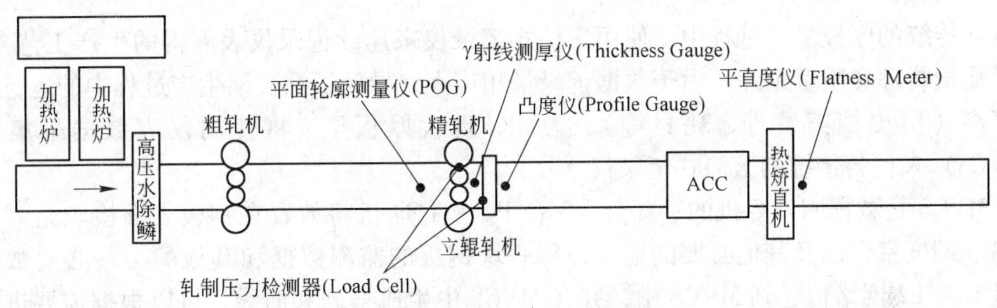

图 3-39　轧线特殊仪表配置

A　轧制压力检测器（Load Cell）

采用压磁式或应变片式检测器，安装在精轧机和立辊轧机上，随轧机设备配套。其仪表控制柜放置在主电室中。用于 AGC/AWC 反馈，并反馈于数学模型。

B　γ 射线测厚仪（Thickness Gauge）

采用铯-137 同位素为放射源，安装在精轧机出口与立辊之间，距离精轧机中心线大约 3m。利用 γ 射线穿过不同厚度钢板时的不同衰减来测量厚度。厚度值将通过合金补偿、温度补偿和辊道速度补偿，经过计算得到。仪表控制柜放置在主电室中。其测量结果将反馈于数学模型，参与 AGC 控制和楔形板轧制。

C　凸度仪（Profile Gauge）

采用铯-137 同位素为放射源，安装在精轧机后大约 21m 左右的测量房内。利用 γ 射线穿过不同厚度钢板时的不同衰减来测量厚度。三个独立的放射源发出的 γ 射线分别由安装在轧制中心线及工作侧、传动侧的三个独立探测器接收。三点的厚度值将通过合金补偿、温度补偿和辊道速度补偿，经过计算分别得到。由于工作侧、传动侧的探测器是可以移动的，所以经过凸度仪的一次扫描即可得到钢板的宽度方向的凸度信息。由于采用放射性同位素进行测量，为了便于维护以及安全，将在轧线上设置测量小房。仪表控制柜放置在主电室中。其测量结果将反馈于数学模型，参与凸度控制和质量控制。

D　平面轮廓测量仪（POG）

采用光学成像系统作为探测器，安装在精轧机入口侧，距离精轧机中心线大约 9m，轧制中心线上方 20m 左右的测量房内。利用检测热钢板本身的热辐射来测量钢板的几何信息，包括：长度、宽度、钢板外轮廓、镰刀弯等。其探头既可以一次成像得到较短尺寸静止钢板的几何尺寸，也可以连续扫描，在较长尺寸钢板连续通过后得到其几何尺寸。仪表控制柜放置在主电室中。测量结果将反馈于数学模型，作用于 AWC 控制等。

E　平直度仪（Flatness Meter）

安装在热矫直机出口侧的测量房内，距离矫直机中心线大约 6m。以激光束为光源，CMOS/CCD 感光装置为传感器，利用激光束在钢板上反射的偏差来测量平直度。采用 5 组激光（每组包括 1～3 束平行激光）沿宽度方向排列（5 通道），可以较好的检测矫直后钢板的边浪、中浪，以及其他钢板平直度指标。仪表控制柜放置在热矫直机操作室中。测量结果将用于质量管理。

F　仪表数据采集系统（MVCS）

在传统的厚板生产过程中，使用滚筒式笔录仪来连续记录仪表测得的生产工艺参数，用于质量管理和质量跟踪。由于数据记录量相当大，导致了在长期生产过程中的运行成本相当高（历史档案管理、耗材等）。为此，现代厚板厂，将使用仪表数据采集系统（MVCS）来代替传统的滚筒式笔录仪。

MVCS 是数据库计算机的一部分，3 台 PC 和打印机将放置在钢板表面检查站（1JC、2JC）、调度室，以及其他必要的地点，每一块钢板的监测数据和其他的一些必要数据将通过 L1、L2 网络传送到 MVCS 中，并在 MVCS 中生成报表和曲线，可以根据需要进行打印。MVCS 系统的配置图见图 2-40。

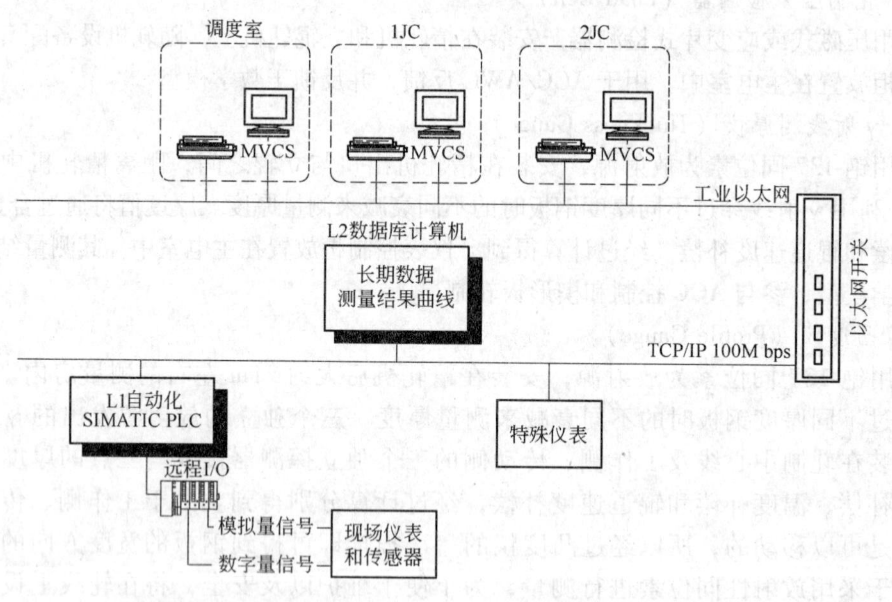

图 2-40　MVCS 系统的配置图

2.8.2　常规传感器

生产线上的常规传感器分类如下：冷金属检测器、热金属检测器、激光检测器、速度检测器、位置检测器、接近开关。

常规传感器的数量种类较多，其性能的优劣，对自动控制系统的可靠性、精确性影响较大。

3 中厚板生产设备

3.1 现代厚板轧机及主要技术装备

3.1.1 四辊可逆式宽厚板轧机及附着式立辊

现代的四辊宽厚板轧机以高精度、高刚度、高功率、大转矩为显著特点。以1985年投产的迪林根公司5500mm轧机为例，支撑辊直径为ϕ2400mm，牌坊断面为10040cm^2，最大轧制力为108MN，轧机刚度模数为10400kN/mm，主电机功率为2×10900kW，最大轧制力矩为2×4500kN/m，最大轧制速度为6.95m/s。现代四根轧机普遍设有液压弯辊系统，用于凸度和板形控制。

20世纪80年代以后附设立辊的厚板轧机增多，主要形式为附着在水平轧机入口或出口，如日本大分厂厚板轧机、韩国浦项2号、3号厚板轧机在四根轧机入口侧设立辊；日本水岛厂则在四辊轧机出口侧设立辊，立辊普遍装有液压AWC系统。

3.1.2 加速冷却装置

厚板轧制后进入加速冷却阶段进行喷水冷却，1980年首先在NKK福山厂4700mm厚板轧机投产了在线冷却装置（LAC），钢板被送到冷却段后，同时向其全长喷水。所以冷却段所需长度为44m，是现有各厚板厂冷却段中最长者。早期投产的钢板加速冷却装置多采用钢板全长同时进行喷水的方式，即称同时式，这种方式对于均匀冷却钢板既显著又简单。

不久，新日铁又开发了钢板连续通过喷水冷却装置的连续方式（CLC），并应用于各厚板厂。

采用连续式喷水冷却方式的厂家较多，其突出的优点是占地面积小，尤其是在已有厚板厂建加速冷却装置（ACC）时，采用这种方式可在场地受限制时显示出其优点。采用连续式冷却方式钢板通过ACC时的速度范围一般在15~150m/min，冷却段的长度因各厂轧区条件的限制，一般为12~40m，多数在20~40m范围内。

对于厚度较厚而长度较短的钢板（如长度在20m以下），连续式ACC可以在冷却段内以摆动方式进行冷却。

ACC冷却钢板的厚度设计范围为8~100mm。加速冷却终了的钢板温度为400~600℃，一般不低于450℃。钢板加速冷却技术的难点是实现均匀冷却和控制钢板不产生变形，这点对于较薄的钢板尤其重要。

加速冷却钢板的喷水方式，现有大多数厚板厂的ACC装置对于钢板上表面采用管状层流或水幕状层流水方式，下表面则采用喷射水方式。

1989年法国的敦刻尔克厚板厂（GTS）、韩国浦项2号厚板厂采用一种称为ADCD气雾式加速冷却装置。此装置在钢板上、下表面的喷口有6mm宽的连续缝隙，中间喷水，两壁喷空气，由4~5个喷口构成一组。这两个厚板厂的ADCD装置长度分别为17.8m及28m，钢板连续通过ADCD装置。

3.1.3 厚钢板热矫直机

厚钢板的热矫直决定着产品的交货质量和平直度的高低，热矫直机是处于厚板轧制和精整之间的一个重要设备，较多的厚板厂采用四重十一根式矫直机。早期矫直钢板的厚度一般为4.5~50mm，且矫直温度较高。

随着TMCP工艺技术的应用，终轧与加速冷却后的钢板温度偏低（450~600℃），而钢板的屈服强度提高很多。因而对热矫直机的性能提出很高的要求，即在低温区对厚板能进行大应变量的矫直工作，从而促进了热矫直机向高负荷能力和高刚度结构发展。为提高矫直质量，而且要求矫直的板厚范围也扩大了许多。所以，出现了第三代热矫直机，其主要特点是高刚度、全液压调节及先进的自动化系统。以MDS制造的热矫直机为例，由计算机控制的矫直辊缝调节系统可根据钢板厚度设定调节上辊组的开口度，入、出口方向和左右方向的倾斜调节，上辊组可以快速打开、关闭、上矫直辊的弯曲调节用以纠正钢板的中间浪和左右边浪，每个上辊和下辊组的入、出口辊可以单独调节。MDS为迪林根厚板厂制造的一台重型九辊式热矫直机，最大矫直力为30000kN，矫直钢板厚度为5~110mm，据介绍，最大矫直厚度为300mm。

三菱重工为水岛厂制造并于1988年投产的十五辊矫直机，入、出口各4个小直径的矫直辊、中间立体部分为7个大直径的矫直辊，其矫直钢板厚度为4.5~265mm，最大矫直力为41000kN。当矫直厚规格时，入、出口各2小辊抬起，矫薄规格时15个矫直辊全部投入，此时轻型与重型矫直辊之间形成最大为11000kN的能力。

SMS设计的新型高性能九辊式厚板热矫直机（HPL），最大特点是矫直辊数和辊距可变，从而可扩大矫直的板厚范围，如矫直辊从九辊式可改为五辊式，HPL矫直的板厚范围为5~120mm，最大宽度为4500mm。另一个特点是所有的矫直辊（上、下）为单独传动和单独调节。

3.1.4 冷床

现代设计的用于厚钢板的冷床主要有3种形式：承载链式；辊（轮）盘式；步进梁式与步进格栅式或称承载格栅式。

一般选用承载链式用于特厚钢板，如日本NKK京滨厂厚板轧机、鹿岛厂厚板轧机，选用这种形式的冷床冷却钢板的最大厚度为150mm。

而轮盘式冷床在中厚板厂的应用也较多，冷却钢板厚度达80mm，当冷却钢板厚度不大于10mm的薄规格时，要求轮轴间距尽量靠近，以避免钢板变形。

现代化厚钢板厂普遍用步进梁式或步进格栅式冷床，这种形式的冷床适用的板厚范围较大。如日本水岛厂厚板轧机用于特厚板的步进格栅式冷床，可冷却钢板厚度4.5~110mm；德国迪林根厚板厂用于特厚板的步进梁式冷床，最大钢板厚度达300mm。

步进格栅式冷床为SMS的技术专利，广为厚板厂应用。其中日本水岛厚板厂2号冷床（70.5m×54m）和原为墨西哥4300mm厚度轧机的1号冷床（66m×56m）为最大的冷床。

步进格栅式冷床的优点是钢板冷却均匀，下表面不会划伤。步进梁式和步进格栅式冷床均有高的充满率（利用率）。

3.1.5　剪切线

中厚板厂的剪切线由切头剪、双边剪或圆盘剪、剖分剪、定尺剪以及钢板形状识别（检测），自动标志打印、自动检测厚度、宽度、平直度等设备组成，并应用过程控制的高度自动化系统，从而使剪切线生产能力和尺寸精度大为提高，一条线即可保证轧机月产量为 12 万 ~13 万 t。

传统的中厚板剪切线，切头和定尺剪用斜刃闸式剪切机，厚度不大于 26mm 钢板的双边用圆盘剪进行切边，厚度不小于 26mm 钢板的双边由两台斜刃剪分别切边或用双边斜刃剪同时进行切边。

采用圆盘剪剪切钢板两边可连续进行剪切，但对厚钢板无法进行剪切，仍需用斜刃剪进行剪切，使剪切线长度增加，设备质量增加。斜刃剪剪切钢板后，使钢板产生弯曲变形，降低了钢板的形状精度，不能满足用户的要求。

1971 年西德研制成功世界上第一台滚切剪，经过 20 多年的发展，生产实践证明，辊切剪具有显著的优点，是中厚板剪切线上的理想设备。用纵向双边滚切剪进行切边和剖分，用横向滚切剪进行切头、切定尺，这已成为今后的发展方向。因为滚切剪有如下优点：

（1）闸式斜刃剪由于上下剪刃之间有一个倾斜角度，虽然可大大减少剪切力，但带来沿板宽方向的剪刃重叠量不相同，致使剪切后的钢板产生弯曲和扭曲变形，严重影响了钢板的形状精度。采用滚切剪后，由于剪刃沿板宽方向的重叠量相等且可调，剪切后的钢板变形小，大大提高了钢板的形状精度，切下的板边扭曲度小，便于进入碎边剪和运输。

（2）滚切剪上剪刃相对于钢板做近似滚动剪切，相对滑动小，对剪刃的滑伤和磨损小，提高刀片的使用寿命，同时钢板切口断面光滑。

（3）由于该切剪剪刃的重叠量沿板宽方向相等，故其剪刃总行程比斜刃剪减少 30% ~40%，在剪切力相同的情况下，曲柄半径和剪切力矩相应地减小，故电动机功率也大大减小，这不仅减少了能源消耗，同时也减轻了传动系统的设备质量。

（4）滚切剪上下剪刃在起始位置时，其开口度大致可达到被剪切钢板厚度的 3 倍，便于被剪钢板通过剪机，减少了操作事故。

（5）滚切剪剪切效率高，其剪切次可达 30 次/min，这是斜刃剪所望尘莫及的，大大提高了剪切线的生产能力，使中厚板生产中主辅设备的生产能力相互匹配合理。

（6）由于滚切剪剪切钢板厚度范围大（5 ~50mm），故中厚板精整线上用一台双边滚切剪进行切边，用一台横向滚切剪切头、切定尺，大大减小了设备质量，缩短了作业线长度，减少了投资。这里需要特别指出的是，原来用圆盘剪进行切边时，其剪切下来的板边要用两台结构复杂摆式飞剪进行碎边，两台飞剪是共用的一套驱动装置，这使剪切设备大大简化。

（7）滚切剪的自动化程度高，一般滚切剪都能自动测厚和对中，剪刃侧向间隙可根据剪切钢板厚度的不同进行自动调节，刀片能快速更换，整个剪切线操作有计算机进行控制，提高了劳动生产率，减轻了工人的劳动强度。

我国对滚切剪的研究是从 20 世纪 80 年代开始的，第二重型机器厂首先为重钢设计制造了滚切剪，随后，沈阳重型机器厂为舞钢4200mm厚板轧机设计制造了滚切剪，从而填补了国内的空白。

太原重型机械学院与20世纪80年代开始研究滚切剪，并试制了一台6.5mm×1000mm组合式剪切机，这台组合剪是将闸式、摆式和滚式三种剪切方式融为一体，只要更换上刀架，便可分别实现闸式、摆式和滚式剪切方式，在这台组合式剪切机上进行了试验研究，试验证明，滚切式剪切方式比闸式、摆式剪切方式剪切钢板平直，弯曲变形小，而且在剪切相同板厚和相同材质时，滚切式比闸式、摆式斜刃剪的剪切力约小5%。滚切剪剪切力小的原因是由于钢板弯曲变形小的缘故。

3.1.6 热处理炉及热处理线

用于厚钢板热处理的热处理炉有辊底式热处理炉和步进式热处理炉。辊底式炉有辐射管加热和明火加热两种方式。现代化的厚板厂普遍采用辐射管加热的无氧化辊底式炉，用于对厚钢板进行常化、淬火并兼作回火处理。其处理的钢板无氧化（炉内通氮气保护气体）、表面质量好、温度均匀；用于厚钢板回火兼作常化处理时，采用明火加热的辊底式炉或用步进式热处理炉。

辐射管加热辊底式炉用作常化、淬火兼作回火时，热处理温度为500～950℃；而仅用作回火时，热处理温度为400～700℃；用作常化和回火的步进式热处理炉，炉温度为500～1100℃。

辐射管加热辊底式炉设计处理的最大板厚为200mm，最宽达到5400mm，钢板最长为26m，炉最长为96m。

3.1.7 交流化的主传动系统

随着电力电子技术、微电子技术的发展，现代控制理论特别是矢量控制技术以及近年来交流调速系统的数字化技术的应用，促进了交流调速系统的发展，目前交流调速的调速性能达到甚至优于直流调速。国外宽厚板轧机主传动电动机有一些由直流电动机改为交流同步电动机供电，新建的厚板轧机更是优先选用交流化的主传动系统。

1985年住友鹿岛厚板厂5450mm/4830mm厚板轧机更新精轧机时，主电动机增容并更新为2×7500kW交流电动机，后来又将粗轧机主电动机增容为2×5800kW交流电动机，并采用最新GTO电气元件供电。

1985年迪林根厚板厂增建5500mm粗轧机时，选用了同类轧机最大容量和最大转矩的2台10900kW同步主电动机。

3.1.8 计算机控制系统

在自动控制方面，国外现代化厚板轧机的计算机控制系统大多已配制了四级计算机系统，即基础自动化级、过程控制级、生产控制级和生产管理级。其系统结构合理，硬件设备新，应用软件功能完善，使整个厚板厂的设备控制、过程控制、生产控制、生产管理等都纳入到计算机系统的管理和控制范围内，从而有利于保证工艺设备的最佳运转状态、轧机能力的充分发挥及高要求的产品质量。

现代化的厚板轧机生产控制计算机在板坯库、成品库管理控制方面已向更高阶段发展。

过程控制计算机的设定控制范围首先在轧制线，而现在对剪切线的控制也达到较高的自动化水平。

国外有的厚板厂已在开发和实现辅助生产工序时自动化操作。

3.1.9 完善的自动检测仪表系统

轧制线的过程控制必须设置测温、测压、测厚、测宽、测平直度等检测仪表，有的厚板轧机还设有测旁弯用仪表。近年来的一大进步是靠近轧机（相距 2.1m）布置的 γ 射线测厚仪，效果很好，大大提高了钢板的厚度精度。

剪切线为设定控制、管理和质量保证而设有 P.S.G 或 ASM，集中设置测厚、测宽、平直度、矩形对角线等检测仪表室，自动标志、打印、贴纸带签等。

自动超声波探伤装置（UST）。最早用于探查钢板内部缺陷的 UST 多设置在剪切线尾部，而德国和日本大分厂的 UST 设在冷床或检查台出口辊道上。最近几年又开发应用了一种在剪切线收集区或钢板精整区旁近线布置的横向探查钢板内部缺陷的 UST。

3.2 中厚板轧机

3.2.1 中厚板轧机形式

用于中厚板生产的轧机有以下四种：二辊可逆式轧机、三辊劳特式轧机、四辊可逆式轧机和万能式轧机。

3.2.1.1 二辊可逆式轧机

二辊可逆式轧机（见图 3-1）于 1850 年前后用于生产中厚板，现在多用直流电机驱动，采用可逆、调速轧制，利用上辊进行压下量调整，得到每道的压下量。因此可以低速咬钢高速轧钢，具有咬入角大、压下量大、产量高的优点。此外上辊抬起高度大，轧件质量不受限制，所以对原料的适应性强，既可以轧制大钢锭也可以轧制板坯。但是二辊轧机的辊系刚度较差，钢板厚度公差大。因此一般只适于生产厚规格的钢板，而更多的是用作双机布置中的粗轧机座。

钢板轧机按轧辊辊身的长度来标称。如 2300 钢板轧机，即指轧辊辊身长度 L 为 2300mm 的钢板轧机。

二辊可逆轧机还常用 $D \times L$ 表示。D 为轧辊直径（mm），L 为轧辊辊身长度（mm）。

二辊轧机的尺寸范围：$D = 800 \sim 1300$mm，$L = 3000 \sim 5000$mm。轧辊转速 30 ~ 100r/min。我国的二辊轧机 $D = 1100 \sim 1150$mm，$L = 2300 \sim 2800$mm，都用作双机布置中的粗轧机座。

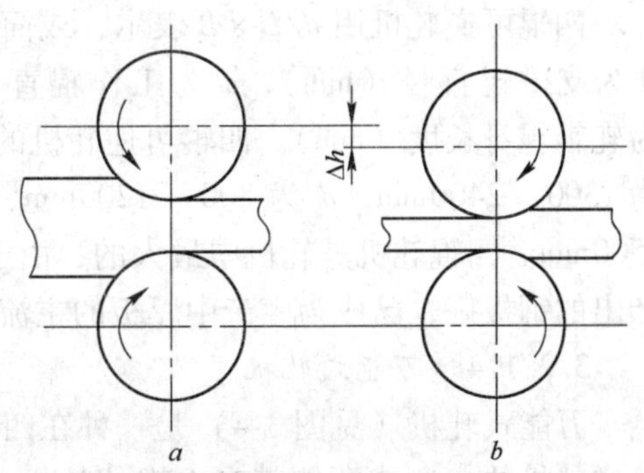

图 3-1 二辊可逆式轧机轧制过程示意图

a—第一道轧制；b—第二道轧制

3.2.1.2 三辊劳特式轧机

1864 年美国创建了世界上第一台三辊劳特式轧机（见图 3-2），专门用于中厚板生产。这类轧机是由上下两个大直径辊和中间一个小直

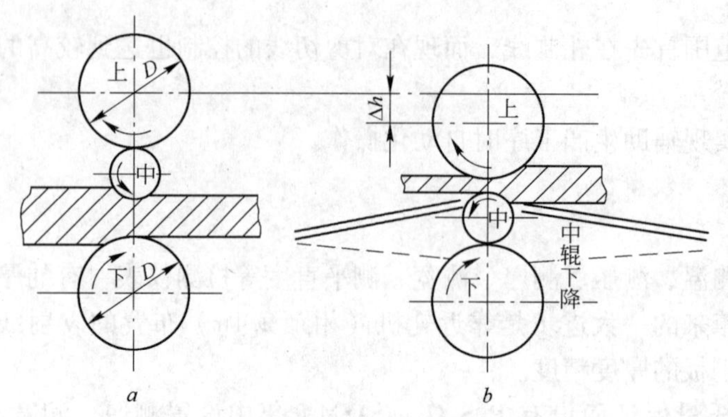

图 3-2　三辊劳特式轧机轧制过程示意图

a—第一道中下辊过钢；*b*—第二道中、上辊返回

径辊所组成，上下辊由交流电机经减速机、齿轮座带动，为主动辊。而中辊可升降，为从动辊，靠上下辊摩擦带动。轧制过程由轧机的两个动作完成的，利用中辊升降和升降台实现轧件的往返轧制，无需轧辊正反转，利用上辊进行压下量调整，得到每道次的压下量。

三辊劳特式轧机设备投资少、建厂快、轧机辊系刚度比二辊可逆式轧机大，因而生产的钢板精度也高些。但这类轧机由于中辊直径小、从动，因而咬入能力较弱，采用角轧法轧制，成材率低，轧机辊系的刚度还不够大，因此产品的产量和质量都不能满足工业发展的需要。现已大部分被淘汰。

三辊劳特式轧机还常用 $D/d/D \times L$ 表示。D 为上下辊直径（mm），d 为中辊直径（mm），L 为轧辊辊身长度（mm）。三辊劳特轧机的尺寸范围：$D = 700 \sim 850$mm，$d = 500 \sim 550$mm，$L = 1800 \sim 2300$mm。通常 $L/D = 2.5 \sim 3$。轧辊转速为 60 ~ 90r/min（轧制速度为 2.5 ~ 3m/s）。我国三辊劳特轧机多为 750 ~ 850/500 ~ 550/750 ~ 850mm × 2300 ~ 2350mm，用于生产 4.5 ~ 20mm 中板，或者作为双机布置中的粗轧机使用。

3.2.1.3　四辊可逆式轧机

1870 年美国投产了世界上第一台四辊可逆式轧机（见图 3-3）。它是由一对小直径工作辊和一对大直径支撑辊组成，由直流电机驱动工作辊。轧制过程与二辊可逆式轧机相同。它具有二辊可逆轧机生产灵活的优点，又由于有支撑辊使轧机辊系的刚度增大，产品精度提高。而且因为工作辊直径小，使得在相同轧制压力下能有更大的压下量，提高了产量。这种轧机的缺点是采用大功率直流电机，轧机设备复杂，和二辊可逆轧机相比如果轧机开口度相同，四辊可逆轧机将要求有更高的厂房，这些都增大了投资。

四辊可逆轧机用 $d/D \times L$ 表示，或简单用 L 表示。D 为支撑辊直径（mm），d 为工作辊直径（mm），L 为轧辊辊身长度（mm）。四辊可逆轧机的尺寸范围：D 为 1300 ~ 2400mm，d 为 800 ~ 1200mm，L 为 2800 ~ 5500mm。四辊轧机是轧机中最大的，由于这类轧机生产出的钢板好，已成为生产中厚板的主流轧机。

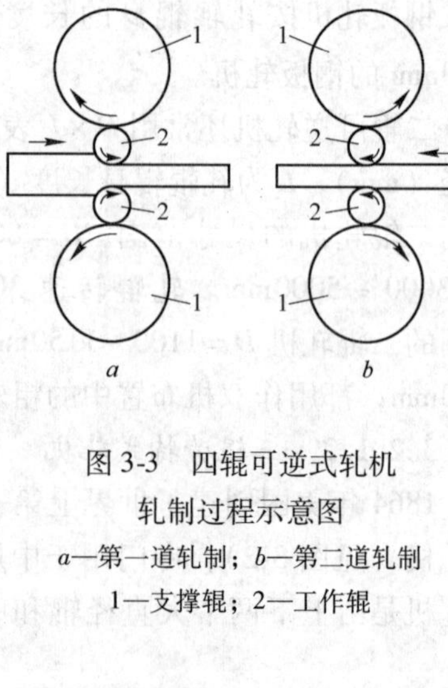

图 3-3　四辊可逆式轧机轧制过程示意图

a—第一道轧制；*b*—第二道轧制

1—支撑辊；2—工作辊

3.2.1.4　万能式轧机

万能式轧机（见图 3-4）是一种在四辊（或二辊）可逆轧机的一侧或两侧带有立辊的轧机。万能式轧机始于 1907 年，是用来生产齐边钢板，以提高成材率。但实践证明立辊轧边只在宽厚比（B/H）小于60 ~ 70

时才能起作用，而当 B/H 大于 70 时用立辊轧边很容易产生纵向弯曲，不仅起不到齐边作用反而使操作复杂，容易造成事故。并且立辊与水平辊要实现同步运行还会增加电气设备和操作的复杂性。中厚板尤其是宽厚板由于 B/H 大，所以自 20 世纪 70 年代后新建轧机一般已不再使用立辊轧机。

近年来为了进一步提高成材率，对于厚板的 V-H 轧制（立辊加水平辊轧制）又在进行积极开发研究，其目的是为了能够生产不用切边的齐边钢板和更有效的控制钢板宽度以减少切边量。它是在轧机上安装防弯辊和狗骨辊以达到防弯控宽的目的（见图 3-5）。

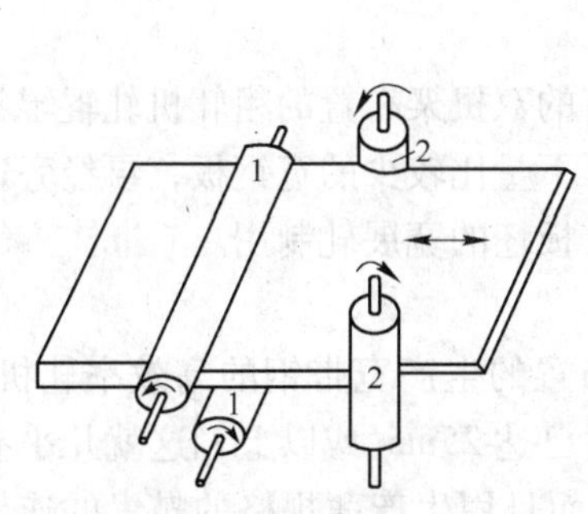

图 3-4　万能式轧机轧制过程示意图
1—水平辊；2—立辊

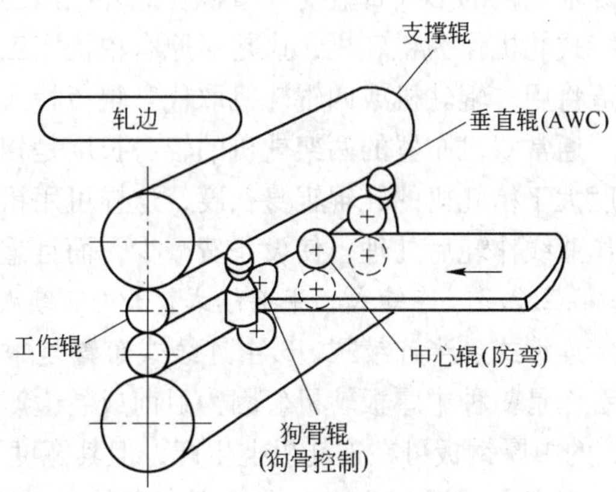

图 3-5　V-H 轧制的精轧机

3.2.2　中厚板轧机的布置

中厚板车间的布置形式有三种，即单机座布置、双机座布置和半连续或连续式布置。

3.2.2.1　单机座布置的中厚板车间

单机座布置生产就是在一架轧机上由原料一直轧到成品。单机座布置的轧机可选用前述四种中的任何一种中厚板轧机。但由于在该轧机上要直接生产出成品，因此用二辊可逆轧机显然是不宜的，所以现在在实际生产中已被淘汰。三辊劳特式轧机亦已逐渐被四辊可逆式轧机所取代。

单机座布置中，由于粗轧与精轧都在一架轧机上完成，所以产品质量比较差（包括表面质量和尺寸精确度），轧辊寿命短，产品规格范围受到限制，产量也比较低。但单机座布置投资低、适用于对产量要求不高，对产品尺寸精度要求相对比较宽，而增加轧机后投资相差又比较大的宽厚钢板生产。不少车间为了减少初期投资，在第一期建设中只建一台四辊可逆轧机，预留另一台轧机的位置，这是一种比较合理的建设投资方案。

3.2.2.2　双机座布置的中厚板车间

双机布置的中厚板车间是把粗轧和精轧分到两个机架上去完成，它不仅产量高（一台四辊轧机可达 100 万 t/a，一台二辊和一台四辊轧机可达 150 万 t/a，二台四辊轧机约为 200 万 t/a），而且产品表面质量、尺寸精度和板形都比较好，还延长了轧辊使用寿命。双机布置中精轧机一律采用四辊轧机以保证产品质量，而粗轧机可分别采用二辊可逆轧机或四辊可逆轧机。

二辊轧机具有投资少、辊径大、利于咬入的优点，虽然它刚性差，但作为粗轧机影响还不大，尤其在用钢锭直接轧制时。因为钢锭厚度大，压下量的增加往往受咬入角限制，而轧制力又不高，适合用二辊可逆轧机。采用四辊可逆轧机作粗轧机不仅产量更高，而且粗、精轧道次分配合理，送入精轧机的轧件断面尺寸比较均匀，为在精轧机上生产高精度钢板提供了好条件。在需要时粗轧机还可以独立生产，较灵活。

但采用四辊可逆轧机作粗轧机为保证咬入和传递力矩，需加大工作辊直径，因而轧机比较笨重，厂房高度相应地要增加，投资增大。美国、加拿大多采用二辊加四辊形式，欧洲和日本多采用四辊加四辊形式。目前由于对厚板尺寸精度和质量要求越来越高，因而两架四辊轧机的形式日益受到重视。此外我国还有部分双机座布置的中厚板车间仍采用三辊劳特式轧机作为粗轧机，这是对原有单机座三辊劳特式轧机车间改造后的结果，进一步的改造将用二辊轧机或四辊轧机取代三辊劳特式轧机。

通常双机布置的两架轧机的辊身长度是相同的，但有的双机架布置的粗轧机轧辊辊身长度大于精轧机的轧辊辊身长度，这样可用粗轧机轧制压下量比较少的宽钢板，再经旁边的作业线作轧后处理，使设备费减少，而且重点可作为长板坯的宽展轧制用。

3.2.2.3　连续式、半连续式、3/4 连续式布置

连续式、半连续式、3/4 连续式布置是一种多机架布置的生产宽带钢的高效率轧机，也看作是一种中厚板轧机。因为目前成卷生产的带钢厚度已达 25mm 或以上，这就几乎有 2/3 的中厚钢板可在连轧机上生产，但其宽度一般不大，而且用生产薄规格的昂贵的连轧机来生产中厚板在经济上也是不合理的。对于半连续轧机，其粗轧部分由于轧机布置灵活，可以满足生产多品种钢板的需要，但精轧机部分的作业率就低了。

目前全世界的宽厚板生产（由辊身宽 3m 以上轧机生产），单机布置仍占有很大比重，但总产量却不及双机布置轧机的总产量。在宽厚板轧机上很少使用连续或半连续的布置方式，在全世界 72 条宽厚板轧制线上只有一条。

3.2.3　轧机主机列

3.2.3.1　主传动

轧钢机主传动装置根据轧机类型的不同，而有不同的部件组成。它一般包括下列几个部件：连接轴及平衡装置、齿轮座、主联轴节、减速机、电动机联轴节和电动机。以常见的四辊轧机为例。

近年来新建的四辊轧机上、下工作辊分别采用各自的直流电动机来驱动，图 3-6 所示为四辊轧机电动机直接传动轧辊的主传动示意图。两个工作轧辊由直流电动机通过接轴单独驱动，轧辊的速度同步由电气设备来保证。这种主机列没有减速器和齿轮机座，减少了传动系统的飞轮力矩和损耗，缩短了启动和制动时间，因此能提高可逆式轧机的生产率。

立辊轧机位于水平轧机的前面，立辊机架与水平机架呈近接布置。立辊轧机主要分为两大类，即一般立辊轧机和有 AWC 功能的重型立辊轧机。

一般立辊轧机是传统的立辊轧机，主要用于板坯宽度齐边、改善边部质量。这类立辊轧机结构简单，主传动电机功率小、侧压能力普遍较小，而且控制水平低，辊缝设定为摆死辊缝，不能在轧制过程中进行调节，宽度控制精度不高。

有 AWC 功能的重型立辊轧机结构先进，主传动电机功率大，侧压能力大，具有 AWC 功能，在轧制过程中对带坯进行调宽、控宽及头尾形状控制，提高宽度精度和减少切损。

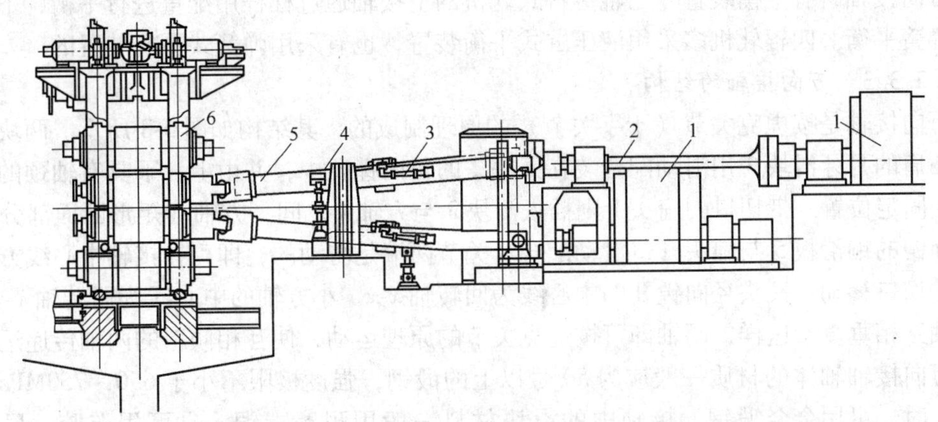

图 3-6　四辊轧机电动机直接传动轧辊的主传动示意图

1—电动机；2—传动轴；3—接轴移出缸；4—接轴平衡装置；5—万向接轴；6—工作机座

有 AWC 功能的重型立辊轧机的结构如图 3-7 所示。

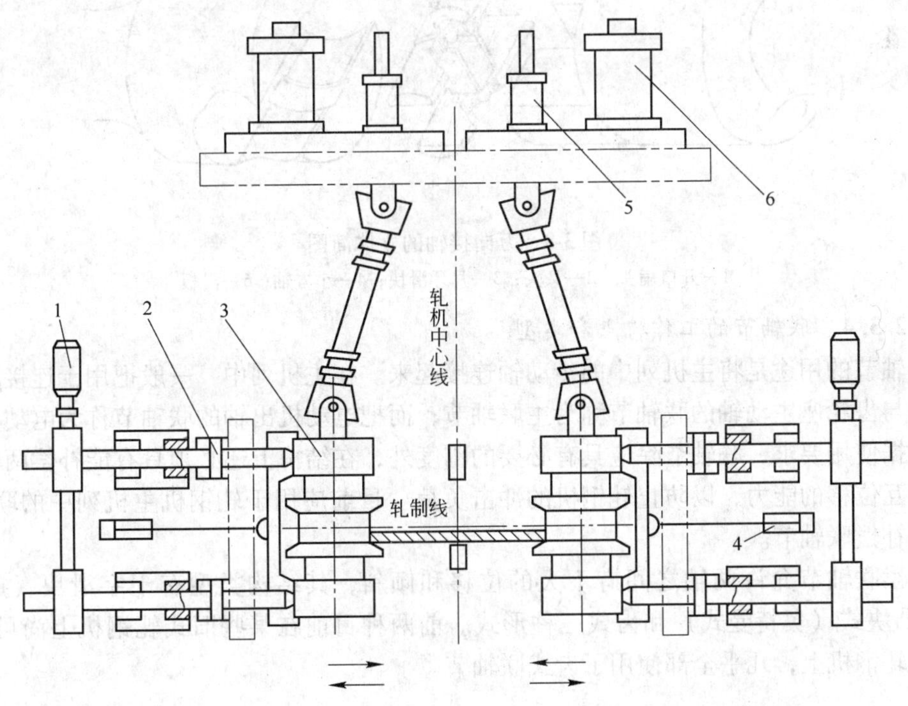

图 3-7　有 AWC 功能的重型立辊轧机

1—电动侧压系统；2—AWC 液压缸；3—立辊轧机；4—回拉缸；5—接轴提升装置；6—主传动电机

3.2.3.2　万向接轴及平衡装置

从电机或人字齿轮座将力矩传递给轧辊的部件称为接轴，也称为接手。目前几乎都采用万向接轴。这种接轴通过安装在接轴两端的联轴节可以在任意方向上允许被连接的电机轴与轧辊轴线成一定角度来传递动力，允许的最大倾斜角度可达 8°～10°，万向接轴自重很大，为了减少联轴节的磨损和减轻轧辊轴承所受的附加负荷，以及上、下摆动时灵活稳定，万向接轴备有平衡装置。三辊劳特式轧机的上接轴通过杠杆用配重进行平衡，下接轴采用弹簧平衡。四辊轧机多采用液压缸式平衡装置，也有采用弹簧式平衡装置的。

3.2.3.3　万向接轴的结构

万向接轴是按虎克关节（十字关节）的原理制成的，其结构如图3-8所示。两块带有定位凸肩的月牙滑块3用滑动配合装在叉头2的径向镗孔中，并由上、下具有轴颈的方形小轴4固定位置。带切口的扁头1则插入滑块3与方轴4之间，方轴（矩形断面部分）以其表面镶的铜滑板5与扁头开口滑动配合。关节两端是游动的，即可在接轴中心线方向沿扁头的切口移动。叉头径向镗孔的中心线为回转轴 x-x，小方轴的中心线为回转轴 y-y，两回转轴互相垂直。这样，两轴即可按虎克关节的原理运动，使互相倾斜的两轴传递运动。

万向接轴轴体的材质一般应为50号以上的锻钢，强度极限不小于650～750MPa。应力较大时，可用合金锻钢。接轴中的滑块材料一般用耐磨青铜，也可用布胶、尼龙等制作。

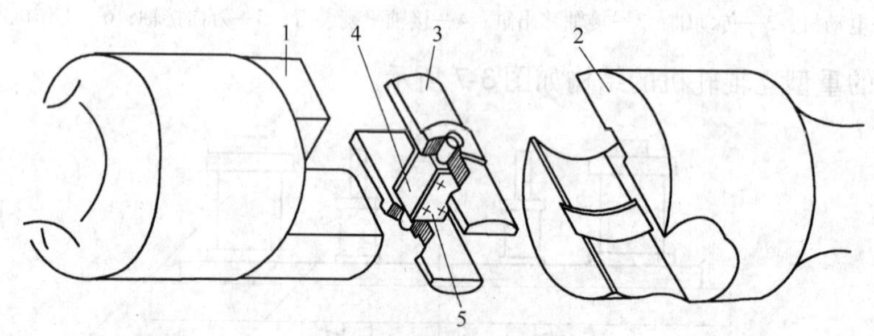

图3-8　万向接轴的立体简图

1—开口扁头；2—叉头；3—月牙滑块；4—小方轴；5—滑板

3.2.3.4　联轴节的工作特点和类型

联轴节的用途是将主机列中的传动轴连接起来。在主机列中，一般把用于连接减速机低速轴与齿轮座主动轴的联轴节称为主联轴节；而把电动机出轴的联轴节称为电动机联轴节。根据使用要求，联轴节除应具有必要的刚度外，在结构上还必须具有能补偿两轴的中心线相互位移的能力，以防止轧钢机的冲击负荷。目前应用于轧钢机主机列中的联轴节，主要是补偿联轴节。

补偿联轴节允许两轴之间有不大的位移和倾斜，其结构类型有十字滑块（施列曼式）、凸块式（奥特曼式）和齿式三种形式。前两种目前在某些旧式轧钢机上尚可见到，在新型轧钢机上，几乎全部使用了齿式联轴节。

3.2.4　四辊中厚板轧机工作机座的结构

四辊中厚钢板轧机由于其刚度高、可采用较大直径的支撑辊，减轻了轧钢时工作辊的变形，所以道次压下量大、轧制效率高。近年来，在四辊轧机上又增加了厚度自动控制和弯辊装置，进一步提高了钢板的厚度精度和板形精度。四辊轧机还适于各种类型的控制轧制工艺，生产高质量中厚钢板。目前，无论在国外还是国内，四辊轧机已经成为生产中厚钢板的主要机型。

四辊板带轧机的工作机座一般包括下列几个组成部分：

（1）轧辊组件（也称辊系）：由轧辊、轴承、轴承座等零部件组成；
（2）机架部件：由左右机架、上下连接横梁、轨座等构件组成；
（3）压下平衡装置；
（4）轧辊的轴向调整或固定装置。四辊轧机的结构如图 3-9 所示。

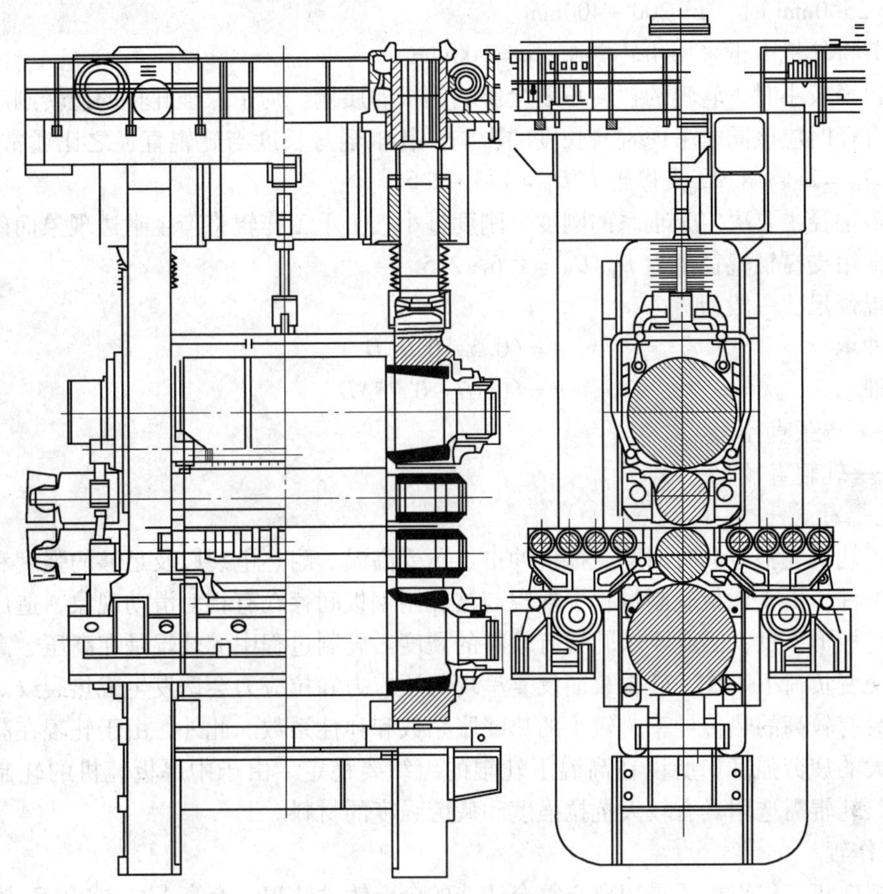

图 3-9 四辊轧机的结构

无论哪一种轧钢机，为了进行轧制，轧辊是必不可少的零件。既有轧辊，就必须具有轴承、轴承座、机架等起支持作用的零件。为了保证轧辊的开口度必须有压下调整装置。

压下装置有手动的、电动的、液压传动的及电动—液动的，根据轧机的类型不同而采用不同的形式。平辊的钢板轧机一般具有轴向固定装置，在特殊形式的轧机上为了得到正确的辊缝形状，必须有轧辊的轴向调整装置。

3.2.4.1 轧辊

A 轧辊尺寸

四辊式轧钢机的轧辊分为工作辊与支撑辊，工作辊是用来直接完成轧制过程的，其直径较小；大直径的为支撑辊，其作用是改善工作辊的强度及刚度条件。每个轧辊都由辊身、辊颈及轧辊轴头三部分组成。

钢板轧机的轧辊辊身长度 L 与被轧钢板的最大宽度之间的关系：

$$L = b + a$$

式中 b——钢板的最大宽度，mm；

a——辊身长度的裕量系数，它决定于钢板的最大宽度。

当 $b=400\sim1000$mm 时，$a=100$mm；

当 $b=1000\sim2500$mm 时，$a=100\sim200$mm；

当 $b>2500$mm 时，$a=200\sim400$mm。

三辊劳特轧机由于采用角轧操作，$a=500$mm。

工作辊径较小时，轧辊的扭转角度会影响钢板的质量。为了保证轧辊的扭转刚度，在选择轧辊直径时应该同时考虑辊身长度的影响。轧辊辊身长度与轧辊直径之比通常取为：工作辊 $L/D_W=2.5\sim4.0$，支撑辊 $L/D_R=1.3\sim2.5$。

支撑辊辊径主要决定于辊系的刚度。刚度过小，上下工作辊将产生啃边现象而破坏轧制过程，常用支撑辊辊径值为 $D_B/D_W=1.6\sim2.5$。

轧辊辊颈尺寸一般为：

滚动轴承 $d=(0.5\sim0.6)D$

滑动轴承 $d=(0.67\sim0.75)D$

式中 d——辊颈直径；

D——轧辊直径。

B 轧辊材质

中厚板轧机轧辊应具有耐磨，抵抗冲击、承受高温、耐热龟裂以及足够的强度和刚度几个基本条件。由于钢板轧制过程中轧辊与被轧制钢板间存在有相对滑动现象，造成了轧辊的磨损与板形不良，因此要求轧辊有较高的硬度。轧制过程中的轧辊是在高压、高温和冷却水的交变负荷下工作，轧辊表面反复呈现的压应力和拉应力会诱发生成热裂纹。为此要求轧辊具有较高的热传导率、较小的热膨胀系数和弹性系数。此外，由于轧辊在高温下承受着较大的疲劳强度，所以在高温下轧辊的组织要稳定。由于中厚板轧机的轧制力较大，因此，轧辊需选用具有较大抗拉强度和疲劳强度的材料。

a 工作辊

中厚板轧机工作辊主要采用离心复合铸造的合金铸铁轧辊，有高 NiCr 或高 Cr 铁或高 Cr 钢三大类。为了满足耐热性和耐磨性的要求，高 NiCr 工作辊硬度应控制在 68～75HS 之间，高 Cr 铁工作辊硬度应控制在 65～73HS 之间。由于采用离心铸造生产，组织更为致密和纯净，抗热裂性和抗剥落性较好。

随着普遍采用控制轧制工艺生产中厚钢板，一种在轧辊芯部和轴颈部位具有球墨铸铁组织的控制轧制用工作辊得到开发，其突出的特点是辊颈部位具有较高的强度。

最近在国外中厚板轧机的粗轧机与精轧机开始采用同一种材质的工作辊，目的是精轧机更换下来的工作辊还可以在粗轧机上使用，降低了吨钢轧辊消耗。

b 支撑辊

支撑辊应具备下述 3 个条件：

（1）具有高的强度，低的弹性压扁和不易产生挠曲；

（2）辊身表面具有高的耐疲劳性能，即耐剥落掉皮性能好；

（3）耐磨性能好。

支撑辊多采用合金铸钢轧辊和锻钢轧辊。合金铸钢轧辊中添加有、铬、铝等合金元素。我国目前多采用锻钢轧辊，西欧国家多采用铸钢轧辊，日本过去采用铸钢轧辊较多，近来开始转向采用锻钢轧辊。

3.2.4.2 轧辊的轴承及轴承座

A 轴承

一般四辊轧机的工作辊都用滚动轴承，在支撑辊负荷不太大、速度不太高的情况下，也可用滚动轴承。在轧制速度较高时，一般趋向于采用液体摩擦轴承。滚动轴承要在径向尺寸受限制的情况下承受很大的轧制力，因此轧辊用的滚动轴承都是多列的，主要有圆锥滚子轴承、圆柱滚子轴承和球面滚子轴承。

四列圆锥滚子轴承的特点：

(1) 能承受轴向力又能承受径向力。

(2) 工作时会产生较高的摩擦热，因此对高速轧机不太适用，高速轧制时寿命急剧下降。

(3) 调整间隙困难。

四列圆柱滚子轴承的特点：

(1) 这类轴承摩擦消耗少，轴承径向尺寸较其他滚动轴承小，在相同的条件下，允许轧辊辊颈直径比圆锥滚子轴承等都大。

(2) 承装有多列大体积的滚子，承载能力较大，工作速度也远比圆锥轴承高。

(3) 此类轴承只承受径向载荷，轴向载荷需要用独立的止推轴承来承受，这样使轴承的结构复杂了，但可以使轴承的负荷能力充分用于径向负荷，并且轧辊轴向位置的控制较精确。随着四辊轧机轧制力和轧制速度的不断提高，支撑辊采用圆柱滚子轴承的日益增多，并且有代替液体摩擦轴承的趋势。

液体摩擦轴承（油膜轴承）是一种流体动力润滑的闭式滑动轴承，1934 年始用于轧钢机。其基本特点如下：

(1) 摩擦系数低，可减少能耗。轴承中的能量消耗只是用来克服润滑油层间很小的内摩擦，所以摩擦系数很小（0.001~0.008）。

(2) 适合于高速重载的工作条件。液体摩擦轴承的允许速度实际上只受散热条件的限制，在具有很好的冷却条件下，随着速度的增加，其承载能力不但不减少，反而可以增加。同时，油膜轴承对冲击载荷不敏感。因此，高速重载的轧机采用液体摩擦轴承较合适。

(3) 使用寿命长，因摩擦系数低，所以轴承工作面几乎没有磨损。如果使用维护适当，寿命可达 10 年以上。

(4) 刚性大而弹性变形极小，因此轧制精度较高。

(5) 结构紧凑，在承受相同载荷情况下，液体摩擦轴承的径向轮廓尺寸相对较小，有利于采用较粗的轧辊辊颈。

但是，液体摩擦轴承的制造精度和成本较高，安装精度要求较严，使用维护也复杂。

根据油膜形成方法的不同，液体摩擦轴承可分为动压轴承、静压轴承和动 - 静压轴承三种类型。

B 轴承座

四辊轧机支撑辊轴承座为一门型架（见图 3-10），考虑到调整轧件厚度的需要，轴承座在机架窗口内应能上、下移动；工作辊轴承座装置在门型架中。为保证轧辊磨损后，工作辊仍能与支撑辊相压紧，工作辊轴承座在门型架中应能上下移动。

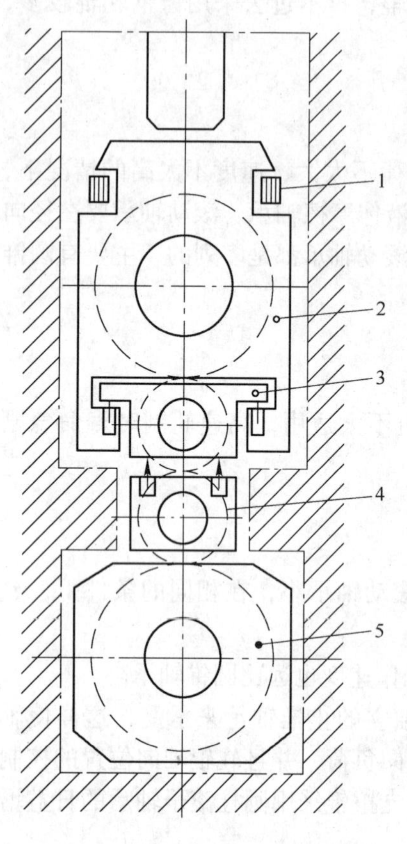

图 3-10 轧辊轴承座在机架窗口中的位置

1—轧辊平衡横梁；2—上支撑辊轴承座；3—上工作辊轴承座；4—下工作辊轴承座；5—下支撑辊轴承座

轴承座材料的选择，支撑辊轴承座常用 ZG35，工作辊轴承座为 ZG40Mn 或 ZG45。上、下支撑辊轴承座都应有自动调位的性能，以免轴承倾斜地工作。对于上支撑辊轴承座，通过压下螺丝的球面垫保证其自动调位，下支撑辊轴承座为了自动调位应该支撑在修圆了的或较短的支座上。

3.2.4.3 压下与平衡装置

A 平衡装置

平衡装置的用途是：

(1) 保证上轧辊轴承座紧贴着压下螺丝，即当压下螺丝向下移动时，轴承座也向下移动。当压下螺丝回升时，轴承座也随着向上移动，即消除压下螺丝与轴承座间的间隙，以避免轧制时产生冲击载荷。

(2) 保证消除压下螺丝与螺母间的有害间隙，也即将因螺丝自重产生的上间隙转化为托起螺丝时产生的下间隙。

(3) 对四辊轧机来讲还应考虑消除上支撑辊轴承与轴承座间的有害间隙，即将轴承副中的上间隙转为下间隙。

图 3-10 中的上支撑辊轴承座顶端有两个耳朵，其作用是将轴承座挂在平衡杠杆上。整个上支撑辊轴承座、压下螺丝及平衡杠杆的重量通过平衡杠杆系统由位于机架顶端的一个大液压缸来平衡。

在上（下）工作辊轴承座内，有平衡上工作辊、轴承、轴承座和上支撑辊用的液压缸。上支撑辊轴承座、压下螺丝及平衡杠杆的重量用一个大液压缸平衡，上工作辊系和上支撑辊本身的质量用 4 个小液压缸平衡，这种形式称为五缸液压平衡。如果上支撑辊系也采用与工作辊相似的、由 4 个在下支撑辊轴承座内的小液压缸来平衡，则称为八缸液压平衡。

B 压下装置

轧机的压下装置，也称上辊调整机构。它用以调整上轧辊的位置，保证给定每道的压下量。多数轧机是固定下辊，使上辊逐渐下降来调整辊缝，所以称为压下装置。通过抬起下辊来调整辊缝的装置称为压上装置，原理与压下装置相同，压上装置主要用于当辊径发生变化时进行轧制线的调整。有些轧机不设压上装置，而用平板垫片来调整轧制线。

压下装置一般使用电动螺丝－螺母形式，这种方式只有在轧辊没有咬入钢板时才能调整辊缝。为了在轧钢状态下也能根据钢板厚度要求进行辊缝调整，近年来开始采用了板厚自动控制压下装置（AGC 装置）。我国新建中厚钢板轧机已开始配有板厚自动控制装置，同时在现有中厚板轧机上装备液压板厚自动控制装置的改造工作也已全面展开。

a　电动螺丝 - 螺母方式

近年来制造的中厚板轧机具有两套压下装置，即压下粗调和压下精调装置。压下粗调装置的压下速度为压下精调装置的压下速度的 10 ~ 17 倍，如图 3-11 所示。压下传动是由压下电机经蜗杆蜗轮带动压下螺丝旋转，再通过组装并固定在机架上的螺母转变成上、下运动而完成的。压下粗调不经过减速机直接带动蜗杆旋转，压下精调经过减速机减速后带动蜗杆旋转，压下电机为直流电机。正常情况下，轧机两侧的两个压下螺丝是要求一起上升或下降的。但为调整换辊后或在轧制过程中出现的左右两侧辊缝的不一致，左右压下系统采用离合器连接，可以脱开离合器接手，使左、右压下装置单独进行调整。

b　液压压下方式

这种压下方式是以高压油为动力源实现压下动作的，其特点是压下速度和响应速度快、压下位置精度高，并且还可以在轧制过程中根据板厚变化的反馈信号，进行压下以调整辊缝，达到修正板厚的目的。液压压下广泛用于自动位置控制（APC）和自动厚度控制。

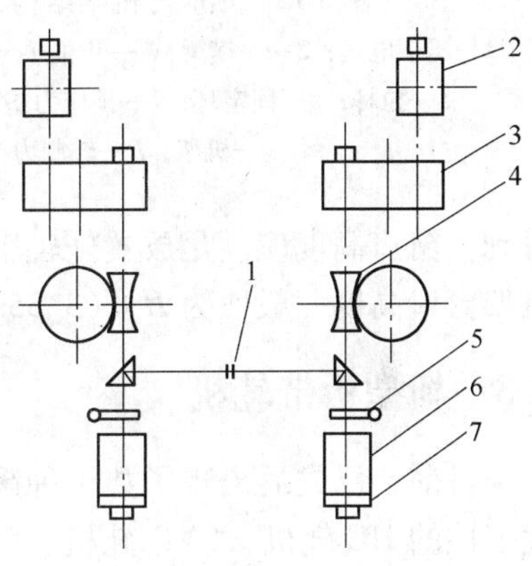

图 3-11　轧机电动压下机构示意图

1—离合器；2—压下精调电机；3—减速机；4—压下蜗轮蜗杆；5—轧辊回松装置；6—压下粗调电机；7—气闸

c　电动压下与液压压下共存

油缸被安装在上支撑辊轴承座和压下螺丝之间的窗口处。压下螺丝用来设定初始辊缝。在每个道次开始前，压下螺丝和油缸同时运动到目标位置。当压下螺丝到位后，油缸对螺丝实际位置和 HAGC 设定位置间的差异进行微调。更换支撑辊时，HAGC 油缸将用悬挂装置悬挂。

d　轧辊回松装置

采用电动螺丝 - 螺母方式的压下机构可能会遇到轧件卡钢、过量误压下的情况，这使轧辊间处于极大的轧制负荷状态，此时无法启动压下螺丝反转（螺纹面压力增高而被锁紧）抬起轧辊，因此需要通过液压或气压缸使压下蜗杆轴上的棘轮反转来抬起轧辊，这种装置就是轧辊回松装置（见图 3-11）。近年来采用的液压板厚自动压下控制装置由于可以在轧制状态下调整压下量，所以即使在轧辊间存在很大压力时也能抬起轧辊。

3.2.4.4　机架

轧制时，轧辊所承受的轧制压力通过轴承座及压下调整装置传送到机架上，因此机架是轧钢机的重要零部件，无论在强度上和刚度上都有严格的要求。

机架分为闭口式和开口式两种，中厚板轧机多为铸钢整体闭口式机架。闭口式机架包括左、右立柱及上、下横梁的一整体铸件，其优点是具有较好强度与刚度。常用于轧制压力较大或对轧件尺寸要求较严格的轧机上，由于这种机架在高度和重量上都比较大，所以 20 世纪 70 年代以来首先在日本出现了预应力开口式机架，减轻了牌坊的高度和重量。由于牌坊高度的减小和压下螺丝部分的变形很小，所以这种机架提高了轧机的刚度，图 3-12 是预应力机架结构示意图。

机架的材料通常采用 ZG35。浇铸后必须进行时效处理，消除铸造内应力，同时还必

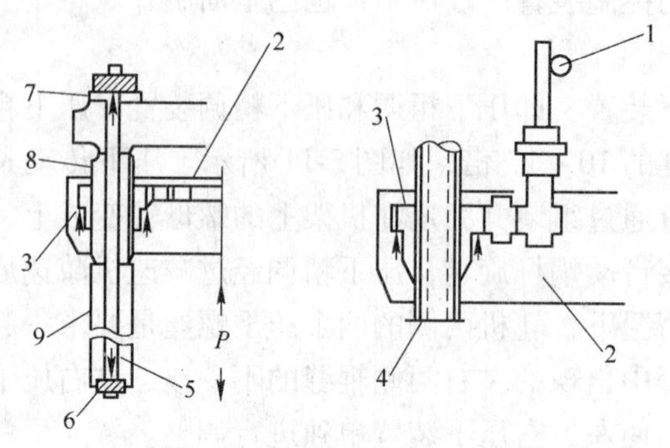

图 3-12　预应力机架结构示意图

1—压下电机；2—上横梁；3—止推垫环；4—压下螺丝；5—拉杆；6—固定环；7—预应力垫圈；8—螺栓；9—机架；P—轧制力

须进行探伤，保证没有缩孔、裂纹等缺陷。

机架的主要参数是窗口尺寸及立柱断面面积。窗口尺寸取决于生产工艺要求，立柱断面则反映出对机架的强度及刚度的要求。闭式机架窗口宽度应取得稍大于轧辊辊身的最大直径，以便换辊时可以把轧辊及轴承座部件从换辊侧机架的窗口抽出。在四辊钢板轧机上，一般窗口宽度 $B = 1.1 \sim 1.2D_{RMax}$，D_{RMax} 为支撑辊辊身最大直径。为了换辊方便，换辊侧机架窗口宽度比传动侧的大 10～15mm；此差值可用不同的衬板厚度来得到。窗口高度应满足放置轧辊轴承座与测压装置以及上辊的最大调整量。四辊钢板轧机机架窗口高度一般取为 $H = (3.35 \sim 3.75)B$。

3.3　新型板带轧机

目前，已先后出现了数十种采用板形控制新技术的新型板带轧机，本节重点介绍具有代表性的 HC 轧机、CVC 轧机、PC 轧机和 VC 轧机四种类型。

3.3.1　HC 轧机

3.3.1.1　HC 轧机的类型及主要特点

HC 轧机是一种高性能辊形凸度控制轧机，这是具有轧辊轴向移动装置的轧机。这种轧机的辊缝是刚性辊缝型。其基本出发点是通过改善或消除四辊轧机中工作辊与支撑辊之间有害的接触部分来提高辊缝刚度的，如图 3-13所示。

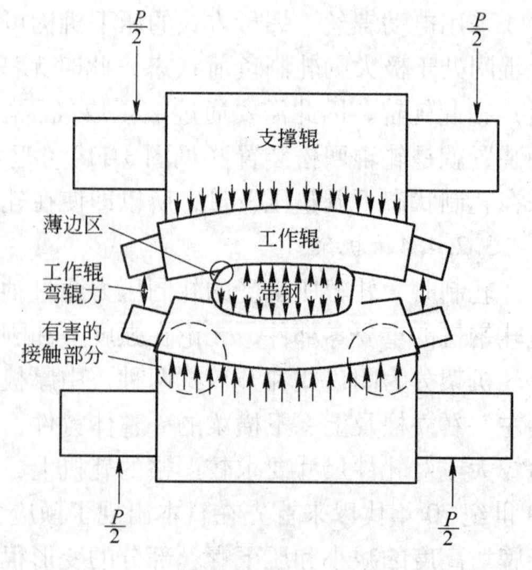

图 3-13　一般四辊轧机工作辊和支撑辊辊间接触情况

第一台问世的 HC 轧机是日本日立公司与新日铁公司于 1972 年发明的，它是将原来的 $\phi130/\phi300 \times 300$ 三机架冷连轧机的最后一架改装成六辊 HC 轧机。该轧机辊系由上下对称的三对辊组成，即工作辊、中间辊和支撑辊，其中中间辊可轴向移动，并配置液压弯辊装置。因此，具有很强的板形控制能力。该轧机试验成功后，日本新日铁公司在 1974 年改装了一台生产用单机可逆式 HC 轧机，确认了该轧机的板形控制能力。同时在生产率、成本、消耗等生产指标方面也有显著效果。因此，HC 轧机已广泛用于冷轧、热轧及平整生产中，轧制品种也由黑色金属扩大到有色金属。

中国于 1982 年开始研制 HC 轧机，由原冶金部钢铁研究总院、陕西延伸设备厂和东北重型机械学院共同研制的中国第一台 HC 六辊轧机于 1985 年试车成功，并投入试生产。

A　HC 轧机的类型

目前，HC 轧机已发展了多种机型（见图 3-14）。分为中间辊移动的 HCM 六辊轧机，工作辊移动的 HCW 四辊轧机以及工作辊和中间辊都移动的 HCWM 六辊轧机三种类型。

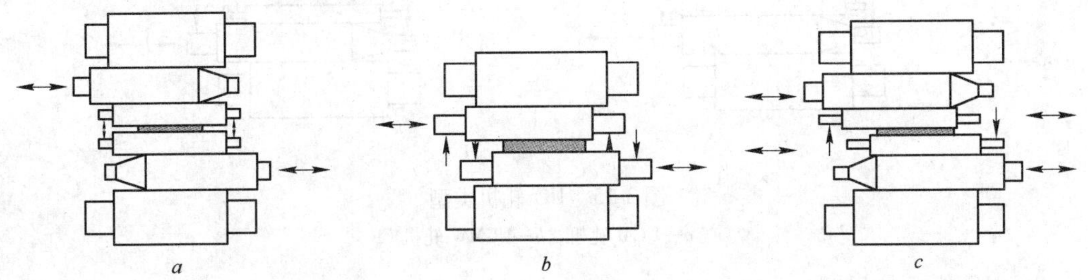

图 3-14　HC 轧机类型

a—HCM 六辊轧机；*b*—HCW 四辊轧机；*c*—HCWM 六辊轧机

B　HC 轧机的主要特点

HC 轧机的主要特点为：

（1）通过轧辊的轴向移动，消除了板宽以外辊身间的有害接触部分，提高了辊缝刚度。

（2）由于工作辊一端是悬臂的，在弯辊力作用下，工作辊边部变形明显增加。如果对弯辊控制板形能力的要求不变时，则在 HC 轧机上可选用较小的弯辊力，这就提高了工作辊轴承的使用寿命，并降低了轧机的作用载荷。

（3）由于可通过弯辊力和轧辊轴向移动量两种手段进行调整，使轧机具有良好的板形控制能力。

（4）能采用较小的工作辊直径，实现大压下轧制。

（5）工作辊和支撑辊都可采用圆柱形辊子，减少了磨辊工序，节约了能耗。

3.3.1.2　HC 轧机的结构及原理

A　HC 轧机的结构

HC 轧机的结构与四辊轧机无多大区别，其关键的不同处在于 HC 轧机有一套轴向移动装置，中间辊的轴向移动可用液压缸的推、拉来实现。将中间辊轴承座与液压缸连接装置安装在操作侧，便于操作和换辊，油压回路采用同步系统保证上、下、中间辊对称移动，中间辊移动油缸在机架左右立柱右侧上，易于加工维护。

HC 轧机的 6 个轧辊成一列布置，工作辊有液压正弯或正、负弯，它的弯辊力效果比一般四辊轧机的弯辊力效果增大约三倍以上，因此，弯辊力可选择较小而效果大。通过弯辊力变化进行在线板形微调补偿，实现板形的闭环控制。

在 HC 轧机的基础上，还发展了一种万能凸度轧机——UC 轧机，其主要特点是增加了中间辊弯辊装置。根据 HCM 六辊轧机的形式增加中间辊弯辊装置的 UC 轧机称为 UCM 轧机（图 3-15），而具有中间辊和工作辊都能抽动又有中间辊弯曲装置的 UC 轧机称为

UCMW 轧机（图 3-15*b*）。UC 轧机比 HC 轧机具有更大的压下量和更强的板形控制能力，可以轧制更薄、更宽、更硬的板带，并能较好地控制复合浪形和边部减薄量，适合于轧制薄而宽且具有一些特殊要求的板材。

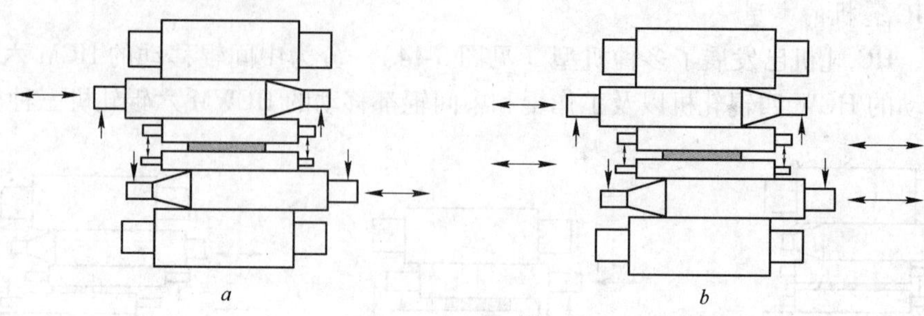

图 3-15　UC 轧机类型

a—UCM 轧机；*b*—UCMW 轧机

B　HC 轧机的原理

目前广泛使用的四辊板带轧机通常是采用具有原始凸度的工作辊和工作辊液压弯辊技术来控制板形的。但由于原始磨削凸度不能适应轧制规程的变化，弯辊装置受辊颈强度和轴承寿命等限制，板形控制的效果不十分理想，需研究新的板形控制方法。

四辊轧机工作辊的挠度如图 3-16 所示。由于在工作辊与支撑辊的接触压扁上存在着有害的 *A* 区，即大于轧制带材宽度的工作辊与支撑辊的接触区。因此，在 *A* 接触区的接触应力形成一个使轧辊挠度加大的有害弯矩。这样工作辊的挠度不仅取决于轧制力，而且也取决于轧制带钢的宽度，即接触区 *A* 的宽度。当轧制带材宽度在较大范围内变化时，工作辊上由于弹性压扁不均引起的挠度变化就很大，且反弯作用要被有害弯矩抵消一部分。

为了消除 *A* 区的有害作用，最简单的方法是将支撑辊制成双阶梯形，使工作辊与支撑辊在 *A* 区脱离接触，如图 3-17 所示。但轧制不同宽度的板带时，需要频繁换辊来改变辊间接触宽度 L_B，或者把支撑辊做成可轴向移动的，但支撑辊较大，移动装置也需要大型设备，在一般条件下不易实现。为此发明了中间辊可轴向移动的六辊轧机，即 HC 轧

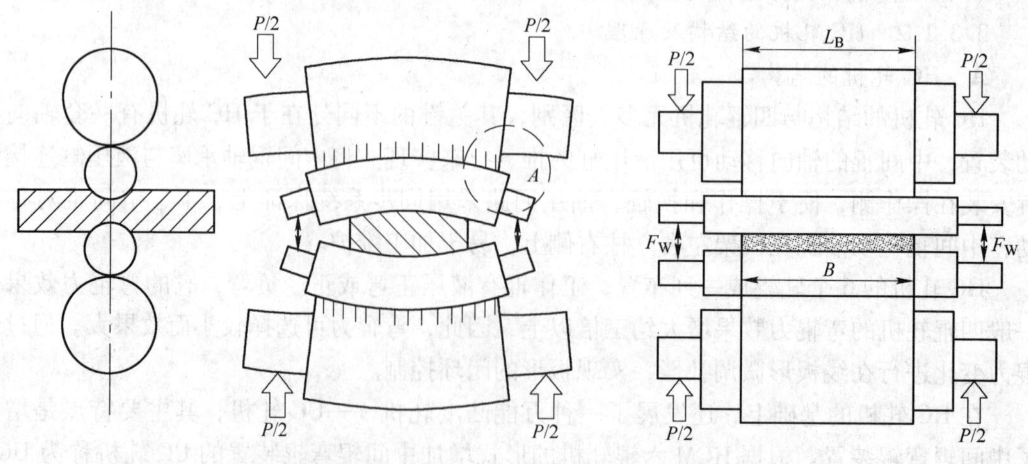

图 3-16　四辊轧机示意图　　图 3-17　支撑辊双阶梯形的四辊轧机

机，其辊系示意图如图 3-18 所示。由于采用了中间辊轴向移动机构，可根据原料尺寸、规格不同而选择不同的中间辊移动量。

C　HC 轧机的板形控制

图 3-19 表示了中间辊处于三种不同位置时与板形之间的关系。图 3-19*b* 所示为理想状态（中间辊轴向移动量 $\delta=0$），这时工作辊与支撑辊的有害接触部分完全被消除，因而板形最平直。图 3-19*a* 所示为中间辊未移动到全部消除有害部分（中间辊轴向移动量 δ 为“+”）。这时支撑辊通过中间辊与工作辊的剩余接触部分给工作辊附加弯曲，使工作辊产生负弯曲，即工作辊中间辊缝增大、两边辊缝减少。结果轧出中间厚、两边薄的凸形轧件。同时因边部辊缝小，延伸量大，受到压应力作用而产生边部浪形。图 3-19*c* 所示为中间辊移动超出了有害接触部分（中间辊轴向移动量 δ 为“−”）。这时工作辊出现正弯曲现象，轧出中间薄、两边厚的凹形轧件，带材中部延伸大于边部延伸，形成中部瓢曲。可见，依靠调整中间辊的轴向位置，可以实现轧辊凸度调节，获得板形修正的能力。

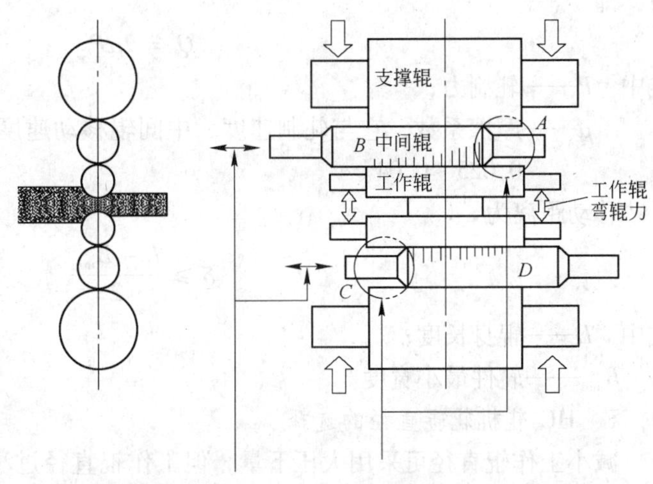

图 3-18　HC 轧机辊系示意图

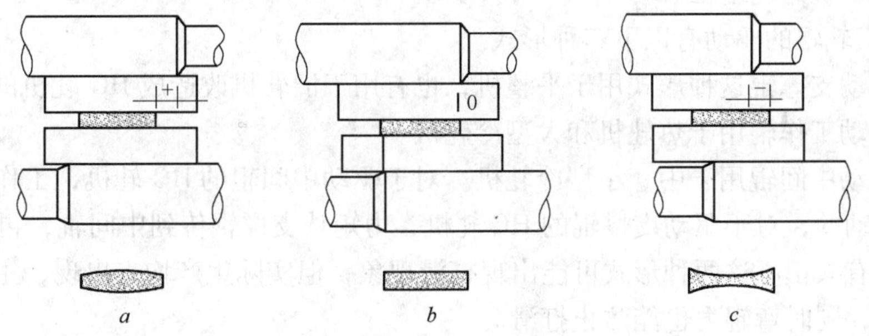

图 3-19　HC 轧机的板形控制

a—中间辊轴向移动量 δ 为“+”，形成凸形轧件；*b*—中间辊轴向移动量 δ 为 0，形成平直板形；*c*—中间辊轴向移动量 δ 为“−”，形成凹形轧件

D　HC 轧机中间辊的抽动力

HC 轧机与四辊轧机相比，主要区别在于增加了一对中间辊，因此，在设计 HC 轧机时，应考虑因增加中间辊以后带来的一些问题及有关参数的选取。HC 轧机中间辊的移动一般是在空载时进行的，即不在轧制时进行。中间辊的位置根据带钢宽度而设定，然后根据轧制中出现的板形调整弯辊力。

只有在采用板形仪控制的 HC 轧机上，才有可能在轧制过程中移动中间辊进行板形调整。此时，中间辊的移动力 Q 应克服工作辊与中间辊、中间辊与支撑辊之间的摩擦

力，即

$$Q = 2\mu P$$

式中 P——轧制力；

μ——摩擦系数，它与轧制速度、中间辊移动速度及轧辊表面状态有关，可取 $\mu = 0.025 \sim 0.04$。

移动距离为

$$\delta \geqslant \frac{L - B_{\min}}{2}$$

式中 L——辊身长度；

$B_{\min}$——轧件最小宽度。

E HC 轧机轧辊直径的选择

减小工作辊直径可采用大压下量，但工作辊直径过小，对大压下量也有不利的一面，因此，存在着最佳工作辊直径。HC 轧机工作辊直接与轧件接触，直径影响带钢的板形，通常工作辊直径为

$$D_{W} = (0.2 \sim 0.3)B$$

式中 D_{W}——工作辊直径，mm；

B——带钢宽度，mm。

中间辊直径对带钢板形影响较小，故其选择范围较宽。在选择中间辊直径时应考虑使用后再当工作辊用，故应比工作辊直径大些。支撑辊是承受轧制负荷，一般按轧制负荷的要求选择，也可参考四辊轧机支撑辊的直径选择。

F HC 轧机的轧辊驱动

HC 轧机轧辊的驱动有以下三种形式。

(1) 驱动支撑辊这种形式用于平整机，也有用于旧轧机改造成 HC 轧机的。

(2) 驱动工作辊用于热轧机和大型冷轧机。

(3) 驱动中间辊用于中、小型冷轧机。对于驱动中间辊的 HC 轧机，工作辊是通过中间辊摩擦带动的；对于驱动支撑辊的 HC 轧机，力矩从支撑辊传到中间辊，再由中间辊传到工作辊。有人担心这两种形式可能出现打滑现象，但实际生产均未出现，主要是控制压下量的大小，同时弯辊力也能防止打滑。

3.3.1.3 HC 轧机的应用

HC 轧机主要用于冷轧机、热轧机及旧的四辊轧机的改造，包括单机架可逆式轧机和平整机及冷连轧机三种。

由于 HC 轧机具有较多的优点，且能适用于原有四辊轧机的改造，得到了较大的发展，现在主要介绍四辊轧机改造为 HC 轧机常用的两种方法：一种是经一定的加工修改后，在工作辊和支撑辊间加入中间辊，使其成为六辊 HC 轧机，这种方法多用于冷轧机改造；另一种是在原来的四辊轧机基础上，加上一套工作辊轴向移动装置，使其成为 HCW 轧机，这种方式多用于热带轧机上。下面介绍四辊轧机改造为 HC 六辊轧机的方法。

A 修改辊系和机架

当利用原四辊轧机支撑辊时，通常采用新机架，如仍用旧机架，则要考虑窗口高度问题。当利用原有支撑辊轴承时，可利用原机架，但需作再加工，且轧辊直径受一些限制，

采用新机架则不受限制。当利用原有支撑辊轴承座和利用旧机架时，需要对其进行加工。当利用旧机架，其窗口高度又放不下 6 个轧辊时，可采用较小直径的支撑辊。当利用原有液压压下装置时，通常采用新机架或用较小直径的支撑辊，并加工机架底部。

B 安装轴向移动装置

安装轴向移动装置时，需重新加工原机架的窗口或传动侧表面，利用原有的支撑辊换辊装置并加以改造，如需要时，增加工作辊负弯装置。

C 修改轧制线调整装置

因改造后的轧机由四辊变为六辊，轧制线通常会发生变化，因此，需要对轧制线调整装置作一必要的修改。

D 修改传动轴

如不增加工作辊轴向移动或不采用中间辊传动方式时，可利用原有的传动轴。但当工作辊直径减少很多时，也需要更换传动轴和联轴器。

E 轧辊轴向挡板

在工作辊和支撑辊轴承座换新或加工后，一般需要更换其轴向止推挡板。

F 减速箱和齿轮箱

当工作辊直径减少较多时，通常需要更换齿轮箱以适应轧辊中心的变化，有时为了保持轧制速度不变，也需要更换减速箱。

G 新增加的部件

新增加的部件包括：换辊装置、中间辊轴向移动装置、重新配管、有关的阀和阀架、上下中间辊轴向移动的液压系统、位置检测和控制系统、同步控制系统。

3.3.2 CVC 轧机

CVC 轧机是一种轧辊凸度连续可变轧机，它的基本特征如下：

(1) 轧辊（工作辊）的原始辊形为 S 形曲线，呈瓶状（见图 3-20），上下轧辊互相错位 180°布置。

(2) 带 S 形曲线的轧辊具有轧辊轴向抽动装置。

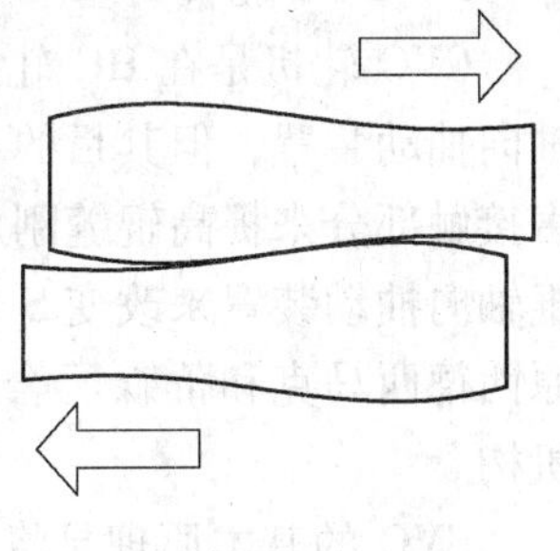

图 3-20 CVC 轧辊（工作辊）的原始辊形——S 形曲线

3.3.2.1 CVC 轧机的类型和主要特点

A CVC 轧机的类型

CVC 轧机分为 CVC 二辊轧机、CVC 四辊轧机和 CVC 六辊轧机三种，辊系示意图如图 3-21 所示。CVC 四辊轧机的工作辊为 S 形曲线轧辊，而 CVC 六辊轧机的 S 形曲线轧辊可以是工作辊，也可以是中间辊。CVC 四辊轧机可以是工作辊驱动，也可以是支撑辊驱动。CVC 六辊轧机则可分为中间辊传动和支撑辊传动两种。

B CVC 轧机的主要特点

CVC 轧机的关键之处是轧辊具有连续变化凸度的功能，能准确有效地使工作辊间空隙曲线与轧件板形曲线相匹配，增大了轧机的适用范围，可获得良好的板形。其主要特点如下。

(1) 通过一组 S 形曲线轧辊可代替多组原始辊形不同的轧辊，减少了轧辊备品量。

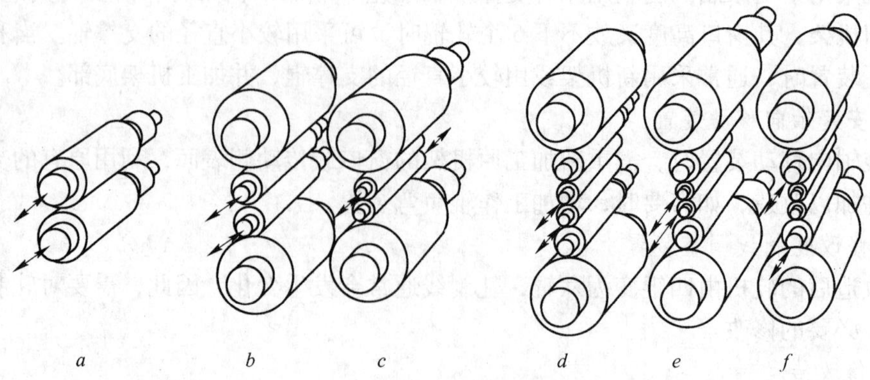

图 3-21 CVC 轧机类型

a—CVC 二辊轧机；*b*—工作辊传动的 CVC 四辊轧机；*c*—支撑辊传动的 CVC 四辊轧机；*d*—工作辊为 S 形曲线轧辊、由工作辊传动的 CVC 六辊轧机；*e*—工作辊为 S 形曲线轧辊、由支撑辊传动的 CVC 六辊轧机；*f*—中间辊为 S 形曲线轧辊、由支撑辊传动的 CVC 六辊轧机

（2）可以进行无级辊缝调整来适应不同产品规格的变化，以获得良好的板带平直度和表面质量。

（3）辊缝调节范围大，与弯辊装置配合使用时，如 1700mm 板带轧机的辊缝调整量可达 600μm。

（4）板形控制能力强。

3.3.2.2 CVC 轧机的结构和基本原理

A CVC 轧机的结构

CVC 轧机的基本结构有：CVC 辊包括上下辊，能相对轴向移动一段距离；要有一套与 CVC 配套使用，并能动态控制轧辊凸度的液压弯辊系统。

B CVC 轧机的基本原理

CVC 轧机是在 HC 轧机的基础上发展起来的一种轧机，它虽然与 HC 轧机一样有轧辊轴向抽动装置，但其目的和板形控制的基本原理是不同的。HC 轧机是为了消除辊间的有害接触部分来提高辊缝刚度，以实现板形调整的，是刚性辊缝形。CVC 轧机则是通过轧辊轴向抽动装置来改变 S 形曲线形成的原始辊缝形状来实现板形控制的，是柔性辊缝形。原西德西马克和蒂森厂合作开发的 CVC 技术，提供了一种能很好满足这一要求的调整机构。

CVC 的基本原理是将工作辊辊身沿轴线方向一半磨削成凸辊形，另一半磨削成凹辊形，整个辊身呈 S 形或花瓶式轧辊，并将上下工作辊对称布置，通过轴向对称分别移动上下工作辊，以改变所组成的孔形，从而控制带钢的横断面形状而达到所要求的板形。归纳起来有如下几点。

（1）轧辊整个辊身外廓被磨成 S 形（或瓶形）曲线，上下辊磨削程度相同，互相错位 180°布置，使上下辊形状互相补充，形成一个对称的辊缝轮廓。

（2）上下轧辊是通过其轴向可移动的轴颈安装在支座上，或是其支座本身可以同轧辊一起做轴向移动。上下辊轴向移动方向是相反的，根据辊缝要求，移动距离可以是相同的，也可以是不同。

（3）S 形曲线加上轴向移动，使整个轧辊表面间距发生不同的变化，如图 3-22 所示，从而改变了带钢横断面的凸度，改善了板形质量。

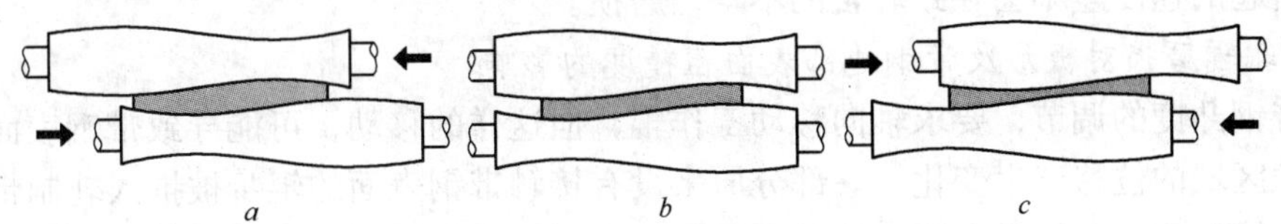

图 3-22　CVC 轧机的工作原理

a—正凸度控制；*b*—中和凸度控制；*c*—负凸度控制

（4）CVC 轧机的作用与一般带凸度轧辊相同，但是凸度可通过轴向移动轧辊在最小和最大凸度值之间进行无级调节，再加上弯辊装置，可扩大板形调节范围。当轴向移动距离为 ±50 ~ ±150mm 时，其辊缝变化可达 400 ~ 500μm，再加上弯辊作用，调节量可达 600μm 左右，这是其他轧机无法达到的。

图 3-22*a* 所示，上辊向左移动，下辊向右移动，且移动量相同。这时轧件中心处辊缝曲线凸度变大，从而减小了中部压下量，此时的有效凸度大于零。

图 3-22*b* 所示是根据预算的辊缝要求，将轧辊稍加轴向移动并抬起上辊，构成具有高度相同的辊缝。在这个位置上，轧辊的作用与液压凸度系统相似，其有效凸度等于零。

图 3-22*c* 所示，上辊向右移动，下辊向左移动，且移动量相同。这时轧件中间处的辊廓线间距变窄，从而加大中部压下量，此时的有效凸度小于零。

3.3.2.3　CVC 轧机的技术问题

A　轴向力

CVC 轧辊轴向锁紧装置所承受的轴向力为 0 ~ 20t，轴向力与轧制力无明显关系。在轧辊辊缝打开（无预应力），轧辊旋转状态下移动轧辊的轴向力通常也是为 0 ~ 20t，个别情况下略高一些。在轧辊圆周速度与轧辊移动速度之比恒定的情况下，轧辊轴向移动速度的提高，并不增加轴向移动的推力。当轧机内有带钢时，轴向移动 CVC 轧辊所需的轴向力明显上升，在 1500t 轧制力下轴向移动推力达 45t。在轧辊承受预压紧力的情况下，移动 CVC 轧辊的轴向力约为轧钢状态下的两倍。在 1500t 预压力下，当轧辊轴向移动速度与轧辊圆周速度之比为 1∶2000 时，轴向力约为 85t；当轧辊轴向移动速度与轧辊圆周速度之比为 1∶1000 时，轴向力约为 110t。根据上述实验结果，在轧辊承受预压力的情况下，移动轧辊的轴向推力超出了轴承的承受能力，故不允许在预压状态下轴向移动轧辊，只能在辊缝打开或轧机内有带钢时才可以轴向移动 CVC 轧辊。

B　CVC 辊型对支撑辊硬化及磨损的影响

就支撑辊的磨损和硬化问题，对 0. 4mm 辊形的普通轧辊与相应的 CVC 标准辊形作比较，实测记录表明：采用 CVC 辊形并未加剧支撑辊的磨损或硬化情况。轧制 75000 ~ 105000t 带钢后，支撑辊的磨损量约为 0. 1 ~ 0. 2mm，低于一般轧机轧辊的磨损量。

C　CVC 辊形对工作辊磨损的影响

CVC 辊形工作辊的磨损情况和一般轧辊没有什么区别，磨损曲线基本相同，中间磨损基本是均匀的，两边的局部磨损较严重，这是因同一宽度的带钢边缘部分温度低、形状粗糙以及横向位移变形造成的。CVC 轧辊的直径差导致线速度差，速度差与带钢的前滑值、后滑值相比是微不足道的。在变形区内，仅黏着区部分轧件与轧辊速度相同，入口处的后滑速度差达40% ~50%，前滑值如 F4（宝钢热轧厂）也达1%，因此，CVC 轧辊直径差所引起的速度差不会导致轧辊的不均匀磨损。

D　轧辊磨损对板形及带钢边部表面粗糙度的影响

对带钢凸度的调节，要求轴向移动工作辊，但这样的移动，可能导致带钢表面与轧辊表面接触区域的位移产生变化。一部分原来没有接触带钢表面的辊身被推入轧制带与带钢边部表面接触。实验结果表明，这并未对带钢表面质量带来不利影响，没有引起带钢边缘粗糙、氧化铁皮增加等缺陷。

E　热凸度及磨损对 CVC 辊形的影响

轧辊的热凸度取决于辊身中心与边缘的温度梯度，该温度梯度与工作辊的冷却、水量分布、轧制计划、轧制节奏、轧件与轧辊的接触时间和轧制温度等因素有关。在实际生产中累积接触长度达到150m 以后，轧辊的温度分布即基本稳定（指热轧）。轧辊的磨损与轧件的接触长度、接触面的热负荷及变形区的几何形状有关。由实验得知，热凸度对辊形的影响比磨损要大，但轧制后，CVC 轧辊依然保留其基本形状。

F　CVC 轧辊串动对带钢凸度的影响

带钢的横断面凸度不仅与本架轧机的轧辊孔形有关，与进入本架前带钢本身的凸度调节也有关系。因此，对板形不仅可通过本架轧机进行凸度调节，而且可以对来坯进行预控。

G　CVC 轧机的设备结构问题

原设计 CVC 轧辊的轴向移动机构是在每个工作辊的工作侧机架上设一个液压缸，可移动工作辊平衡缸的缸体。两端轴承箱的两侧各有一个液压缸，各自转动一个连接销轴，使平衡缸体与轴承箱相互连接锁定。这样工作辊轴向移动时，通过轧辊本身将两端轴承箱及4 个液压平衡缸连接成一个整体，同步移动，相对位置保持不变。轧辊作轴向移动时，轧机与人字齿轮座之间的连接有主接轴，主接轴靠人字齿轮座一端设有弹簧，使主接轴推向轧机侧，保证与轧辊连接良好，齿轮座侧留有 200mm 给主接轴做轴向移动的余地。

但该设计机构在 F4（宝钢热轧厂）轧机上使用时发现如下问题：(1) 因轴承与轧辊的装配间隙影响，难以保证传动侧锁定连接销的对准，使换辊操作产生困难；(2) 液压平衡缸与机架间相对滑动有一定间隙，这些间隙在轧钢时渗入带有铁皮的冷却水，易产生局部磨损，造成工作辊与机架牌坊间侧向间隙过大，影响轧制稳定性；(3) 轧机故障时，特别是断辊时，由于轧辊两端都有锁定连接，极易损坏其中一端的连接机构。

为此，改进后的设计为：工作辊液压平衡缸位置固定不移动，轴向移动液压缸仅仅拖动工作辊及轴承箱，且传动侧轴承箱为自由端无锁定连接。但由于平衡液压缸与工作辊轴承不同步移动，当工作辊轴向移动时，对工作辊的平衡缸缸体产生偏心力，形成力偶。为克服这种倾翻力偶，设计了两端带齿轮的轴，当平衡缸受力矩作用而偏转时，对该轴形成扭矩，此扭矩由该轴本身的弹性变形来承受。

3.3.2.4　CVC 轧机的应用

A　在冷轧中的应用

为使冷轧薄板有较高的厚度精度和平直度，其方法就是调节辊缝形状，使其与入口钢板的断面形状保持一致，以减少横断面的不均匀延伸。在 CVC 冷轧轧制中，借助于高效率的调整机构可使轧辊间隙曲线与轧件的设定板形准确匹配。

B　在四辊轧机改造上的应用

自1982年在联邦德国首次应用以来，到1987年为止，先后在我国大陆与台湾、美国、韩国、澳大利亚、卢森堡、日本、法国、比利时、巴西和瑞典等国和地区建造了31套CVC轧机。轧制速度最大的为我国上海宝钢冷轧厂2030的F5轧机，达到1900m/min。其次为韩国浦项钢铁公司的F5轧机（CVC6-HS），达到1850m/min。

3.3.3　PC轧机

PC轧机是轧辊成对交叉轧机，其主要特点是轧辊“成对交叉”。成对交叉指的是轧辊线相互平行的上工作辊和上支撑辊为“一对”，而下工作辊和下支撑辊为“另一对”，这两对轧辊的轴线交叉布置成一个角度。这种轧机是为了能够轧制出各种规定形状和尺寸的带钢，研制出的一种新型的板形凸度可控轧机。

由于PC轧机板形控制能力较好，获得的板带板凸度及厚度精度较高，所以得到了较快的发展。

3.3.3.1　PC轧机的工作原理

PC轧机基本上是一种四辊轧机，与一般四辊轧机主要不同之处是将平行布置的轧辊改变成交叉布置。在轧制过程中，当离开中心的距离增大时，辊缝也增大，以此来控制凸度，这与使工作辊凸度变化等效，就是说，PC轧机是利用调节轧辊轴线的交叉角度来控制凸度，使辊缝可调，而工作辊又不至于产生挠度。因此，凸度控制不会影响工作辊的强度和刚度。轧辊轴线交叉布置可以有三种形式（见图3-23）：支撑辊轴线交叉布置；工作辊轴线交叉布置和成对轧辊轴线交叉布置等。

只要改变交叉角，就能改变轧辊凸度。工作辊轴线交叉布置时，轧辊凸度变化范围最大，但是这种布置形式的轧机未能得到实际应用。因为这种形式布置的轧机，在工作辊和支撑辊之间产生较大的相对滑动，使轧辊磨损和能量消耗大为增加。当支撑辊轴线交叉布置时，其效果同工作辊轴线交叉布置时一样，在工作辊和支撑辊之间同样产生相对滑动，使轧辊磨损和能量消耗大为增加。当轧辊轴线成对交叉布置时，工作辊和支撑辊之间就不会产生相对滑动，这就消除了上述弊端，因此得到实际应用的PC轧机即是采用“成对交叉”布置的轧机。

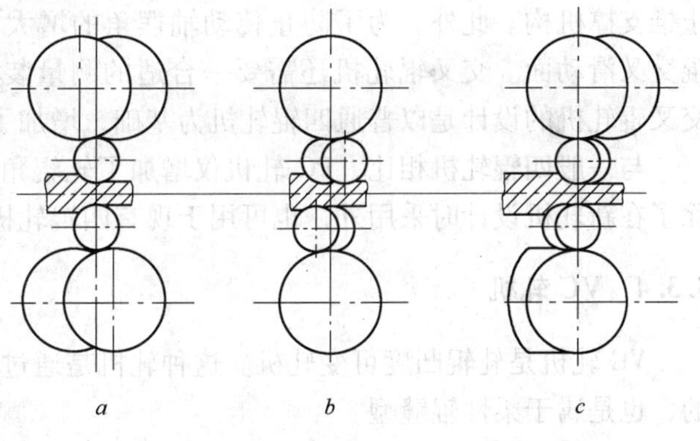

图3-23　PC轧机的工作原理图

a—支撑辊轴线交叉；*b*—工作辊轴线交叉；*c*—成对轧辊轴线交叉

3.3.3.2　PC轧机的特点

PC轧机的优点：

(1) 有较大的轧辊凸度控制能力，轧辊轴线交叉角可在0°~1.5°范围内调整，最大的轧辊凸度可达1000μm，如配以强力弯辊装置也能获得良好的平直度板带；

（2）能有效地控制板带边部减薄；

（3）轧辊辊形简单，节省了轧辊备件量并便于轧辊管理。

PC 轧机的缺点：

结构较为复杂，除了要有轧辊轴线交叉调整装置外，由于存在较大轴向力，需要设计较好的轴向力支撑装置，而且维修工作量也较大。

3.3.3.3　PC 轧机的结构

图 3-24 所示为轧辊成对交叉布置的 PC 轧机结构简图，上、下工作辊（1 、2）的轴承座（3 、4）分别装在上、下支撑辊（5、6）的轴承座（7、8）中，上工作辊轴线与上支撑辊轴线大致保持平行。上、下支撑辊轴承座的位置设定机构（9、10）固定在机架（11）的两侧。上、下支撑辊轴承座还能借助于驱动机构沿轧制方向移动，或保持在所定的位置上。上支撑辊轴承座通过摩擦力减小机构（12）由平衡梁（13）来支撑，而平衡梁通过压下螺丝（14）把轧制力传给机架。下面一对轧辊承受的轧制力通过摩擦力减小机构传给换辊台车（15），最后通过液压千斤顶（16）传给机架。上、下工作辊轴承座的位置设定机构（17 、18）也可借助于驱动机构使上、下工作辊轴承座沿轧制方向移动，或固定在所定位置上。

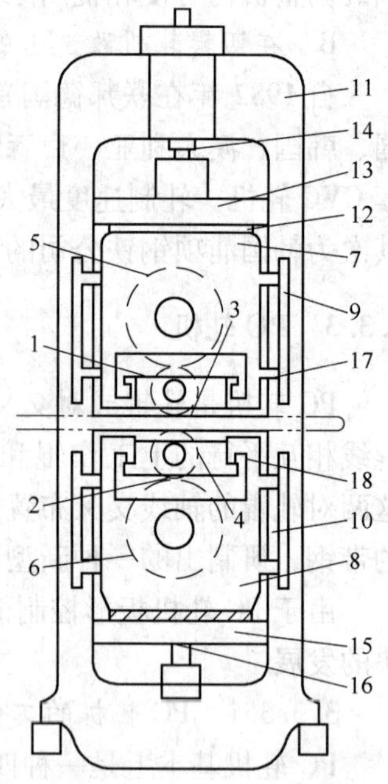

图 3-24　PC 轧机的结构简图

1—上工作辊；2—下工作辊；3，4，7，8—轴承座；5—上支撑辊；6—下支撑辊；9，10，17，18—设定机构；11—机架；12—摩擦减小机构；13—平衡梁；14—压下螺丝；15—换辊台车；16—千斤顶

交叉辊轧机和普通四辊轧机的主要区别是前者需要配备一套交叉机构以及设置承受工作辊侧向力和减小 AGC 滞后的止推支撑机构。此外。为了防止传动轴摆角的增大和保证轧辊交叉滑动面。交叉辊轧机还需要一合适的测量装置。然而交叉辊轧机的设计是以普通四辊轧机为基础，增加了轧辊交叉装置和轴向力承受装置。

与一般四辊轧机相比，PC 轧机仅增加了轧辊角度调整和侧推力支撑两套机构，所以除了在新轧机设计时采用外，也可用于现有四辊轧机的技术改造。

3.3.4　VC 轧机

VC 轧机是轧辊凸度可变轧机。这种轧机是通过改变支撑辊凸度来调节轧辊辊缝形状的，也是属于柔性辊缝型。

控制带材平直度和控制带材在整个宽度上的厚度均匀性，关键在于必须补偿轧制时产生的轧辊挠度。通常借助于原始辊身凸度和弯辊系统来补偿轧辊挠度，但这些方法的效果是极有限的，而且难于处理带材尺寸和材质的变化所引起的轧辊挠度变化。日本发展了一种轧辊凸度可变系统，简称 VC 辊系统，这样的轧机称为 VC 轧机。实践证明，它可有效地控制带材板形和辊形，这种系统已广泛应用于冷连轧机和热连轧机的精轧机组及铝箔、不锈钢冷轧和平整机冷轧等方面。

3.3.4.1　VC 辊系统

VC 辊系统（见图 3-25）由 VC 辊、液压动力装置、控制装置和操作盘等组成。VC 辊包括辊套、芯轴、油腔、油路和旋转接头等。在辊套和芯轴之间是油腔，轴套两端紧密地热装在芯轴上，以便使其在承受轧制力的同时能耐高压密封。液压动力装置的高压油经旋转接头向辊子供油，通过控制高压油使辊套膨胀，以补偿轧辊挠度。油压为 0～50MPa，轧辊凸度在最大压力下，沿半径方向最大凸度轧钢时可达 0.27mm，轧铝时可达 0.33mm。

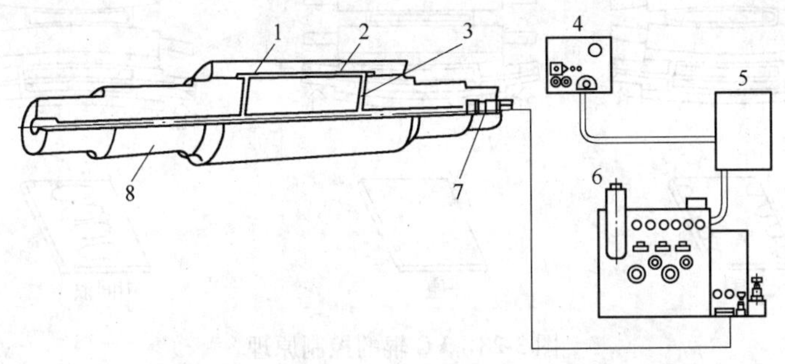

图 3-25　VC 辊系统

1—辊套；2—油腔；3—油路；4—操作盘；5—控制仪表；6—液压仪表；7—旋转接头；8—芯轴

图 3-26 所示为 VC 支撑辊凸度与油压的关系，轧辊凸度的形式类似于正弦曲线，且轧辊的中间凸度值与压力成正比。最大凸度取决于 VC 辊的结构，因此，选择适合于轧制条件的辊套形式，即能够获得理想的轧辊凸度。图 3-26 所示是在工作压力为 0～50MPa，响应速度为 10MPa/s，调压精度为 0.5%，采用多元醇脂油和旋转接头的最大转数为 500r/min 的条件下做出来的。

3.3.4.2　VC 辊的控制原理

由于四辊轧机轧制负荷大，且工作辊直径较小，因此，在一般四辊轧机上，都将支撑辊用作 VC 辊。其控制方法如图 3-27 所示，控制原理如图 3-28 所示。油压过小将使带材产生边浪，油压过大将使带材产生中间浪，只有油压适中，才能获得平直的带材。

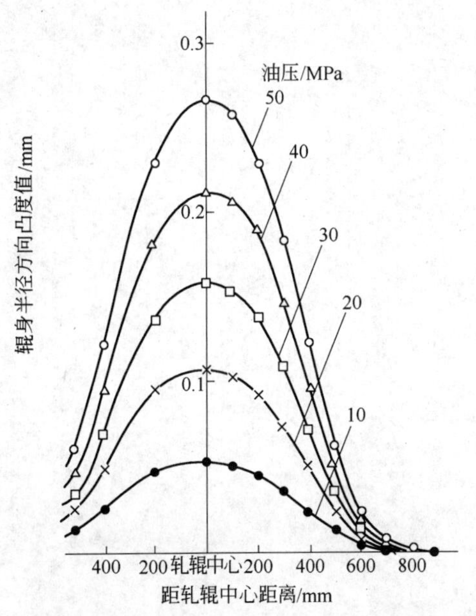

图 3-26　VC 支撑辊凸度与油压的关系

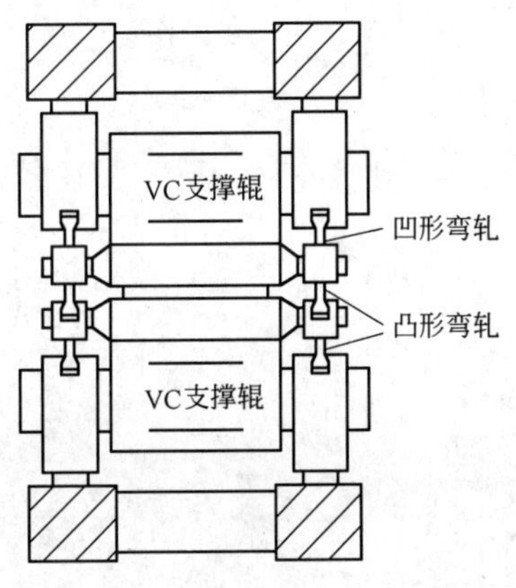

图 3-27　VC 辊的控制方法

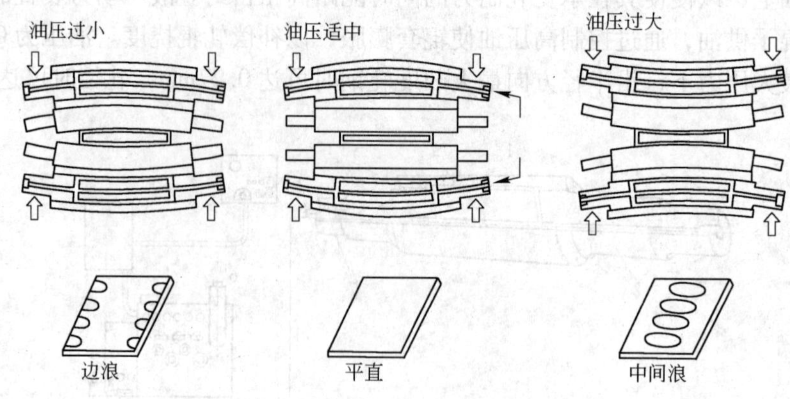

图 3-28　VC 辊的控制原理

3.3.4.3　VC 辊的特点

VC 辊系统具有以下特性：高效率带钢板形控制；结构简单；容易操作和维修保养；设计安全，独创新颖；有可能构成代替传感器的自动闭环控制系统；在轧辊设计和制造方面技术完备；不需要重新更换及改造现有轧机；投资花费少；不需要长期停产以及在结构和操作的工艺方面设计合理等。

4 板带钢轧制中的厚度自动控制

钢板轧制与定尺长度的增大、纵向厚差的减小、板厚尺寸进级范围的缩小、异形板轧制及平面板形控制的需要，因此，对厚度自动控制越来越重视，已成为现代化中厚板轧机所必不可缺的重要手段。

随着中厚板轧机轧制速度的提高，轧制过程中坯料的厚度偏差、轧件头尾温差与黑印、原料的变形抗力不同、轧机刚度的变化、轧辊磨损、压扁、偏心、压下装置调整与检测的偏差等诸多因素的影响，钢板纵向板厚与偏差是不断变化的。20 世纪 50 年代开发的电动厚度自动控制系统（电动 AGC）已满足不了负载情况下快速调整厚差的要求，1964 年美国伯恩斯港厂 4064mm 厚板轧机首先开始使用液压厚度自动控制（HAGC），经过 30 多年的不断改进与完善，目前，国内外中厚板轧机上已普遍采用该项技术。

目前国内有中厚板轧机近 70 套，大部分已采用了厚度自动控制系统，其中有多套液压 AGC 系统是国内研制的。

4.1 厚度自动控制的理论基础

自动厚度控制简称 AGC（Automatic Gauge Control），此项技术广泛应用于轧钢生产中，是轧钢基础自动化的重要组成部分，其主要的作用是消除轧制过程中所产生的板坯纵向上的厚度偏差，是一种精调整的控制系统。

在轧制过程中，轧机产生弹性变形，轧件产生塑性变形，它们的相互关系，可以用轧制时的弹塑性曲线来表示。而研究弹塑性曲线是轧机自动控制的基础。

4.1.1 轧机的弹性曲线

带钢的实际轧出厚度 h 与预调辊缝值 S_0 和轧机弹跳值 ΔS 的关系可用弹跳方程描述（见图 4-1）：

$$h = S_0 + \Delta S = S_0 + \frac{P}{K}$$

式中 ΔS——机座弹性变形值，它符合虎克定律：

$$\Delta S = \frac{P}{K}$$

P——轧制压力；

K——轧机刚性系数。

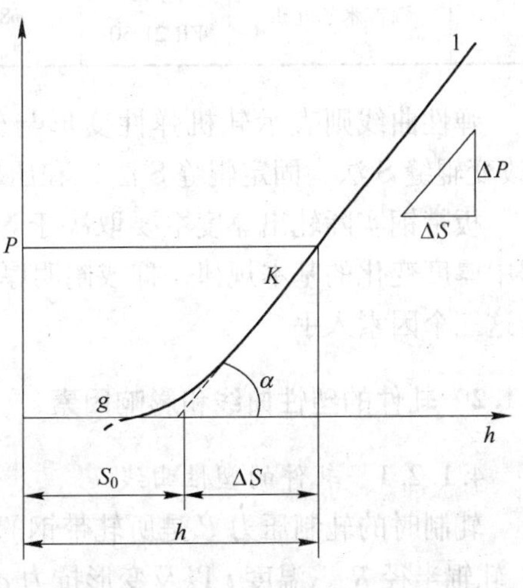

图 4-1 轧机的弹性曲线

刚性系数 K 的物理意义是指机座产生单位弹性变形值时的压力（$K = P/\Delta S$）。刚性系数 K 对弹跳值的影响为：K 值越大，说明轧机的刚性越好，反映到辊缝中的弹跳值就越小。不同的 K 值，产生 ΔS 值的大小是不相同的。

随着对板带轧机刚度要求的提高，其刚度系数数值也有所增加。现代板带轧机机座刚度系数一般为5500～6500kN/mm，有的宽带冷轧机的刚度系数可达到7000～8970kN/mm。表4-1为某些板带轧机的刚度系数。

表4-1　某些板带轧机的刚度系数

轧机种类		型　式	轧辊尺寸/mm		牌坊立柱断面积/cm^2	刚性系数 K /$kN \cdot mm^{-1}$
			工作辊	支撑辊		
热轧机	热带钢轧机	4辊6机架	$\phi680 \times 2030$	$\phi320 \times 2030$	5380	3220
	热带钢轧机	4辊6机架	$\phi700 \times 2030$	$\phi237 \times 2030$		3700
	热带钢轧机 破鳞	2　辊	$\phi914 \times 1422$		2164	
	热带钢轧机 粗轧	4辊可逆	$\phi914 \times 1422$	$\phi1245 \times 1371$	5000	4400
	热带钢轧机 精轧	4辊6机架	$\phi635 \times 1422$	$\phi1245 \times 1371$	4330	
	厚板轧机	4辊可逆	$\phi1100 \times 5300$	$\phi1600 \times 5200$	7220	
冷轧机	冷带钢轧机	4辊6机架	$\phi584 \times 1422$	$\phi1422 \times 1422$	6930	5000
		4辊5机架	1号、2号 $\phi546 \times 1422$ 3号～5号 $\phi584 \times 1422$			5600
		4辊5机架	$\phi533 \times 1422$	$\phi1346 \times 1397$	6232	4300
		4辊可逆	$\phi368 \times 1118$	$\phi1346 \times 1118$	5624	4600～4450
		4辊不可逆	$\phi240 \times 1150$	$\phi560 \times 1150$	988	2300～2600
		4辊5机架	$\phi539.8 \times 1422$	$\phi1346.2 \times 1390.7$	5620	5600
		4辊可逆	$\phi520.7 \times 2030$	$\phi1422 \times 1981$	7020	4800
特殊轧机	铜箔带冷轧机	6辊	$\phi28 \times 60$	$\phi84 \times 60$		110～120
	罗恩型可逆轧机	12辊	$\phi(42 \sim 32) \times 260$	$\phi93 \times 260$ $\phi185 \times 260$		680
	森吉米尔轧机	20辊 ZR-21-50	$\phi80 \times 1400$	支撑轴承 $\phi406 \times 112$		6000

弹性曲线则表示轧机弹性变形与轧制力间关系曲线，它的测定方法可分为轧板法（改变辊缝S法、固定辊缝S法）和压靠法（人工零位法）。

板带钢实际轧出厚度主要取决于 S_0、K 和 P 这三个因素。因此，无论是分析轧制过程中厚度变化的基本规律，抑或阐明厚度自动控制在工艺方面的基本原理，都应从深入分析这三个因素入手。

4.1.2　轧件的塑性曲线和影响因素

4.1.2.1　轧件的塑性曲线

轧制时的轧制压力 P 是所轧带钢的宽度 B 、来料入口与出口厚度 H 与 h 、摩擦系数 f、轧辊半径 R 、温度 t 以及变形抗力 σ 等的函数。

$$P = F(B,R,H,h,f,t,\sigma)$$

轧制力与轧件的轧制条件和受力状态等各种因素有关，轧制力可用下式表示：

$$P = pF = n_\sigma \sigma B\sqrt{R(H-h)}$$

此式为金属的塑性方程，当 B、R、H，h、f、t、σ 等均为一定时，P 将只随轧出厚度 h 而改变，这样便可以绘出 P 与 h 的关系曲线，称为金属的塑性曲线（见图4-2）。

当上式中除轧件轧后厚度 h 外的所有参数都不变时那么轧制力的变化量 δP 可用下式表示：

$$\delta P = -M\delta h$$

式中 δP——轧制力的变化量；

δh——轧件轧后厚度的变化量；

M——轧件塑性系数，$M = -\dfrac{\delta P}{\delta h} = \tan\beta$

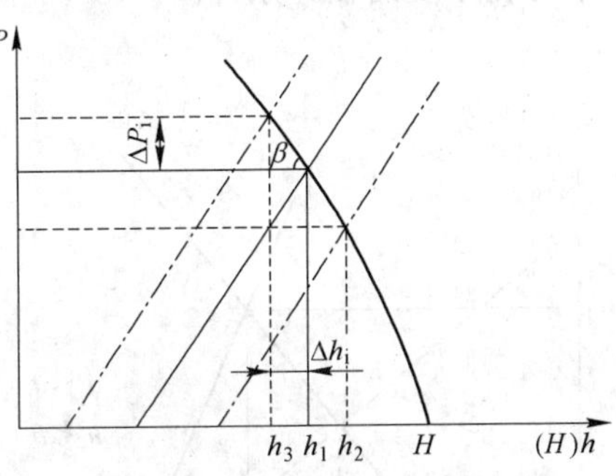

图4-2　轧件的塑性曲线

其斜率 M 称为轧件的塑性刚度，它表征使轧件产生单位压下量所需的轧制压力。在计算机控制的条件下 M 值的确定，可以根据已知的 H，h、B、R、t，v 和材质等测量出一个轧制压力 P，然后再假定在其他条件不变的情况下，增加0.1mm 的压下量 $\Delta h'$（即改变 h），又可测量出一个轧制压力 P'，则 M 便可按下式确定出来：

$$M = \frac{P' - P}{\Delta h'}$$

4.1.2.2　影响塑性曲线的因素

（1）金属变形抗力的影响（如图4-3所示）：当轧制的金属变形抗力较大时，则塑性曲线较陡（由1变为2）。在同样轧制压力下，所轧成的轧件厚度要厚一些（$h_1 > h_2$）。

（2）摩擦系数的影响（见图4-4）：摩擦系数越大（由 f_2 增至 f_1），轧制时变形区的三向压应力状态越强烈，轧制压力越大，曲线越陡，在同样轧制压力下，轧出的厚度越厚（$h_1 > h_2$）。

（3）张力的影响（如图4-5所示）：张力越大（由 q_1 增至 q_2），变形区三向压应力状态减弱，甚至使一向压应力改变符号变成拉应力，从而减小轧制压力，曲线斜率变小，使轧

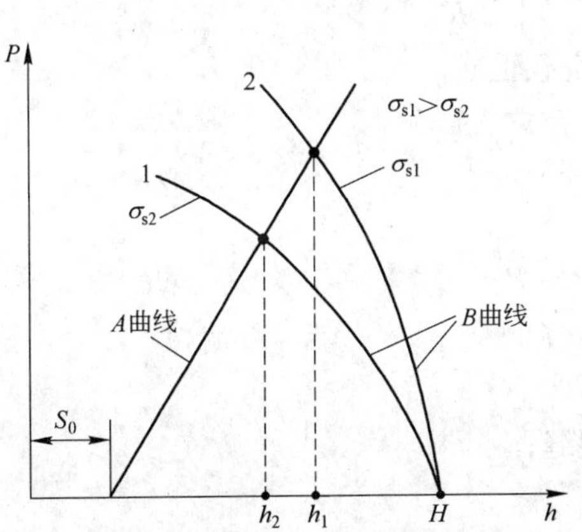

图4-3　变形抗力对轧出厚度的影响

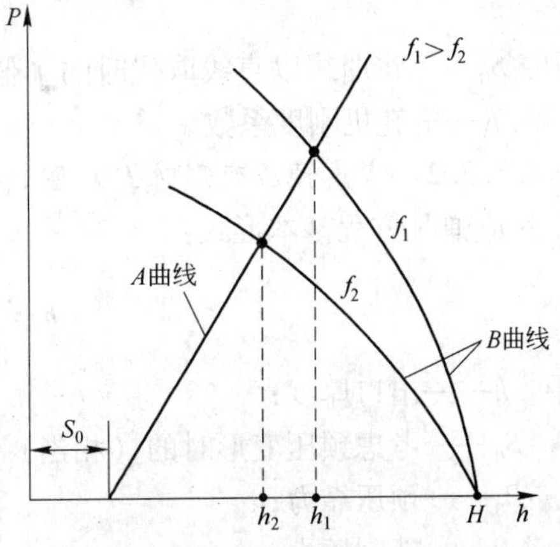

图4-4　摩擦系数对轧出厚度的影响

出厚度减薄（$h_2 < h_1$）。

（4）轧件原始厚度的影响（见图4-6）：同样负荷下，轧件越厚，则轧制压下量越大；轧件越薄，则轧制压下量越小。当轧件原始厚度薄到一定程度，曲线将变得很陡，当曲线变为垂直时，说明在这个轧机上，无论施以多大压力，也不可能使轧件变薄，也就是达到最小可轧厚度的临界条件。

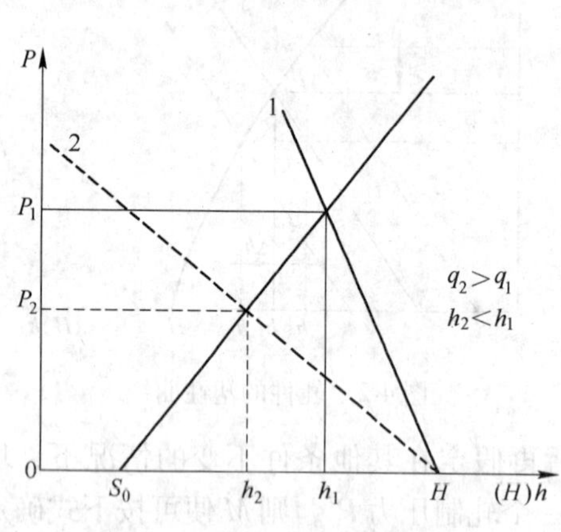

图4-5　张力对轧出厚度的影响

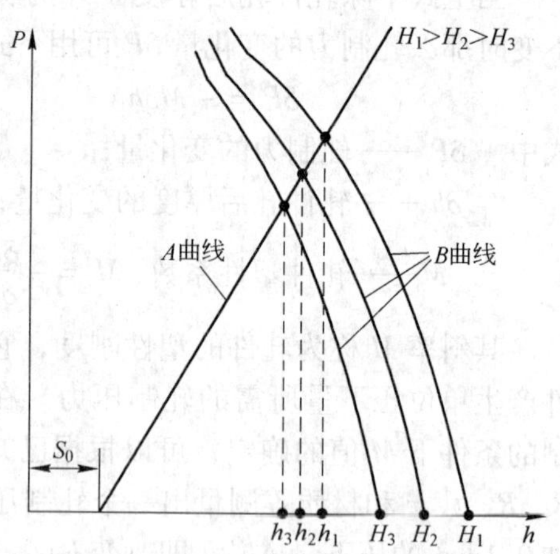

图4-6　来料厚度对轧出厚度的影响

4.1.3　轧机弹塑曲线（*P-H* 图）：

轧制过程是轧件和轧机（轧辊）相互作用的过程。相互作用产生了轧制力，轧件受轧制力的作用产生塑性变形，而轧机工作机座则产生弹性变形。

轧机的弹塑曲线是轧机的弹跳曲线与轧件的塑性变形曲线的总称。由于轧机弹跳曲线和轧件塑性曲线的纵坐标都是轧制力 P，而横坐标都与轧件厚度 $H(h)$ 有关，因此，将弹跳曲线和塑性曲线绘制在同一图上，就得到弹塑曲线。

4.1.3.1　不考虑预压变形时 *P-H* 图（见图4-7）

对应弹跳方程基本形式：

$$h = S_0 + \Delta S = S_0 + \frac{P}{K}$$

式中　S_0——将曲线以直线取代时的（假定）空载辊缝；

K——轧机刚度系数。

4.1.3.2　考虑预压变形时 *P-H* 图（见图4-8）

对应弹跳方程基本形式：

$$h = S_0 + \frac{P - P_0}{K}$$

式中　h——出口厚度；

S_0——考虑预压变形时的（相当）空载辊缝；

P_0——预压靠力；

P——轧制压力；

K——轧机刚度系数。

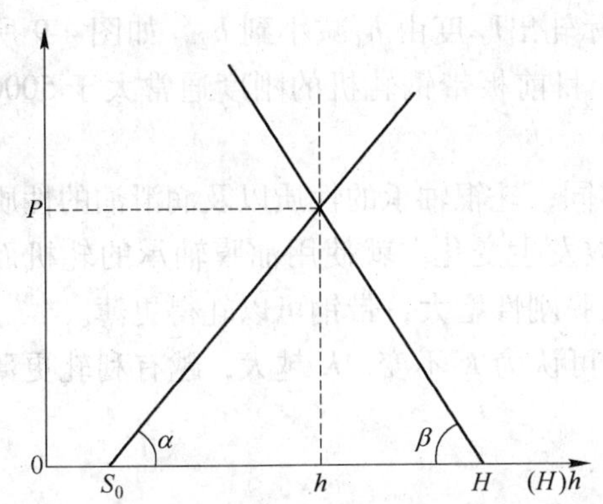

图 4-7　不考虑预压变形时 P-H 图

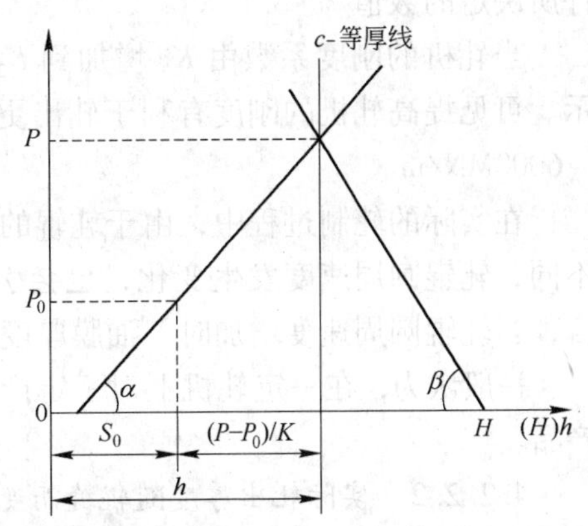

图 4-8　考虑预压变形时 P-H 图

弹塑曲线（P-H 图）可较直观地分析 H、h、P 以及 S_0 等参数关系，是弹跳方程和塑性方程联解的一种图解形式；直观地反映了轧制条件和轧机刚度对 h 的影响，并能对轧机操作调整进行分析，是厚控的基础。

4.2　厚度波动原因及特点（规律）

中厚板厚度精度可分为一批同规格中厚板的厚度异板差和每一张中厚板的厚度同板差。为此可将厚度精度分解为头部厚度偏差和全长厚度偏差。

造成钢板厚差的原因可以分为三大类：

（1）由板带钢本身参数波动造成，这包括来料头尾温度不均、加热炉黑印、辊道黑印、来料厚度宽度不匀以及化学成分偏析等。

（2）由轧机参数变动造成，这包括支撑辊偏心、轧辊热膨胀、轧辊磨损以及轴承油膜厚度变化等。

（3）由速度变化造成，速度变化影响摩擦系数和变形抗力，进而影响轧制力大小。轧机参数变动将使辊缝发生周期变动（偏心）及零位漂移（热膨胀等）。这将使辊缝不调整情况下，轧件厚度发生缓慢变化或周期波动。

自动厚度控制系统用来克服板带钢工艺参数波动对厚差的影响，并对轧机参数的变动给予补偿。

4.2.1　厚度差类型

头部厚度偏差主要原因：空载辊缝设置不当；来料参数变化时未能及时调整 S_0。

同板厚差（纵向厚差）主要原因：是 P 发生变化而预设辊缝 S_0 不变的情况下导致 h 发生变化。

4.2.2　厚度变化主要原因及特点

4.2.2.1　实际轧出厚度 h 随轧机刚度 K 而变化的规律

轧机的刚度 K 随轧制速度、轧制压力、带钢宽度、轧辊的材质和凸度、工作辊与支撑辊接触部分的状况而变化。所以，轧机的刚度系数不是固定的常数，而是由各种轧制条件所决定的数值。

当轧机的刚度系数由 K_1 增加到 K_2 时，则实际轧出厚度由 h_1减小到 h_2，如图 4-9 所示。可见提高轧机的刚度有利于轧出更薄的带钢。目前板带钢轧机的刚度通常大于 5000 ~6000MN/m。

在实际的轧制过程中，由于轧辊的凸度大小不同，轧辊轴承的性质以及润滑油的性质不同，轧辊圆周速度发生变化，也会引起刚度系数发生变化。就使用油膜轴承的轧机而言，当轧辊圆周速度增加时，油膜厚度会增厚，油膜刚性增大，带钢可以轧得更薄。

一般认为，在一定轧机上对一定产品宽度 B，可认为 K 不变。K 越大，越有利轧更薄产品。

4.2.2.2 实际轧出厚度随辊缝而变化的规律

轧机的原始预调辊缝值 S_0 决定着弹性曲线 A 的起始位置。随着压下螺丝设定位置的改变，S_0 将发生变化。在其他条件相同的情况下，它将按图 4-10 所示的方式引起带钢的实际轧出厚度 h 的改变。例如因压下调整，辊缝变小，则 A 曲线平移，从而使得 A 曲线与 B 曲线的交点，由 O_1变为 O_2，此时实际轧出厚度便由 h_1变为 h_2，$\Delta h_2 > \Delta h_1$ 带钢便被轧得更薄。

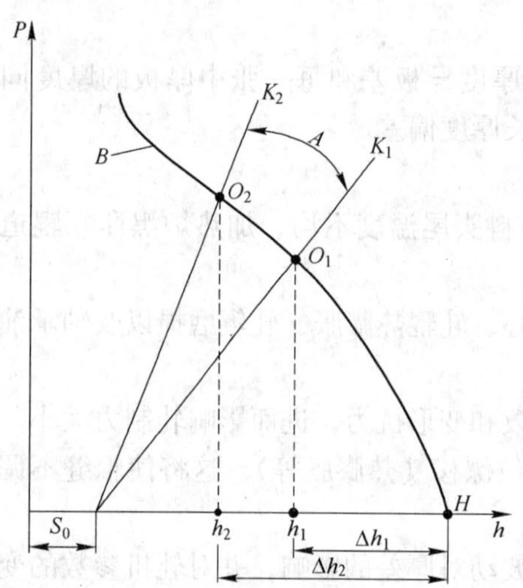

图 4-9 实际轧出厚度随轧机刚度变化的规律

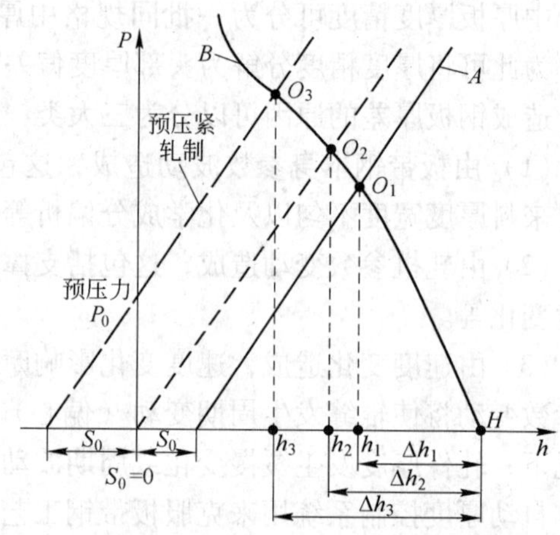

图 4-10 实际轧出厚度随辊缝变化的规律

当采取预压紧轧制时，即在带钢进入轧辊之前，使上下轧辊以一定的预压靠力 P_0 互相压紧，也就相当于辊缝为负值（$-S_0$），这样就能使带钢轧得更薄，此时实际轧出厚度变为 h_3，$h_3 < h_2$，其压下量为 Δh_1。

除上述情况之外，在轧制过程中，因轧辊热膨胀、轧辊磨损或轧辊偏心而引起的辊缝变化，也会引起 S_0 改变，从而导致轧出厚度 h 发生变化。

4.2.2.3 实际轧出厚度随轧制压力而变化的规律

如前所述，由于轧件及工艺方面原因，所有影响轧制压力的因素都会影响金属塑性曲线 B 的相对位置和斜率，因此，即使在轧机弹性曲线 A 的位置和斜率不变的情况下，所有影响轧制压力的因素都可以通过改变 A 和 B 两曲线的交点位置，而影响着板带钢的实际轧出厚度。

对于热轧来说，变形抗力波动是由来料温度变动造成的，对于冷轧来说，除变形抗力变动外，还由于摩擦系数变动（由速度变化引起或由润滑剂影响）和张力变动而造成的。

A 轧件温度、成分、组织性能不均等

热轧时温度发生变化（如图 4-11），则：

$$T℃\downarrow \rightarrow \sigma\uparrow \rightarrow P\uparrow (P_1 \text{ 变为 } P_2) \rightarrow P/K\uparrow \rightarrow h\uparrow (h_1 \text{ 变为 } h_2)$$

冷轧退火不均变形抗力发生变化（见图 4-12），则

$$\sigma\uparrow \rightarrow P\uparrow \rightarrow P/K\uparrow \rightarrow h\uparrow$$

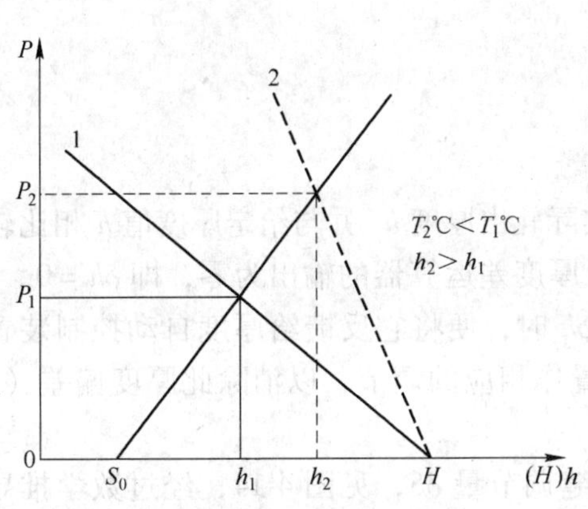

图 4-11 温度变化引起的厚度差

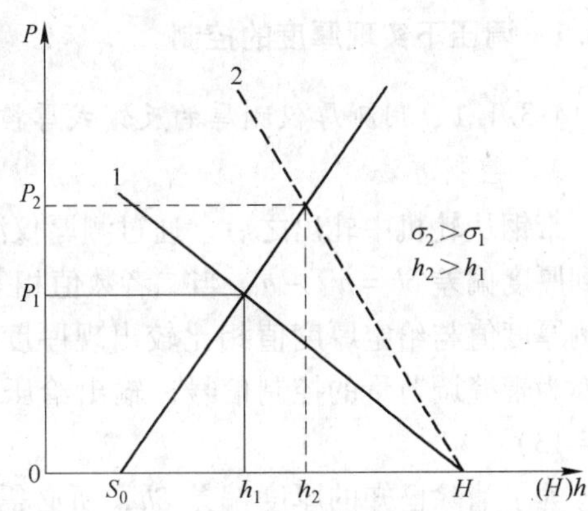

图 4-12 变形抗力引起的厚度差

B 速度变化——通过摩擦系数 f、油膜厚度、变形抗力等起作用

例：热轧时，辊速 $v\updownarrow$ 较大时，油膜厚度 $\updownarrow \rightarrow S\updownarrow \rightarrow h\updownarrow$

$$v\uparrow \rightarrow \text{油膜厚度} \uparrow \rightarrow S\downarrow \rightarrow \Delta h\uparrow \rightarrow h\downarrow$$

冷轧速度的变化时，$\begin{cases} v\updownarrow \rightarrow f\updownarrow \rightarrow P\updownarrow \rightarrow S\updownarrow \rightarrow h\updownarrow \\ v\updownarrow \rightarrow \text{油膜厚度} \updownarrow \rightarrow P\updownarrow \rightarrow S\updownarrow \rightarrow h\updownarrow \end{cases}$

$$v\uparrow \rightarrow f\downarrow \rightarrow \sigma\downarrow \rightarrow P\downarrow \rightarrow P/K\downarrow \rightarrow S\downarrow \rightarrow h\downarrow$$

C 张力变化——通过应力状态影响系数 Q_p 起作用

例：穿带、抛钢时，带钢头、尾张力是突然升高或突然消失时，

$q\updownarrow \rightarrow Q_p\updownarrow \rightarrow P\updownarrow \rightarrow$头尾出现两个厚度增大区→切损增加

D 坯料尺寸变化

例来料厚度升高时，$H\uparrow \rightarrow \Delta h\uparrow \rightarrow P\uparrow \rightarrow P/K\uparrow \rightarrow S\uparrow \rightarrow h\uparrow$

4.3 厚度自动控制的基本形式及其控制原理

厚度控制是通过测厚仪或传感器（如辊缝仪、压头等）对带钢实际轧出厚度 h 连续进行测量，并据实测值与给定值相比较后的偏差信号，借助控制回路和装置及计算机的功能程序，改变压下位置 S、张力和速度，把厚度控制在允许偏差范围内。

为了实现轧件的自动厚度控制（简称 AGC—Automatic Gauge Control），在现代板带轧

机上，一般装有液压压下装置。采用液压压下的自动厚度控制系统通常称为液压 AGC（Automatic Gauge Control）系统，包括 3 个主要部分：

（1）测厚部分主要是检测轧件的实际厚度。

（2）厚度比较和调节部分。主要是将检测得到的轧件实际厚度与轧件的给定厚度（所要求的轧件厚度）比较，得出厚差 δh。此外，根据具体情况和要求，转换和输出辊缝调节量讯号 δS。

（3）辊缝调整部分。主要根据辊缝调节量讯号，通过压下装置对辊缝进行相应的调整，以减小或消除轧件的厚差。

实现板带材厚度调整的方法有多种，可通过调整压下、张力及轧机的可变刚度等方法实现厚度的控制，及其控制原理，现分述如下。

4.3.1 调压下实现厚度的控制

4.3.1.1 用测厚仪测厚的反馈式厚控系统

A 控制方法

带钢从轧机中轧出之后，通过测厚仪测出实际轧出厚度 h^* 并与给定厚度值 h 相比较，得到厚度偏差 $\delta h = h^* - h$，当二者数值相等时，厚度差运算器的输出为零，即 $\delta h = 0$。若实测厚度值与给定厚度值相比较出现厚度偏差 δh 时，便将它反馈给厚度自动控制装置，变换为辊缝调节量的控制信号，输出给压下装置作相应的调节，以消除此厚度偏差（见图 4-13）。

为了消除已知的厚度偏差 δh，所必需的辊缝调节量 δS，见图 4-14，经过数学推导，可以得到如下关系式：

$$\delta h = \frac{K}{K+M}\delta S \quad 或 \quad \delta S = \left(1 + \frac{M}{K}\right)\delta h$$

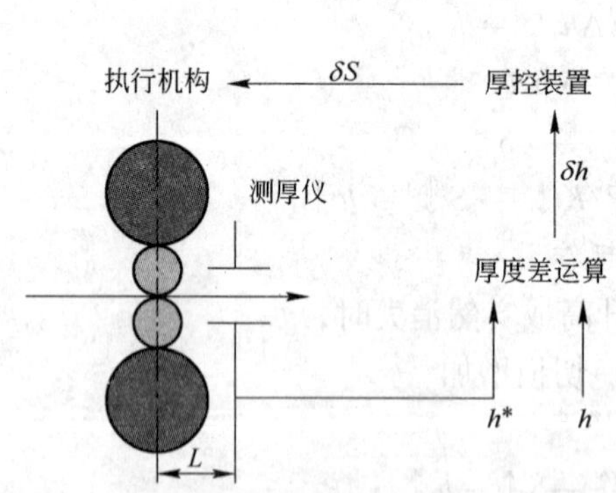

图 4-13 反馈式厚度自动控制系统

h^*—实测厚度；h—给定厚度

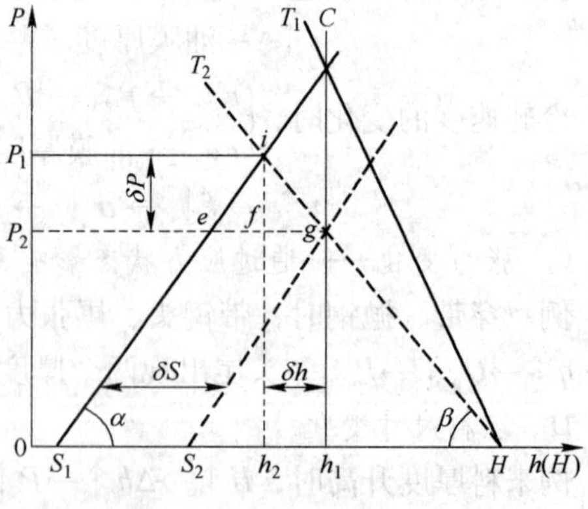

图 4-14 δh 与 δS 关系

从上式可知，为了消除带钢的厚度偏差 δh，则必须将压下螺丝使辊缝移动 $(1 + M/K) \times \delta h$ 的距离，也就是说，要移动比厚度差 δh 还要大 $(M/K) \times \delta h$ 的距离。因此，只有当 K 越大，而 M 愈小，才能使得 δS 与 δh 之间的差别愈小。当 K 和 M 为一定值时，即

$(K+M)/K$ 为常数，则 δS 与 δh 便成正比关系。只要检测到厚度偏差 δh，便可以计算出为消除此厚度偏差应作出的辊缝调节量 δS。

$$C = \frac{\delta h}{\delta S} = \frac{K}{K+M}$$

C 称为压下有效系数或辊缝传递系数。它表示压下螺丝位置的改变究竟有多大的一部分能反映到轧出厚度的变化。当轧机弹性刚度系数 K 较小和轧件塑性刚度系数 M 较大时，C 就很小，有效压下很小。也就是说“虽然压下螺丝往下移动了不少”但实际轧出厚度未见减薄多少。此时，就不宜采用压下 AGC 了。

B 直接测厚反馈式 AGC 特点

测厚精度比压力 AGC 间接测厚精度高。因为考虑到轧机结构的限制、测厚仪维护以及防止带钢断裂而损坏测厚仪，将测厚仪安装在离轧机辊缝较远的地方。一般为 750 ~ 2100mm。因此从轧机辊缝到测厚仪，存在明显的运输引起的检测滞后。致使板带钢上的检测点与相应的调整点相距较远，导致控制调整滞后。

由于存在滞后性，控制效果很难保证，系统也难以稳定。尤其是当检测点测出的厚差与相应的调整点调辊缝前的厚差符号相反时，调整后厚差会更大。当轧制速度较高时，检测滞后时间是可观的，使系统的动态响应性能变差。

为了改善系统稳定性，可采用采样控制。做法是：在某次辊缝调整后，当带钢上相应的调整点到达测厚仪时，测厚仪才进行测厚，并根据实测厚度进行下一次调节。但这种方法对厚度突然变化难以修正，难以获得较高的精度。

4.3.1.2 厚度计式的厚度自动控制系统（GM-AGC、P-AGC）

在各种压力 AGC 中，厚度计 AGC 应用较广，这里只介绍厚度计 AGC（或称为 GM-AGC）。在轧制过程中，任何时刻的轧制压力和空载辊缝都可以检测到，因此，可以用轧机弹跳方程 $h = S_0 + P/K$，计算任何时刻的实际轧出厚度 h。在这种情况下，就等于把整个机架作为测量厚度的“厚度计”，这种检测厚度的方法称为厚度计方法（简称 GM），以区别于前述用测厚仪直接检测厚度的方法。其原理见图 4-15 和 δS 与 δP 的关系见公式。根据轧机弹跳方程测得的厚度和厚度偏差信号进行厚度自动控制的系统称为厚度计 AGC 或称 GM-AGC。

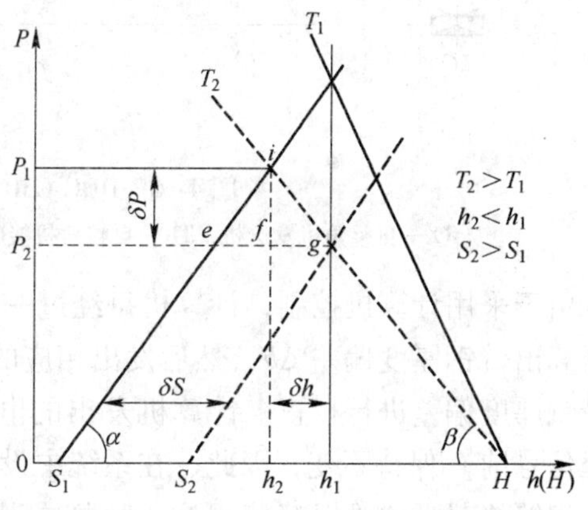

图 4-15 δh 与 δP 之间的关系曲线

$$\text{由}\begin{cases}\delta h = fg = \dfrac{fi}{M} \\ \delta S = fi\left(\dfrac{M+K}{MK}\right) \rightarrow \delta S = -\dfrac{1}{M}\left(1+\dfrac{M}{K}\right)\delta P \\ \delta P = fi\end{cases}$$

厚度计 AGC 系统有模拟式和数字式两种，模拟式系统误差大，精度不高。图 4-16 所示是采用计算机的 GM-AGC 系统。图中 S_0、P_0 分别是空载辊缝、轧制压力设定值。这种 AGC 系统的工作原理是：由辊缝仪检测，经自整角机将信号传送给编码器，再由编码器把所测得的（空载）辊缝模拟量信号转换为数字量信号 S_0 输送给计算机。经过计算机运算得到辊缝偏差值 S'_0，并送给加法器的一个输入端。实际的轧制压力 P 用测压仪检测，经过计算机运算得到轧制压力偏差值信号 ΔP，再经过一个放大倍数为 $1/K$ 的放大器得到。轧机的弹跳值 $\Delta P/K$ 再送到加法器的另一个输入端，然后由加法器将 ΔS 和 $\Delta P/K$ 相加得到轧出厚度偏差 Δh，再经 AGC 运算得到消除此厚度偏差所需要的辊缝调节量 ΔS。最后经 APC 运算并转换为相应的电压模拟控制信号 U 送给压下装置速度调节系统。电压模拟控制信号 U 越高，压下电机（一般为直流电机）转速就越高，轧辊位置向目标位置靠近的速度越快。

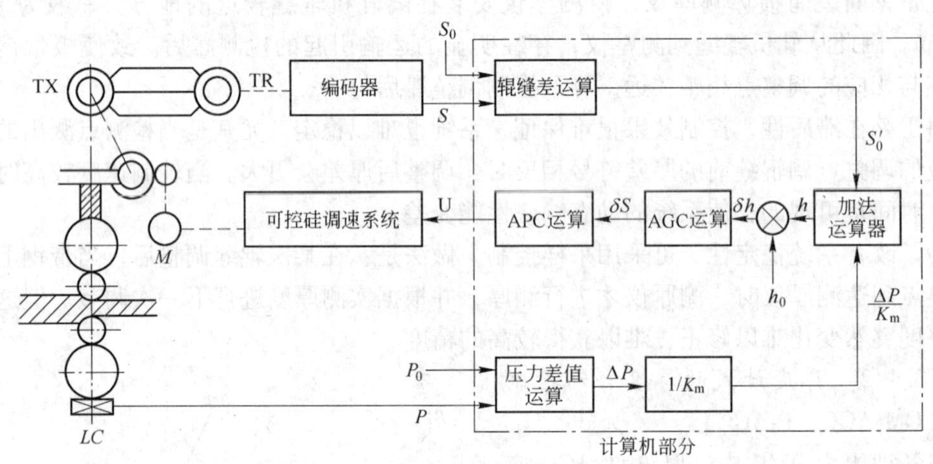

图 4-16　DDC-GM-AGC 系统原理示意图

TX—自整角机发送机；TR—自整角机接收机；S_0、P_0—分别为辊缝和轧制力给定值

由于采用计算机控制，计算机每经过一个采样周期对带钢实际厚度和辊缝检查一次，并计算出带钢厚度偏差 Δh，然后发出相应的电压控制信号 U_c 使压下系统拖动轧辊位移，对带钢厚度偏差进行校正。计算机发出的电压信号应在一个采样周期内（即下一次发出电压信号前）保持不变，因此，在系统中设有零阶保持器。

辊缝绝对零位难以精确得知，故把在某一上下工作辊压靠力为 p_0 时的辊缝记为零，其他情况下的辊缝值 S_0 就是相对这个人工零位而言的。在人工零位的条件下，轧机弹跳方程变为 $h = S_0 + (P - P_0)/K$，但厚差计算式仍为 $\Delta h = \Delta S + \Delta P/K$。

厚度计 AGC 有以下特点：

（1）可以克服直接测厚仪 AGC 的检测滞后，提高了系统灵敏度，但是对于压下机构的电气和机械系统以及计算机控制时程序运行等的时间滞后仍然不能消除。

（2）可以消除轧件和工艺方面等多种原因通过轧制压力造成的厚差，如轧件温度、化学成分、摩擦系数、轧前轧件厚度、宽度等因素变化，适应范围广。

（3）控制精度较低。用轧机弹跳方程间接测厚难以测出轧辊热膨胀和磨损、偏心运转、油膜轴承浮动效应、压下螺丝的回松以及初始辊缝的设定误差等因素引起的厚度变化。此外，测压仪和辊缝仪本身的测量精度比 X、γ 射线测厚仪精度低，对于较小的厚度偏差是难以检测出来的，因此必须采用射线测厚仪不断进行监控，以进一步提高自动控制精度。为了使间接测厚更精确，需要给轧机弹跳方程增加一些补充项，如油膜厚度补偿系数 Δ、辊缝零位常数 G、弯辊力补偿系数 S_F 等，因此，厚度控制系统要引进补偿 AGC。

（4）对轧辊偏心运转引起的高频变化的厚差难以控制（如采用电动压下系统，则不能控制），容易引起压下系统误动作。轧辊偏心主要是由于支撑辊轴承精度、轧辊磨床精度及辊系装配不良所致，是辊缝仪测不出的，但它会引起轧制压力高频变化，当轧辊转到某位置，空载辊缝变小，轧制力增大，实际轧出厚度减小，但厚度计 AGC 根据轧制力增大的情况，误认为轧出厚度也增大了，因而把辊缝调小，结果，轧出厚度会更小，厚差会更大。

长期以来，由于带钢（主要是热轧带钢）厚差精度要求较低，如 50μm 以上，对轧辊偏心的影响是采用数字滤波方法将偏心造成的轧制力波动滤去，然后用于反馈控制（当带钢精度要求较高时就必须要考虑轧辊偏心控制）。控制方法是，采用专门的偏心控制器或轧制力内环、厚度外环、或恒轧制力的厚度自动控制系统等。

（5）厚差控制过程中，轧制力为正反馈变化过程。当测出的轧制力 P 大于设定值 P_c 时，厚度计 AGC 会认为轧出厚度偏大而调小辊缝，轧制力会进一步增大，这样，轧制力很容易超出允许范围，而不能进一步减小厚差。此外，轧制力变化引起轧辊挠度变化，导致板形变化，不利于板形稳定。

（6）当轧件塑性刚度系数 M 很大或轧机刚度系数 K 不大时，压下效率很低，压下移动的距离大部分转变为轧机弹性变形，严重时完全不起作用，因此在轧件变形抗力较大时（一般在连轧机最后几个机架上），不采用调压下的厚度计 AGC，而改用调节张力的方法来消除厚差。

4.3.1.3　前馈式厚度自动控制系统（前馈 AGC 或预控 AGC）

测厚仪 AGC 和厚度计 AGC 都是反馈式 AGC，控制作用总是落后于扰动作用。由于 AGC 系统中的控制对象总是存在着惯性，从扰动量作用到系统上，使被控量偏离给定值需要一定的时间，而从控制量改变到被控量发生变化，也需要一定时间。所以，从扰动作用产生到使被控量回复到给定值，需要较长的时间。为了克服反馈式 AGC 系统在控制上的滞后现象，进一步提高控制精度，引用了前馈 AGC。在现代冷热连轧机上，前馈 AGC 得到广泛采用。

前馈控制是直接按照扰动来进行的控制，从理论上讲，只要对于扰测量精确，控制模型精确，调整及时到位，前馈控制可以完全消除扰动引起的偏差。但前馈 AGC 一般只是用来克服入口厚度波动引起的轧出厚度波动，其控制量可以是压下量，也可以是轧制速度。

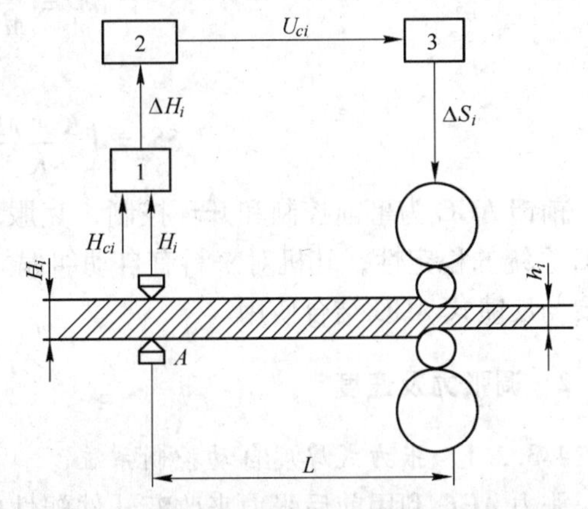

图 4-17　入口侧设置测厚仪的前馈 AGC 系统示意图
1—入口厚度偏差运算环节；2—辊缝调整量 ΔS_i 与相应速度控制信号 U 的转换环节；3—执行机构

图 4-17 所示的第 i 机架前馈 AGC 系统工作原理是：在机架入口侧设置测厚

仪，测量带钢的入口厚度 H_i，并与带钢的给定厚度值 H_{ci} 比较。如有厚度偏差 ΔH_i 时，便预报本机架（第 i 架）将要出现的带钢轧出厚度偏差 Δh_i，然后确定为消除此偏差 Δh_i 所需要的辊缝调节量 ΔS_i，并转换为相应的压下电机速度控制电压信号 U，再根据带钢由检测点 A 到进入第 i 架以及压下螺丝移动距离 ΔS_i 总共所需要的时间 t，由压下系统提前移动压下螺丝，调节轧机的辊缝，当带钢的检测点 A 进入第 i 架时，辊缝正好调整完毕，带钢在 A 点的厚度差就能在本架中基本得到消除。

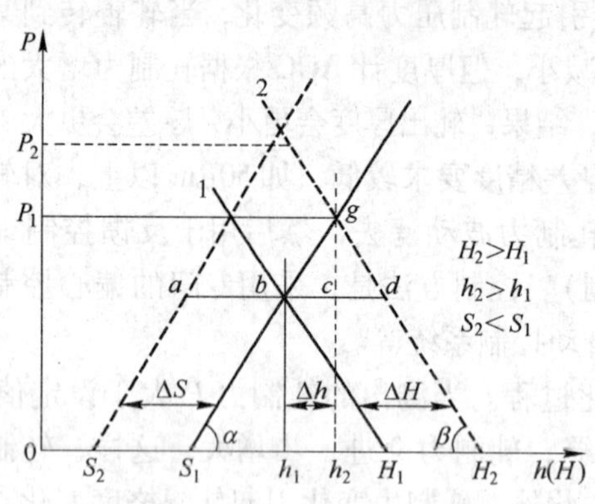

图 4-18　前馈 AGC 的 P-H 图

也可以用上机架（第 $i-1$ 架）轧出厚度 Δh_{i-1} 作为本机架的前馈值 ΔH_i，此时上机架相当于本机架入口处 A 点的测厚仪，因此，其控制过程相同。

前馈 AGC 的 P-H 图示如图 4-18 所示，H_1 为入口厚度设定值，起初轧机工作点在 1，轧出厚度为设定值 h_1，当入口厚度由 H_1 增大为 H_2 时，工作点由 1 移至 2，轧出厚度由 h_1 增大到 h_2，为使轧出厚度恢复为 h_1 将空载辊缝由 S_1 减小到 S_2，使等厚轧制线保持在 h_1 上。根据图所示的几何关系，可以推导出辊缝调节量 ΔS 与入口厚度偏差 ΔH 关系为：

由几何关系：

$$\delta H = bd$$

$$\delta h = bc = \frac{gc}{K}$$

$$\delta H = bc + cd = \frac{K + M}{M}\delta h$$

$$\delta h = \frac{M}{M + K}\delta H$$

得

$$\delta S = \left(\frac{K + M}{K}\right)\delta h = \frac{M}{K}\delta H$$

前馈 AGC 为事前控制和开环控制，克服了反馈时间滞后问题，它的加入有利于提高 AGC 系统的稳定性；轧机对来料有自动纠偏能力，$M\uparrow \rightarrow$纠偏能力↑；控制精度不高，因此要与反馈式 AGC 结合使用。

4.3.2　调张力及速度

4.3.2.1　张力式厚度自动控制系统

张力 AGC 利用前后张力来改变轧件塑性曲线斜率实现厚度控制。张力的变化可以显著改变轧制压力，从而能改变轧出厚度。改变张力与改变压下位置控制厚度相比，前者因惯性小反应快并易于稳定，在成品机架，由于轧件的塑性刚度 M 很大，靠调节辊缝进行厚度控制，效果往往很差，为了进一步提高成品带钢的精度，所以常采用张力 AGC 进行厚度微调。

张力 AGC 就是根据精轧机组出口侧 X 射线测厚仪测出的厚度偏差，来微调机架之间（例如热连轧精轧机组最后两个机架）板带钢上的张力，借此消除厚度偏差的厚度自动控制系统。

张力微调可以通过两个途径来实现：一是根据厚度偏差值，调节精轧机的速度；另一办法是调节活套机构的给定转矩。其控制框图如图 4-19 所示。由 X 射线测厚仪测出带钢的厚度偏差之后，通过张力调节器 TV，经开关 K_1 和 K_3，依 K_3 的不同位置将控制信号分别传输给电动机的速度调节器或活套张力调节器。

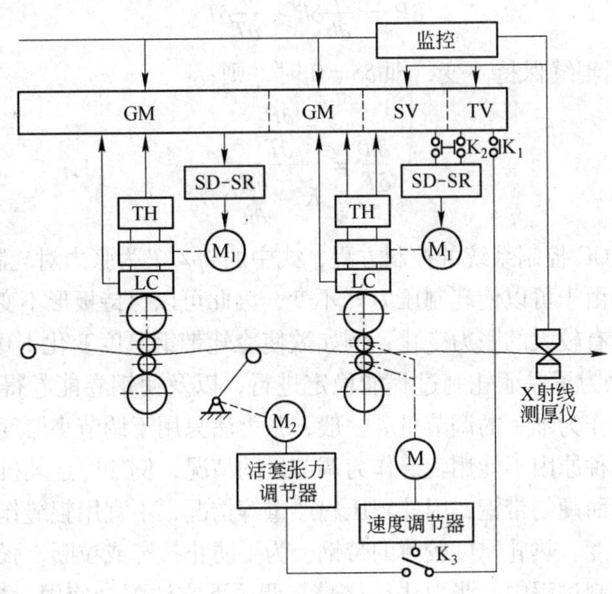

图 4-19　张力 AGC 控制框图

GM—厚度计控制；TV—张力微调控制器；SV—压下微调控制；TH—顶帽螺丝位置传感器；LC—压头；SD-SR—压下螺丝位置调节器；M—主电动机；M_1—压下电动机；M_2—活套支持器的电动机

张力 AGC 的控制原理是利用前后张力来改变轧件塑性曲线 B 的斜率对带钢厚度进行控制，张力与厚度的关系如图 4-20 所示。当来料厚度为 H_0 时，作用在轧件上的张力为 T_0，塑性曲线为 B_1，工作点 a 对应的厚度为 h，压力为 P。当来料厚度有波动时，H_0 变为 H'，塑性曲线由 B_1 变为 B_2，其厚度差为 δH，虽然此时作用于轧件上的张力仍为 T_0，但是因来料有 δH 的厚差，工作点由 a 变为 b，对应的厚度为 h'，压力为 P'，因此便引起了带钢实际轧出厚度有厚度偏差 δh。为了消除此厚度偏差，便可以加大作用于带钢上的张力，由 T_0 变为 T，$T>T_0$，使塑性曲线的状态由 B_2 变为 B_3，工作点又由 b 点拉回到 a 点，从而可以在辊缝 S_0 不变的情况下，

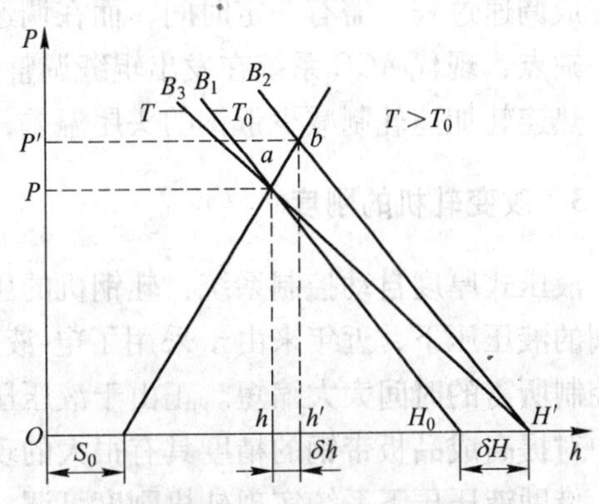

图 4-20　张力与厚度的关系

使轧出厚度保持在所要求的范围之内。

张力变动所引起的厚度变化，可以用弹跳方程与压力方程的增量形式来表达。

由弹跳方程增量形式：

$$\delta h = \delta S + \frac{\delta P}{K}$$

$$\delta P = K(\delta h - \delta S)$$

压力方程增量形式：

$$\delta P = \frac{\partial P}{\partial h}\delta h + \frac{\partial P}{\partial T}\delta T$$

由以上两式，当辊缝保持不变，即 $\delta S = 0$ 时，则：

$$\frac{\delta h}{\delta T} = \frac{\frac{\partial P}{\partial T}}{K - \frac{\partial P}{\partial h}}$$

上式就是张力 AGC 控制系统的控制方程，式中的 $\partial p/\partial T$ 为张力对轧制压力的影响系数。采用张力控制厚度，由于可以使轧制压力 P 不变，因此可以保持板形不变。但是为了得到一定的厚度调节量，应有较大的张力变化，例如欲使冷轧带钢厚度变化 1.0%，而张力可能就需要变动 10%，所以为了保证轧制过程能稳定进行，以及使钢卷能卷得整齐，在厚度变化较大时，不能把张力作为唯一的调节量。一般，张力法只用于调节小厚度偏差的情况，作为精调，或者用于因某种原因不能用辊缝作为调节量的情况，例如冷连轧机的末机架，为了保证板形，以及轧制薄而硬的带钢，因轧辊压扁严重等情况，不宜用辊缝作为调节量，往往是采用张力法来控制厚度。热轧厚度较薄的带钢，为了防止拉窄或拉断，张力的变化也不宜过大，所以热轧厚度控制过程中，张力法往往是与调压下方法配合使用，当厚度波动较大时。就采用调压下的方法，而当厚度波动较小时，便可采用张力微调进行厚度控制。

4.3.2.2　速度调厚

轧制速度的变化，将引起张力、温度、摩擦系数和变形抗力等因素的波动，引起轧制压力的变化，从而最终引起厚度的变化。

在热轧中活套补偿就是利用速度调厚。AGC 系统工作的后果，除轧件厚度变化外，将导致张力产生波动，这可由活套调节系统改变主电机转速实现速度调节致使张力恒定。但完成调速过程，需有一定时间，而在调速过程中张力的变化将影响轧件质量。为了克服这一缺点，现代 AGC 系统在发出辊缝调整信号的同时也给主电机发出相应的调速信号。

热连轧加速轧制减少带钢的头尾温差，减少纵向厚差。

4.3.3　改变轧机的刚度

液压式厚度自动控制系统：轧钢机的压下装置，从电动压下机构，逐渐发展为机械伺服阀的液压压下，近年来由于采用了电-液伺服阀，使压下响应速度得以大幅度提高，厚度控制所需的时间大大缩短。正由于液压压下具有快速响应的特点，所以它在厚度控制过程中对提高成品板带钢的精度具有很大的现实意义。

借助液压压下系统实现轧机刚度可调，这样不仅可以做到在轧制过程中的实际辊缝值固定不变，即“恒辊缝控制”，从而就保证了实际轧出厚度不变，并且还可以根据生产实际情况的变化，相应地控制轧机刚度，来获得所要求的轧出厚度。

液压 AGC 就是借助于轧机的液压系统，通过液压伺服阀调节液压缸的油量和压力来控制轧辊的位置，对带钢进行厚度自动控制的系统。

如果轧机的轧制压力为 P，轧机的刚性系数为 K，则轧机的变形 $\Delta S = P/K$。如果这个变形量可以通过安装在下轧辊轴承座的液压缸冲程得到完全补偿的话，则需要液压缸上升 ΔS 的升程，从而保持轧辊的辊缝不变，得到无限刚性的轧机。实际上，在用电液伺服阀控制液压缸的冲程时，总是不能补偿 100% 的弹跳变形量。

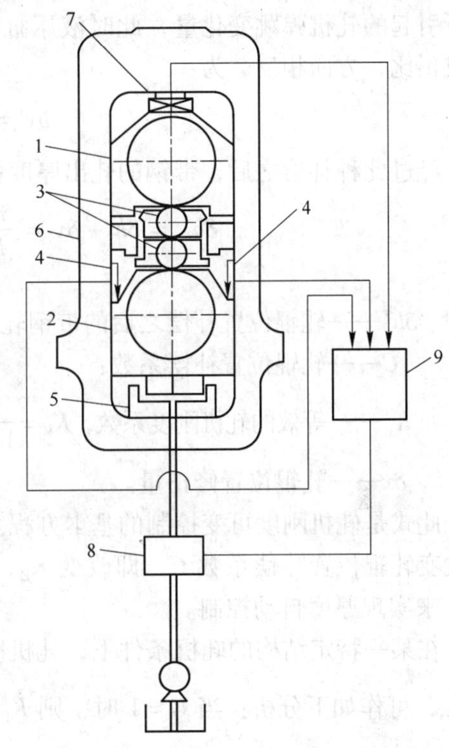

图 4-21　采用位置传感器的液压推上装置示意图

1—上支撑辊轴承座；2—下支撑辊轴承座；3—上下工作辊；4—位置传感器；5—液压缸；6—机架；7—压头；8—伺服阀；9—控制装置

图 4-21 所示是液压推上装置示意图，为了实现厚度控制，首先应解决实际辊缝值的精确测定问题。在现代化的液压轧机上，都广泛采用位置传感器来检测辊缝位置的变化。轧辊位置传感器装设在机架窗口的内侧，用于检测下支撑辊轴承座上表面的位置，以轧机的中心为基准，在支撑辊轴承座上表面左右两个地方检测其位置的变化量，然后将此两处的位置检测信号送入控制装置 9，并计算其平均值，作为下支撑辊的位置，再与压头 7 检测出的弹跳量的信号进行比较运算，然后根据此运算结果通过伺服阀 8 来调节液压缸 5 的油量和压力对厚度实现控制。

液压 AGC 是按照轧机刚性可变控制的原理来实现厚度的控制。

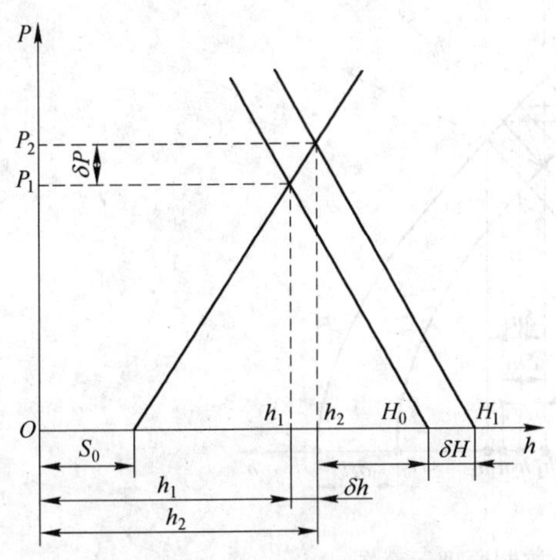

图 4-22　δh 与 δP 之间的关系曲线

假设预调辊缝值为 S_0，轧机的刚度系数为 K，来料厚度为 H_0，此时轧制压 P_1，如图 4-22 所示，则实际轧出厚度 h_1 应为：

$$h_1 = S_0 + \frac{P_1}{K}$$

当来料厚度因某种原因有变化时，由 H_0 变为 H_1，其厚度差为 δH，因而在轧制过程中必然会引起轧制压力和轧出厚度的变化，压力由 P_1 变为 P_2，轧出厚度为：

$$h_2 = S_0 + \frac{P_2}{K}$$

当轧制压力由 P_1 变为 P_2 时，则其轧出厚度的厚度偏差 δh 正好等于压力差所引起的弹跳量为：

$$\delta h = h_2 - h_1 = \frac{1}{K}(P_2 - P_1) = \frac{1}{K}\delta P$$

为了消除此厚度偏差，可以通过调节液压缸的流量来控制轧辊位置，补偿因来料厚度差所引起的轧机弹跳变化量，此时液压缸所产生的轧辊位置修正量 δx，应与此弹跳变化量成正比，方向相反，为：

$$\delta x = -C\frac{1}{K}\delta P$$

轧机经过此种补偿之后，带钢的轧出厚度偏差便不是 δh，而变小了，变为：

$$\delta h' = \delta h + \delta x = \frac{\delta P}{K} - C\frac{\delta P}{K} = \frac{\delta P}{\dfrac{K}{1-C}} = \frac{\delta P}{K_E}$$

式中 $\delta h'$——轧辊位置补偿之后的带钢轧出厚度偏差；

C——轧辊位置补偿系数；

K_E——等效的轧机刚度系数，$K_E = \dfrac{K}{1-C}$；

δx——轧辊位置修正量。

此式是轧机刚度可变控制的基本方程。由此可知，所谓轧机刚度可变控制，实质也就是改变轧辊位置补偿系数 C，即改变 K_E，液压 AGC 就是通过改变等效的轧机刚度系数 K_E，来实现厚度自动控制。

在某一特定结构的轧机条件下，轧机所固有的刚度系数是 K 是一个常数。由式 $K_E = \dfrac{K}{1-C}$，可作如下分析：当 $C=1$ 时，则 $K_E=\infty$，则 $\delta h'=0$，这就意味着轧机的弹跳量被100%补偿掉了，即不论来料厚度偏差如何，由于此时轧机等效的刚度系数 K_E 无穷大，完全可以使带钢的实际轧出厚度达到所要的尺寸，没有厚度偏差。此种情况下轧辊的辊缝称为恒定辊缝，其等效的轧机刚度称为超硬刚度，或叫超硬特性，如图 4-23 和表 4-2 所示。

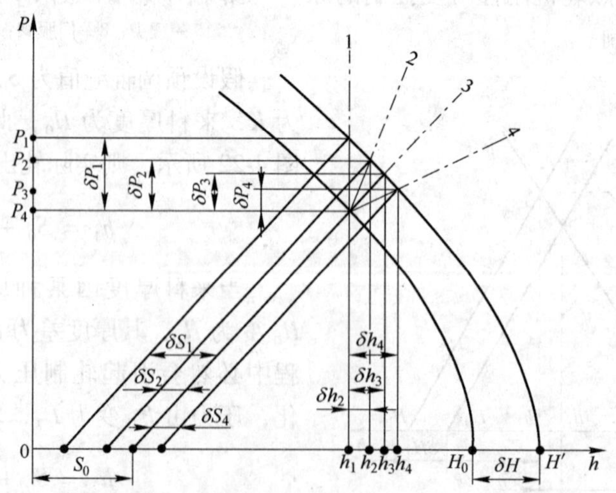

图 4-23 轧机刚度可变控制原理示意图

1—超硬特性；2—硬特性；3—自然特性；4—软特性

为了稳定起见，取 $C=0.8\sim0.9$，$K_E\approx25000$MN/mm 以上，在计算机控制时，其设定值取为 $K_E=33000$MN/mm。

若 $C=0$，则 $C\dfrac{\delta P}{K}=0$，$\delta h'=\dfrac{\delta P}{K}=\delta h$，这就说明实际轧出厚度还具有因来料厚度差 δH 所引起的厚度偏差 δh。此时，轧机的等效刚度系数 K_E 就等于轧机原来所固有的（或称为自然的）轧机刚度系数 K，轧机的刚度称为自然刚度，或称为自然特性，一般来说，轧机的自然刚度系数 $K=5000\sim6000$MN/m。

表 4-2　轧机刚度系数

控制方式	系数 C	等效轧机刚度 K_E /MN · m^{-1}	设定值 /MN · m^{-1}	备　注
超硬特性	$C=1$ （$C=0.8\sim0.9$）	25000 以上	33000	为了稳定起见，取 $C=0.8\sim0.9$
硬特性	$0<C<1$ （$C=0\sim0.8$）	5000 ~ 25000	14000	硬特性用于开始机架，用来纠正来料厚度差
自然特性	$C=0$	5000		为轧机固有的刚度
软特性	$C<0$ （$C=-1.5\sim0$）	2000 ~ 5000	3500	软特性用于最后机架，以保证板形

当 $0<C<1$ 时，其 K_E 称为硬刚度系数，轧机的刚度称为硬特性，一般 $C=0\sim0.8$，$K_E=5000\sim25000$MN/m，设定时目标值 $K_E=14000$MN/m。

当 $C<0$ 时，其等效刚度系数称为软刚度系数，轧机刚度称为软特性，一般 $C=-1.5\sim0$，$K_E=2000\sim5000$MN/m，设定时的目标值 $K_E=3500$MN/m。

通过以上的分析，可以清楚地看出，只要改变轧辊位置补偿系数 C 的数值，便可以达到轧机刚度可控的目的。

5　板带钢生产的板形控制技术

中厚钢板板形一直是困扰轧钢工作者的难题。生产初期采用烫辊、原始辊形以及加大轧辊直径等办法，但收效甚微；之后，增加轧机刚度、完善辊系、减少轧辊挠度、配置弯辊装置及附设立辊轧机，已取得明显的效果；进而采用了 AGC 计算机控制、MAS 法、BDR 法、HCW 轧机、VC 辊、阶梯辊、PC 轧机及 CVC 轧机等板形控制技术，将中厚钢板板形控制技术提高到更高水平。

5.1　板形的基本概念

板带材的几何尺寸精度除纵向厚差外，还有板形精度。板形是指成品带钢断面形状和平直度两项指标，但相互存在着密切关系。

横截面形状（Profile）由凸度、楔形度、边部减薄和局部高点等参数表示，其中凸度（截面中点厚度与边部标志点处厚度之差）为最主要的参数；平直度（Flatness）用相对延伸差（长、短纤维长度差/纤维长度）或翘曲度（浪高/浪长）表示。

板形控制的任务是使带钢的凸度和平直度达到目标。

5.1.1　板带钢断面形状表示方法

用来描述板带钢厚度沿宽度方向的变化。所取的断面垂直于板带钢长度方向。板带钢断面形状是极不规则的，通常由于受下列因素的影响：

（1）由于轧制力引起的轧辊弯曲；

（2）由于弯辊机构引起的轧辊弯曲；

（3）轧辊的压扁；

（4）轧辊的初始凸度；

（5）轧辊的热膨胀；

（6）轧辊的磨损；

（7）氧化皮粘辊；

（8）板带钢的横向展宽。

板带钢断面形状主要的表示方法有下面几种：

（1）凸度（CR）；凸度（见图 5-1）是描述带材横截面形状的一项主要指标。凸度定

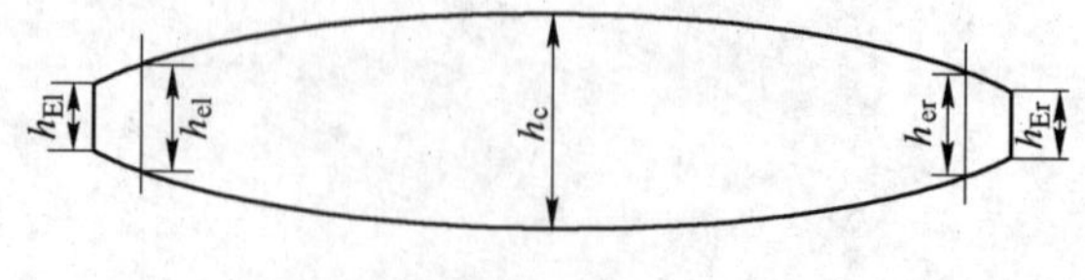

图 5-1　凸度

义为在宽度中点处厚度与两侧边部标志点平均厚度之差：

$$CR = h_c - (h_{er} + h_{el})/2$$

式中，h_{er}和h_{el}为右部及左部的标志点厚度。所谓标志点是指不包括边部减薄部分的边部点。一般取离实际边部40mm左右处的点。h_c为带材宽度方向中心点的厚度，h_{Er}和h_{El}为右侧和左侧厚度。

（2）楔形（CT）。楔形（见图5-2）即左右标志点厚度之差：

$$CT = h_{er} - h_{el}$$

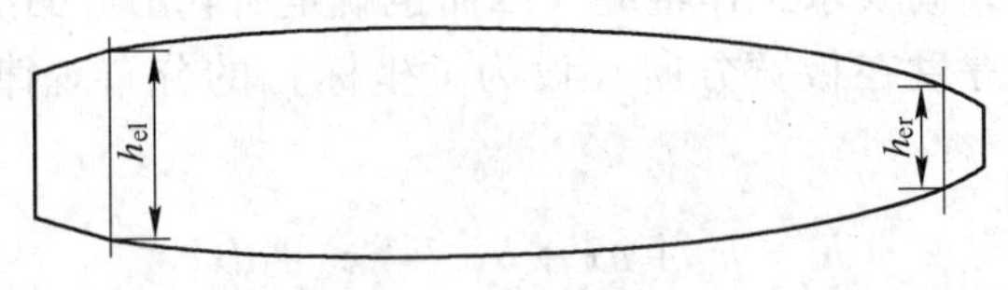

图5-2　楔形

（3）边部减薄（E）。边部减薄（见图5-1）即带钢与轧辊接触处的轧辊压扁在板边由于过渡区而造成的带钢边部减薄：

$$E_r = h_{er} - h_{Er}$$

$$E_l = h_{el} - h_{El}$$

式中，h_{Er}及h_{El}为板带材实际右边部和左边部的厚度（上面各式中右部一般指传动侧，左部为操作侧）。

5.1.2　板形平直度

是指板带材横向各部位是否产生波浪和瓢曲，它决定于伸长率沿宽度方向是否相等。如果两边的伸长率大于中部，则产生对称的双边波浪（见图5-3）。反之，如果中部伸长率大于边部，则产生中间波浪或瓢曲。此处，还可能产生1/4波浪、中边复合浪和左边或右边的单边波浪。对称的边浪和瓢曲可以靠调节辊形来控制，而单边波浪则必须靠调整左右压下装置才能消除。

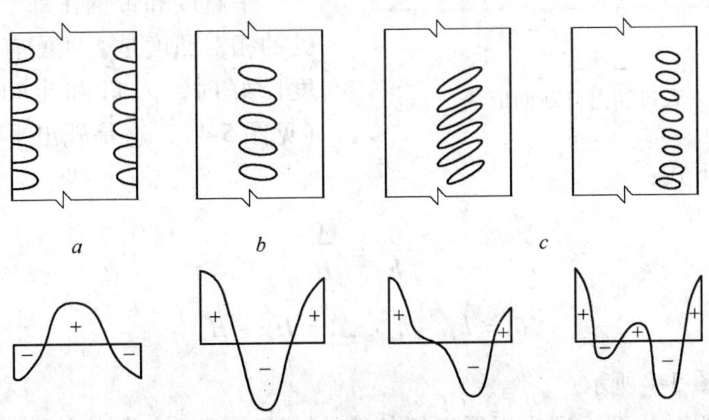

图5-3　板带材的板形与内应力分布

a—对称边浪；*b*—中间波浪；*c*—1/4波浪

严格来说，板形又可分为视在板形与潜在板形两类。视在板形就是指在轧后状态下即可用肉眼辨别的板形；潜在板形是在轧制之后不能立即发现，而要在后部加工工序中才会暴露。例如，有时从轧机轧出的板材看起来并无浪瓢，但一经纵剪后，即出现旁弯或者浪皱，于是便称这种轧后板材具有潜在板形缺陷。我们的总目标是要将视在板形或潜在板形都控制在允许的范围之内，而并不仅仅满足于轧后平直即可。

从用户的角度看，最好是断面厚差等于零。但是这在目前的技术条件下还不可能达到。特别在以无张力轧制为其特征的中厚板热轧过程中，为保证轧件运动的稳定性，从而确保轧制操作稳定可靠，尚要求工作辊缝（因而也就是所轧出成品的断面）稍带鼓形。

断面形状实际上是厚度在板宽方向（设为 x 坐标）的分布规律，可用一多项式加以逼近：

$$h = h_e + ax + bx^2 + cx^3 + dx^4$$

式中　h_e——带钢边部厚度，但由于存在“边部减薄”（由轧辊压扁变形在板宽处存在着过渡区而造成），因此一般取离实际带边 40mm 处的厚度值。

其中一次项实际为楔形的反映，二次项（抛物线）为对称断面形状，对于宽而薄的板带亦可能存在三次和四次项，边部减薄一般可用正弦或余弦函数表示。

在实际控制中，为了简单，往往以其特征量——凸度为控制对象。出口断面凸度：

$$\delta = h_c - h_e$$

式中　h_c——板带（宽度方向）中心的出口厚度。

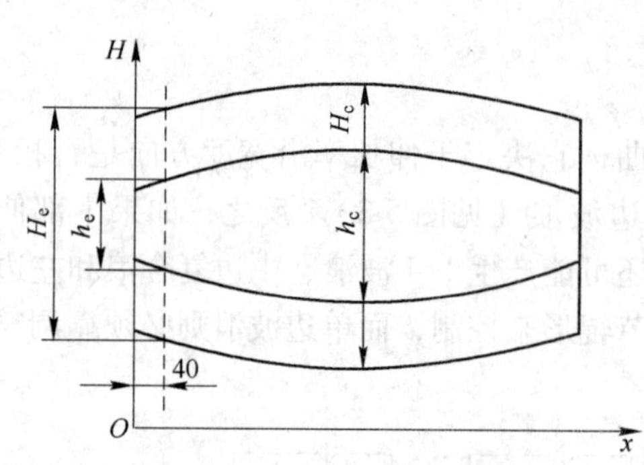

图 5-4　入口和出口断面形状

为了确切表述断面形状，可以采用相对凸度 $CR = \delta/h$ 作为特征量（h 为宽度方向平均厚度），考虑到测厚仪所测的实际厚度为 h_c 或 h_e，也可以用 δ/h_c 或 δ/h_e 作为相对凸度。

平直度一般是指浪形、瓢曲或旁弯的有无及存在程度。

平直度和带钢在每个机架入口与出口处的相对凸度是否匹配有关。在来料平直度良好时，入口和出口相对凸度相等（见图 5-4），这是轧出平直度良好的带钢的基本条件，如下式：

$$\frac{\delta}{h} = \frac{\Delta}{H}$$

其中

$$\delta = h_c - h_e, \Delta = H_c - H_e$$

式中尺寸如图 5-4 所示。

上面所述的相对凸度恒定为板形良好条件的结论，对于冷轧来说是严格成立的。对于中厚板轧制由于前几个机架轧出厚度尚较厚，轧制时还存在一定的宽展，因而减弱了对相对凸度严格恒定的要求。图 5-5 给出不同厚度时轧件金属横向及纵向流动的可能性，由

图 5-5可知热连轧存在 3 个区段：

（1）轧件厚度小于 6mm 左右时不存在横向流动，因此应严格遵守相对凸度恒定条件以保持良好平直度。

（2）6～12mm 为过渡区，横向流动由 0～100%。此处 100% 仅意味着将可以完全自由地宽展。

（3）12mm 以上厚度时相对凸度的改变受到限制较小，即不会因为适量的相对凸度改变而破坏平直度。因此将会允许各小条有一定的不均匀延伸而不会产生翘曲。

为此 Shohet 等人曾进行许多试验，并由此得出图 5-6 所示的 Shohet 和 Townsend 临界曲线，此曲线的横坐标为 b/h，纵坐标则为变形区出口和入口处相对凸度变动量 ΔCR：

$$\Delta CR = \frac{CR_{\mathrm{h}}}{h} - \frac{CR_{\mathrm{H}}}{H}$$

式中　CR_{h}，CR_{H}——出口和入口带钢凸度；

h，H——出口和入口带钢厚度。

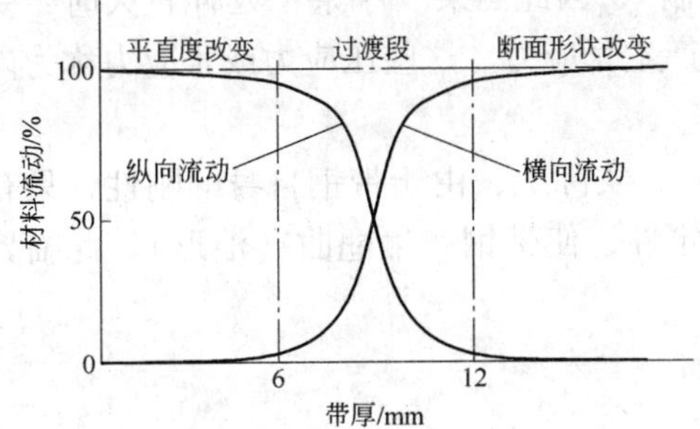

图 5-5　横向流动和纵向流动的 3 个区段

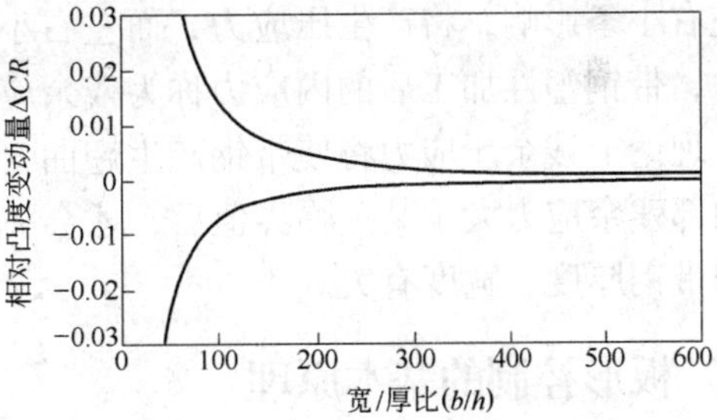

图 5-6　Shohet 及 Townsend 的 ΔCR 允许变化的范围

此曲线的公式为：

$$-40\left(\frac{h}{b}\right)^{1.86} < \Delta CR < 80\left(\frac{h}{b}\right)^{1.86}$$

上部曲线是产生边浪的临界线，当 ΔCR 处在曲线的上部时将产生边浪。下部曲线为产生中浪的临界线。此曲线限制了每个道次能对相对凸度改变的量，超过此量将产生翘曲（破坏了平直度）。

板形的定量表示方法有多种，较为实用的有：

（1）波形表示法。这一方法比较直观（见图 5-7）。带钢翘曲度 λ 表示为：

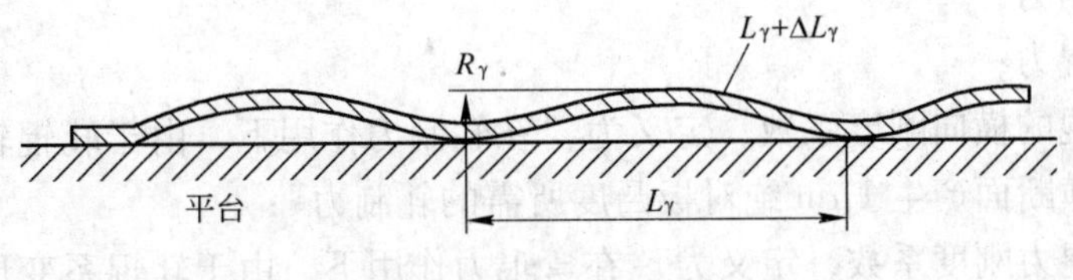

图 5-7　波形表示法

$$\lambda = \frac{R_\gamma}{L_\gamma} \times 100\%$$

式中 R_γ——波幅；

L_γ——波长。

图 5-7 中假设波形为正弦波，曲线部分长度为：

$$L_\gamma + \Delta L_\gamma \approx L_\gamma\left[L + \left(\frac{\pi R_\gamma}{2L_\gamma}\right)^2\right]$$

$$\frac{\Delta L_\gamma}{L_\gamma} = \left(\frac{\pi R_\gamma}{2L_\gamma}\right)^2 = \frac{\pi^2}{4}\lambda^2$$

上式表示了翘曲度和小条相对长度差之间的关系。

加拿大铝公司取带材横向上最长和最短的窄条之间的相对长度差作为板形单位，称为 I，一个 I 单位相当于相对长度差为 10^{-5}，这样，以 I 为单位表示的板形数量值为相对长度差的 10^5 倍。

（2）残余应力表示法。宽度方向上分成许多纵向小条只是一种假设，实际上带钢是一整体，也就是“小条变形是要受左右小条的限制”，因此当某“小条”延伸较大时，受到左右小条影响，将产生压应力，而左右小条将产生张应力。这些压应力或张应力称为内应力，带钢塑性加工后的内应力称为残余应力。

理论上残余压应力将使带钢产生翘曲（浪形），实际上，由于带钢自身的刚性，只有当内部残余应力大于某一临界值后，才会失去稳定性，使带钢产生翘曲（浪形）。此临界值与带钢厚度、宽度有关。

5.2 板形控制的基本原理

在不考虑轧件弹性恢复时，可以认为轧后板带的断面形状是和轧辊有载辊缝的形状（即为沿板带宽度方向轧辊有载辊缝曲线全长的几何尺寸和形状）相同。

工程中，采用辊缝凸度 C_R 来表示有载辊缝形状的特征，可用下式表示：

$$C_R = S_c - S_e$$

式中 S_c——轧辊辊身中部处的有载辊缝尺寸；

S_e——轧辊边部（去掉边部减薄段）处的有载辊缝尺寸。

轧辊有载辊缝形状决定于以下因素：（1）轧辊原始辊形；（2）轧辊热辊形；（3）轧辊磨损辊形；（4）轧辊由作用力（轧制力、弯辊力）所产生的弯曲变形；（5）轧辊的弹性压扁；（6）板带轧制前的板凸度等。如采用 HC、CVC 或 PC 等新型板带轧机时，还应考虑其对有载辊缝的影响。综合以上影响因素，辊缝凸度 C_R 可表示为

$$C_R = P/K_p - F/K_F - E_\omega(\omega_0 + \omega_H + \omega_W) + E_H C_H + E_C\omega_C + C_{R0}$$

式中 P——轧制力；

F——弯辊力；

K_p——轧辊的横向刚度系数，定义为“在轧制力作用下，由于轧辊辊系变形而使板带横断面产生 1μm 绝对板凸度所需的轧制力”；

K_F——弯辊力刚度系数，定义为“在弯辊力作用下，由于轧辊系变形而使板带横断面产生 1μm 绝对板凸度所需的弯辊力”；

E_ω——工作辊综合辊形影响系数；

ω_0——工作辊原始辊形；

ω_H——工作辊热辊形；

ω_W——工作辊磨损辊形；

E_H——板带轧制前的板凸度影响系数；

C_H——板带轧制前的绝对板凸度；

E_C——可控辊形影响系数；

ω_C——某些新形板带轧机的可控辊形；

C_{R0}——常数，考虑其他因素对辊缝凸度的影响，在自动板形控制系统中供自学时用。

上式综合反映了有载辊缝的各种有关影响因素，也称为辊缝方程，或板形方程。

在板带轧制前坯料板形良好的情况下，轧后板带绝对板凸度δ或辊缝凸度Δ如能满足式$\frac{\delta}{h}=\frac{\Delta}{H}$所示的条件，就可使轧后板带获得良好的平直度。因此，辊缝方程式和保持板带良好平直度的几何条件式$\frac{\delta}{h}=\frac{\Delta}{H}$是板形控制的理论基础。

目前，一般还很难用解析法建立辊缝方程的函数表达式，只能利用计算机数值计算方法结合实验，给出在某些轧制条件下的用离散值多项式来表达的辊缝方程，以便现场进行板形控制使用。

5.3 影响辊缝形状的因素

如若忽略轧件本身的弹性变形，钢板横断面的形状和尺寸，取决于轧制时辊缝（工作辊缝）的形状和尺寸，因此造成辊缝变化的因素都会影响钢板横断面的形状和尺寸。影响辊缝形状的因素有：

(1) 轧辊的热膨胀；

(2) 轧制力使辊系弯曲和剪切变形（轧辊挠度）；

(3) 轧辊的磨损；

(4) 原始辊形；

(5) VC 辊、HCW 轧机、CVC 轧机或 PC 轧机对辊形的调节；

(6) 弯辊装置对辊形的调节。

5.3.1 轧辊的热膨胀

轧制时高温轧件所传递的热量，由于变形功所转化的热量和摩擦（轧件与轧辊、工作辊与支撑辊）所产生的热量，都会引起轧辊受热而使之温度增高。相反，冷却水、周围空气介质及轧辊所接触的部件，又会散失部分热量而使温度降低。在轧制中沿辊身长度方向上，轧辊的受热和散热条件不同，一般是辊身中部较两侧的温度高，因而辊身由于温度差产生一相对热凸度。

对二辊轧机的有效热凸度为：

$$\Delta D = K\alpha\Delta T_D D$$

对四辊轧机的有效热凸度为：

$$\Delta d_t = K\alpha\Delta T_d d$$

$$\Delta D = K\alpha\Delta T_D D$$

式中 D，d——轧机的大辊、小辊直径，mm；

ΔT_D——大辊辊身中部与边缘的温差，ΔT_D 通常为 10～30℃；

ΔT_d——小辊辊身中部与边缘的温差，ΔT_d 通常为 30～50℃；

α——膨胀系数，钢轧辊 $\alpha = 1.3\times10^{-5}℃^{-1}$，铸铁辊 $\alpha = 1.1\times10^{-5}℃^{-1}$；

K——约束系数，当轧辊横断面上温度均匀分布时，$K=1$，当轧辊表面温度高于芯部温度时 $K=0.9$。

5.3.2 轧辊挠度

在轧制压力的作用下，轧辊要发生弹性变形，自轧辊水平轴线中点至辊身边缘 $L/2$ 处轴线的弹性位移，称为轧辊的挠度。热轧钢板时当轧件厚度较大，而轧制力不太高时，只考虑轧辊的弹性弯曲，而轧件较薄轧制力又很大时，还要考虑轧辊的弹性压扁。其挠度值计算如下：

（1）对于二辊轧机，辊身挠度为 f

$$f = \frac{P}{6\pi ED^4}(12L^2l - 4L^3 - 4b^2L + b^3) + \frac{P}{\pi GD^2}\left(L - \frac{b}{2}\right)$$

式中 P——轧制力，N；

E，G——轧辊弹性模数、剪切模数；

D——轧辊直径；

L——辊身长度；

l——轴承支反力的间距；

b——轧件宽度。

（2）对于四辊轧机。轧辊的弹性弯曲和轧辊的弹性压扁引起轧辊挠度。轧辊弹性弯曲引起的轧辊挠度是由于弯曲力矩产生的。而弹性压扁是指变形区内轧件与轧辊接触所导致的工作辊压扁，以及工作辊与支撑辊间相互的压扁。而这种压扁沿辊身长度不均匀所引起工作辊的附加挠度。因此，支撑辊的弹性弯曲以及支撑辊与工作辊间的相互弹性压扁的不均匀性决定了工作辊的弯曲挠度。正确地确定工作辊的弯曲挠度，才能正确设计轧辊辊形。

5.3.2.1 轧辊的实际凸度

轧制过程中轧辊的实际凸度，系指轧辊的原始（磨削）凸度，热凸度及磨损量的代数和。上下工作辊与上下支撑辊的实际凸度，共同构成了轧辊的实际总凸度。即：

$$\begin{aligned}\sum\Delta D &= (\Delta d_s + \Delta d_x) + (\Delta D_s + \Delta D_x)\\ &= (\sum\Delta d_y + \sum\Delta d_t - \sum\Delta d_m) + (\sum\Delta D_y + \sum\Delta D_t - \sum\Delta D_m)\end{aligned}$$

一对工作辊的实际总凸度为：

$$\Delta d_s + \Delta d_x = \sum\Delta d_y + \sum\Delta d_t - \sum\Delta d_m$$

一对支撑辊的实际总凸度为：

$$\Delta D_s + \Delta D_x = \sum\Delta D_y + \sum\Delta D_t - \sum\Delta D_m$$

式中　$\sum\Delta D$——套轧辊的实际总凸度；

$\sum\Delta d_y$、$\sum\Delta D_y$——上下工作辊、上下支撑辊原始凸度的总和；

$\sum\Delta d_t$、$\sum\Delta D_t$——上下工作辊、上下支撑辊热凸度的总和；

$\sum\Delta d_m$、$\sum\Delta D_m$——上下工作辊、上下支撑辊凸度磨损量的总和；

Δd_s、Δd_x——上、下工作辊的实际凸度；

ΔD_s、ΔD_x——上、下支撑辊的实际凸度。

5.3.2.2　工作辊挠度

上工作辊挠度：

$$f_s = q\frac{A + \varphi B}{\beta(1 + \varphi)} - \frac{\Delta d_s - \Delta D_s}{2(1 + \varphi)}$$

下工作辊挠度：

$$f_x = q\frac{A + \varphi B}{\beta(1 + \varphi)} - \frac{\Delta d_x - \Delta D_x}{2(1 + \varphi)}$$

其中

$$\varphi = \frac{1.1\lambda_1 + 3\lambda_2\xi + 18\beta K}{1.1 + 3\xi}$$

$$A = \lambda_1\left(\frac{l}{L} - \frac{7}{12}\right) + \lambda_2\xi$$

$$B = \frac{3 - 4\mu^2 + \mu^2}{12} + \xi(1 - \mu)$$

$$K = \theta\ln 0.97\frac{d + D}{q\theta}$$

式中　q——工作辊与支撑辊间单位长度上的平均压力，$q = P/L$（N/mm）；

μ——带钢宽度与辊身长度比，$\mu = b/l$；

l——轴承支反力的间距，$l = l_0 - 2\Delta l$；

l_0——压下螺丝中心；

Δl——偏移量，与轴承宽度 c、轧辊刚度、轧制压力、轴承及支座的自位性能等因素有关，大约在（0～0.15）c 的范围内。

以上各式中 λ_1、λ_2、ξ、β 及 θ 各值，在不同条件下的计算方法列于表5-1。

表5-1　λ_1、λ_2、ξ、β 及 θ 各值

各符号所代表的参数	轧辊材料	
	全部钢轧辊	铸铁工作辊，钢质支撑辊
	$E_1 = E_2 = 220000\text{MPa}$ $G_1 = G_2 = 81000\text{MPa}$ $v_1 = v_2 = 0.3$	$E_1 = 170000\text{MPa}$，$E_2 = 220000\text{MPa}$ $G_1 = 70000\text{MPa}$，$G_2 = 81000\text{MPa}$ $v_1 = 0.35$，$v_2 = 0.2$
$\lambda_1 = \frac{E_1}{E_2}\left(\frac{d}{D}\right)^4$	$\lambda_1 = \left(\frac{d}{D}\right)^4$	$\lambda_1 = 0.773\left(\frac{d}{D}\right)^4$
$\lambda_2 = \frac{G_1}{G_2}\left(\frac{d}{D}\right)^2$	$\lambda_2 = \left(\frac{d}{D}\right)^2$	$\lambda_2 = 0.864\left(\frac{d}{D}\right)^2$

续表 5-1

各符号所代表的参数	轧辊材料	
	全部钢轧辊	铸铁工作辊，钢质支撑辊
各符号所代表的参数	$E_1=E_2=220000\text{MPa}$ $G_1=G_2=81000\text{MPa}$ $v_1=v_2=0.3$	$E_1=170000\text{MPa}$，$E_2=220000\text{MPa}$ $G_1=70000\text{MPa}$，$G_2=81000\text{MPa}$ $v_1=0.35$，$v_2=0.2$
$\xi=\frac{RE_1}{4G_1}\left(\frac{d}{L}\right)^2$	$\xi=0.753\left(\frac{d}{L}\right)^2$	$\xi=0.674\left(\frac{d}{L}\right)^2$
$\beta=\frac{\pi E_1}{2}\left(\frac{d}{L}\right)^2$	$\beta=34600\left(\frac{d}{L}\right)^2$	$\beta=26700\left(\frac{d}{L}\right)^2$
$\theta=\frac{1-v_1^2}{\pi E_1}+\frac{1-v_2^2}{\pi E_1}$	$\theta=2.634\times10^{-6}\text{m}^2/\text{N}$	$\theta=2.96\times10^{-6}\text{m}^2/\text{N}$

5.3.3 轧辊的磨损

在轧制中工作辊与支撑辊均将逐渐磨损（后者磨损较轻），轧辊磨损则使辊缝形状变得不规则。影响轧辊磨损的主要因素是工作期内实际磨耗量（或轧辊凸度的磨损率，即轧制每张或每吨钢板轧辊凸度的磨损量）以及磨损的分布特点。不同的轧机由于轧制品种、规格及生产次序、批量的不同，磨损规律不一样，在辊型使用和调节时通常使用其统计数据。

5.3.4 原始凸度

轧辊磨削加工时所预留的凸度为磨削凸度，又称原始凸度。一般轧机在工作之初总要赋予轧辊一定的凸度，正或负，这样，就可以在原始凸度、热凸度、轧辊挠度的共同作用下，保证一定的辊缝凸度，最终得到良好的板形。

5.3.5 VC 辊

VC 支撑辊带有辊套，内有油槽，用高压油来控制辊套鼓凸的大小以调整辊形。此支撑辊具有较宽范围的板形控制能力，在最大油压 49MPa 时，VC 辊膨胀量为 0.261mm，其构造如图 5-8 所示。

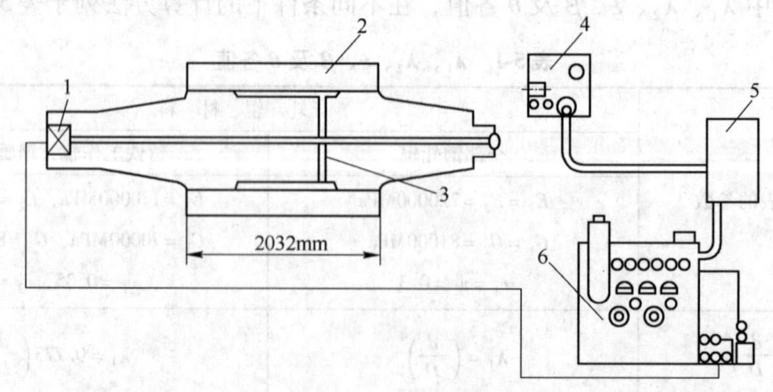

图 5-8　VC 辊的构造

1—回转接头；2—辊套；3—油沟；4—操作盘；5—控制盘；6—油泵

5.3.6 CVC 系统

CVC 辊为 Continuously Variable Crown 的缩写，当带有瓶状辊形的工作辊在相对向里或向外抽动时空载辊缝形状将变化。

正向抽动定义为加大辊型凸度的抽动方向。轧辊抽动量一般为 ±（80 ~ 150）mm，CVC 辊的辊形过去采用二次曲线，目前已开始采用高次（含 3 次以及 4 次）曲线以有利于控制更宽更薄的板带。图 5-9 中 CVC 辊形曲线为了示意而被夸大，实际上辊形最大和最小直径之差不超过 1mm，当辊形曲线中最大最小直径差太大时将使轴向力过大而无法应用。工作辊双向抽动不仅用于 CVC 也可用于平辊，此时主要目的不是用来改变轧辊凸度，而是用来使轧辊得到均匀磨损（特别是带边接触处），这将使同宽度轧制吨数大为提高，因此对连铸连轧生产线十分有用。

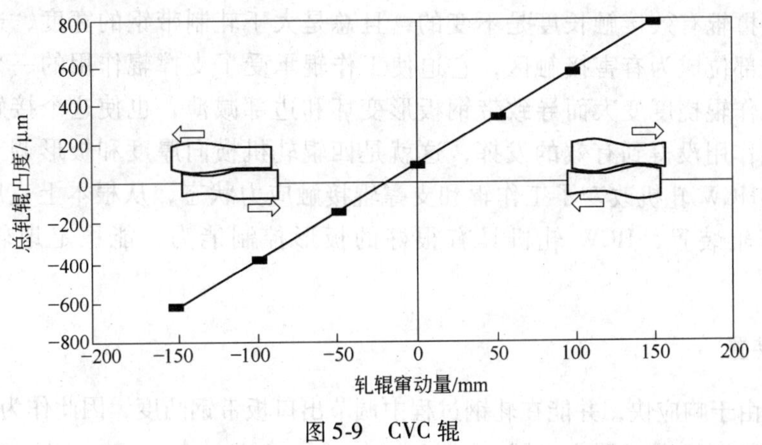

图 5-9 CVC 辊

CVC 辊技术在热轧时仅用于空载时辊缝形状的调节，因此主要用于板形设定模型对辊缝形状的设定，在线控制一般只用弯辊进行，但目前亦在研究当热轧采用润滑油轧制时是否将 CVC 用于在线调节。

5.3.7 PC 轧机

PC 轧机为 Pair Cross 的缩写，即上下工作辊（包括支撑辊）轴线有一个交叉角，上下轧辊（平辊）当轴线有交叉角时将形成一个相当于有辊形的辊缝形状，此时边部厚度变大，中点厚度不变，形成了负凸度的辊缝形状（相当于轧辊具有正凸度）。因此 PC 辊为了得到正凸度辊缝形状就必须采用带有负辊凸度的轧辊。

轧辊交叉调节出口断面形状的能力相对说比较大（见图 5-10），但是由于轧辊交叉将产生较大的轴向力，因此交叉角不能太大，否则将影响轴承寿命，目前一般交叉角不超过 1°。

PC 辊在应用中的另一个问题是轧辊的磨损，为此目前 PC 轧机都带有在线磨辊装置以保持辊缝形状的稳定。

5.3.8 HCW 轧机

HCW 为 High Crown Work 的缩写，HCW 为四辊轧机，通过工作辊的抽动来改变与支撑辊的接触长度及改变辊系的弯曲刚度。

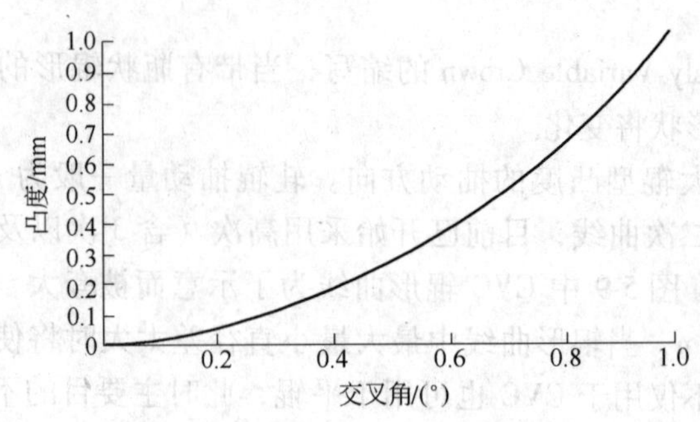

图 5-10　PC 轧机的凸度调节能力

HCW 轧机的工作原理和结构也是在传统的四辊轧机的基础上发展起来的，四辊轧机工作辊和支撑辊有效接触长度是不变的，且总是大于轧制带钢的宽度，这使带钢宽度以外的接触部位成为有害接触区，它迫使工作辊承受了支撑辊作用的一个附加弯曲力，由此使工作辊挠度变大而导致带钢板形变坏和边部减薄，也使这个接触面妨碍了工作辊的弯辊作用没得到有效的发挥，这就是四辊轧机横向厚度和板形调节能力较差的根本原因。HCW 轧机改变了工作辊和支撑辊接触应力状态，从根本上克服了有害接触，再配合弯辊装置，HCW 轧机具有很好的板形控制能力，能稳定地轧出良好的板形。

5.3.9　弯辊装置

弯辊装置由于响应快，并能在轧钢过程中调节出口板带钢凸度，因此作为一种基本设置与 CVC，PC 或 HC 技术联合应用。

几种常见的液压弯辊装置类型如图 5-11 所示，分为工作辊弯辊和支撑辊弯辊两种。

图 5-11*a* 所示是利用装在工作辊轴承座之间的液压缸使工作辊发生正弯的工作辊弯辊装置，图 5-11*b* 所示是利用装在工作辊轴承座与支撑辊轴承座之间的液压缸使工作辊产生负弯的工作辊弯辊装置。表 5-2 表示了正弯辊和负弯辊的主要特性。

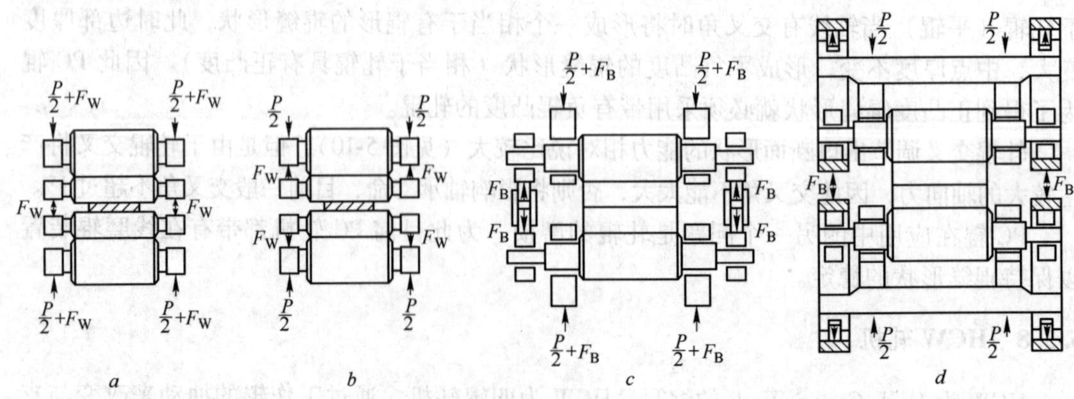

图 5-11　弯辊装置的类型

表 5-2　工作辊正弯和负弯的主要特性

弯辊方式 特性	正　弯	负　弯
工作特点	弯辊缸安放在两工作辊轴承座之间，弯辊力所产生的工作辊挠度，使轧制压力作用于工作辊的挠度减小	弯辊缸安放在工作辊轴承座与支撑辊轴承座之间，弯辊力所产生的工作辊挠度，使轧制压力作用于工作辊的挠度增大
优　点	(1) 弯辊缸可安放在平衡缸的位置上，结构简单； (2) 弯辊缸同时起平衡缸的作用，在咬钢、抛钢和断带时用不着切换，操作方便； (3) 工作辊原始辊形凸度可减小，甚至可磨成平辊，减小了轧辊辊形磨削量	(1) 弯辊力对工作辊和支撑辊来说是内力，不增加压下机构的负载； (2) 弯辊力使工作辊和支撑辊辊身接触处的压力有所减少
缺　点	(1) 当施加弯辊力时，压下机构负载要相应地增加； (2) 由于压下负载的增加，会影响板带纵向厚差，在厚度自动控制系统中应加以补偿； (3) 工作辊和支撑辊在辊身边缘处的接触应力有所增加，增加了产生疲劳剥落的可能性	(1) 需要在支撑辊轴承座上安放弯辊缸，结构复杂； (2) 在咬钢、抛钢和断带时，需要接通平衡缸（或正弯缸），对上辊施加平衡力，防止轧件冲击。在操作时，要频繁地切换相应的液压缸； (3) 工作辊原始辊型凸度不能减小，反而要适当加大

支撑辊弯辊类型有两种，一种是在上、下两个支撑辊的轴承座之间装入液压缸，同时使上、下支撑辊发生弯曲，这种弯辊装置的弯辊力将转化成轧制负载出现，称为门式支撑辊弯辊装置，见图 5-11*c*。图 5-11*d* 是梁式支撑辊弯辊装置，它是在上、下支撑辊与其平行的横梁间分别装入液压缸，在液压缸作用下使支撑辊发生弯曲，而不使弯辊力作用到轧机牌坊上，因此弯辊力将不影响轧制负荷，所以对实现 AGC 自动控制有利。

液压弯辊方式的选择，一般的原则是，工作辊辊身长度 L 与直径 D 之比 $L/D<3.5\sim4$ 时，宜采用弯工作辊方式，$L/D>3$ 时，宜采用弯支撑辊方式。

工作辊弯辊装置比较简单，并可安装在现有轧机上。支撑辊弯辊装置一般认为比工作辊弯辊装置更为有效，但结构复杂，投资大，维修较困难，通常适用于新设计的轧机。

最新的厚板轧机，一般不采用弯辊系统，这是因为通过增加支撑辊直径以及根据钢板尺寸采取足够的轧辊凸度和最佳轧制力分配等措施，可以更简单地获得均匀的厚度和良好的板形。例如日本新建的三套 5500mm 宽厚板轧机，支撑辊加大到 2400mm，均未设弯辊装置。

5.4　普通轧机板形控制方法

对于普通的四辊轧机，常用的板形控制方法有以下几种：设定合理的轧辊凸度，合理的生产安排，合理制定轧制规程，调温控制法。

5.4.1 调温控制法

人为地改变辊温分布，以达到控制辊形的目的。对于采用水冷轧辊的钢板热轧机，如发现辊身温度过高，可适当增大轧辊中段或边部冷却水的流量以控制热辊形，相反，如发现辊身温度偏低，可适当减小轧辊中段或边部冷却水的流量以控制热辊形。

调温控制法是生产中常用的辊形调整方法，多半由人工根据料形与厚差的实际情况进行辊温调节的。由于轧辊本身热容量大，升温或降温需要较长的过渡时间，辊形调节的反应很慢，因此，次品多且急冷急热容易损坏轧辊。对于高速轧机，仅仅靠调节辊温来控制辊形是不能很好地满足生产发展的要求的。

5.4.2 合理生产安排

在一个换辊周期内，一般是按下述原则进行安排，即先轧薄规格，后轧厚规格；先轧宽规格，后轧窄规格；先轧软的，后轧硬的；先轧表面质量要求高的，后轧表面质量要求不高的；先轧比较成熟的品种，后轧难以轧的品种。如某车间，在换上新辊之后，一般是先轧较厚、较窄的成熟品种即烫辊材，以预热轧辊使辊形能进入理想状态。然后，逐渐加宽、减薄（过渡材），当热辊型达到稳定（轧机状态最佳），开始轧制最薄最宽的品种，随着轧机的磨损，又向厚而窄的品种过渡，一直轧到换辊为止。

5.4.3 设定合理的轧辊凸度

辊形设计的内容包括确定轧辊的总凸度值、总凸度值在一套轧辊上的分配以及确定辊面磨削曲线。

四辊轧机轧辊磨削凸度的分配原则有两种，一种是两个工作辊平均分配磨削凸度，两个支撑辊为圆柱形；另一种为磨削凸度集中在一个工作辊上，其余 3 个轧辊都为圆柱形。后一种方法便于磨削轧辊。

5.4.4 合理制定轧制规程

轧制负荷的变化导致了辊缝凸度的变化，为了保证钢板板形良好，生产中必须首先对轧机各道次的负荷进行合理的分配。

前面的道次主要考虑轧机强度和电机能力等设备条件的限制，后面道次主要考虑如何得到良好的板形。

这种方法制定轧制规程时，一般只考虑到压下量大小（或轧制力）对板形的影响，而未估计到轧制过程中轧辊热膨胀和磨损等变化因素对板形的影响，因而不能保证每一张钢板都得到良好的板形。鉴于此，可以采用动态负荷分配法计算轧机预设定值。它在实际计算过程中是根据每一张钢板轧制时的实际状况，从板形条件出发，充分考虑到轧辊辊形的实时变化，因此这一方法尤其适合于生产中经常变换规格的情况，对于新换轧辊或停车时间较长的情形也能很快得到适应，轧出具有良好板形的钢板来。

5.5 理论法制定压下规程

理论法制定压下规程是从制定规程的原则和要求出发，例如，从力矩和板形的限制条件出发，计算出较合理的压下规程及各道次的空载辊缝。理论方法比较复杂麻烦，只有在计算机控制的现代化轧机上，才有可能按理论方法进行轧制规程的在线计算和控制。

近年来国外对厚板轧制计算机控制技术及数学模型的研究发展很快。日本鹿岛及和歌山两制铁所的厚板厂研制了“板比例凸度一定（即相对凸度恒定）”的压下规程计算方法及数学模型，其基本思路是精轧阶段前期按最大力矩限制条件进行设定计算，中间做过渡缓和处理，最后阶段按板比例凸度一定原则进行设定计算。为了保证板形精度，采用由成品道次向上逆流计算各道次压下量的方式。基本计算顺序如图 5-12 所示，即：

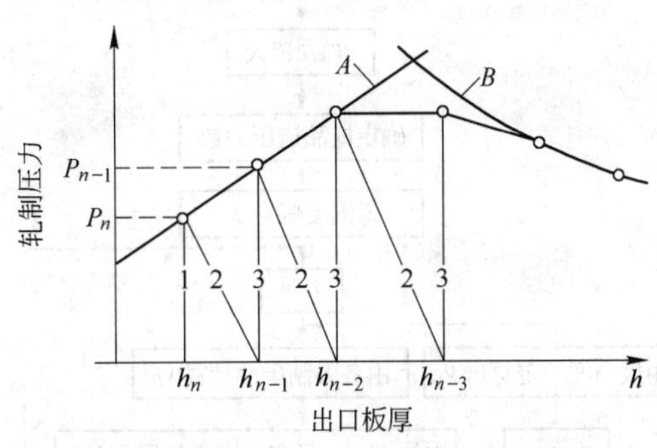

图 5-12　压下规程计算顺序

h—成品厚度；*A*—由板凸度一定确定的压下量；*B*—由力矩限制的压下量

（1）由已知的成品厚度 h_0、板凸量 δ、轧辊辊型凸度 ΔD_y、轧辊热凸度 ΔD_t 及弯辊力 P_W 影响，利用以下关系式反算出成品（n）道次的轧制力 P_n，即

$$\delta = \alpha_p P_n - \alpha_y \Delta D_y - \alpha_t \Delta D_t - \alpha_{pw} P_w$$

式中，α_p，α_y，α_t，α_{pw}分别为与轧辊直径有关的系数。

（2）然后由此 P_n 及 h_n，利用如下数学模型求出压下量 Δh 及轧前厚 h_{n-1} 即 H。

$$\ln P = \alpha + \ln\varepsilon + c(\ln\varepsilon)^2$$

由此可得：

$$\varepsilon = \exp\frac{-b + [b^2 - 4c(a - \ln P)]^{1/2}}{2c}$$

$$\Delta h = [\varepsilon/(1-\varepsilon)]h$$

$$H = \Delta h/\varepsilon$$

式中　a，b，c——系数；

H，h——入口及出口或轧前及轧后厚度；

ε——压下率，$\varepsilon = \Delta h/H$。

同时还从咬入能力、许用轧制压力及轧制力矩出发计算出许用压下量，使实际压下量不超过这些许用压下量的最小值。

（3）成品前道（n）出口厚度求出后，由“板比例凸度一定”的条件再求（$n-1$）道的轧制压力 P_{n-1} 依此顺次向上计算出各道的板厚。

（4）随着道次往上推移，板料变厚了，实际上板形的限制条件可以放宽，此时若仍按照“板比例凸度一定”的原则计算下去，就会如图 5-12 中 A 线所示，使轧制压力不断提高。

待上溯到一定道次就受到许用力矩条件的限制，再往上由力矩条件限制的许用轧制压力便逐渐减小，此时压下量主要取决于力矩的限制。如图 5-12 所示，这样将在粗轧道次和精轧道次之间产生急剧的压力变化，对板形及设备都不利，因此应该对中间道次的压下量及相应的轧制压力做适当的调整，使之缓和过渡。与此同时，还对各道厚度进行化整

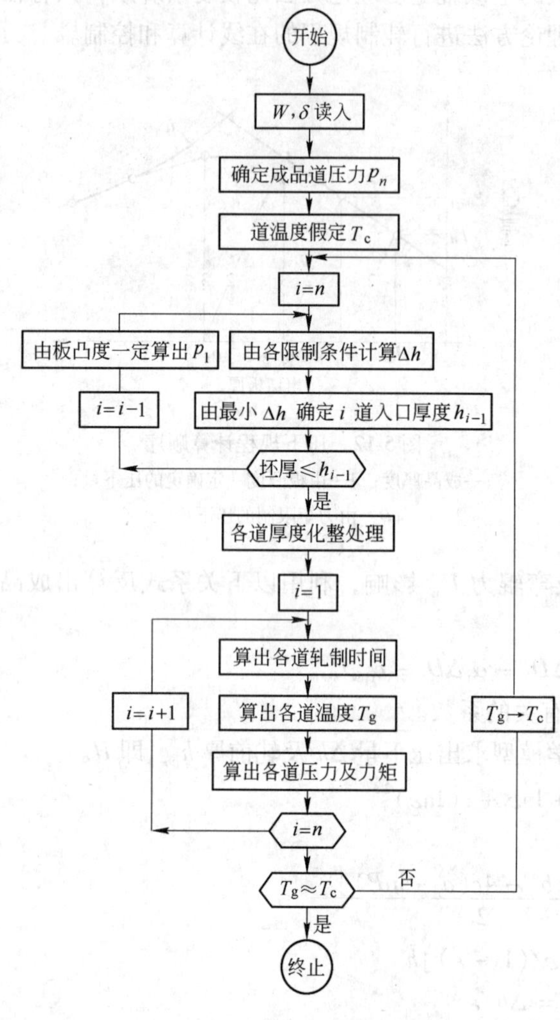

图 5-13　压下规程计算顺序流程

处理。

（5）为了计算压下规程，必须初步假定各道的温度，用此温度确定各道的压下量，待压下规程确定以后，再由第一道开始严密计算各道的轧制温度，以校核是否与假定温度相等。若相差较大，则重新修正各道温度。这样通过逐步逼近计算，直至使假设温度与计算温度相近似为止。

采用以上计算顺序方法的流程如图 5-13 所示。

最近日本水岛制铁所厚板厂进一步发展了完全自动化的厚板生产系统，利用计算机控制可以将轧辊的热膨胀和磨损及轧制过程中的板形凸度等组成控制模型，使板形及厚度达到更高的精度。如图 5-14 所示，计算压下规程时，在精轧的板形控制阶段并不一定要遵循“板比例凸度一定”的原则，而是尽量采用最大压下量，但是轧制压力仍然逐道次减小，最终归结到成品板凸度所需要的压力 P_n。这样在保证板凸度较小的基础上，使生产能力得到较大的提高。

最后应该指出：

（1）无论采用经验法或半理论的计算机计算方法确定压下规程时，各道次的轧制压力计算都是至关重要的。因此提高各种压力公式或压力模型的精确度就成为重要的研究课题。

（2）压下规程所确定的是轧件各道次的轧出厚度 h_i，而不是各道的辊缝值。轧钢生产时无论是人工操作还是采用轧辊位置预设定的计算机控制，都需要确定辊缝值。前者是按操作人员的经验确定，而后者则应根据轧机刚性系数用弹跳方程求出轧机的弹跳值：

$$\Delta S = (p_i - p_0)/K_m$$

进而求出轧辊辊缝预设定值：

$$S_0 = h_i - (p_i - p_0)/K_m$$

式中　S_0——轧辊辊缝预设定值；

h_i——各道次轧件轧出厚度；

p_i——该道次的轧制压力；

p_0——选定的轧机预压靠力；

K_m——轧机刚性系数。

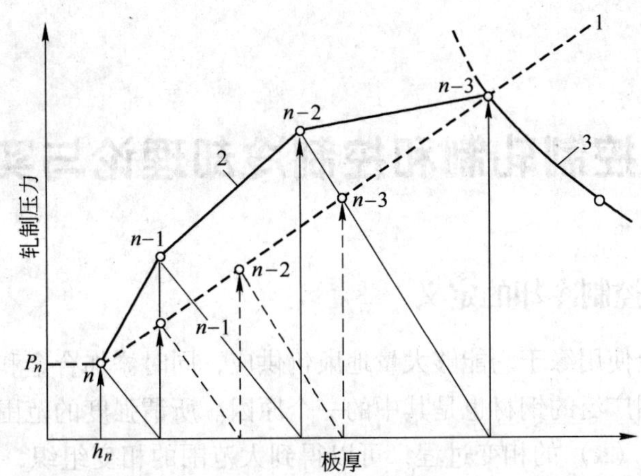

图 5-14　确定压下规程的新方案

1—板比例凸度一定的控制方案；2—该厂的控制方案；

3—由力矩限制决定的压下量

为使轧辊辊缝预设定值精确，要对轧机刚性系数和轧制压力等根据实际情况进行各项修正。

6 控制轧制和控制冷却理论与实践

6.1 控制轧制和控制冷却的定义

钢铁材料的广泛使用缘于它能够大量地廉价供应，同时添加合金和热处理能够提供从低强度到高强度范围广泛的钢材也是其中的一个原因。所谓强度的范围，是指控制钢从奥氏体（γ）向铁素体（α）的相变过程，可以得到大范围的相变组织，因此可使强度等主要性能在大幅度范围内变化。这些钢材的强度因铁素体晶粒的微细化而得到提高，并且，铁素体所特有的低温脆性也会因晶粒的微细化得到大幅度改善，这是众所周知的。对铁素体和铁素体 + 珠光体以外的金相组织，其改善可以认为起因于相变组织广义上的微细化。所以显微组织微细化是同时改善强度和低温韧性的唯一方法。在开发或改善高强度结构用钢（高强钢）进行合理的合金设计的同时，采用什么手段来实现微细化是一个重要的课题。

最早采用的微细化手段有“正火”热处理方法，该方法经常用来生产高级造船用厚板。它是将厚板轧制并空冷后，在稍高于 Ac_3 相变点的温度再加热，使其生成微细奥氏体晶粒并空冷后相变为均匀且微细的铁素体、珠光体组织，从而改善低温韧性。事实上，“控制轧制”最初是作为不经正火，仅依靠轧制来生产抗拉强度 400MPa 级的高级船板用的“低温轧制技术”，是靠经验达到实用化的。由于当时基础理论研究不充分，因而仅是一种经验性技术，但是就目前的观点来看，它是一种通过控制热轧时的温度、压下量等条件使其最佳化，从而在最终轧制道次完成时得到与正火相同的微细奥氏体组织的省略热处理的一种轧制技术。也就是现在所说在热轧阶段“改善材质”的技术。

对目前的控制轧制简单概括，则可归纳为通过使所有的热轧条件（加热温度、各轧制道次的温度、压下量）的最佳化，人为地使奥氏体状态相变成微细铁素体组织的控制调整技术（奥氏体调整）。

众所周知，使用控制轧制技术，实际上能得到正火、淬火、回火等热处理不可能得到的强度和低温韧性的综合性能，因此它得到了广泛应用。最近，该技术的科学理论基础研究也充实起来了。在控制轧制的基础上，最近 15 年，还确立了厚板在线快速冷却或被称为控制冷却的技术（AcC-Accelerated Cooling，加速冷却、IAC-Interrupted Accelerated Cooling，间断快速冷却）。该技术是在控制轧制后，在奥氏体向铁素体相变的温度区域进行某种程度的快速冷却，使相变组织比单纯控制轧制更加细化，同时以此获得更高的强度。目前，同时运用控制轧制和控制冷却的情况较多，高度的控制轧制，或组合了控制轧制和控制冷却的轧制方法被称为 TMCP，该方法已成为生产高性能高强钢所不可缺少的技术，它是在“控制奥氏体状态”的基础上，再对被控制的奥氏体进行相变的控制技术。

6.2 控制轧制和控制冷却的基本观点

单纯的控制轧制或控制冷却以及将两者组合在一起的技术目前多称为TMCP（热机械控制处理工艺）。狭义的TMCP主要指厚板的控制轧制，必要时与控制冷却有机地结合，生产出不同材质的轧制工艺。

简单地说，控制轧制的操作关键在于轧制是在比通常轧制温度低的范围内进行。对低温韧性要求高时，须将加热温度降低到正火温度。通过低温轧制能够实现铁素体晶粒的大幅度细化，这样即使成分相同，也能得到比正火后淬火、回火更好的强度和韧性。典型的控制冷却是在控制轧制后，从相变温度以上开始冷却到相变温度范围（500～750℃）上下10℃左右，然后再空冷的工艺（见图6-1），可在不损坏韧性的情况下提高强度。

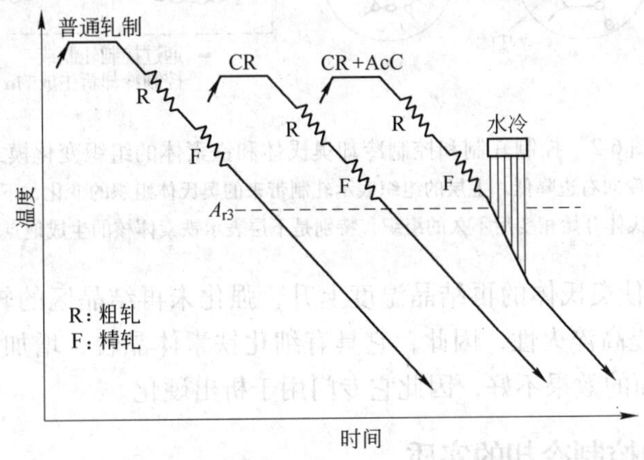

图6-1 各种轧制程序的模式

CR—控制轧制；AcC—加速冷却

通常的结构用钢，铁素体的晶粒大小经奥氏体到铁素体相变后，奥氏体更加细化（见图6-2）。铁素体相变核在奥氏体晶界上大量生成，并向奥氏体晶粒内生长，直至铁素体晶粒之间互相接触后停止生长。TMCP首先调整奥氏体状态，以便控制轧制时增加铁素体相变核，再经控制冷却降低相变温度，促进铁素体相变核的增加，以获得相变组织的微细化。在900～950℃以上对奥氏体加工后再结晶以某种程度进行，在再结晶温度区的低温侧轧制，奥氏体再结晶形成微细晶粒，其结果是铁素体晶粒也被细化。如果在再结晶温度以下使奥氏体变形，则奥氏体晶粒伸长，由于单位体积的结晶界面积增加，铁素体核的生长点也增加，铁素体晶粒被细化。并且，奥氏体晶粒内大量引入被称为“变形带”的线状微观结构，同奥氏体晶界一样，这些变形带中也生成铁素体核，所以奥氏体未再结晶区的轧制对铁素体晶粒细化起到很大作用。其效果与未再结晶区的积累变形量成正比，力学性能的改善也与之成正比。

对再结晶后的奥氏体进行控制冷却时，铁素体发生某种程度的晶粒细化，但效果并不显著。如果对未再结晶奥氏体进行控制冷却，则不仅在变形后的奥氏体晶界界面和变形带处产生晶核，在奥氏体晶粒内也生成铁素体核，实现了铁素体的大幅度晶粒细化。控制冷却是将空冷时生成的珠光体变成微细分散的贝氏体，在提高强度的同时改善延伸性。例

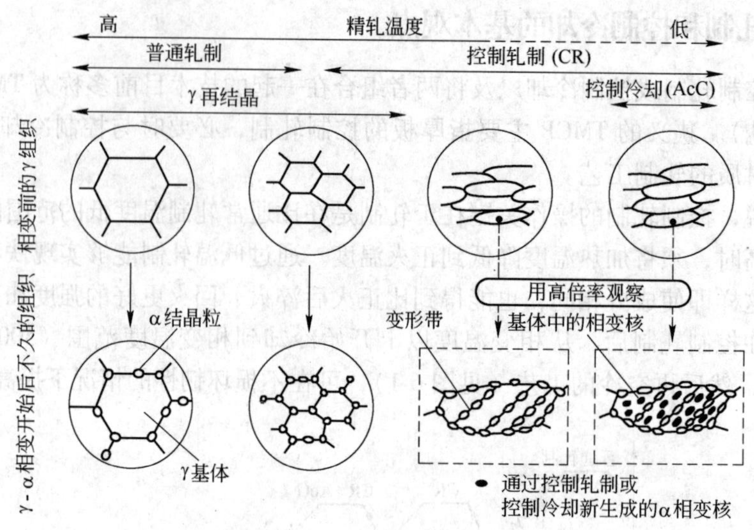

图 6-2　控制轧制和控制冷却奥氏体和铁素体的组织变化模式

（轧制温度向右边降低。上层的组织表示轧制带来的奥氏体组织的变化，下层表示奥氏体开始相变后不久的组织，特别是下层表示铁素体核的生成地点）

如：铌（Nb）可以使奥氏体的再结晶温度上升，强化未再结晶区的轧制效果。由于固溶在奥氏体中的铌能提高淬火性，因此，它具有细化铁素体晶粒、增加贝氏体比率的效果。因钒（V）在这方面的效果不好，因此它专门用于析出硬化。

6.3　控制轧制和控制冷却的实质

6.3.1　控制轧制的实质

6.3.1.1　一般机理

如前所述，控制轧制是一项人为地使奥氏体中尽可能大量地形成铁素体相变核的晶格异质（Heterogeneity），并有效地将铁素体机理细化的技术，控制轧制技术的要点可具体归纳如下：

（1）尽可能降低加热温度，即将开始轧制前的奥氏体晶粒微细化。

（2）使中间温度区（例如 900℃以上）的轧制规程最佳化，通过反复再结晶使奥氏体晶粒微细化。

（3）加大奥氏体未再结晶区的累积压下量，增加奥氏体每单位体积的晶粒界面积和变形带面积。

从机理上考虑，关于铁素体机理的微细化，上述的效果可认为是叠加的。对铁素体机理直径与力学性能之间的关系，可根据经验和某种程度的理论来确立。

屈服应力的 Hall-Petch 关系式如下：

$$\sigma_y = \sigma_0 + k_y d^{-1/2}$$

式中，σ_y、σ_0、k_y、d 分别为显屈服应力、摩擦应力、常数、铁素体晶粒直径。

断口转变温度（Fracture Appearance Transition Temperature，FATT）可用夏比（Sharp）

试验的50%塑性断面温度（vT_s）来进行分析，在此假设 Cottrell-Petch 关系式是成立的，其简化式如下所示：

$$FATT = A - Bd^{-1/2}$$

式中，A、B 是常数，实际上转变温度受析出硬化、第 2 相组织（珠光体、贝氏体）的量和形态以及非金属夹杂物的影响。一般情况下固溶硬化、析出硬化（σ_0 的上升）和第 2 相组织将提高转变温度。

实际生产的控制轧制操作因轧机的组成（1 个机架或 2 个机架）、能力等不同。一般分为加热、粗轧、精轧 3 个阶段。运用控制轧制时，“粗”、“精”轧并不一定意味着在粗轧机、精轧机进行轧制。精轧是指在特定的轧制温度下给出所需要的总压下量，然后在指定的温度下完成精轧。粗轧是进入精轧前的轧制，通常需要粗轧后在达到开始精轧温度的这一段时间内延迟冷却。轧制的各阶段主要指以下内容：

（1）加热。加热温度决定轧制前奥氏体晶粒的大小，温度越低晶粒越细。为了降低变形阻力通常轧制时加热温度为 1250℃ 左右，当要求性能不太高时，该加热温度也要确保精轧的条件，经途中延迟冷却可发挥控制轧制的效果。但是，如果对低温韧性要求高时，按通常轧制的加热温度，奥氏体晶粒将变粗大对相变组织不利，而且进入精轧前的延迟冷却时间也变得很长。在这种情况下，有必要将加热温度降低到 1150℃ 左右，必要时降低到 950℃ 左右，以消除上述不利因素。如果用 950℃ 的低加热温度，粗轧和精轧几乎可以连续进行。

（2）粗轧。粗轧对奥氏体组织的影响表现在通过各个轧制道次的再结晶渐进地将晶粒细化，轧制前的结晶晶粒越细，再结晶后的奥氏体晶粒越细，而且，轧制温度越低再结晶后的晶粒成长越慢。实际上，该阶段的轧制道次压下率由于受轧机的转矩、容量的限制而多数被限制在 5%～15%，1 个道次的压下量难以完全进行再结晶，有时会发生部分再结晶。但是，通过未再结晶部分加工硬化的积累，最终可以完全再结晶。简而言之，在该温度区域，在降低平均轧制温度和增加压下量的同时，奥氏体晶粒被细化。

（3）精轧。精轧的开始温度不能一概而定，一般设定在 850～950℃ 附近。在此温度以下时，通常再结晶不是大规模地进行，轧制是在奥氏体未再结晶状态下进行。奥氏体再结晶的晶粒细化和未结晶状态下的加工，对铁素体的晶粒细化都有促进作用，但是未再结晶状态下加工的作用更大。该效果可通过在未再结晶温度以下的累积压下率得以加强。总之，低温区产生的变形阻力非常大，从轧制负荷和钢板的应变来看，1 个道次要达到 15% 以上压下率是很困难的。因此认为铁素体晶粒细化的效果与 1 个道次的压下量无关，累积压下量对铁素体晶粒的细化是有效的，这堪称工艺方面的一个重要优势。

6.3.1.2 控制轧制中合金成分的影响

控制轧制逐渐适用于铁素体＋珠光体或铁素体＋贝氏体钢。在设计这些钢的合金成分时，需要考虑以下两点：即对应于普通合金元素 C、Mn、Cu、Ni、Cr、Mo 的最佳化和微量添加元素 Nb、Ti、V 的有效利用。普通合金元素降低了从奥氏体到铁素体的相变温度（Ar_3）。Ar_3 的降低还抑制了相变后铁素体的生长，因此对铁素体晶粒细化也有利。碳会降低焊接性，因此要尽可能降低碳的含量，由此可引起 Ar_3 的上升，因此要依靠添加 Mn、Ni、Cu 等来控制。

微量添加元素在控制轧制中对加热时的奥氏体晶粒、再结晶的抑制、相变行为及析出硬化有很大影响。加热时奥氏体的晶粒大小因温度而异，加热温度越高晶粒越大，但通过微细的 Nb（CN）、TiN、VN 等析出物可阻止晶粒进一步长大，而且，添加微量 TiN 析出物可以有效控制再结晶后的晶粒成长。固溶在奥氏体中的 Nb、Ti 能很好地控制加工后的再结晶，还能将再结晶温度提高 100℃以上。这一作用使一般程度的控制轧制效果在较高温度下也可以获得。另外，固溶在奥氏体中的 Nb，如果相变前奥氏体晶粒足够细的话，则相变时有促使铁素体晶粒细化的附加作用。固溶在奥氏体中的 Nb、Ti、V 在相变时或相变后作为极其细微的碳化物、碳氮化物析出，使铁素体的强度提高。如上所述，微量添加元素是控制轧制所不可缺少的元素。

6.3.2 控制冷却的实质

对控制轧制后的奥氏体用高于空冷的速度从 Ar_3 以上的温度控制冷却至相变温度区域，进行控制冷却，使铁素体晶粒进一步细化。控制冷却引起的 Ar_3 降低虽然对铁素体的晶粒细化有一定作用，但是根据实际经验，对再结晶奥氏体进行水冷的效果并不很大，在对未再结晶奥氏体进行控制冷却时，会产生明显的铁素体晶粒细化效果。在以 10℃/s 左右的控制冷却与空冷相比较，可以不改变脆性转变温度而提高强度。控制冷却从 Ar_3 以上的温度开始，在相变终了温度附近（500~550℃）结束，然后进行空冷。控制轧制后进行控制冷却时的组织是细晶粒铁素体和微细弥散型贝氏体的混合组织。空冷时生成的珠光体在控制冷却下变成具有带状结构的贝氏体的比率增加。铁素体晶粒细化和贝氏体比率的增加使强度增大，铁素体的晶粒细化引起的转变温度降低与贝氏体比率上升的效果相平衡，结果转变温度不变。

控制冷却设备必须具有均匀控制长、宽、厚方向钢板的性能，并且是不会产生缺陷的冷却系统，这似乎很简单，却需要很高的技术。作为冷却方式有同时冷却型和通过冷却型。前者是钢板全体同时冷却，后者钢板通过冷却装置时顺序被冷却，控制冷却的合金成分设计基本上与控制轧制时相同，但是它可设法实现高强度化和低合金化，合金成分与水冷（冷却速度）有相辅相成的关系。

6.3.3 TMCP 的发展和工艺原理

TMCP（Thermo Mechanical Control Process，热机械控制工艺）就是在热轧过程中，在控制加热温度、轧制温度和压下量的控制轧制（CR，Control Rolling）的基础上，再实施空冷或控制冷却（加速冷却/AcC，Accelerated Cooling）的技术总称。TMCP 工艺是当今高性能钢材主要生产手段，是提高钢材的强度、韧性和焊接性的一种控制工艺技术。20 世纪 60 年代，是石油能源开发的高峰期，在一些高寒地带必须使用低温韧性好的高强度管线钢，当时，日本的钢铁公司倾注全力，借助于最新型厚板轧机设备在短时间内利用控制轧制技术成功地开发了这种管线钢。20 世纪 70 年代，人们经反复实验发现仅仅靠传统的控轧使相变组织微细化还远远不够，还需要通过冷却来控制相变本身。80 年代初，日本首先建立了在线冷速系统，这是一个既能提高强度而又无损于韧性的措施。控制冷却是从 Ar_3 以上的温度开始水冷，在相变终了温度附近（500~550℃）结束，然后进行空冷。控制冷却将空冷时生成的珠光体变成微细分散的贝氏体，这样控轧后进行控冷的组织是细晶铁素体和微细弥散型贝氏体的混合组织，铁素体晶粒的细化与贝氏体比率的增加可在提高强度的同时改善延伸性。控冷能获得细化效果的具体原因在于：控轧后引入加速冷却控制，可降低奥氏体的相变温度，过冷度增大，增大 γ-α 相变驱动力，使 α 相从更多的形核点生成，同时抑制 α 晶粒的长大，而且由于冷却速度增加，阻止或延迟了碳、氮化物在冷却过程中的过早析出，因而易于生成更加弥散的析出物。进一步提高微合金化钢冷却速度，可形成贝氏体或针状铁素体，进一步改善钢的强韧性。总之，TMCP 技术是通过控制轧制温度和轧后冷却速度、冷却的开始温度和终止温度，来控制钢材高温的奥氏体组织形态以及控制相变过程，最终控制钢材的组织类型、形态和分布，提高钢材的组织和力学性能。

自 20 世纪 80 年代开发出 TMCP 技术以来，经历了 20 多年的时间，在这期间 TMCP 的应用范围不断扩大，目前已成为生产厚板不可或缺的技术。TMCP 钢与常规轧制钢和正火钢相比，它不依赖合金元素，通过水冷控制组织，可以达到高强度和高韧性的要求，而且在碳当量较低的情况下能够生产出相同强度的钢材，因此可以降低或省略焊接时的预热温度；碳当量低又可以降低焊接热影响区的硬度，不容易形成因显微偏析而产生的局部硬化相，容易保证焊接部位的韧性。目前，其应用领域除了造船领域外，还涉及了海洋结构件、管线管和建筑、桥梁等各种领域。另外，TMCP 还是一项节约合金和能源的工艺。从环保方面来看，它也是一项意义深远的技术。下面就 TMCP 在以下方面的应用做一简介。

6.3.3.1 船板

TMCP 钢首先是在造船领域迅速扩大应用的，TMCP 钢的出现促进了高强度钢（HT）的扩大应用。从大型油船中高强钢的使用量变化来看，随着 TMCP 钢的出现，高强钢的使用量已由原来的 20% ~30% 提高到 60% ~70%，而且甚至还使用了屈服强度为 390MPa 级的钢。由于提高了高强钢的使用比例和采用高屈服强度的钢，因此能大幅度减轻船舶的自重和节能，为提高经济效益和环保做出了很大的贡献。从实际生产的结果也可说明用 TMCP 工艺生产的船板具有高强度和良好的低温韧性，完全可以代替正火处理，而且 TMCP 具有较低的碳当量（Ceq），易于焊接。芬兰采用 TMCP 技术，生产了 NVE360、NVE400、NVE500 的产品，用于破冰船，NVE500 的 Ceq 仅为 0.40%。另外，从提高运送效率的观点来看，集装箱船的大型化取得了显著的发展，装载量超过 6000 个集装箱的大型集装箱船已应用于实际。这就要求其船体的船舷外板和舱口挡板等重要构件使用板厚超过 60mm、屈服强度为 390MPa 级的钢，并能进行 350 ~450kJ/cm 的超大线能量焊接，开发这种钢种也是以 TMCP 为基础，通过防止焊接热影响区（HAZ）显微组织粗大化技术的组合，对船体用钢进行开发。TMCP 钢在厚钢板、高强度和大线能量焊接钢的开发应用上具有显著优势。

6.3.3.2 海洋结构

近年来，海底能源资源的开发地点正在向深海域、北海北部和北极海等寒冷海域推移。海洋结构件的建造也随之大型化，同时由于所处的环境也非常严酷，因此使用钢材的厚度变得更厚、韧性更高，使用钢材的屈服强度由 355MPa 级向 420MPa 级发展，尤其是最近还使用了屈服强度 500MPa 级的钢。为进一步提高海洋结构件用钢板安全可靠性，评价破坏韧性，使用了接头部的 CTOD 值（Crack Tip Opening Displacement，裂纹尖端开口位移）作为评价韧性的指标，例如要求在 -10℃时 CTOD 的值为 0.25mm 的情况增多，为适应这种要求，必须应用 TMCP 技术。日本研制生产的屈服强度 420MPa 的钢（符合

API2WGr.60），厚度40~70mm，焊后热处理A_{kV}（-40℃）280J，且FATT达到-90~-100℃、A_{kV}150J，用于海洋平台；利用TMCP技术，还开发了氧化物弥散分布的屈服强度500MPa的海洋平台用钢。

6.3.3.3　管线用钢

在高强度和高韧性管线管的开发中充分利用了TMCP技术，同时还广泛应用于耐酸性气体的管线管的生产。为降低酸性环境下的氢诱发裂纹（HIC），应减少会导致HIC产生的［S］，并通过添加Ca来控制硫化物的形态，同时减少对HIC敏感的硬化组织区。采用TMCP可进行低C和低合金的成分设计，进而在连铸时可降低［Mn］等在板厚中心部的合金偏析量，尤其是在生产厚板时采用加速冷却可以抑制［C］向板厚中心部的扩散等，因此TMCP对提高抗HIC能力是不可或缺的工艺，TMCP钢已应用于许多耐酸性气体的管线管项目。用控轧控冷技术生产的X70管线钢，钢板组织以针状铁素体为主，综合性能完全符合管线工程要求，已成功应用于国内的西气东输工程上。高强管线管的应用，使我国天然气干线工作压力从6.4MPa提高到10MPa，极大地节约了材料成本并提高了管线输送压力，凸现了高级管线钢建设长距离管线的经济优势。在西气东输二线工程中，运用TMCP工艺优势，将会生产更高级别的管线钢，使天然气干线输送压力可能达到12MPa或更高，进一步体现使用高强管线钢的经济优势。

6.3.3.4　建筑用钢

日本是多地震之国，从抗震性的观点来看，高层建筑物一般使用高强度低屈服比钢，它是利用钢材的塑性变形能够吸收地震的能量。为达到低屈服比，必须控制软质铁素体的百分率及其粒度。在生产高强度低屈服比钢时，有轧制后缓慢控制冷却的方法和将冷却开始温度控制在A_{r3}点以下的方法等，这些都是充分利用了TMCP技术。新日铁采用氧化钛和氮化钛弥散分布技术（简称HTUFF-SuperHAZ Toughness Technology with Fine Microstructure Imparted by Fine Particles）开发了490MPa、520MPa、590MPa系列抗震建筑用钢，最大厚度100mm，焊接热输入可达1000kJ/cm，局部脆化减弱。随着高层建筑安全性越来越受重视，低屈强比钢种的应用会更加广泛。

6.3.3.5　桥梁用钢

桥梁在国家基础建设中具有重要地位，它对质量和建造技术有很高的要求。为节约资源、降低成本使人们对桥梁用结构钢也提出了更多、更苛刻的要求。在桥梁结构中使用高强度钢材可以减薄桥梁钢板的厚度，减轻桥梁结构自重，由此可加大桥墩间距，改善施工条件；如果使用耐候钢还可以降低桥梁的维护费用。随着钢桥合理化设计的发展，开始越来越多地要求使用厚度和强度比以往高的钢材，来减少桥梁的主要桁架数量，提高焊接施工效率（无需焊接预热），为此，应用TMCP工艺开发的低裂纹敏感性钢种，扩大了其在桥梁领域的应用。通过降低碳含量和适当添加合金形成贝氏体化的超低碳贝氏体钢，焊接裂纹敏感性指数（P_{cm}）可达到不大于0.2%，P_{cm}是用于判断钢的冷裂纹发生倾向的直观参数，P_{cm}低，则钢的抗裂能力强，焊接性能好；反之，则钢的焊接性差。早期的低裂纹敏感性高强钢是采用调质工艺生产的，为了保证钢的淬透性，往往需要添加很多合金元素，如Cr、Mo、Ni等，这样钢的生产成本提高，而且生产周期长。由于控轧控冷技术的发展，将相变强化、位错强化、析出强化和细晶强化等强化手段很好地结合在一起，更有利于钢的强韧性的匹配，不需进行调质处理，就可开发出高性能易焊接的桥梁用钢。日本开发的屈服强度570MPa钢，焊接热输入可达200kJ/cm（为传统钢种的4倍），-20℃下使用，焊接不预热，无弧坑裂纹、无硬化现象，厚度可达75mm，用于桥梁建设，还不需涂装，这些都极大地降低了桥梁建造成本。TMCP技术的发展，也为生产更高强度桥梁用钢奠定了基础，如日本在1974年建造的大阪港大桥上首先使用了780MPa级的高强度钢板，由于当时钢板的性能尚不完善，为防止焊接时出现低温裂纹，尚需在高温下进行预热作业，但采用TMCP技术后，已生产出具有优良韧性和焊接性能的950MPa级桥梁钢板。

6.3.3.6 其他用途

高压输水管领域是陆地结构件中强度最高，且使用板材极厚的最典型的领域，通过热处理方式生产已开始使用抗拉强度780MPa级的压力钢管。最近从提高输送能力和经济性的观点来看，对钢板的强度要求进一步提高，因此通过利用TMCP技术，开发了厚度达100mm、抗拉强度950MPa级的极厚钢板。在油罐用钢板领域中越来越多地要求钢板母材和焊接接头双方都具有高的裂纹传播停止性能。为适应这些要求，例如以前在LPG油罐（-50℃）一直使用3.5%Ni钢等，但通过使用TMCP技术，开发了Ni含量比以往钢减少的1.5%Ni钢，而且具有很好的裂纹传播停止性能，并已应用于实际。

6.4 热变形过程中钢的奥氏体再结晶

6.4.1 钢的奥氏体化过程

钢的热变形过程一般是在奥氏体区进行的。因此，在加工前将钢加热到奥氏体区，称为奥氏体化。钢的奥氏体化过程是一个形核、长大和均匀化过程。一般根据不同钢种，将钢加热到Ac_1、Ac_3或A_{cm}以上温度。对于共析钢来说加热到Ac_1以上保温，进行形核、长大、剩余渗碳体溶解和奥氏体均匀化4个阶段。对于亚共析钢和过共析钢来说，加热到Ac_1以上，仅使珠光体变为奥氏体，进一步加热至Ac_3或A_{cm}以上保温足够时间，才能使铁素体或渗碳体溶解，获得单相奥氏体组织。

加热温度的提高及保温时间的延长都能使奥氏体晶粒长大。这时所生成的奥氏体晶粒称为原始奥氏体晶粒。其大小直接影响形变再结晶过程。

在研究钢中奥氏体晶粒度变化时，应分清下列三种不同的概念：

（1）起始晶粒度。在奥氏体化过程中，当奥氏体成核、长大时，奥氏体转变刚完成时的晶粒大小称为起始晶粒度。

（2）实际晶粒度。在某一具体加热或热加工条件下所得到的奥氏体实际晶粒大小称为实际晶粒度。

（3）本质晶粒度。在加热过程中，奥氏体的晶粒长大倾向存在两种情况。一种是奥氏体晶粒随温度升高而迅速长大的钢，称为本质粗晶粒钢；另一种是奥氏体晶粒长大倾向较小，直至超过某一温度后，奥氏体晶粒才会急剧长大的钢，称为本质细晶粒钢。奥氏体晶粒急剧长大的温度称为晶粒粗化温度。

我们在此研究的是实际晶粒度，即在一定加热条件下的晶粒大小。由于某些元素加入形成微小质点，能够阻止奥氏体晶粒长大，即提高奥氏体粗化温度。如加入铝形成氮化铝能提高奥氏体晶粒的粗化温度，使加热到较高温度下的奥氏体晶粒不急剧长大。

在控制轧制中，常常使用微合金化钢，其微合金化元素为铌、钒、钛等。这些元素在钢中形成的碳化物、氮化物和碳氮化物呈弥散析出，起到抑制晶粒长大的作用，即提高了钢的粗化温度。对这类钢，可提高其热加工温度。

6.4.2 钢的变形再结晶

金属塑性变形的物理实质基本上是位错运动。在塑性变形中位错要增殖，密度要提高。在塑性变形中，也就是在位错的运动过程中，位错之间、位错与溶质原子、间隙位置原子以及空位之间、位错与第二相质点之间都会发生相互作用，引起位错的数量、分布和组态的变化。

金属变形所施加的外部能量大部分消耗在以滑移或孪生为主的变形功上，并转变为热而逸散到周围环境中去，只有一少部分能量或以弹性应变或以各种缺陷的形式储存在金属内部，其中弹性应变能约占5% ~10%，其余则分布在变形所产生的各种缺陷中。前者反映在变形后各种内应力的大小上，后者表现在所增加的缺陷的类型和数量上。缺陷所储存的能量也称畸变能。其大小一方面取决于每一缺陷能量的高低，另一方面又取决于缺陷的数量及分布状态。在由变形产生缺陷中，以位错和空位为最重要。但空位能占储存能的比率较小，所以储存能大部分由位错的增殖而引起，位错能约占总储能的80% ~90%。

随条件不同，位错分布也有所不同，当变形温度较低、位错的活动性较差时，变形后位错大多是相当紊乱且无规则地分布在晶体中。当位错活动性较大时，并可以进行交滑移时，位错大多集聚在局部地区，组成位错发团。这样，金属中便出现许多由位错发团分隔开的、位错密度较低的区域，这些区域之间有不大的取向差别，称为亚晶。变形后组织中，每个晶粒总包含许多细微的亚晶（胞状组织），亚晶界纠集大量位错。

变形所引起的各种变化集中表现为能量的升高，也就是说，变形后的钢较之变形前处于不稳定的高的自由能状态，即从热力学条件来看处于不稳定状态。因此，具有一种向变形前低自由能状态自发恢复的趋势。只要动力学条件允许，例如温度较高，原子具有相当的扩散能力时，变形后的金属和合金就会自发地向着自由能降低的方向转变。进行这种转变的过程称回复和再结晶。前者指在较早阶段所发生的转变过程；后者则指在较晚阶段所发生的转变过程。

变形后的金属加热则发生再结晶过程。根据温度不同，由3个阶段组成，即回复、再结晶及晶粒长大。在回复过程中显微组织不发生变化，仍为拉长的晶粒，但储存能降低，根据不同金属及合金储存能降低数量不同，剩余部分为再结晶过程的驱动力。在此阶段性能上也有所变化，如硬度降低等。与回复过程不同，再结晶是一个显微组织彻底重新改组的过程。再结晶过程是一新晶粒的形核及长大过程，形似相变，但并不是相变。一般来说，再结晶前后晶粒的晶体类型不变，成分也不变。再结晶是无畸变能或畸变能较低的晶粒在畸变能较高的基体中进行生核和生长过程。驱动力应是畸变能差，阻力则来自晶界能。实验表明，再结晶随形变量及金属不同，核心一般通过两种形式产生。其一是原晶界的某些部位突然迅速成长而变为核心，其二是某些亚晶的迅速成长而变为核心。在再结晶阶段，晶核的形成速率$\dot{N}$和其随后的长大线速度 G 决定了再结晶晶粒的大小，是再结晶过程的重要参数，而两者都受形变量及原始晶粒度的影响，如图6-3所示。

杂质对 G 有强烈的阻碍作用，对$\dot{N}$一般使其增大，对温度的影响如下式所示：

$$G = G_0\exp(-Q_g/RT)$$

式中 G_0——常数；

Q_g——长大激活能。

$$\dot{N}=N_0\exp\left(-Q_n/RT\right)$$

式中 N_0——常数；

Q_n——形核激活能。

Q_g 和 Q_n 数值上很相近。

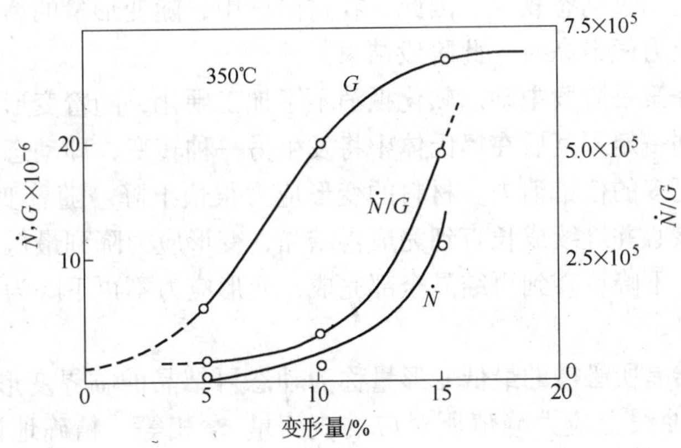

图 6-3　铝在 350℃再结晶时 $\dot{N}$ 及 G 预先冷变形量的关系

6.4.3　热变形过程中钢的奥氏体再结晶行为——动态再结晶

在热加工时，一般加热到奥氏体区。钢的热变形过程是加工硬化同回复和再结晶软化过程的矛盾统一。如果钢在常温下变形，随着变形量的增加，变形应力增大。从微观来看，随着变形量的增加，位错密度增大。这时异号位错合并以及由于位错的再排列引起的加工软化数量很少，因此变形应力不断增大。在高温奥氏体变形的钢，随着变形量的增加加工硬化过程和高温动态软化过程同时进行。材料的变形应力根据这两个过程的平衡情况来决定。图 6-4 表示了奥氏体热变形时的真应力-真应变曲线及其组织结构变化的示意图，该应力-应变曲线由 3 个阶段组成。

第一阶段：这阶段中，塑性变形小，同时随着应变量的增加，应力值增加并达到最大值，如图 6-4 中曲线所示。在这阶段，金属发生塑性变形，使位错密度 ρ 不断增加，可以从原始退火状态时的位错密度 $10^6\sim10^7\mathrm{cm}^{-2}$ 增至屈服极限时的 $10^7\sim10^8\mathrm{cm}^{-2}$。以后随着变形量增加，位错密度继续增加，从而造成变形抗力不断增加，这就是材料的加工硬化过程。加工硬化过程是热变形过程中奥

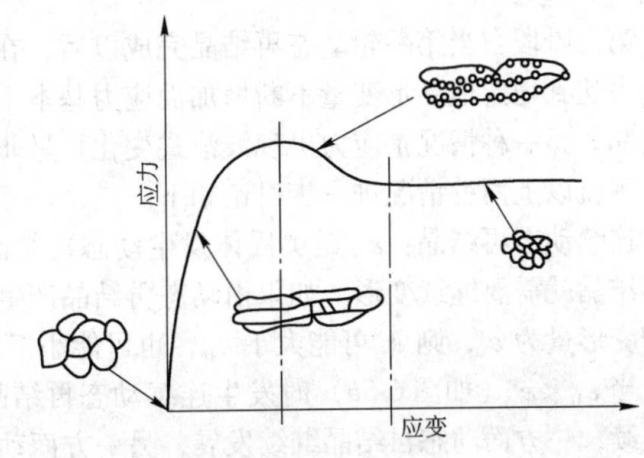

图 6-4　奥氏体热变形真应力-真应变曲线与结构变化示意图

氏体结构发生变化的一方面。另一方面，由于材料在高温下变形，变形中产生的位错能够在变形过程中通过交滑移和攀移等方式运动，使部分位错消失，部分重新排列，造成奥氏体的回复。当位错重新排列发展到一定程度时，形成清晰的亚晶界，称为多边形化。奥氏体的动态回复和多边形化都使材料软化。这就是此阶段中奥氏体结构发生的硬化及软化两过程，即变形中位错增殖及消失的过程。由于位错增殖速度相对说来与形变量无关，而位错消失速度与位错密度绝对值的大小有关，当形变量增加时，位错密度绝对值也增加，因此位错消失速度增大，反映在应力-应变曲线上为随着变形量的增加，加工硬化速度减弱，但是加工硬化还是超过动态软化。因此，在这阶段中，随变形量的增加，变形应力还是不断增加的，直到应力值最高时，此阶段结束。

第二阶段：在第一阶段中动态软化抵消不了加工硬化，随着变形量增加金属内部畸变能不断升高，达到一定程度后在奥氏体中将发生另一种转变，即动态再结晶。动态再结晶的发生与发展使更多的位错消失，材料的变形应力很快下降。随着变形过程的继续进行，不断形成再结晶核心并继续成长直到完成再结晶，变形应力降到最低值。从动态再结晶开始，变形应力开始下降，直到再结晶全部完成，变形应力不再下降为止，形成了应力应变曲线上的第二阶段。

发生动态再结晶所必需的最低变形量称为动态再结晶的临界变形量，以 ε_D 表示。ε_D 几乎与应力-应变曲线上应力峰值所对应的应变量 ε_P 相等。精确地讲，$\varepsilon_D \approx 0.83\varepsilon_P$。$\varepsilon_D$ 的大小与钢的奥氏体成分和变形条件（变形温度，变形速度）有关。

应力-应变曲线最大应力值与形变速率$\dot{\varepsilon}$、温度 T 之间符合以下关系

$$\dot{\varepsilon} = A\sigma^n \exp(-Q/RT)$$

式中 A——常数；

n——应力指数；

Q——变形激活能；

R——气体常数。

用 $Z = \dot{\varepsilon}\exp(Q/RT)$ 代入 $Z = A\sigma^n$，Z 为温度补偿变形速率因子，可表示$\dot{\varepsilon}$和 T 的各种组合。当变形温度愈低和变形速率$\dot{\varepsilon}$愈大时，Z 值愈大，即 σ 大，动态再结晶开始的变形量 ε_D 和动态再结晶完成的变形量 ε_s 也变大，也就是说需要一个较大的变形量才能发生再结晶。

第三阶段：当第一轮动态再结晶完成以后，在应力-应变曲线上将出现两种情况。一是应力达到稳定值，形变量不断增加而应力基本不变，呈稳态变形。这种情况称连续动态再结晶。另一种情况是应力出现波浪式变化，呈非稳态变形，这种情况称为间断动态再结晶。现就以上两种情况进一步讨论如下。

连续动态再结晶：ε_D 是奥氏体发生动态再结晶的临界变形量，要想使奥氏体全部发生再结晶就需要继续变形。如果由动态再结晶产生核心到奥氏体全部完成动态再结晶所需要的变形量为 ε_r，则 ε_r 可能大于 ε_D，也可能小于 ε_D，见图 6-5。

当 $\varepsilon_D < \varepsilon_r$（如图 6-5$b$）时发生连续动态再结晶。动态再结晶核心发生后，随着变形的继续，一方面动态再结晶继续发展，另一方面动态再结晶后的晶粒又承受变形，这两个过程同时进行着。由于 $\varepsilon_D < \varepsilon_r$，所以在奥氏体晶粒全部进行完第一轮动态再结晶之前，部分晶粒在完成动态再结晶后又进行变形，而其变形量达到 ε_D，则产生第二轮动态再结

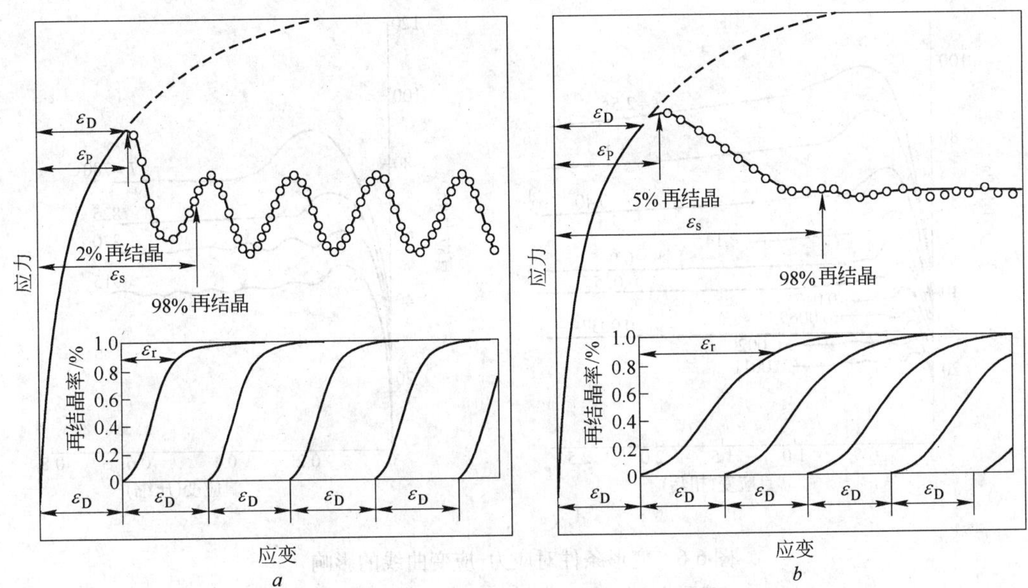

图 6-5　发生动态再结晶的两种应力-应变曲线

a—非稳态，$\varepsilon_D > \varepsilon_r$；*b*—稳态，$\varepsilon_r > \varepsilon_D$

晶。以此类推，即在奥氏体内几轮的动态再结晶同时发生。每一轮的动态再结晶又同时处于变形的不同阶段，即有刚开始的，又有接近结束的；奥氏体内部各个晶粒的变形量也有不同，有的是零，有的接近 ε_D。其结果反映出一个平均不变的应力值。在这种情况下奥氏体是连续不断地进行动态再结晶。

间断动态再结晶：如图 6-5*a* 所示，$\varepsilon_D > \varepsilon_r$ 时，由于 ε_r 较小，一旦动态再结晶发生后不需要太大的变形量奥氏体就全部完成动态再结晶。由于 $\varepsilon_D > \varepsilon_r$，当第一轮再结晶全部完成前，已再结晶的晶粒内新承受的变形量还达不到 ε_D，不能立即发生第二轮的动态再结晶，还必须继续变形才能达到 ε_D，此时才能发生第二轮动态再结晶。因此，应力-应变曲线上出现波浪形式。这种情况下，动态再结晶是间断进行的。

工艺参数（变形温度 T 和变形速度$\dot{\varepsilon}$）对 ε_D、ε_r 都有影响，只是 T、$\dot{\varepsilon}$ 对 ε_r 的影响比对 ε_D 的影响大。也就是说，当 T 高$\dot{\varepsilon}$低时，$\varepsilon_D > \varepsilon_r$，出现非稳态变形和间断动态再结晶。当 T 低或$\dot{\varepsilon}$高时，$\varepsilon_D < \varepsilon_r$，出现稳态变形和连续动态再结晶，如图 6-6 所示。

动态再结晶形成的晶粒结构与静态再结晶的晶粒结构不同。因为动态再结晶是在热变形过程中发生的，即在动态再结晶形核长大的同时形变是在继续进行的，这样由再结晶形成的新晶粒又发生了形变，产生了加工硬化，富集了新的位错，并且开始了新的软化过程（动态回复甚至动态再结晶）。因此就整个奥氏体来说，在任一时刻，在金属内部总存在着变形量由零到 ε_D 的一系列晶粒，也就是说动态再结晶的发生就奥氏体的整体来说并不能完全消除全部的加工硬化。反映在应力-应变曲线上就是发生了动态再结晶后，金属材料的变形应力仍然高于原始状态（即退火状态）的变形应力。

动态再结晶的发生是有条件的，我们用 Z 因子来讨论其发生的条件。当 Z 一定时，随着变形程度ε的增加，材料组织由动态回复→部分动态再结晶→完全动态再结晶。反之，当变形程度 ε 一定时，随着 Z 的变大材料组织由完全动态再结晶→部分动态再结晶

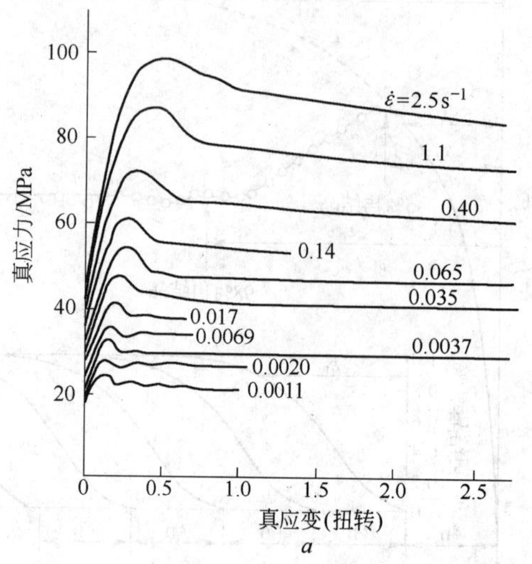

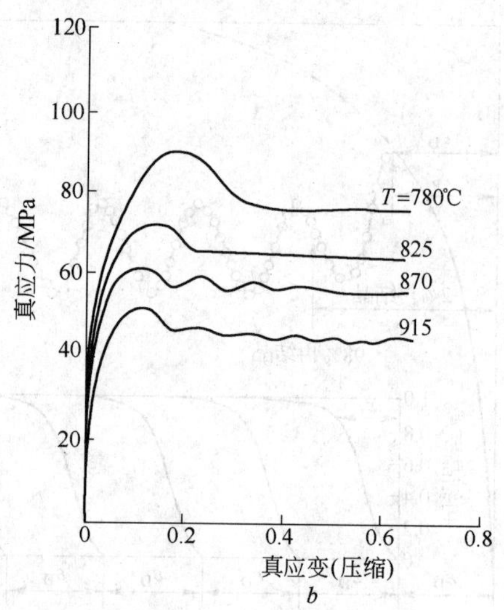

图 6-6　变形条件对应力-应变曲线的影响

a—变形速率的影响，含碳 0.25% 钢，$T=1100℃$；

b—变形温度的影响，含碳 0.68% 钢，$\dot{\varepsilon}=1.3\times10^{-3}\mathrm{s}^{-1}$

→动态回复。也就是说当 ε 一定时，在某一 Z 值以上得不到动态再结晶组织，这个 Z 值就为上临界 Z_c 值。应该指出，Z_c 值是随变形程度 ε 而变的，ε 愈大 Z_c 愈大，即在较大的 Z 值下也能产生动态再结晶。因而动态再结晶能否发生要由 Z 和 ε 来决定。

国内测定的数据表明，碳钢、低合金钢在$\dot{\varepsilon}<10\mathrm{s}^{-1}$、$T>1000℃$时应力-应变曲线出现峰值，即可能发生动态再结晶。因此，在一般轧制条件下，不易产生动态再结晶。

此外，材料的初始晶粒尺寸 D_0 也影响动态再结晶产生。Z 一定时，D_0 小则在较低的 ε 下即可产生动态再结晶，也即随着 D_0 的减小，产生动态再结晶的加工范围变大。

动态再结晶是一个混晶组织，其特征是平均晶粒尺寸（$\bar{D}$）只由加工条件（Z）决定，Z 和$\bar{D}$之间的关系符合 $Z=A\bar{D}^{-m}$关系，其中 A、m 为常数。因而动态再结晶晶粒细化的唯一因素是提高加工条件 Z。然而动态再结晶出现又必须使 Z 值小于上临界值 Z_c，那么要得到细小的$\bar{D}$就必须尽可能提高 Z_c，而提高 Z_c 反过来又与 ε、D_0 有关：ε 变大则 Z_c 变大，D_0 变小则 Z_c 变大。因而 ε、D_0 变化，在同一个条件下（即在同一变形温度，变形速度下，也即 Z 值不变）加工所得到的$\bar{D}$是相同的。但是 ε、D_0 的变化可使发生动态再结晶的上临界值 Z_c 上升，因而有可能使 Z 变大，仍能发生动态再结晶，并得到小的$\bar{D}$值。

动态再结晶组织是存在一定加工硬化程度的组织。因此，平均晶粒度相同时，动态再结晶组织比静态再结晶组织有更高的强度，而且动态再结晶组织中的较高密度的位错网当转变成马氏体后可塞积于马氏体中，从而提高材料的韧性。

6.4.4　热变形间隙时间内或变形后钢的奥氏体再结晶行为——静态再结晶

热加工过程中的任何阶段都不能完全消除奥氏体的加工硬化，这就造成了组织结构的不稳定性。在热加工的间隙时间里（如轧制道次之间）或加工后在奥氏体相区的缓冷过程中将继续发生变化，力图消除加工硬化组织，使金属组织结构达到稳定状态。这种变化仍然是回复、再结晶过程，但是它们不是发生在热加工过程中，所以称静态回复、静态再结晶。以铌钢为例（见图6-7），当热加工变形达到 ε_1 时，对应的应力为 σ_1，这时如停止变形，恒温停留 τ 时间，再次变形，就会发现奥氏体变形应力将有不同程度的降低。降低的程度与停留时间的温度、停留的时间以及停留前的变形速度、变形程度有关。如果以 σ_y 及 σ_1 分别表示奥氏体的屈服应力及达到变形量为 ε_1 时的应力，以 σ'_y 代表变形后恒温保持 τ 时间以后再次变形发生塑性变形的应力值，则 σ'_y 总是低于或等于 σ_1。如以在两次变形中间奥氏体软化的数量（$\sigma_1-\sigma'_y$）与（$\sigma_1-\sigma_y$）之比称为软化百分数，以 x 表示之，则：

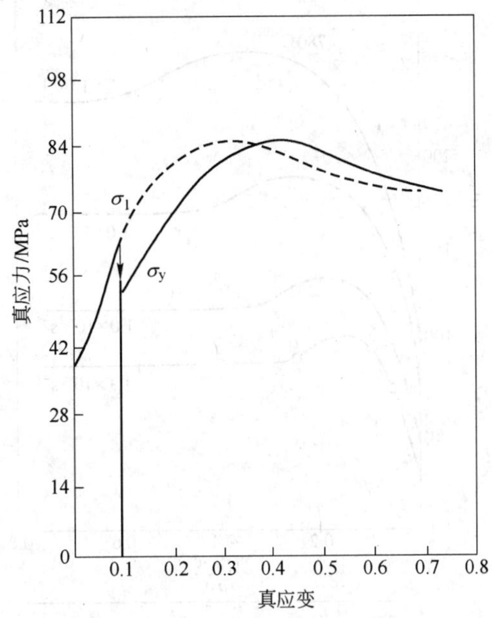

图6-7　奥氏体在热加工间隙内应力-应变曲线的变化

（铌钢，1040℃，$\dot{\varepsilon}=8.0\times10^{-2}$，$\varepsilon_1=0.10$）

$$x=\frac{\sigma_1-\sigma'_y}{\sigma_1-\sigma_y}$$

当 $x=1$ 时表示奥氏体在两次热加工的间隔时间里消除了全部加工硬化，全部回复到变形前的原始状态，$\sigma'_y=\sigma_y$ 这是全部再结晶的结果。

当 $x=0$ 时表示奥氏体在两次热加工的间隔时间里没有任何程度的软化。

当 x 处于0到1之间时表示奥氏体在两次热加工的间隔时间里发生了不同程度的回复与再结晶。

下面讨论在热加工过程中已经形成的不同的奥氏体组织结构，在热加工的间隔时间里将继续发生怎样的变化。

以0.68%C钢在各种变形量下进行高温变形后保持在780℃时的软化曲线来说明其变化（见图6-8）。

（1）当 ε_1 远小于 ε_s 时（a 点，a 曲线），曲线 a 表示两次变形间隔时间里软化情况与软化速度。曲线表明形变一停止软化立即发生，随时间延长软化百分数增大，达到一定程度后软化就停止了。这个过程大约在100s内就完成了，然而仅仅软化了30%，还有70%的加工硬化不能消除。这种变化有如冷加工的退火阶段，称为静态回复。静态回复中可以部分减少位错，未消除的加工硬化对下道轧制有叠加作用。如果这是最后一道，那么在急冷下来的相变组织中仍能继承高温形变的加工硬化结构。

（2）当时 $\varepsilon_s<\varepsilon_1<\varepsilon_D$（$b$ 点，b 曲线），曲线 b 表明第一阶段的静态回复软化了100s时间，软化率上升到45%，如果继续保持高温，经过一段潜伏期后即进入第二阶段的软化——静态再结晶。静态再结晶可使软化百分数达到 $x=1$，全部形成新的无位错的晶粒，如果再次变形，应力-应变曲线恢复到原始状态。我们把能产生静态再结晶的最小变形量 ε_s 称为静态再结晶的临界变形量。

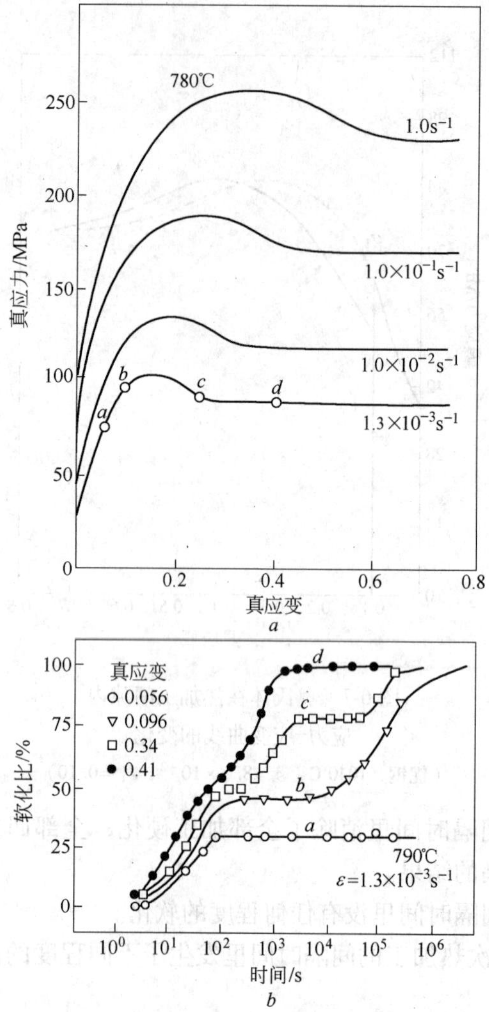

图 6-8　软化行为受应变量影响的曲线

a—0.68% C 钢在 780℃下不同变形速率的应力-应变曲线；*b*—不同应变值对应的软化情况

（3）$\varepsilon_D < \varepsilon_1 < \varepsilon_{st}$ 时（*c* 点，*c* 曲线），曲线 *c* 表示变形在动态再结晶开始后的某一个阶段停止后的软化情况，可分为 3 个阶段：第一个阶段是静态回复阶段；第三个阶段是经过一个潜伏期后的再结晶阶段；中间那段可以认为是由于原来动态再结晶核心的继续长大。这个过程几乎不需要潜伏期，可以称为次动态再结晶或亚动态再结晶，其特点像没有潜伏期的静态再结晶。

（4）当 ε_1 在变形应力的稳定阶段，即 $\varepsilon_1 < \varepsilon_{st}$ 时（*d* 点，*d* 曲线），*d* 点表示变形应力超过最大应力达到正常应力部分。动态再结晶晶粒维持一定的大小和形状，此时加工硬化率和动态再结晶的软化率达到平衡，在这个变形量下停止变形，保持变形后的高温，材料的软化过程如 *d* 曲线。在此情况下，是在动态再结晶的基础上软化开始，由于动态再结晶组织中有不均匀的位错密度，变形一停止马上就进入静态回复阶段，接着就是次动态再结晶，不需要潜伏期。由于这个阶段的热加工变形量很大，发生的动态再结晶核心很多，形变停止后这些核心很快继续长大，生成无位错的新晶粒，消除全部加工硬化，所以不发生静态再结晶过程。

以上 4 个过程可用图 6-9 表示。Ⅰ区表示静态回复软化；Ⅱ区表示亚动态再结晶软化；Ⅲ区表示静态再结晶软化；阴影区 ABDC 是一个“禁止带”，表示在小于 ε_s 的变形量下变形，在变形的间隙时间里只发生静态回复，局部地区由于变形引起晶界迁移而产生粗大晶粒，这是不希望的。

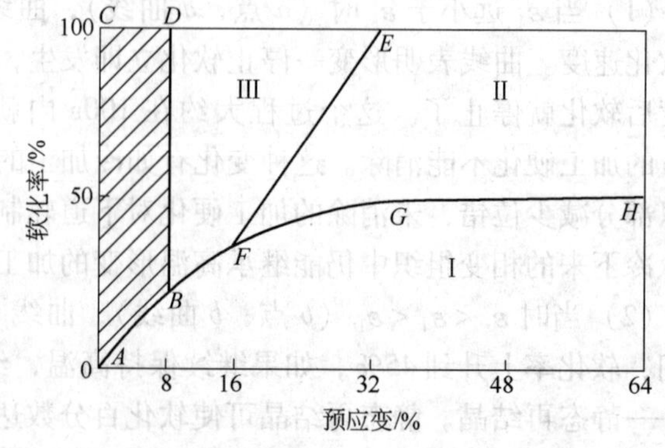

图 6-9　变形量与Ⅰ、Ⅱ、Ⅲ区的三种静态软化类型的关系

热加工的静态再结晶是在形变后发生的，是利用热加工的余热进行的，它与冷加工后的再结晶的区别如下：

（1）静态再结晶晶核的形成机

构。再结晶晶核是由亚晶成长机构和已有晶界的局部变形诱发迁移凸出形核产生的。静态再结晶的形核部位最先是在3个晶界的交点处优先产生，其次在晶界处发生，通常不发生在晶内，只有在低温大变形量下，在晶内形成了强的变形带后，才可能在晶内变形带上形核。

再结晶的驱动力是储存能，它是以结构缺陷所伴生的能量的方式存在。影响储存能的因素可以分为两大类：一类是工艺条件，其中主要是变形量、变形温度和变形速率；另一类是材料的内在因素，主要是材料的化学成分和冶金状态等。使金属强化的第二相和固溶体中溶质含量的增加都使储存能增加。其他情况相同时，细晶粒比粗晶粒的储存能高。

（2）静态再结晶的临界变形量。热变形后的静态再结晶是在一定条件下才产生的，即在一定的变形温度和变形速度的条件下为了使静态再结晶发生，变形量必须大于一定值，此变形量称为静态再结晶的临界变形量。变形后在高温区停留时间长，再结晶所需要的临界变形量就小。

（3）静态再结晶速度。热加工后奥氏体回复、再结晶的速度主要取决于奥氏体内部存在的储存能的大小、热加工停留温度的高低、奥氏体成分及第二相质点大小等。变形后金属中储存的储存能在变形后的停留时间里发生了回复过程，储存能逐步被释放，直至发生再结晶，储存能全部释放。

再结晶速度可以再结晶百分数与时间的关系表示。一般再结晶百分数和时间关系为：

$$x = 1 - \exp(Kt^n)$$

式中　K——常数；

n——同变形再结晶温度有关的一个常数；

t——恒温保持时间；

x——再结晶体积百分数。

当奥氏体成分一定时增加变形量 ε、提高变形速度、提高变形后的停留温度都将提高回复和再结晶的速度。

（4）静态再结晶晶粒大小。令 d 代表再结晶晶粒中心点之间的平均距离，则 d 与 $\dot{N}$、G 之间存在下列近似关系：

$$d = 常数\left[\frac{G}{\dot{N}}\right]^{1/4}$$

式中　G——再结晶晶粒的成长速度；

$\dot{N}$——形核速率，等于单位时间内形成的核心数除以尚未再结晶的金属体积。

定性地说，增加 $\dot{N}$、减少 G 可以得到细小的再结晶晶粒，因此影响 $\dot{N}$、G 的因素就必然影响再结晶晶粒尺寸。变形量增加，$G/\dot{N}$ 降低，再结晶晶粒变细。但是在高压率下，晶粒细化效果减弱。在60%以上的压下量下，晶粒甚至不再细化，其界限为20～40μm。变形温度会改变变形后的储存能及晶界迁移而影响 $\dot{N}/G$。变形温度升高将使再结晶晶粒粗化。但变形温度升高对 $\dot{N}/G$ 影响微弱，因此晶粒大小是变形温度的弱函数。原始晶粒愈细，储存能愈大，$\dot{N}$、G 都增大。但 $\dot{N}$ 的增加速度比 G 增加速度快，所以再结晶后晶粒也愈细。变形速度愈大储存能愈大，再结晶晶核产生速率也愈大，因此，再结晶晶粒愈小。

综上所述，热变形后的再结晶过程根据变形量、变形温度的变化，可分为再结晶区、部分再结晶区和未再结晶区 3 个部分。在未再结晶区中，采用小变形量的条件下，产生回复过程，不仅不引起再结晶细化，相反地使局部生成巨大晶粒，从而使相变后铁素体组织的力学性能变坏，而在采用大变形量时则能够细化铁素体晶粒。在部分再结晶区轧制得到再结晶和未再结晶晶粒的混合组织。在再结晶区中轧制则可得到细小的再结晶晶粒，其大小决定于变形量的大小。

再结晶过程分动态再结晶和静态再结晶，前者在高温、低变形速度、高变形量区域发生。通常的热轧，特别是厚板轧制中实现动态再结晶是非常困难的，因此实际上静态再结晶在控制轧制中更为重要。要想产生静态再结晶就必须使道次压下率大于静态再结晶的临界压下率。当道次压下率大于完成静态再结晶的临界压下率时，随着轧制道次的增加再结晶晶粒尺寸急剧地减少，得到细小而均匀的组织。但完成静态再结晶的临界压下率也很大，特别是在温度较低时，因此在热轧过程中要使每道次的压下率都超过完成再结晶的临界值是很困难的。在部分再结晶区中轧制时，道次压下率较大，部分进行再结晶。随着轧制道次的增加，再结晶体积率可能增大，直至最后形成全部均匀细小的奥氏体晶粒。或者随着部分再结晶区中轧制道次的增加虽不能最后达到全部再结晶，但奥氏体平均尺寸逐渐减小，变形带增加，有利于相变后得到细小的铁素体晶粒。通过再结晶细化奥氏体晶粒，奥氏体晶粒的极限尺寸为 20 ~ 40μm，相变后获得的铁素体晶粒比 8 级还要粗些。在未再结晶区轧制是通过奥氏体中形成变形带而使在相变时，增加铁素体的形核率，直接细化铁素体晶粒。

6.4.5 微量元素对奥氏体再结晶的影响

目前在控制轧制中，大量采用微合金化元素，使之在钢中形成碳、氮及碳氮化合物。利用其在不同条件下产生溶解和析出机理抑制晶粒长大及沉淀强化作用，在控制轧制中前者尤为重要。

一般微合金化是指合金元素总量小于 0.1%，目前大量使用的是铌、钒、钛，其特点是能与碳、氮强烈结合成碳化物、氮化物和碳氮化物。这些化合物在高温下溶解，在低温下析出。而且可以通过不同工艺控制得到所要求的尺寸的质点，这些质点可以阻止晶粒长大的作用。其作用表现在：

（1）加热时阻碍原始奥氏体晶粒长大；

（2）在轧制过程中抑制再结晶及再结晶后晶粒长大；

（3）在低温时起到析出强化的作用。

下面着重讨论微量元素对再结晶的影响。

微量元素对奥氏体再结晶的作用是影响奥氏体再结晶的临界变形量、再结晶温度、再结晶速度以及再结晶的晶粒大小。

6.4.5.1 微量元素阻止再结晶作用的机理

现举铌为例。铌在奥氏体中以 3 种形态存在：加热时尚未溶到奥氏体中的铌(C，N)；固溶到奥氏体中的铌；加热时溶解、轧制过程中又由奥氏体中重新析出的铌(C，N)。这 3 种形态哪一种阻止奥氏体再结晶，目前有不同的看法。

加热时未溶解到奥氏体中的剩余铌（C，N）由于颗粒大于 1000×10^{-10}m，显然不能阻止再结晶的发生与发展。其余那两种形态，哪种是阻止再结晶的主要原因，首先要看再结晶的发生与铌（C，N）析出的先后关系。两者的发生都是在奥氏体中，都受变形条件的影响，下面从图6-10结果来讨论。

从图中看到，当在1000℃以上时，再结晶先于铌的析出发生，再结晶量达50%，铌才开始析出。900℃以下时，铌（C，N）先于再结晶发生之前析出，在再结晶过程中继续析出。因此，人们认为在1000℃以上，铌阻止再结晶的原因是由于固溶于奥氏体中的铌与位错的相互作用阻止晶界迁移，因而推迟了再结晶。

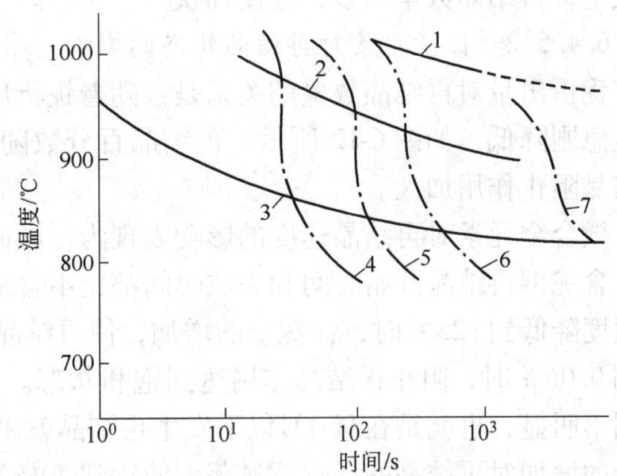

图6-10　含铌钢在变形50%以后的等温再结晶及沉淀

1—100%再结晶；2—50%再结晶；3—无结晶；4—20%沉淀；5—50%沉淀；6—75%沉淀；7—100%沉淀

在900℃以下铌阻止奥氏体再结晶的作用机理则有不同看法：有人认为是固溶在奥氏体中的铌起作用；另有人认为是析出细小的铌（C，N）质点阻止再结晶的进行；也有人认为两者都起作用。

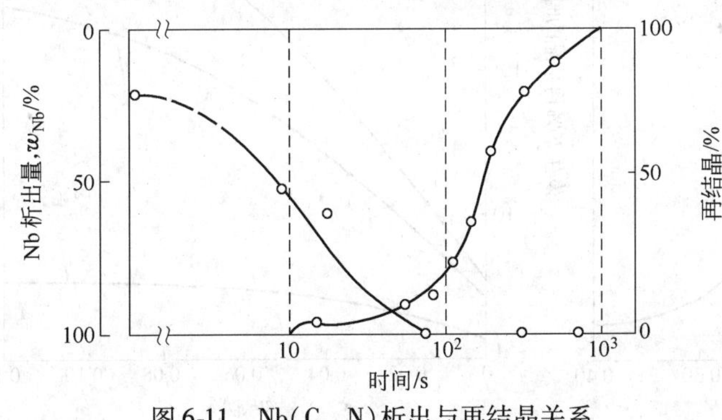

图6-11　Nb(C，N)析出与再结晶关系

认为是第二相阻止再结晶的发生与发展的根据是：

(1) 在再结晶发生前已经由奥氏体中析出了细小的铌（C，N），它们之间关系如图6-11所示。铌钢加热到1200℃，在900℃变形等温不同时间后，从图中看到，在900℃经10s已经有50%的铌析出，再结晶仅仅开始。当Nb(C，N)几乎全部析出后，静态再结晶的数量才剧烈增加，这表明Nb(C，N)质点延长了再结晶的孕育期。

(2) 经电镜观察到的Nb(C，N)析出相，其分布特点是近似沿奥氏体热加工回复形成亚晶分布，这些质点阻止亚晶界移动，阻止再结晶。

(3) 由于析出相质点非常小，在$(45\sim125)\times10^{-10}$m，这些细小的铌(C，N)钉扎了奥氏体亚晶，使亚晶界难以移动，因而阻止或推迟再结晶的发生。随时间的延长，铌(C，N)质点长大，粗化到一定程度，钉扎作用减弱，使亚晶界容易移动，使再结晶发生。

一种固溶于奥氏体中铌起阻止奥氏体再结晶作用的观点认为：铌阻止奥氏体回复过程进行。从而使再结晶推迟。预先使铌(C，N)由奥氏体中析出，然后再变形的试验表明，如果按第一种观点再结晶应推迟发生，而事实正相反，再结晶反而加快了，因而认为这是奥氏体中因铌(C，N)析出而减少了含铌量造成的。

总之，认为固溶于奥氏体中的铌，与奥氏体中的缺陷交互作用，使奥氏体更稳定，因而再结晶的核心形成困难，只有铌从奥氏体中析出后，铌固溶量降低了，再结晶的核心才能发生，再结晶数量增多，速度加快。

6.4.5.2 微量元素对再结晶状态的影响

铌析出量对再结晶数量的关系是：随着铌析出量的增加，奥氏体再结晶数量降低，而且是急剧降低，如图6-12所示。再结晶百分数随铌析出量的增加而降低，表明析出铌对再结晶阻止作用加大。

微合金元素对再结晶速度的影响表现为，同硅锰钢比较，含铌钢再结晶动力学曲线不同，含铌钢再结晶开始时间和完成时间都比不含铌的钢推迟，如图6-13所示。图中表明，当温度降低到925℃时，含铌量的增加，使再结晶达到70%所需要的时间增加。当含铌量达到0.06%时，阻止再结晶作用达到饱和状态。再继续增加含铌量对延长再结晶时间的作用不明显，也就是在900℃以下发生再结晶就困难了。在100～1000s、1000℃以上，含铌量的增加对再结晶的影响不显著，使达到70%再结晶所需的时间稍有增加。

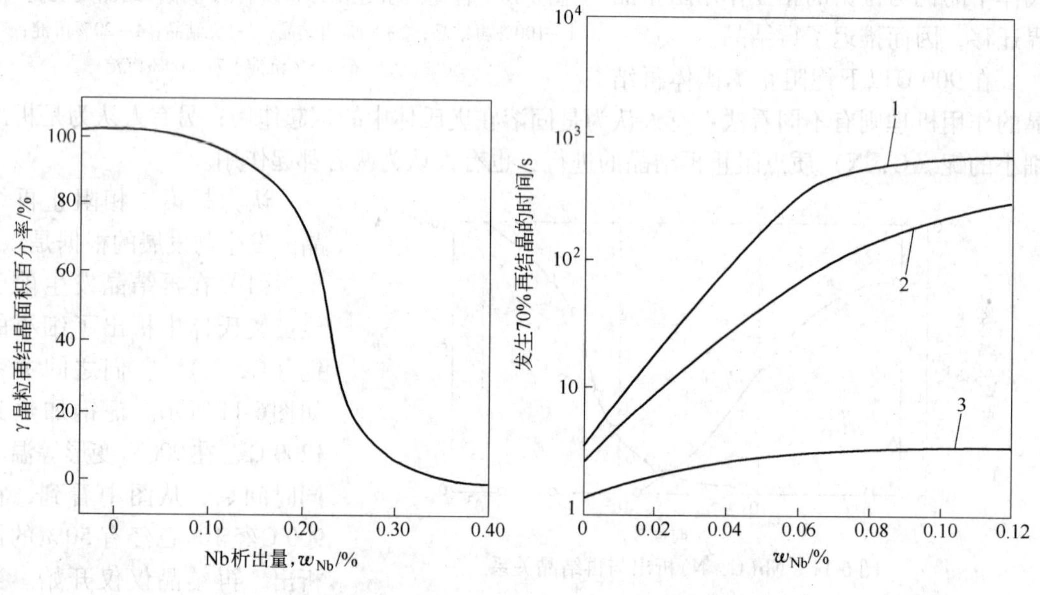

图6-12 1000℃终轧后γ晶粒再结晶面积百分率与析出Nb量的关系

（均热处理1200℃，2h；压下率60%；1道次）

图6-13 铌对含0.05%C、1.8%Mn钢再结晶的影响

1—850℃；2—925℃；3—1000℃

微合金元素对再结晶临界变形量的影响是，如铌和钛加入硅锰钢中，对再结晶开始和终了时间的影响如图6-14所示。曲线包围区为部分再结晶区，曲线表示轧制温度与临界变形量的关系，不同成分、不同原始奥氏体晶粒度则有不同的临界压下率。

钛扩大了部分再结晶区，并推迟了再结晶的进行，铌加大了再结晶开始及终了变形量。含铌量不同时，对临界变形量的影响也不同。

微合金元素铌对再结晶奥氏体晶粒的大小存在如下影响。含铌钢与碳钢比较，当轧制温度和变形量相同时，前者再结晶的奥氏体晶粒小。而Nb(C，N)质点析出量对再结晶奥氏体晶粒细化有影响。如含0.055%C、1.17%Mn、0.19%Si、0.042%Nb、0.026%Al钢，加热温度1200℃，保温时间1h，终轧温度为1050℃，发现奥氏体再结晶先于Nb(C，N)的沉淀析出。若在此终轧后缓冷(冷却速度≤0.5℃/s)则再结晶的奥氏体晶粒明显长大。如果再多轧一道(五道)，累计变形率为53%，终轧温度为1025℃，则Nb(C，N)的析出开始转为优先于奥氏体再结晶开始。在1000~900℃保温过程中，随着Nb(C，N)析出体积分量的增加，奥氏体晶粒开始长大的时间推迟，这被认为由于Nb(C，N)在奥氏体晶界上析出，取代了部分奥氏体晶界，如奥氏体晶界要离开质点移动，势必引起晶界面积的增加，因而抑制了奥氏体晶界迁移，从而抑制了晶粒长大。同时，在低温奥氏体变形后能析出0.010% Nb(C，N)就可以完全抑制住奥氏体再结晶的发生，并且使有效晶界面积达到90mm²/mm³，具有这样多的晶界面积，相变后可得到10.6级的平均α晶粒，如图6-15所示。

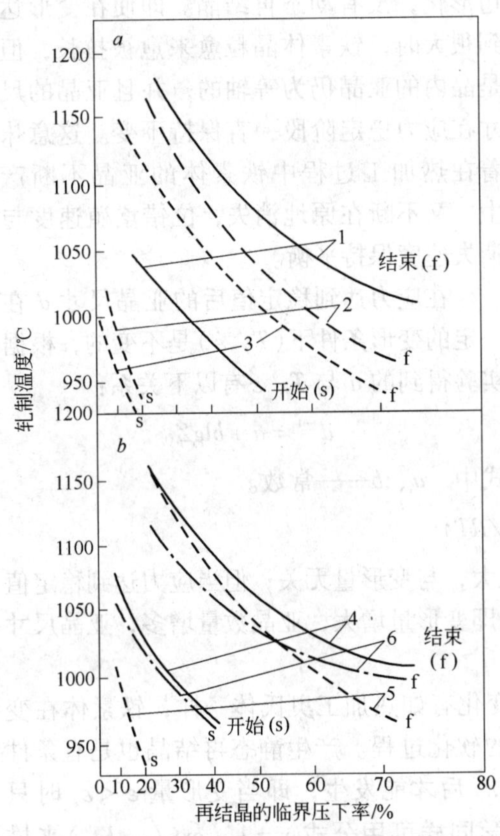

图6-14 添加元素对再结晶所必需的临界压下率的影响

a—原始奥氏体晶粒大小N_γ的影响；b—加热温度的影响
1—Nb钢，$N_\gamma=10$；2—Ti钢，$N_\gamma=25$；3—Si-Mn钢，$N_\gamma=0.4$；4—Nb钢，$N_\gamma=28$，加热温度1250℃；5—Ti钢，$N_\gamma=25$，加热温度1250℃；6—Nb钢，$N_\gamma=25$，加热温度1150℃

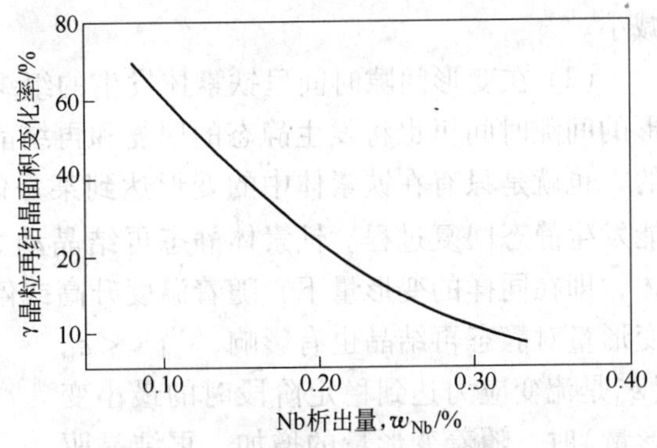

图6-15 轧后冷却过程中γ晶粒再结晶面积变化率与析出Nb量的关系

6.4.6 铁素体变形和两相区轧制

6.4.6.1 铁素体的变形与再结晶

现代控制轧制已经从仅在奥氏体区(包括再结晶区和未再结晶区)轧制发展到(α+γ)两相区进行热加工，有的甚至在铁素体、珠光体区进行温加工。因此有必要对铁素体变形进行讨论。

(1)铁素体热加工中组织的变化。铁素体热加工的应力-应变曲线如图6-16所示。当变形初期时应力很快升高，随着变形量的增大，动态的软化使应力的增加速度减慢。当变形继续增大，应力到达一个稳定值后，变形虽然继续增大，但应力不再增加。铁素体热加工的应力-应变曲线与奥氏体热加工的应力-应变曲线最大不同就是不出现峰值，这是特殊情况。

从铁素体的σ-ε曲线可以看出，铁素体热加工时的动态软化方式是动态回复与动态多

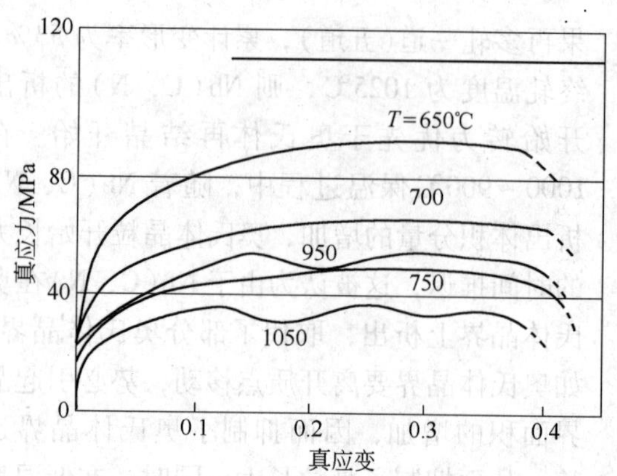

图 6-16　铁素体(0.036% C-Fe)热加工的应力-应变曲线($\dot{\varepsilon}=2\times10^{-2}\mathrm{s}^{-1}$)

边形化，没有动态再结晶。即使在变形达到很大时，铁素体晶粒愈来愈被拉长，但是晶内的亚晶仍为等轴的，并且亚晶的尺寸在应力稳定阶段一直保持不变。这意味着在热加工过程中铁素体的亚晶不断产生，又不断在原地消失，位错增殖速度与消失速度保持平衡。

在应力达到稳定值后的亚晶尺寸 d 在一定的变形条件下(T, $\dot{\varepsilon}$)是不变的，根据实验得到的 d 与 T、$\dot{\varepsilon}$ 有以下关系：

$$d^{-1}=a+b\lg Z$$

式中　a、b——常数。

$$Z=\dot{\varepsilon}\exp(Q/RT)$$

即温度高或变形速度低时形成的亚晶尺寸粗大，与变形量无关；但当应力达到稳定值之前，动态回复形成的亚晶尺寸与变形量有关，即变形量增大，亚晶数量增多，亚晶尺寸减小。

(2) 在变形间隙时间里铁素体发生的组织变化有如热加工奥氏体一样，铁素体在变形的间隙时间里也将发生静态的回复和再结晶的软化过程。产生静态再结晶也是有条件的，也就是只有在铁素体中的变形达到某一值 ε_s 后才能发生，即当变形量 $\varepsilon<\varepsilon_s$ 时只能发生静态回复过程。铁素体静态再结晶动力学同样可用公式 $x=1-\exp(-Kt^n)$ 来描述，即在同样的变形量下，随着温度升高或停留时间延长，再结晶百分数都增加。并且变形量对静态再结晶也有影响，当 $\varepsilon<\varepsilon_{st}$ (ε_{st}是流变应力达到稳定阶段时的最小变形量)时，随着变形量的增加，再结晶驱动力不断增大，再结晶速度大大加快。当 $\varepsilon>\varepsilon_{st}$后，随着变形量的增加静态再结晶速度维持一定，速度不再变化。这是因为达到稳定阶段后位错的增殖速度与位错的消失速度相平衡，再结晶的驱动力维持为恒值的缘故。

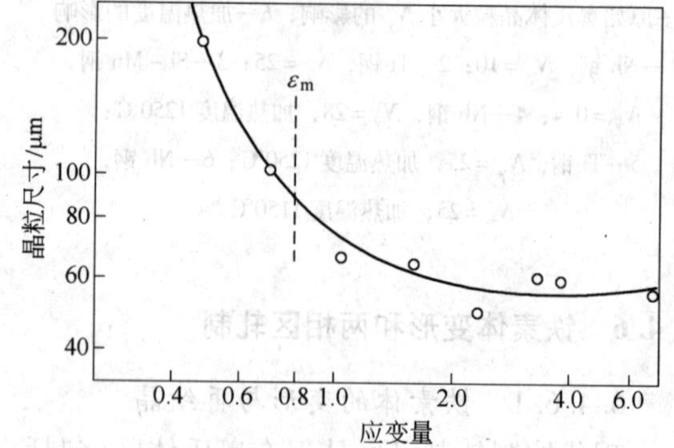

图 6-17　变形量对铁素体再结晶晶粒大小的作用(650℃，$3.5\times10^{-2}\mathrm{s}^{-1}$)

铁素体再结晶后的晶粒大小与变形量和流变应力有关。变形量增大，再结晶晶粒不断细化。当流变应力达到稳定值后变形量对再结晶晶粒的作用逐渐减弱，直到最后不发生作用，即再增加变形量也不能细化铁素体晶粒，如图 6-17 所示。

6.4.6.2　在两相区($\alpha+\gamma$)轧制时组织和性能的变化

材料在 γ 未再结晶区轧制和在($\gamma+\alpha$)两相区轧制时各项性能的影响是不同的，因此通常笼统地以某个温度(如 950℃)以下的变形量多少或终轧温度高低作为轧材的强度和韧性的函数是不完全适当的。

在两相区轧制时，奥氏体与铁素体都发生变形，变形的奥氏体如同在 γ 未再结晶区中变形一样，变形后仍然优先在变形带和晶界上成核，转变成细小等轴的铁素体晶粒。被变形的铁素体当变形量小时(小于10%变形量)，晶粒内部位错密度增高，产生小的亚晶。随着变形量的增加，铁素体被拉长，晶内的亚晶更细小，数量增多，位错密度更高。因此在两相区轧制后的组织中既有由变形未再结晶奥氏体转变的等轴细小铁素体晶粒，还有被变形的细长的铁素体晶粒。同时在低温区的变形促进了含 Nb、V、Ti 等微量合金化钢中碳化物的析出(变形诱导析出)。

显然在两相区轧制中，析出物的增多、细小的铁素体亚晶的量多以及位错密度的增加都有利于屈服强度增加和脆性转化温度下降。但是两相区轧制会引起织构，增加了强度的方向性，并使韧性状态下的冲击能有所降低。

图6-18和图6-19表明在 γ 未再结晶区轧制和在($\gamma+\alpha$)两相区轧制时 Nb、V 析出物的数量、屈服极限和韧性断口为100%的能值(高阶冲击能 $E_{SA}100$)的变化。图6-19给出了 Nb 钢在($\gamma+\alpha$)两相区轧制时变形量对材料的影响，在两相区变形量10%时能使 σ_s 增加49MPa。

应该指出，材料进入两相区轧制前的经历，即是在再结晶奥氏体区变形还是在未再结晶奥氏体区变形等，对两相区轧制后材料的性能是有影响的。

此外，为了进一步提高钢材性能，又试验了在 γ 区、($\gamma+\alpha$)区以及在 α 区都进行一定量的变形的轧制工艺，σ 可以提高到590MPa，这种工艺使铁素体在更低的温度变形，铁素体晶粒加工硬化程度更大，晶内位错密度更高，亚晶数量增多，亚晶尺寸更细，除具有晶粒强化与沉淀强化的机理外，亚晶与位错强化愈来愈突出，这种工艺的脆性转化温度

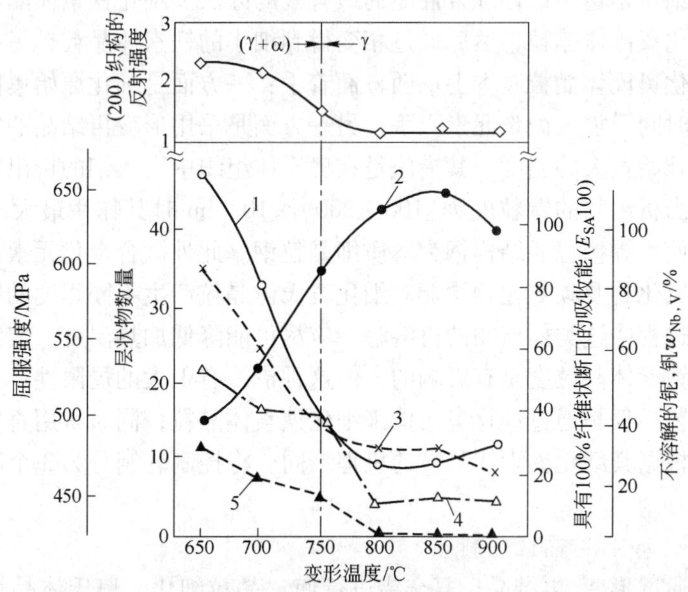

图6-18　γ 区轧制和($\gamma+\alpha$)区轧制时材料性能和 Nb、V 析出数量的变化

1—层状物；2—$E_{SA}100$；3—屈服强度；4—Nb；5—V

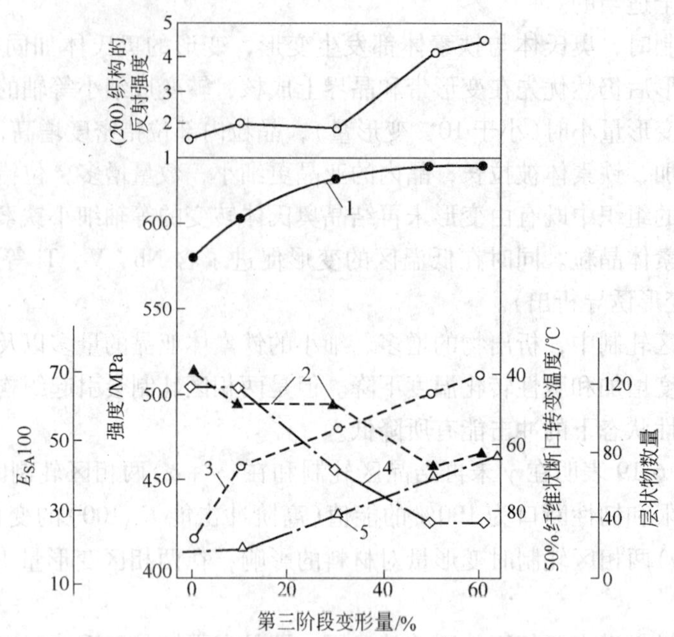

图 6-19　两相区轧制时压下率对性能的影响

1—抗拉强度；2—E_{SA}100；3—屈服强度；4—FATT；5—层状物

也很低。这是由于铁素体在低温变形，形成了有利的{111}〈110〉位向织构，织构的出现使强度呈方向性。

6.4.6.3　获得细小铁素体晶粒的一般途径——控制轧制三阶段

促使铁素体细化是达到最佳综合性能的最有效的办法。细化铁素体晶粒基本上有两个途径，一个是细化奥氏体晶粒，然后通过相变得到细小的铁素体晶粒，另一个是直接细化铁素体晶粒。细化奥氏体晶粒基本上从两方面着手：一方面是细化原始奥氏体晶粒，即从加热温度、加热时间及加入微量元素入手；另一方面是采用形变再结晶的方法。加入微量元素能提高晶粒开始长大的温度，其措施是在奥氏体组织中嵌入细的析出物，从而抑制奥氏体晶粒长大，当析出物的颗粒度为$(100\sim200)\times10^{-10}$m 时其作用最大。铝以氮化铝的形式细化晶粒，使可焊接普通结构钢为本质细晶粒钢。此外微合金化元素铌、钒、钛通过它们的碳化物、氮化物及碳氮化物均能对细化奥氏体晶粒产生不同程度的影响。为了抑制在轧制前的加热过程中这类析出物的再溶解，应尽可能降低加热温度。实践证明，轧前奥氏体的晶粒度对铁素体晶粒度是有影响的，但这种措施有很大的局限性。

控制轧制工艺不仅是通过细化奥氏体来细化铁素体晶粒，同时采用直接细化铁素体晶粒的办法。一般根据其细化铁素体晶粒的机理不同，将控制轧制分为 3 个阶段，下面分别加以叙述。

A　第一阶段：γ 再结晶区轧制

这个阶段是通过形变-再结晶反复交错进行使 γ 晶粒细化。奥氏体晶粒的再结晶并不是无条件发生的，在一定的温度和变形速度下存在一个产生再结晶的必要的临界变形量，这个临界变形量无论对于动态再结晶还是静态再结晶都是存在的。临界变形量值随着变形温度的下降、初始晶粒的增大和变形速度的增大而增大，而且随不同钢种而改变。在静态再结晶中，临界变形量值还随变形后停留时间的增长而减小。在实际生产中，特别是在中厚板生产中产生动态再结晶的可能性小，因此主要是发生静态再结晶。静态再结晶后奥氏体晶粒大小主要取决于变形量，而变形温度的影响较小；压下率在50%以上时，细化效果就变小，压下率达到70%时，晶粒直径收敛于约20μm。固溶 Nb 对于推迟再结晶效果大，但对于再结晶后的晶粒直径的影响却很小。

在实际生产中要保证每道次都发生完全的静态再结晶是困难的，因而实际上往往存在部分再结晶区轧制的情况。实践证明，在部分再结晶区的足够的道次变形最终可能获得均匀的全部再结晶的组织，或者是混有部分有较大变形的未再结晶组织。要避免采用会产生巨晶粒的临界变形量，在这种压下率下（如小于8%的压下率）由于发生应变诱导晶界的移动，形成了长的很大的巨晶粒，并且出现这种情况的几率还是很高的。在变形中一旦出现巨晶粒，那么在以后的多道次轧制中也难以完全消除其影响。当压下率大于10%时，生成巨晶粒的几率就减少了，因此在现场生产的板坯轧制中把初期的压下率提高到每道10%以上是非常必要的。

如果在奥氏体再结晶区终轧，那么转变后的铁素体晶粒尺寸取决于转变前的奥氏体晶粒尺寸及化学成分。γ/α 转变比收敛于1，因此在奥氏体再结晶区终轧后所得到的铁素体晶粒尺寸最小只能达到8~9级。

B 第二阶段：γ 未再结晶区轧制

前面已经讲到奥氏体变形再结晶产生是有一定条件的，即是在一定温度下，有一个临界变形量，必须大于临界变形量才能产生再结晶过程。同样，再结晶也有一定温度范围，在一定温度以下，变形量再大也不能产生再结晶。一般在此温度以下直至相变点这一区域称为奥氏体的未再结晶区。在此区中轧制时，奥氏体晶粒沿轧制方向伸长，晶界面积增加，使铁素体的形核密度增加。同时由于变形使晶粒内导入大量的变形带，奥氏体向铁素体转变时的成核点增多，变形带起到了奥氏体晶界同等的作用。因为由于未再结晶区轧制时导入变形带，实质上是分割了奥氏体晶粒，因而增加了奥氏体的晶界面积。由于拉长晶粒而增加了晶界面积的作用小于由变形带增加所起的作用，也就是说，在未再结晶区轧制促使铁素体相变成核点的增加，变形带的作用是主要的，奥氏体晶粒伸长的作用是次要的。图6-20表示出奥氏体晶粒组织的有效晶界面积与相变后铁素体之间的关系。所谓有效晶界面积是奥氏体的晶界面积和变形带之和。铁素体直径随 γ 有效晶界面积的增加而减少，与再结晶区轧制相比，未再结晶区轧制相变后的铁素体直径要小，且随晶界面积的增加晶粒直径的减少率也大。有人认为，在奥氏体向铁素体相变的初期，相变速度可用 $N_S \times S_v$ 表示，这里，N_S 是晶界单位面积的成核率，S_v 是有效晶界面积。高温区再结晶轧

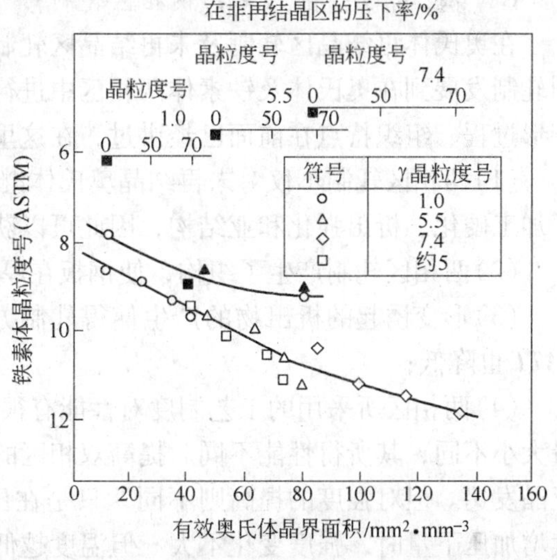

图6-20 0.03% Nb 钢中有效晶界面积和铁素体晶粒度之间的关系

实心—再结晶区轧制；空心—非再结晶区轧制

制时晶粒细化作用仅仅是增加了 S_v，而在未再结晶区轧制时却使 S_v 和 N_S 都得到了增加。两种轧制方式的这一区别由图 6-20 中反映出来，对同一数量的晶界面积，未再结晶区轧制时比再结晶区轧制时转变后的铁素体晶粒要小得多。

从以上讨论可得到以下几点结果：

(1)在这个阶段即未再结晶区轧制是控制轧制的重要阶段，也是控制轧制的重要特征。

(2)在第二阶段中轧制后奥氏体晶粒被拉长的同时产生了变形带和大量位错。当发生奥氏体向铁素体转变时，晶界及变形带就成为形核地点。与再结晶相比，有效晶界面积及单位有效晶界面积的形核率都增加，转变后得到细小的铁素体晶粒，并且随着变形量的加大转变后的铁素体数量增加，珠光体数量减少。

(3)在未再结晶区中的变形量有累计作用，因此在未再结晶区内多道次的变形就可以在奥氏体向铁素体转变后获得细小的铁素体晶粒，其细化程度可达 11~12 级。但如在未再结晶区变形量不足，如压下率在 20% 以下，特别是在 10% 以下，变形带密度小，变形带分布不均时，含变形带的奥氏体晶粒与不含变形带的奥氏体晶粒在奥氏体向铁素体转变时，铁素体的形核率密度就不同，容易形成混晶组织。因此，在未再结晶区轧制时，必须给予大的变形量或多道次轧制。在奥氏体未再结晶区轧制时，细化铁素体晶粒也是有限的，在一定压下率时达到饱和，更大的压下率只能细化残留的粗晶粒，约在 60% 的压下率时趋于极限值。一般转变后铁素体晶粒直径最小可达 5μm 左右，大大小于再结晶区轧制后铁素体晶粒直径的极限值。

(4)在普碳钢中，由于奥氏体未再结晶区狭小(温度范围窄)，因此要实现在未再结晶区中的多道次轧制以保证必要的变形量是困难的。微合金化元素铌、钒、钛等，特别是铌的加入，对钢的奥氏体再结晶起抑制作用，使奥氏体的再结晶温度提高，扩大了奥氏体未再结晶区的温度范围，有利于实现未再结晶区的轧制。因此微合金化钢在控制轧制中占重要作用。

(5)与第一阶段相比，第二阶段终轧后的材料强度提高了，脆性转化温度降低了。

C　第三阶段：在$(\gamma+\alpha)$两相区轧制

在奥氏体再结晶区轧制及未再结晶区轧制都是以细化铁素体晶粒为目的的，而目前控制轧制发展到在奥氏体及铁素体两相区中进行变形，这称为控制轧制的第三阶段。有关其变形过程、组织特点在前面已经讲过，在这里只是强调几点：

(1)两相区轧制不仅对未再结晶奥氏体继续进行加工，而且对铁素体进行加工，产生了加工硬化、析出强化和亚结构，因此可以获得很高的强度；

(2)两相区轧制产生了织构，使钢板在厚度方向强度降低；

(3)形变诱起的析出物的产生使得轧制方向上吸收能 $E_{SA}100$ 降低，但脆性转化温度 *FATT* 也降低；

(4)两相区所采用的工艺制度对性能有很大的影响，在两相区中变形温度高低及变形量大小不同，其所得性能不同。提高双相区的变形量，韧性就显著提高，这是因为组织上亚晶发达。但对强度的提高则不同，只是在压下量 10%~20% 时屈服强度急剧增高。继续增加压下量时，强度变化不大。但温度越低，则强度越高。

综上所述，在 3 个阶段中，轧制时发生的组织和物理性能的变化如图 6-21 所示，实际控制轧制工艺是这 3 个阶段的合理组合。从生产经验中得出，在 1000~700℃之间，终轧温度每降低 100℃，铁素体晶粒直径变小3~4μm，并能对力学性能产生相应效果。

在获得细小的奥氏体晶粒后，如果通过加速冷却能使$\gamma \rightarrow \alpha$转变向着低温方向推移的话，那么这种较低的转变温度就能提高晶核形核几率并降低晶界运动性能，从而使铁素体晶粒尺寸减小。除了采用快速冷却方法外，一定合金元素如Mo、Mn或溶解的微量元素也能使转变点降低，导致晶粒进一步细化。

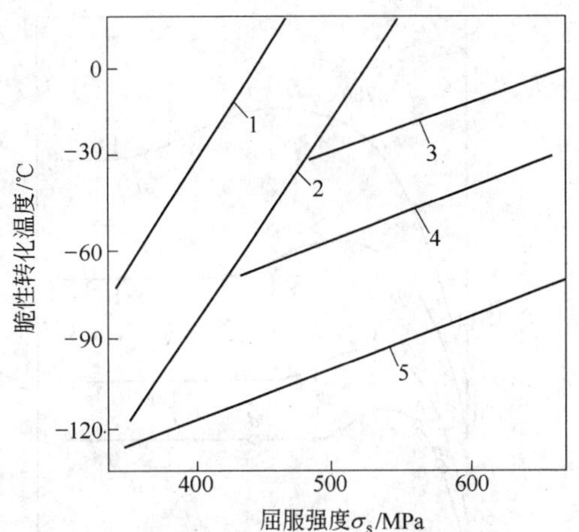

图6-21　钢的显微组织及控轧工艺对钢的屈服极限和脆性转化温度的影响

1—铁素体-珠光体；2—控制轧制的铁素体-珠光体；3—贝氏体；4—控制轧制贝氏体；5—调质回火索氏体

为了充分发挥铁素体晶粒细化的实际效果，钢材含碳量必须很低，因为随着含碳量的提高，细化铁素体晶粒的效果就减小，而珠光体量的增多却会恶化材料的低温韧性。因此，采用控制轧制工艺时，钢的含碳量最高为0.15%，多数钢种含碳量低于0.1%，这类钢为少珠光体钢或无珠光体钢。但为了获得更高强度的钢材而采用的高温形变淬火工艺，它所得的组织是奥氏体的低温转变产物(马氏体)或中温转变产物(粒状贝氏体)，其含碳量当然会超过上述界限。

6.5　变形奥氏体再结晶规律的研究方法及其曲线图

6.5.1　变形奥氏体再结晶规律的研究方法

奥氏体再结晶过程在控制轧制过程中占有重要地位。因此，确定各钢种产生再结晶的条件即再结晶图以及奥氏体再结晶数量及晶粒大小等是很重要的。人们可以根据再结晶图等合理确定工艺制度，包括加热温度、开轧温度以及各段温度中的变形量、终轧温度和终轧变形量，并且确定轧后冷却制度。

由于在现场进行研究困难，因此一般采用试验轧机、热模拟机及热扭转机等进行变形，测定变形曲线，通过变形曲线来确定再结晶产生的条件。其原理是由于再结晶的产生，钢发生了性能改变，由变形时的应力降低现象来确定再结晶的过程。

另一种方法是用迅速冷却的办法使在高温下的组织保留下来，在室温的条件下，直接观察再结晶的情况、再结晶条件、再结晶数量以及再结晶后的晶粒大小。

A　应力-应变曲线法

利用热扭转机或热模拟机进行变形，在不同条件下得到应力-应变曲线，测得的ε_D是奥氏体发生动态再结晶的临界变形量，ε_r是完成动态再结晶的临界变形量，根据不同变形温度及不同变形速度求出一系列点，作出动态再结晶图。

研究变形奥氏体静态回复和静态再结晶规律不能从热变形的应力-应变曲线上直接测得，必须在所要观察的变形程度下中止变形，并在变形温度下保持一定时间再进行塑性变形，观测中止变形时和再次进行塑性变形时的应力变化，建立软化比与时间的关系曲线，用以研究静态回复和静态再结晶规律。

B　显微组织观测法

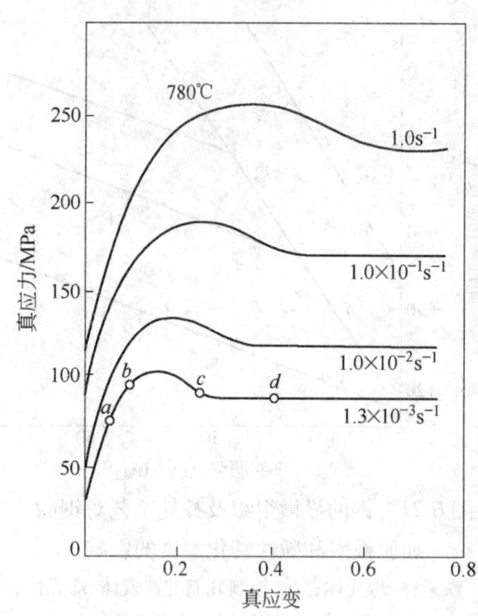

图 6-22　不同变形条件下的应力-应变曲线（0.68%C，$T=780℃$）

如图 6-22 所示，$a \sim c$ 是动态再结晶生成过程，在 a 段时晶粒内部变形引起滑移，所以晶界出现锯齿形，可以认为此时稍低于极大应变限。在 b 的前半段存在 a 状态及变形带，在晶界附近观察到极小的再结晶晶粒。根据观察结果，可以说从最大应力的 80% 左右的应力时的变形状态下开始再结晶，达到最大应力状态后出现变形带和细小的再结晶晶粒，随着变形增加，达到 c 时则是均匀的无各向异性的晶粒，形成再结晶终了的微细晶粒与比较大的晶粒的混合组织。

用透射式电子显微镜观察，a 是动态再结晶开始前的状态，出现位错增殖形成胞状组织，只是回复，没有亚晶形成。b 是最大应力状态下通过位错重新排列形成亚晶。c 是在稳定状态下变形的组织中存在各向同性的亚晶集合体和部分无位错晶粒。

进行以上观察必须采用在变形过程中的不同阶段快速冷却的方法。要研究动态过程的话，冷却速度要足够大，冷却速度需达 2000℃/s。

目前还没有一种完善的实验装置能在高温下直接观测变形时或变形后的奥氏体组织。试验中采用的显微组织观测法仍然是间接观测变形奥氏体组织的方法。将高温时的奥氏体组织急冷至室温，把高温时奥氏体组织的几何形貌固定下来，用适当的显示剂对高温时存在的奥氏体晶界进行选择性侵蚀，以显示出高温时奥氏体组织的几何形貌，然后进行观测。

下面结合研究变形奥氏体再结晶规律的工作介绍一下试验条件和试样制备过程。

把试验材料加工成阶梯形试样，目的是在其他试验条件相同的情况下，通过一次轧制能够得到几个不同变形程度的试验结果。试样大头端钻孔，孔内焊热电偶以监测试样温度。试样放入电加热炉内，在选定温度（如 1000℃）和保温时间（如 10min）条件下进行奥氏体化处理。然后再将试样从炉中取出，放入轧机前另一座炉温稍低的电加热炉内。这座电加热炉的作用是避免试样因薄厚不均和冷却不同造成的温差，通过对炉温的控制可使试样均匀降温至轧制温度。轧制是在 ϕ200mm 二辊不可逆轧机上进行的，轧制速度为 0.7m/s。轧后空冷时间内，试样要放入与轧制温度相当的另一座加热炉内，然后取出在冰盐水中淬火。试样沿轧制中心线纵向垂直切开，按不同变形量制成金相磨片。

从《金相显示剂手册》上可以查到很多种显示奥氏体晶界的显示剂。在试验中采用饱和苦味酸水溶液加洗涤剂作显示剂。侵蚀条件是：饱和苦味酸水溶液与洗涤剂比例约 5∶1，侵蚀温度为 60 ~ 80℃。上面给出的侵蚀条件在大多数情况下是适用的，但钢种不同、变形条件不同时侵蚀效果也不尽相同。通过实践适当改变作为缓蚀剂加入的洗涤剂的加入量、侵蚀温度、侵蚀时间，能显示出清晰的奥氏体晶界。必要时将试样先进行回火处理，以提高侵蚀效果。

研究变形奥氏体再结晶规律时，我们关心的是奥氏体晶粒形状、大小的变化、晶界面积的变化、再结晶晶粒的比例等。使用定量金相法能定量地描述奥氏体显微组织的这些几何形貌的特征。

在金相显微镜下观察的是金相试样二维显微组织形貌，而需要了解的是三维（空间的）显微组织形貌，这方面，体视学为人们提供了把二维显微组织形貌几何参数转换成三维显微组织形貌几何参数的理论和方法。以体视学为基础建立起来的定量金相方法是精确地表征金属材料显微组织形貌几何特征的有力工具。

6.5.2 变形奥氏体再结晶曲线图

以下介绍几种常见钢种的变形奥氏体再结晶曲线图。

6.5.2.1 16Mn 钢

16Mn 钢的化学成分见表 6-1。

表 6-1 16Mn 钢的化学成分

元 素	C	Mn	Si	P	S
w_B/%	0.14	1.41	0.34	0.022	0.026

加热条件：1200℃加热，保温时间 10min；原始奥氏体晶粒平均弦长 115μm。

轧制条件：轧制温度 850～1100℃，相对变形量 0～40%。

未再结晶区（轧制温度 850℃，相对变形量 6%～3%）奥氏体晶粒平均弦长随相对变形量增加而减小，变化范围为 102～59μm。

完全再结晶区（轧制温度 1100℃，相对变形量 >25%）奥氏体晶粒平均 35μm。

图 6-23 所示为 16Mn 钢变形奥氏体再结晶图；图 6-24 所示为 16Mn 钢轧制温度与变形奥氏体再结晶百分数的关系；图 6-25 所示为 16Mn 钢相对变形量与变形奥氏体再结晶百分数的关系；图 6-26 所示为 16Mn 钢轧后停留时间与变形奥氏体再结晶百分数的关系。

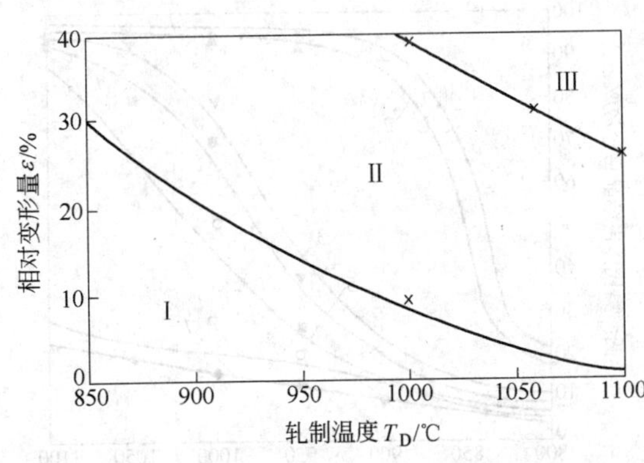

图 6-23 16Mn 钢变形奥氏体再结晶

Ⅰ—未再结晶区；Ⅱ—部分再结晶区；Ⅲ—完全再结晶区

（加热条件：1200℃保温 10min，轧后立即淬火）

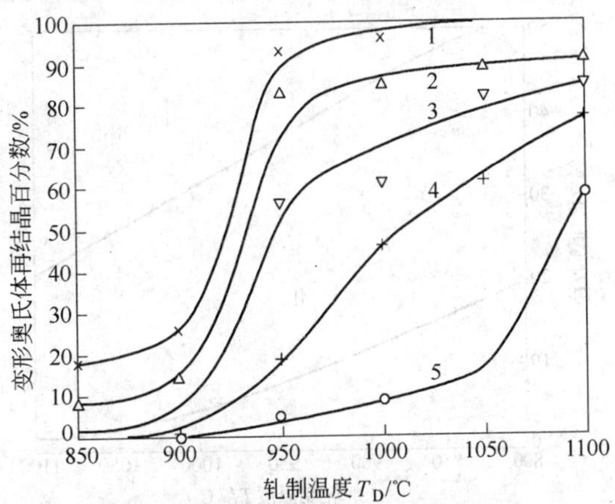

图 6-24 16Mn 钢轧制温度与变形奥氏体再结晶百分数的关系

1—38%；2—29%；3—20%；4—15%；5—11%

（加热条件：1200℃保温 10min，轧后立即淬火，相对变形量 ε）

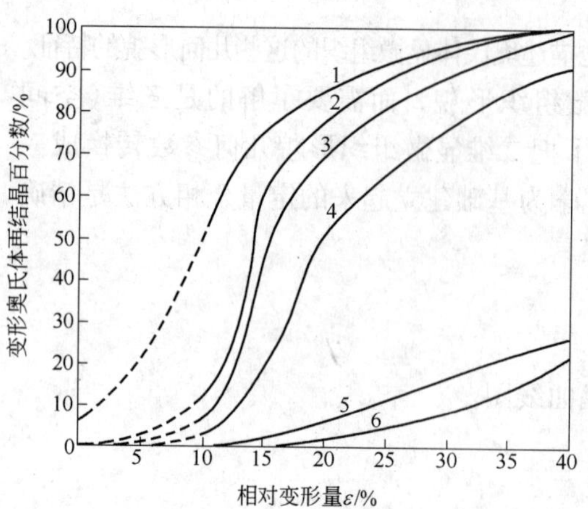

图 6-25　16Mn 钢相对变形量与变形奥氏体再结晶百分数的关系

1—1100℃；2—1050℃；3—1000℃；4—950℃；5—900℃；6—850℃

（加热条件：1200℃保温 10min，轧后立即淬火，轧制温度 T_D）

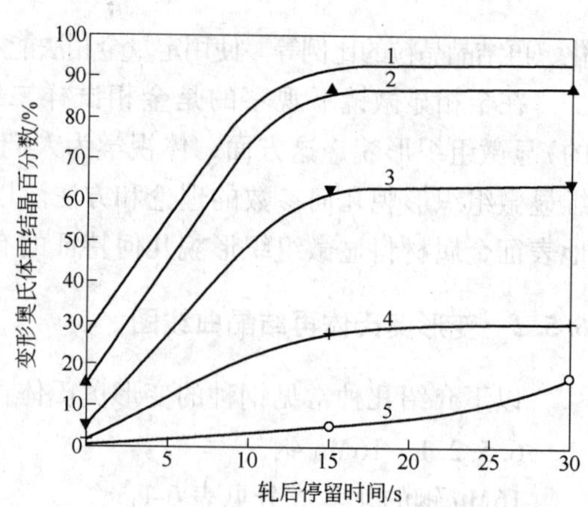

图 6-26　16Mn 钢轧后停留时间与变形奥氏体再结晶百分数的关系

1—40%；2—30%；3—25%；4—20%；5—15%

（加热条件：1200℃保温 10min，轧制温度 900℃，相对变形量 ε）

6.5.2.2　20g 钢

20g 钢的化学成分见表 6-2。

表 6-2　20g 钢的化学成分

元　素	C	Mn	Si	P	S
w_B/%	0.16～0.24	0.35～0.65	0.15～0.30	<0.040	<0.045

加热条件：1200℃加热，保温时间 10min，原始奥氏体晶粒平均弦长 174μm。

轧制条件：轧制温度 800～1000℃，相对变形量 0～45%。

未再结晶区（轧制温度 800℃，相对变形量 <20%）奥氏体晶粒平均弦长 130μm。

完全再结晶区（轧制温度 1050℃，相对变形量 >30%）奥氏体晶粒平均 47μm。

图 6-27 所示为 20g 钢变形奥氏体再结晶图；图 6-28 所示为 20g 钢轧制温度与变形

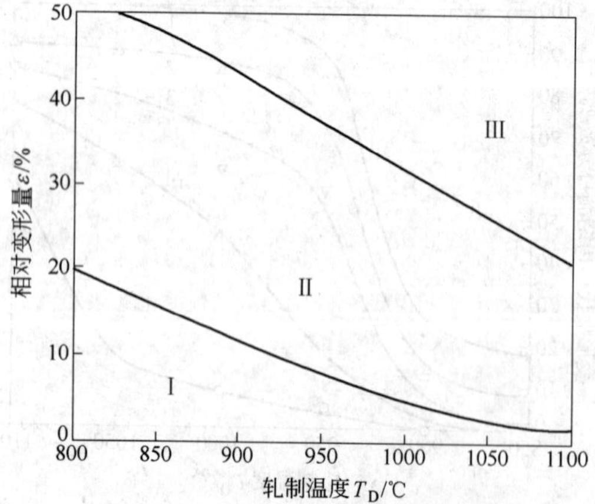

图 6-27　20g 钢变形奥氏体再结晶

Ⅰ—未再结晶区；Ⅱ—部分再结晶区；Ⅲ—完全再结晶区

（加热条件：1200℃保温 10min，轧后立即淬火）

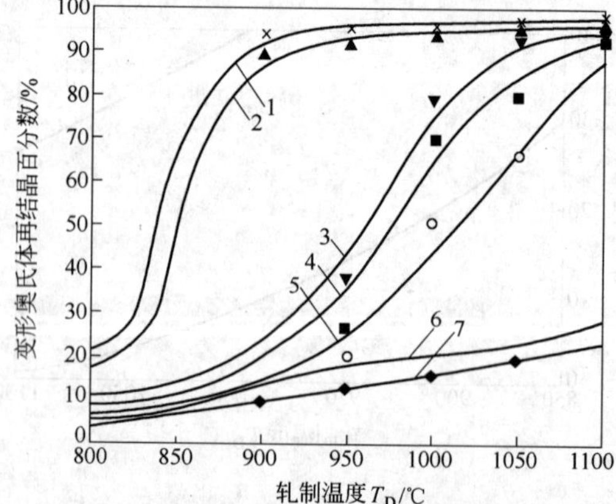

图 6-28　20g 钢轧制温度与变形奥氏体再结晶百分数的关系

1—45%；2—35%；3—30%；4—25%；5—20%；6—15%；7—10%

（加热条件：1200℃保温 10min，轧后立即淬火，相对变形量 ε）

奥氏体再结晶百分数的关系；图 6-29 所示为 20g 钢相对变形量与变形奥氏体再结晶百分数的关系；图 6-30 所示为 20g 钢轧后停留时间与变形奥氏体再结晶百分数的关系。

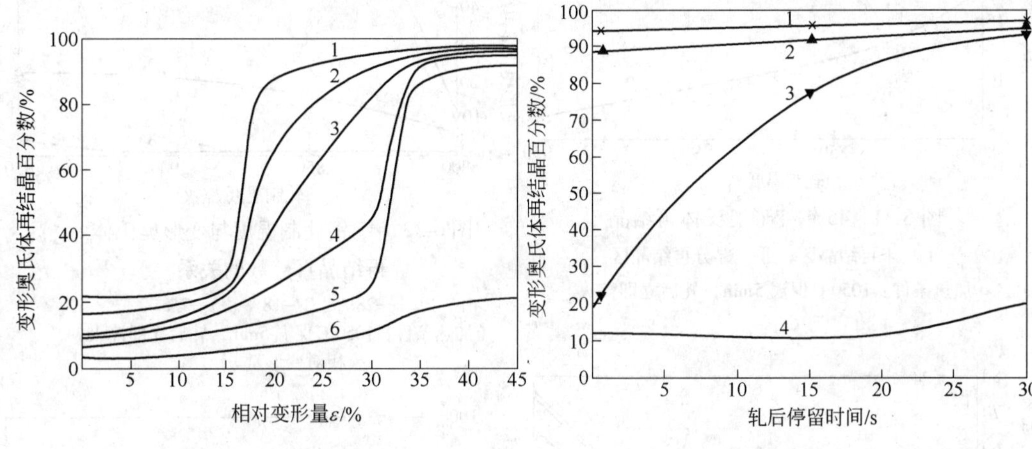

图 6-29　20g 钢相对变形量与变形奥氏体再结晶百分数的关系

1—1100℃；2—1050℃；3—1000℃；4—950℃；5—900℃；6—800℃

（加热条件：1200℃保温 10min，轧后立即淬火，轧制温度 T_D）

图 6-30　20g 钢轧后停留时间与变形奥氏体再结晶百分数的关系

1—45%；2—35%；3—25%；4—15%

（加热条件：1200℃保温 10min，轧制温度 900℃，相对变形量 ε）

6.5.2.3　45 钢

45 钢的化学成分见表 6-3。

表 6-3　45 钢的化学成分

元　素	C	Mn	Si	P	S
$w_B/\%$	0.46	0.69	0.24	0.011	0.021

加热条件：1050℃加热，保温时间 5min，原始奥氏体晶粒平均弦长 95μm。

轧制条件：轧制温度 800～950℃，相对变形量 0～30%。

未再结晶区（轧制温度 800℃，相对变形量＜18%）奥氏体晶粒平均弦长 77～54μm，随相对变形量增加而减小。

在试验范围内没有完全再结晶区。

铁素体晶粒平均弦长在各种试验条件下均为 3～4μm，铁素体含量为 12%～30%。

珠光体球团平均弦长 20～9μm，在各轧制温度下随相对变形量增加而减小。

图 6-31 所示为 45 钢变形奥氏体再结晶图；图 6-32 所示为 45 钢轧制温度与变形奥氏体再结晶百分数的关系；图 6-33 所示为 45 钢相对变形量与变形奥氏体再结晶百分数的关系；图 6-34 所示为 45 钢轧后停留时间与变形奥氏体再结晶百分数的关系。

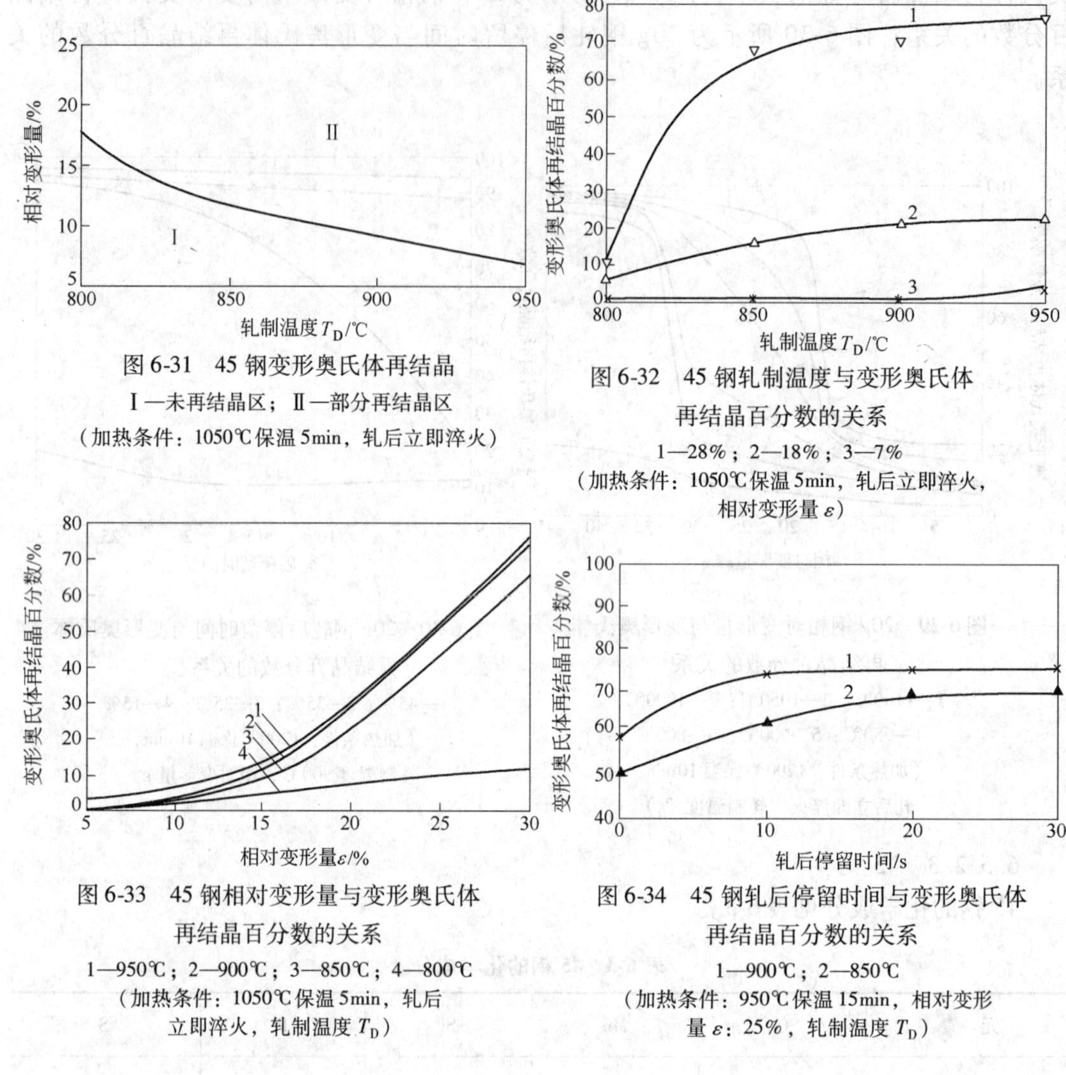

图 6-31　45 钢变形奥氏体再结晶

Ⅰ—未再结晶区；Ⅱ—部分再结晶区

（加热条件：1050℃保温 5min，轧后立即淬火）

图 6-32　45 钢轧制温度与变形奥氏体再结晶百分数的关系

1—28%；2—18%；3—7%

（加热条件：1050℃保温 5min，轧后立即淬火，相对变形量 ε）

图 6-33　45 钢相对变形量与变形奥氏体再结晶百分数的关系

1—950℃；2—900℃；3—850℃；4—800℃

（加热条件：1050℃保温 5min，轧后立即淬火，轧制温度 T_D）

图 6-34　45 钢轧后停留时间与变形奥氏体再结晶百分数的关系

1—900℃；2—850℃

（加热条件：950℃保温 15min，相对变形量 ε：25%，轧制温度 T_D）

6.6　钢中各元素在控制轧制中的作用

中厚钢板普通热轧工艺主要是保证产品的几何形状，为提高生产效率和保证较低的变形抗力和设备的安全，一般都采用高温轧制，开轧温度在 1250 ~ 1300℃，终轧温度在 1000 ~ 950℃。轧后钢板空冷。因而钢板的金相组织比较粗大，金属的性能不好。为了获得较好的综合性能，只有调整钢的化学成分和采用轧后钢板热处理工艺，例如采用正火热处理或调质热处理工艺。从前，为提高钢的强度，而增加钢中碳和锰的含量[直到 $w(C) = 0.3\%$，$w(Mn) = 1.5\%$]。这虽然使钢的强度提高，但焊接性能降低，并且引起脆性。为保证焊接质量，必须限制碳和锰的含量。

6.6.1　常规元素在控制轧制中的作用

（1）碳的作用，经过控制轧制，由于晶粒细化，$w(C) = 0.10\%$ 钢的 σ_s 值相当于普通轧制 $w(C) = 0.20\%$ 钢（其他成分相同）的 σ_s 值。

碳对钢的韧性和可焊性不利，但经控制轧制，晶粒细化和珠光体数量减少，带来韧性的提高，可以抵消碳本身对韧性不利的影响。因而，当采用控制轧制工艺时都适当降低钢中碳的含量，一般 $w(\mathrm{Ce}) \leqslant 0.40\%$，因而钢板具有很好的韧性和可焊接性能。

用控制轧制工艺生产屈服强度为 420MPa 级的钢板其含碳量在 $w(\mathrm{C}) = 0.20\%$ 左右，450MPa 级以上板材用钢的含碳量 $w(\mathrm{C}) \leqslant 0.10\%$，但不小于 0.05%，否则因 Ar_3 温度上升，使晶粒粗大而不均匀。

(2) 锰的作用，锰在控制轧制中是重要的元素，主要起细化晶粒作用，提高强度，增加韧性，锰能降低相变温度 Ar_3，由此导致：

1）扩大了加工温度范围，增大奥氏体变形区的压下道次和变形量，充分细化奥氏体晶粒。

2）由于铁原子在铁素体区比在奥氏体区中的自扩散系数大一个数量级，所以在温度相同的条件下，铁素体晶粒比奥氏体晶粒容易长大，但因 Ar_3 温度降低，使铁素体晶粒长大机会大为减少。$w(\mathrm{Mn})$增加 1.5%，Ar_3 温度下降 100℃左右。

锰对钢的塑性影响不大。锰能脱氧，形成 MnS 取代低熔点的 FeS，减少热脆性。锰还能固溶强化铁素体。

采用控制轧制的钢中锰含量一般在 1.3% ~1.5% 范围，有的达到 2.0%，锰含量太高时易形成贝氏体组织，对韧性不利。

(3) 硫的作用，S 在钢中形成 MnS 后，尤其在低温轧制时，随轧制方向拉长延伸，使钢的各向异性加大，尤其对横向冲击韧性不利，对塑性也不利，严重时导致钢板分层。含 S 高时，抗 H_2S 腐蚀能力大为下降。

高强韧性控制轧制用钢的 S 含量一般要求 $w(\mathrm{S})$不大于 0.010%。

(4) 磷的影响，磷作为有害元素一般说应愈少愈好，控制轧制用钢的磷含量一般要求 $w(\mathrm{P})$不大于 0.020%。

(5) 钼的作用，加入钼是为了进一步提高强度(一般是 500MPa 级以上的钢才加入)和要求较高的加工硬化率。控制轧制用钢含钼量一般是 $w(\mathrm{Mo})$约为 0.5%。

(6) 镍、铬、铜的作用，它们可以提高钢的强度。Ni 高可以改善钢的韧性，但其总量不应超过 $w(\mathrm{Ni}) = 0.5\%$，否则对综合性能不利。

(7) 铝的作用，钢中存在可溶铝时[$w(\mathrm{Al}) = 0.03\% \sim 0.06\%$]，对性能是有利的，形成 AlN 可细化晶粒，固定 N，可提高钢的韧性，但是对控制轧制用钢一般不追求残铝量。

6.6.2 Nb、V、Ti 微合金化元素的特性及在控制轧制中的作用

6.6.2.1 Nb、V、Ti 微合金化元素的特性

钢的焊接性、成型性和断裂韧性要求钢中有较少的非金属夹杂物，控制低氧含量和低硫含量是生产高质量低合金钢的必要条件。为此，首先是铝有效地脱氧和形成 AlN 对细化晶粒起作用，已被利用达半个多世纪。Ca 和稀土也被广泛应用，对硫化物形态控制十分有效。但真正意义的碳氮化物形成元素，则是 Nb、V、Ti。

Nb、V、Ti 与 Er、Hf、Ta、Cr、Mo、W 等元素均为难熔金属，分属于元素周期表的 $\mathrm{IV_B}$、$\mathrm{V_B}$ 和 $\mathrm{VI_B}$ 族，均具有形成氮化物和碳化物的能力。Nb、V、Ti 与 Fe 原子的半径差

很小，且氮化物和碳化物面心立方结构和钢的面心立方、体心立方基体有共格性，在一定的条件下既可以溶入又可以析出。

A　形成氮化物和碳化物可能性比较

Ti 的氮化物是在钢水凝固阶段形成的，实际上不溶于奥氏体，因此能在钢的热加工加热过程和焊接时的焊缝中控制晶粒尺寸，另外由于形成 TiN，可以消除钢中自由氮，对抗时效有好处。V 的氮化物和碳化物在奥氏体内几乎完全溶解，对控制奥氏体晶粒不起作用。V 的化合物仅在 γ/α 相变过程中或相变之后析出，析出物非常细小，有十分显著的析出强化效果。Ti 的碳化物和 Nb 氮化物、碳化物可在高温奥氏体区内溶解，又在低温奥氏体区内析出。Nb、Vi、Ti 对奥氏体晶界的钉扎作用使相变后铁素体晶粒得到细化，可以用溶解度积［%M］·［%C·N］表征氮化物或碳化物在不同温度下的可能性大小，见表6-4。

表6-4　典型温度下氮化物，碳化物溶解度积

温度/℃	［V］［C］	［Nb］［C］	［Ti］［C］	［V］［N］	［Nb］［N］	［Ti］［N］
800	7.4×10^{-3}	1.1×10^{-4}	5.8×10^{-5}	5.0×10^{-5}	7.3×10^{-6}	7.3×10^{-7}
900	4.2×10^{-2}	4.8×10^{-4}	2.3×10^{-4}	2.3×10^{-4}	3.6×10^{-5}	3.2×10^{-7}
1000	1.8×10^{-1}	1.6×10^{-3}	7.2×10^{-4}	8.2×10^{-4}	1.3×10^{-4}	1.1×10^{-6}
1100	6.3×10^{-1}	4.6×10^{-3}	1.9×10^{-4}	2.5×10^{-3}	4.1×10^{-4}	3.1×10^{-6}
1200	1.86	1.1×10^{-2}	4.6×10^{-3}	6.4×10^{-3}	1.1×10^{-3}	7.7×10^{-6}
1300	4.79	2.5×10^{-2}	9.6×10^{-3}	1.5×10^{-2}	2.5×10^{-3}	1.7×10^{-5}

B　对形变再结晶影响的比较

固溶的溶质原子对扩散控制的反应或相变有拖拽作用，从而使再结晶过程推向较高的温度，而碳氮化物的析出既促进相变的生核，又阻滞二次晶粒的长大。从这个角度上衡量，含 Nb、Ti 的微合金化钢再结晶温度较高，具有较细的奥氏体晶粒。V 微合金化钢再结晶温度较低，V-Ti 复合又可充分发挥对多次再结晶新晶界的阻滞作用。

C　对析出强化效果的比较

析出强化的强度增量取决于析出物数量和粒子尺寸，也取决于共格质点的铁原子之间晶格常数的差别。在约 0.14%C 的碳含量范围内，析出强度产生的屈服强度增量 Nb > Ti > V。和 V 相比，要达到相同的弥散强化效果，用 1/2 的 Nb 就可以。强化效果又受到在奥氏体中形成析出物倾向的制约，形变促进这种倾向，所以 NbC 具有的强化效果只是在较低碳含量的钢之中。

6.6.2.2　Nb、V、Ti 在控制轧制中的作用

控制轧制工艺中 Nb、V、Ti 在钢中形成碳、氮或碳氮化合物，利用在不同条件下产生固溶和析出机理起到抑制晶粒长大及沉淀强化的作用。在控制轧制工艺中，前者更为重要。

机理研究表明：加入微量元素能提高强度，如不采用控制轧制工艺，钢的韧性反而变坏。只有采用控制轧制工艺，才能得到强度和韧性的同时提高。

钢中加入铌、钒、钛等元素，在加热时可以阻止奥氏体晶粒的长大，提高粗化温度，在热变形过程中，铌、钒、钛的碳化物能阻止再结晶后的晶粒长大，使晶粒细化，扩大奥

氏体未再结晶区，增加未再结晶区的变形量和轧制道次，使相变后铁素体晶粒细化。铌能产生显著的晶粒细化和中等的沉淀强化作用。含铌量小至万分之几就很有效果。

随着钛含量增加，将发生强烈的沉淀强化，使钢的强度提高。但是钛含量对晶粒细化却是中等的作用，对韧性的改善效果差些。钒能产生中等程度的沉淀强化和比较弱的晶粒细化作用。氮能加强钒的效果。可以将钒的沉淀强化和钢的晶粒细化作用结合起来。

从细化铁素体晶粒的效果来看，铌最为明显，钛次之，钒最差。其含量分别为$w(\mathrm{Nb})=0.049\%$，$w(\mathrm{Ti})=0.06\%$和$w(\mathrm{V})=0.08\%$较为合适；含量再增大，则细化铁素体晶粒效果并不增大。

含铌、钒、钛钢必须采用控制轧制工艺，使晶粒细化及弥散强化，并且使铁素体数量增加、珠光体数量下降，在强度提高的同时改善韧性，使脆性转变温度降低，达到高强韧性的目的。

6.7 轧制工艺参数的控制

根据控制轧制机理，为提高中厚钢板的强韧性，必须严格控制下列有关工艺参数：坯料的加热制度、中间板坯的待轧温度、中间板坯待温后至成品的变形率、各控制轧制阶段的道次变形量，特别是终轧前几道的变形量、终轧温度、轧后冷却速度。

6.7.1 坯料的加热制度

坯料的加热制度与钢种和所采用的控制轧制工艺类型有密切关系，同时也与所采用的加热炉结构及其特点有关。

坯料的最高加热温度的选择应考虑对原始奥氏体晶粒大小、晶粒均匀程度、碳化物的溶解程度以及开轧温度和终轧温度的要求。这些参数对钢板的组织和性能都有直接影响。

变形温度的控制首先要注意对加热温度的控制，加热温度主要是通过影响原始奥氏体晶粒和碳、氮化物的溶解度，也即其后的沉淀硬化效果来起作用。

降低加热温度可使原始奥氏体晶粒细化及沉淀硬化作用减小，可使轧制温度相应降低。因此，能使脆性转化温度降低，也就是使韧性得到提高。

晶粒长大使单位体积的晶界面积减小，系统自由能降低，这是晶粒长大的内因。而一定的温度条件则是其外因。只要各具一定的温度条件，原有的原子有足够的活动能力，晶粒长大就会自发进行。奥氏体化温度越高，奥氏体晶粒长大越明显。奥氏体晶粒一旦长大。在随后冷却时就不会再变细，只能通过奥氏体变形及随后的再结晶才能细化。所以，只有细小的奥氏体晶粒才能转变成细小的铁素体晶粒，因此细化晶粒必须从高温下的奥氏体晶粒度控制开始。

对一般轧制，加热的最高温度不能超过奥氏体晶粒急剧长大的温度，如轧制低碳中厚板一般不超过1250℃。但对控轧Ⅰ型或Ⅱ型都应降低加热温度（Ⅰ型控轧比一般轧制低100～300℃），尤其要避免高温保温时间过长，不使变形前晶粒过分长大，为轧制前提供尽可能小的原始晶粒，以便最终得到细小晶粒和防止出现魏氏组织。

控轧对加热含铌钢时，加热温度以1150℃为宜。因为，温度达到1050℃则铌的碳氮化合物开始分解固溶，使奥氏体晶粒开始长大，至1150℃晶粒长大比较均匀，温度提高到1200℃时晶粒进一步长大，即二次再结晶发生。因此，为了轧制后的钢材具有均匀细小的晶粒，加热温度一般以1150℃为宜。若加热至1050℃，则奥氏体晶粒大小不均，使轧后钢材易产生混晶，若加热至1200℃或更高，则晶粒过分长大，使轧后钢材晶粒难以细化。

低的加热温度不仅细化了原始的奥氏体晶粒促进轧后组织细化，更重要的是减少固溶的铌的碳氮化合物，减少了在铁素体的沉淀相，因而提高了低温脆性转变温度。

由于 Nb 在控轧中的作用与其在奥氏体化状态下的存在形式有关，因此可根据对 Nb 钢的性能要求的不同而采用不同的加热温度。

（1）对 Nb 钢的控轧，以要求提高强度为主，而又可略降低脆性转化温度，此时加热必须使足够的 Nb 固溶于奥氏体中，因而采用较高的加热温度 1250～1350℃。

（2）对 Nb 钢的控轧，以要求提高低温韧性为主，则不需要更多的 Nb 固溶于 γ 体中，需要利用未溶的铌的碳氮化物阻碍 γ 晶粒长大达到细化作用。因而采用较低的奥氏体化温度 1150℃甚至950℃加热，以避免轧制前原始晶粒粗化和铌的碳氮化物再次固溶析出增加析出强化。

6.7.2 中间待温时板坯厚度的控制

采用两阶段控制轧制时，第一阶段是在完全再结晶区轧制，之后，进行待温或快冷，以防止在部分再结晶区轧制，这一温度范围随钢的成分不同，波动在 870～1000℃。待温后，在未再结晶区进行第二阶段的控制轧制。在第二阶段，即待温后到成品厚度的总变形率应大于40%～50%以上。总压下率越大（一般不大于65%），则铁素体晶粒越细小，弹性极限和强度就越高，脆性转变温度越低。所以，中间待温后的钢板厚度（即中间厚度）是很重要的一个参数。如含 $w(C)=0.07\%$、$w(Mn)=2.0\%$、$w(Nb)=0.06\%$ 和 $w(Mo)=0.5\%$ 钢，在未再结晶区的总压下率对钢板强度和脆性转变温度的影响规律为：低于900℃的总压下量增大，抗拉强度和屈服强度增大、脆性转变温度降低、-60℃的冲击功提高。当总压下率大于60%时，再加大总压下率则强度下降，这是由于针状铁素体数量减少而造成的。

对碳钢和低合金钢，未再结晶区总变形量大于60%，则铁素体细化效果基本稳定，因而钢板性能趋于稳定。

如果含有高 Mn、Mo 和 Nb 的厚板采用普通轧制工艺，则由于奥氏体晶粒粗大，铁素体相变被推迟，形成粗大的上贝氏体组织，所以塑性和韧性显著变坏。而采用控制轧制使奥氏体晶粒细化，在稍高于贝氏体转变温度之上转变成针状铁素体，将显示出良好的韧性和高强度。随未再结晶区总变形量加大，针状铁素体数量减少，则韧性不断提高，脆性转变温度下降。

6.7.3 道次变形量和终轧温度的控制

无论是再结晶型控制轧制，或者是未再结晶型控制轧制，甚至 γ+α 两相区控制轧制，道次变形量和终轧温度对钢板的组织和性能都有直接的影响。

在完全再结晶区，每道次的变形量必须大于再结晶临界变形量的上限，以确保发生完全再结晶。多道次轧制后，γ 晶粒大小，既决定于总变形量，也决定于道次变形量。总变形量大，则最后的奥氏体晶粒细，而总变形量一定，道次变形量大，则可得到更细的奥氏体晶粒。当变形量 ε 为50%~60%后，细化作用减弱。

在未再结晶区轧制时，加大总变形量，以增多奥氏体晶粒中滑移带和位错密度、增大有效晶界面积，为铁素体相变形核创造有利条件。在未再结晶区轧制，多道次轧制的变形量对晶粒细化起到叠加作用，也就是说只要有足够的总变形量，无须过分强调道次变形量。

在 $\gamma+\alpha$ 两相区控制轧制时，在压下量较小阶段增大变形量，钢的强度提高很快。当变形量大于30%时，再加大压下量则强度提高比较平缓，而韧性得到明显改善。

在 $\gamma+\alpha$ 两相区轧制的钢板强度和韧性变化取决于轧制温度和压下量的相互影响结果。例如在850℃以下的总压下率为47%时，随着终轧温度下降，σ_s 增加。在 $\gamma+\alpha$ 两相区的高温区进行轧制，韧性最好，比单相奥氏体区轧制时韧性还好。但是，随着 $\gamma+\alpha$ 两相区终轧温度降低，韧性恶化。

关于Si-Mn钢和添加Ti、V-Ti和Mo-V-Ti的钢，在两相区轧制，随着轧制温度越低，越有利于提高强度；压下量越大越有利于提高韧性。当轧制温度一定时，在小压下量范围内增大压下量，明显强化，而韧性稍有恶化。达到一定强度时，韧性可以明显得到改善。当变形量超过一定值时，则强度反而下降。所以在 $\gamma+\alpha$ 两相区应选择合理的变形量和轧制温度，才能取得较合理的综合性能。在 $\gamma+\alpha$ 两相区高温区轧制时，较小的变形量可以提高钢的韧性，而在低温区轧制则转向脆化，韧性降低，仅强度提高。

6.8 典型专用钢板所采用的控轧控冷工艺简介

6.8.1 锅炉用中厚钢板的控制轧制和控制冷却工艺

工业锅炉钢板在我国主要以20g与16Mng为主。钢板厚度范围为6 ~ 120mm，其中大多数为25mm以下的钢板。工业锅炉钢板用量占锅炉钢板的大多数。工业锅炉用钢板一般用碳素钢和低合金钢，它们属于碳－锰系钢种，如20g和16Mng钢由于不含有高固溶点的碳化物，加热温度不应当过高，以防止原始奥氏体晶粒粗大或过烧。经验表明，当加热温度由1150℃提高到1200℃与1250℃时，原始奥氏体晶粒由3.5~4级长大到2~2.5级。加热温度与轧制时总的变形量有关，当总变形量大于75%时，则加热温度对原始奥氏体粗化影响铁素体晶粒大小的作用明显减弱。尽管原始奥氏体晶粒粗大，经过大变形量之后，仍可获得细小的铁素体晶粒。铁素体晶粒细化到9~9.5级则 σ_s 和时效冲击值将得到提高。

锅炉钢板时效冲击值的高低与各种因素有关，如化学成分，钢质条件等。即使工艺条件基本相同，时效冲击也会产生较大波动。

钢中S含量对常温冲击值有明显影响。例如，12mm厚的16Mng钢板中 $w(\mathrm{S})=0.014\%\sim0.018\%$ 时，常温冲击值 A_{KV} 为43.0~49.2J，条件相同时，当钢中 $w(\mathrm{S})=0.006\%$ 的16~18mm钢板，其常温冲击值 A_{KV} 为82.6~102.7J，－20℃和－40℃低温冲击值也有一定改善。

20g和16Mng钢的板坯加热出炉温度分别为1250℃和1150℃。粗轧的道次压下率根据粗轧机的设备能力选用再结晶型和在部分再结晶区温度上限轧制，其道次压下率为15% ~ 20%或更大些，粗轧的总压下率应不小于60%，粗轧的终轧温度大于1000℃。四辊精轧的开始轧制温度低于950℃（16Mng），或大于等于950℃（20g钢）。在精轧机上轧制20g和16Mng钢板的控制轧制工艺及轧后控制冷却工艺见表6-5和表6-6。

表6-5　20g锅炉钢板控制轧制和控制冷却工艺

钢板厚度/mm	板坯加热温度/℃	900℃以下总压下率/%	终轧前几道次的道次压下率/%	四辊终轧温度/℃	轧后冷却速度/℃·s^{-1}	快冷终止温度/℃
<10	1250	终轧前高压水降温 30~60	15~18	830~880	空冷	
12~16	1250	40~60	13~15	820~870	5	600
17~25	1250	40~60	10~15	820~870	5	600

表6-6　16Mng锅炉钢板控制轧制和控制冷却工艺[w(S)<0.025%]

钢板厚度/mm	板坯加热温度/℃	四辊终轧前三道次总压下率/%	终轧前几道次的道次压下率/%	四辊终轧温度/℃	轧后冷却速度/℃·s^{-1}	快冷终止温度/℃
<10	1150	不控温，终轧前高压水降温>40	15~18	840~880	10	650
12~16	1150	>40	13~15	830~870	10	650
17~25	1150	>40	13~15	830~870	10	650

终轧温度对锅炉钢板的组织和性能有明显影响，降低终轧温度，钢板的σ_s上升，低温韧性有所改善。在终轧温度为820~880℃之间，降低终轧温度，铁素体晶粒细化，强度提高，但常温冲击功降低。而对时效冲击功的影响并不明显。但是终轧温度低于820℃则时效冲击功有下降的趋势。

轧制温度低于900℃的总压下率增大，钢板的强度提高，低温韧性也得到改善，但常温冲击功有下降的趋势。由于锅炉钢板不考核它的低温韧性，所以在900℃以下的总压下率应大于40%。终轧前几道次的道次压下率在13%~18%较为合适。终轧前几道次的道次压下率对锅炉钢板的组织和性能有较大的影响。

轧后钢板的冷却速度和快冷的终止温度对钢板性能也有明显影响。

当20g锅炉钢碳当量w(Ce)>0.28%时可少量浇水，或厚度小于10mm时轧后采用空冷，厚度在12mm以上的钢板，轧后冷却速度可控制在5℃/s，冷却到600℃后空冷或采用450~600℃缓冷，可以获得较高的强韧性。

而16Mng钢板轧后冷却速度应控制在10℃/s，终冷温度为650℃，之后空冷。

6.8.2　压力容器用中厚钢板的控制轧制和控制冷却

压力容器钢板一般分为：一般压力容器钢板；用于－20℃以下的低温压力容器钢板；用于400℃以上的或制造大型球罐和容器设备的高强度容器钢板；用于制造温度较高容器的合金容器钢板；特殊性能压力容器钢板、特殊处理镍合金钢板和多层高压容器钢板等。

容器钢板从合金成分上分为碳素钢板、低合金钢板和高合金钢板三大类。碳素钢和低合金钢钢板以热轧或正火状态交货。低温压力容器钢板一般是正火或调质状态交货。用控制轧制和控制冷却生产的钢板可以取代热轧或正火状态交货的钢板。调质状态交货的钢板可以采用余热淬火或形变热处理工艺来生产。

一般碳素钢容器板和低合金容器板的原料有钢锭和钢坯（包括连铸坯）。钢键或钢坯

的出炉温度 $t \geqslant 1150℃$，加热速度为 6.5 ~ 9min/cm。对于高合金钢容器板的板坯出炉温度为 1200℃，加热速度为 10 ~ 12min/cm。

在双机架中厚板轧机上轧制含 S 量较低的 16MnR 钢的控制轧制和控制冷却工艺如下：在粗轧机采用再结晶型控制轧制工艺，开轧温度为 1100 ~ 1150℃，道次压下率一般控制在 20% ~25%，粗轧的总压下率为 55% ~77%，粗轧的终轧温度为 1020 ~ 1050℃。在精轧机上一般分成两个轧制阶段，精轧开始轧制温度大于 1000℃，仍属于再结晶型控制轧制区或处在部分再结晶区的上限范围，轧制 4 ~ 6 道次，道次变形量为 15% ~25%。适当加长道次间的间隙时间，以提高再结晶数量，细化奥氏体晶粒。当中间厚度为成品厚度的 2 ~ 2.5 倍时开始轧件待温到奥氏体未再结晶区，一般钢温低于 900℃，然后，进行精轧机上的第二阶段轧制，每道变形量在 15% ~20%，未再结晶区的总压下率必须大于 40%，终轧温度为 820 ~ 860℃，轧后以大于 5℃/s 的冷却速度进行快冷，快冷终止温度控制在 650℃左右。

为了提高 16MnR 钢的 -40℃A_K 值，将终轧温度降低到 780 ~ 810℃，未再结晶区的总变形量应大于 50%，并且要求钢中 S 含量应小于 0.010%，含碳量应小于 0.16% 对低温冲击韧性才有所保证。

15MnVR 钢板在精轧机仍采用两阶段控制轧制，第一阶段的再结晶区轧制的道次压下率应大于 15%，当钢温冷却到 1000 ~ 900℃，开始空冷待温到 910 ~ 860℃进行未再结晶区的第二阶段轧制，这一阶段的总变形量为 50% 以上，终轧温度为 770 ~ 880℃，轧后进行水冷，终冷温度控制在 700℃以上。要求保证 -20℃A_{kV} 冲击值，终轧温度控制在 770 ~ 860℃较为合适，钢板较薄时则终轧温度应高些，钢板厚时，终轧温度应低一些。S 含量也应控制在低于 0.015%，有利于低温韧性的改善。

6.8.3 桥梁用中厚钢板的控制轧制和控制冷却工艺

根据不同的使用要求，桥梁钢板分为热轧碳素钢、低合金钢及耐大气腐蚀的结构钢。

为了提高桥梁钢板的强韧性应采用细化铁素体晶粒，降低珠光体数量的控制轧制和控制冷却工艺。

生产碳素钢板和低合金桥梁钢板的控制轧制工艺同生产碳-锰系列容器钢板和锅炉钢板的轧制工艺相近。例如轧制 15MnV 钢板时以板坯作为原料，其粗轧的开轧温度为 1150℃，各道次的压下率要大于 15%，其粗轧的总压下率大于 60%，粗轧的终轧温度为 1000℃。而在精轧机则采用两阶段的轧制工艺，第一阶段是由粗轧机轧出后立即送入精轧机，开轧温度一般为 1000℃左右，道次压下率大于15%，板温达到 950℃，停轧待温到 900℃，开始精轧的第二阶段轧制，道次压下率为 10% ~15%，第二阶段的总压下率应为 40% ~60%，根据成品厚度不同，总压下率有所不同。精轧的终轧温度为 830 ~ 880℃。

轧制耐大气腐蚀的焊接结构钢也是采用再结晶型和未再结晶型的两阶段控制轧制工艺。中间冷却既可以采用水冷降低钢板温度，也可以采用中间空冷待温的方法。控制未再结晶区的总压下率或者终轧前三道的总压下率要大于 30%。并且与终轧温度的控制相配合。可以获得良好的钢板综合力学性能。

终轧温度的控制与钢板厚度和钢中含碳当量的高低有关，钢板厚度较厚时，或碳当量较低时，则终轧温度应当较低。而钢板较薄或碳当量较高时，则终轧温度应当偏高些，未再结晶区的总压下率应当大一些。

桥梁钢板控制轧制之后应配合轧后控制冷却工艺，以进一步细化奥氏体和铁素体晶粒，改善带状组织，细化珠光体球团尺寸和减少其珠光体片层间距。终轧后立即进行快冷，冷却速度和终止快冷温度应根据板厚和碳当量的高低以及综合力学性能的要求而定。终冷温度不应低于热矫开始温度，一般快冷终止温度控制在 Ar_1 温度。如果冷却速度过快，将在钢板厚度方向上形成不均匀的组织，终冷温度过低将形成低温转变组织，降低钢板的韧性。

对一些不具备轧后冷却装置的轧板车间，轧制厚规格钢板时可以在500 ~ 550℃左右采取堆垛缓冷的方法，以获得好的综合力学性能。

6.8.4 造船用中厚钢板的控制轧制和控制冷却

造船用中厚钢板要求一定强度条件下有好的韧性和焊接性能。一般采用镇静钢与半镇静钢的钢种。为了降低钢中硫含量，在冶炼工艺上采用铁水脱硫，钢包喷粉和合成渣脱硫等技术。

造船用中厚钢板分为碳钢和高强度钢。造船碳钢分为4级：A级是普通质量钢；B级是中间质量钢；D级是高级质量钢；E级是高缺口韧性的特种质量钢。

对于厚度 $h \leqslant 12.5$mm 的A级船板S、P有上限控制[w(S、P)≤0.04%]，而大于12.5mm的钢板为了提高其韧性，规定 w(Mn)：w(C)≥2.5，即 w(C)≤0.22%，w(Mn)≥0.55%。

B级船板钢的缺口敏感性比较高，必须控制碳的上限和下限，即 w(C)≤0.21%，其 w(Mn)：w(C)=2.855 ~4.76。

D级造船钢板是铝细化晶粒镇静钢，C和Mn含量与B级相同，但要求 w(Al)≥0.015%。D级钢板可以采用控制轧制和控制冷却工艺生产。但是厚度大于35mm的钢板一般要求进行正火处理。

E级船板钢用于焊接结构船舶阻止裂纹传播的地方。采用低碳高锰细晶粒镇静钢。w(C)≤0.18%，w(Mn)=0.7% ~1.2%，即 w(C)：w(Mn)=3.89 ~6.66。钢中 w(Al)≥0.015%。E级钢板的交货状态要求进行正火处理。

低合金高强度船板钢按其屈服强度分为AH32、DH32和EH32，即 σ_s 为316.6MPa级别和AH36、DH36和EH36，即 σ_s 为352.8MPa级别。

高强度船板钢的碳含量均小于或等于0.18%，而Mn含量一般在0.6% ~1.6%。AH36，DH36和EH36高强度钢加入 w(Nb)0.015% ~0.05%和 w(V)0.030% ~0.10%，造船钢板主要应考虑钢板的使用疲劳强度。当提高屈服强度时，疲劳强度上升并不高，因而要求的屈服强度并不太高。用于国防上的船板达588MPa，货轮的船板屈服强度达490MPa。

6.9 A32、A36级高强度热轧船板生产工艺方案

以下工艺方案仅供参考。

6.9.1 适用范围

本工艺方案适用于生产高强度船体结构用热轧钢板，级别为：A32、A36，轧制规格

为：(9~36) mm×(1500~3200) mm×(6000~12000) mm。

6.9.2 工艺执行标准

ABS、BV、CCS、DNV、GL、LR、NK 等船级社规范，GB 712—2000《船体结构用钢》，GB 709—1988《热轧钢板和钢带尺寸、外形、质量及允许偏差》。

6.9.3 生产组织及工艺要求

6.9.3.1 原料管理

(1) 船板坯的钢级、炉号、支数、规格、重量应与质保书相符，表面质量符合有关规定。

(2) 经验收的船板坯必须按规定入账，做好台账登记，并分钢级、炉号、规格堆放，尤其船板坯料不得与其他钢种同堆堆放。

(3) 生产原料：转炉连铸板坯，坯料管理的各种记录中用"A32"、"A36"分别表示 A32、A36 钢级。

(4) 坯料化学成分的验收标准见表 6-7。

表 6-7 坯料化学成分（质量分数）的验收标准 (%)

牌号	w_C	w_{Mn}	w_{Si}	w_P	w_S	w_{Als}	w_{Nb}	w_V	Ti
A32	≤0.18	0.90~1.60	0.10~0.50	≤0.035	≤0.035	≥0.015	0.02~0.05	0.05~0.10	≤0.02
A36									

注：1. 可以采用总铝含量来代替酸溶铝含量的要求，此时，总铝含量(质量分数)应不小于 0.020%。

2. 可以将细化晶粒元素(Al、Nb、V 等)单独一种或以任一组合形式加入钢中。单独加入时，其含量应不低于表中所列的下限；若混合加入两种以上细化晶粒元素时，则表中对单一元素含量下限的规定不适用。

3. Nb、V、Ti 的含量还应符合：$w(Nb)\% + w(V)\% + w(Ti)\% \leq 0.12\%$。

4. $w(Cu) \leq 0.35\%$，$w(Cr) \leq 0.20\%$，$w(Ni) \leq 0.40\%$，$w(Mo) \leq 0.08\%$。

5. As 含量(质量分数)不大于 0.15%。

6.9.3.2 原料进炉和加热要求

(1) 上料工要严格核对钢坯的入炉计划是否与实际垛位上的钢坯相符（包括钢号、炉号、块数、尺寸规格）；

(2) 加热温度要求：加热速度 8~10min/cm，最高加热温度≤1300℃，加热炉各段温度控制要求见表 6-8；

表 6-8 加热炉各段温度控制要求

钢 种	控制温度/℃			
	均热段	第二加热段	第一加热段	预热段
A32、A36 级船板	1180~1250	1200~1280	1050~1200	

(3) 回炉钢：加热炉操作工负责记录清楚钢号、炉号、支数，不得混钢。A32、A36 级船板坯的回炉钢其钢号一律改为 Q345B；

(4) 严格执行按炉送钢制度，作好全过程炉号跟踪，杜绝混炉号工艺事故的发生。

6.9.3.3　轧制及冷却工艺要求

（1）A32、A36 级船板坯的轧制及冷却过程工艺要求见表 6-9。

表 6-9　A32、A36 级船板轧制及冷却过程工艺要求

规格/mm	轧制				冷却	
	轧制方式	精轧开始温度/℃	精轧后累计压下率/%	终轧温度/℃	冷却方式	终冷温度/℃
9 ~ 14	常规轧制			≤900	空冷或水冷	670 ~ 750
大于 14 ~ 36	控温轧制	≤950	≥45 ~ 55	830 ~ 900	水冷	670 ~ 750

注：1. 为保证温度，可根据需要适当喷高压水降温。

2. 阶段的后半程，道次压下率不小于 18%；精轧的道次压下率不小于 8%。

（2）各厚度的成品板控轧（TCR）待温厚度见表 6-10。

表 6-10　各厚度的成品板控轧（TCR）待温厚度

成品厚度/mm	第二阶段开轧温度/℃	TCR 开轧厚度（成品厚度倍数）
15 ~ 25	880 ~ 940	2.0 ~ 2.25
26 ~ 36	880 ~ 940	1.9 ~ 2.1

注：TCR 开轧厚度由主操给相应的厚度系数，具体厚度由轧制模型计算出来；钢板在层流进行水冷却，冷却速度由冷却模型自行设定。

（3）钢板厚度偏差

厚度允许负偏差为 -0.30mm（美国船级社为 -0.20mm），允许正偏差见表 6-11。

表 6-11　钢板厚度偏差　（mm）

公称厚度	>1500 ~ 2000	>2000 ~ 2300	>2300 ~ 2700	>2700 ~ 3000	>3000 ~ 3200				
9 ~ 10	+0.80	+0.90	+1.05						
>10 ~ 13	+0.85	+0.95	+1.15	+1.45	+1.45				
	>1500 ~ 1700	>1700 ~ 1800	>1800 ~ 2000	>2000 ~ 2300	>2300 ~ 2500	>2500 ~ 2600	>2600 ~ 2800	>2800 ~ 3000	>3000 ~ 3200
>13 ~ 25	+0.75	+0.85	+1.05	+1.25	+1.25	+1.45	+1.55	+1.65	+1.65
>25 ~ 30	+0.85	+0.95	+1.15	+1.35	+1.45	+1.55	+1.65	+1.75	+1.75
>30 ~ 34	+0.95	+1.05	+1.25	+1.45	+1.55	+1.65	+1.85	+1.95	+1.95
>34 ~ 36	+1.25	+1.35	+1.45	+1.65	+1.75	+1.85	+2.05	+2.15	+2.15

由于坯料按倍尺设计，为提高船板命中率，正公差控制尽量不大于 +0.2mm。

6.9.3.4　矫直

开矫温度 600 ~ 750℃，钢板应矫正平直，一般矫直 1 道，矫直效果不好时可采取 3 道矫直，矫直必须保证表面光洁，不得出现麻坑和压痕等缺陷。

6.10　锅炉容器板生产工艺方案

以下工艺方案仅供参考。

6.10.1 适用范围

本工艺方案适用于生产锅炉容器结构用热轧钢板，品种有16MnR、16Mng、20R、20g，轧制规格为：(9～25)mm×(1500～3200)mm×(6000～12000)mm。

6.10.2 工艺执行标准

GB 713—1997《锅炉用钢板》；GB 6654—1996《压力容器用钢板》。

钢板外形尺寸、质量及允许偏差，除厚度偏差之外均应符合GB 709—1988《热轧钢板和钢带尺寸、外形、质量及允许偏差》的要求，厚度偏差见表6-15的规定。

6.10.3 生产组织及工艺要求

6.10.3.1 原料管理

(1) 板坯的钢种、炉号、支数、规格、质量应与质保书相符，表面质量符合有关规定。

(2) 经验收的板坯必须按规定入账，做好台账登记，并分钢级、炉号、规格堆放，不得与其他钢种同堆堆放。

(3) 生产原料：转炉连铸板坯，坯料管理的各种记录中用"20g"、"20R"、"16Mng"、"16MnR"表示。

(4) 坯料化学成分的验收标准见表6-12。

表6-12 坯料化学成分（质量分数）的验收标准 (%)

牌号	w(C)	w(Si)	w(Mn)	w(P)	w(S)
16Mng	≤0.20	0.20～0.55	1.20～1.60	≤0.035	≤0.030
16MnR	≤0.20	0.20～0.55	1.20～1.60	≤0.030	≤0.020
20g	0.12～0.18	0.15～0.30	0.55～0.90	≤0.035	≤0.035
20R	0.12～0.18	0.15～0.30	0.55～0.90	≤0.030	≤0.020

注：1. 16Mng的Mn含量(质量分数)最大允许到1.70%，w(Cr)、w(Ni)、w(Cu)残余元素含量各不大于0.30%，w(Mo)不大于0.10%，w(V)不大于0.010%，w(Cr)、w(Ni)、w(Cu)、w(Mo)、w(V)总含量不大于0.70%。

2. 16MnR的Cr、Ni、Cu残余元素含量(质量分数)各不大于0.30%，其总含量不大于0.60%。

3. 20g、20R钢中残余元素，Cr、Ni、Cu含量(质量分数)各不大于0.30%，Mo不大于0.10%，V不大于0.010%，Cr、Ni、Cu、Mo、V总含量(质量分数)不大于0.70%。

(5) 上料工要严格核对钢坯的入炉计划是否与实际垛位上的钢坯相符（包括钢号、炉号、块数、尺寸规格）。

6.10.3.2 加热要求

(1) 加热温度要求：加热炉各段温度控制要求见表6-13，热装或坯料在炉内时间较长则按下限温度控制。

表6-13 加热炉各段温度控制要求

钢种	控制温度/℃			
	均热段	第二加热段	第一加热段	预热段
16MnR	1120～1270	1150～1290	1050～1270	
20R	1140～1270	1150～1290	1150～1270	
16Mng	1120～1270	1150～1290	1050～1270	
20g	1140～1270	1150～1290	1150～1270	

（2）回炉钢：加热炉操作工负责记录清楚钢号、炉号、支数，不得混钢；16MnR、16Mng 板坯的回炉钢其钢号一律改为 Q345B；20g、20R 板坯的回炉钢其钢号一律改为 Q235A。

（3）严格执行按炉送钢制度，作好全过程炉号跟踪，杜绝混炉号工艺事故的发生。

6.10.3.3　轧制及冷却工艺要求

（1）锅炉容器板的轧制及冷却过程工艺要求见表 6-14。

表 6-14　锅炉容器板的轧制及冷却过程工艺要求

钢　种	规格/mm	轧　制				冷　却	
		轧制方式	精轧开始温度/℃	精轧后累计压下率/%	终轧温度/℃	冷却方式	终冷温度/℃
16Mng	9～18	常规轧制			≤900	空冷或水冷	670～740
16MnR	>18～25	控温轧制	≤950	≥45～55	≤850	水冷	670～740
20g	9～20	常规轧制			≤900	空冷或水冷	670～740
20R	21～25	控温轧制	≤950	≥45～55	≤850	水冷	670～740

注：1. 为保证温度，可根据需要适当喷高压水降温。
2. 阶段的后半程，道次压下率不小于 18%；精轧的道次压下率不小于 8%。

（2）各厚度的成品板控轧（TCR）待温厚度为成品厚度的 2.0～2.5 倍。

钢板在层流进行水冷却，冷却速度由冷却模型自行设定。

（3）钢板厚度偏差见表 6-15。

表 6-15　厚度允许偏差　　（mm）

公称厚度	负偏差	宽　度							
		>1500～1700	>1700～1800	>1800～2000	>2000～2300	>2300～2500	>2500～2600	>2600～2800	>2800～3200
		正　偏　差							
≥9～10	0.25	0.90	0.90	0.90	1.00	1.15	1.15	1.15	
>10～13	0.25	0.95	0.95	0.95	1.05	1.25	1.25	1.25	1.55
>13～25	0.25	0.85	0.95	1.15	1.35	1.35	1.55	1.65	1.75

注：由于坯料按倍尺设计，为提高命中率，轧机的轧制公差按 0～+0.3mm 进行控制。

6.10.3.4　矫直

开矫温度 600～750℃，钢板应矫正平直，一般矫直 1 道，矫直效果不好时可采取 3 道矫直，矫直必须保证表面光洁，不得出现麻坑和压痕等缺陷。

7　中厚板生产的设计计算

7.1　原料设计

7.1.1　原料的尺寸

中厚板轧机所用原料的尺寸，即原料的厚度，宽度，长度，直接影响着轧机的生产率，坯料的成材率以及钢板的力学性能。

中厚板坯料选用考虑以下 3 个方面：

（1）保证成品钢板的尺寸和性能满足使用要求。

（2）能够充分发挥炼钢车间和厚板车间的工艺条件和设备能力。

（3）所生产的钢板成本最低。

中厚板轧机原料尺寸选择的原则：

（1）原料的厚度尽可能小。原料厚度小，有利于轧机和加热炉生产率的提高。但是为了保证钢板的性能，原料的厚度应满足钢板压缩比的要求。连铸坯的压缩比应大于 6 ~ 8。

（2）原料的宽度尺寸尽可能大。宽度大的原料有利于轧机操作。为了满足坯料在横轧时送钢操作的要求，每台轧机都有最小量原料宽度的限制，小于这个宽度的原料无法在横轧时将其送入轧机。因此原料的宽度应大于此数值。原料的宽度越大，横轧时操作越容易。

（3）原料的长度尺寸应尽可能接近原料的最大允许尺寸。当原料长度等于加热炉允许装入料长的下限时，钢压炉底面积最小，因而生产能力最小，此时加热炉的单位燃烧消耗较大。当原料长度等于加热炉允许装入料长的上限时，钢压炉底面积最大，其生产能力最大，此时单位燃料消耗较小。当轧件长度增大时，切头切尾所占比例减小，使得成材率高，因此质量大的原料的成材率高。

7.1.2　原料的设计

7.1.2.1　原料质量

按成品钢板的质量和计划成材率计算出原料的质量。

计划成材率指的是在设计原料尺寸时的成材率，成品与毛板的情况如图 7-1 所示，它可以采用式 7-1 进行计算。

$$\text{计划成材率} = \frac{twl}{(t+\Delta t)(w+\Delta w)(l+l_{\text{rp}})(1+s)} \tag{7-1}$$

式中　t——成品板厚度；

w——成品板宽度；

l——成品板长度；

$t+\Delta t$——轧制平均厚度；

$w+\Delta w$——轧制平均宽度；

l_{rp}——试样长度；

s——烧损；

Δt——厚度余量；

Δw——宽度余量。

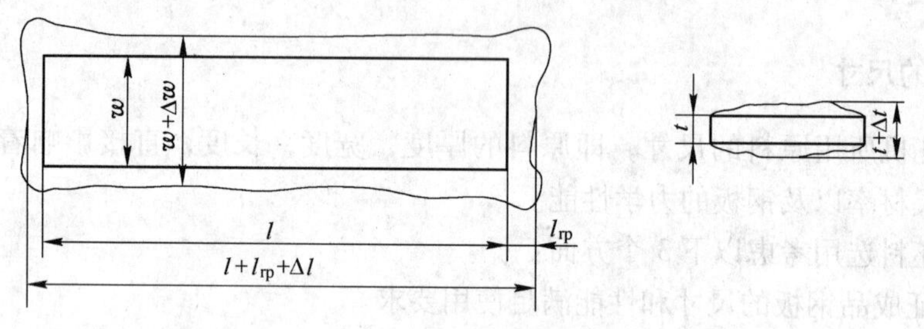

图 7-1　产品成材率示意图

式中各量的确定方法如下：

s 为烧损。即氧化铁皮损失，包括加热炉内生成的氧化铁皮。烧损约为 1% ~2%。

Δt 为成品名义厚度与轧制实际厚度之差。实际厚度通过对比标准中规定的负偏差和轧制余量来确定，通常用下面的方法确定厚度，批量内的平均厚度用名义厚度表示；当轧制余量大于负偏差允许误差时，把标准偏差的下限值加轧制余量作为实际厚度。

Δw 为宽度余量。它等于成品名义宽度和轧制宽度之差。也是切边量。决定轧制宽度的因素有：压缩比，宽度比，轧制方法等。各厂的切边量由于上述因素不同而有一定的差别。

Δl 为长度余量。它包括均匀部分和原料质量偏差引起的须切除部分。

计划成材率各中厚板厂之间有较大的区别。各厂应按照本厂情况合理地确定数量。

原料质量按下式计算：

$$原料质量 = 成品质量 \div 计划成材率$$

已知产品规格为 28mm × 2000mm × 8000mm，计算所用的原料质量。

A　计算计划成材率

已知：厚度余量可采用负公差轧制 $\Delta t = -0.2$mm（其值不能超过标准规定）；宽度余量 $\Delta w = 80$mm；长度余量：$\Delta l = 100\text{mm} + 2\times 100\text{mm} = 0.3$m，其中试样长度 $l_{rp} = 100$mm；烧损 $s = 1.4\%$；厚度 $t = 28$mm；宽度 $w = 2000$mm 的钢板，其厚度用名义厚度表示。

$$计划成材率 = \frac{twl}{(t+\Delta t)(w+\Delta w)(l+l_{rp})(1+s)}$$

$$= \frac{0.028\times 2.0\times 8.0}{0.028\times(2.0+0.08)\times(8.0+0.1+0.3)\times(1+0.014)}\times 100\%$$

$$= 90.31\%$$

B　计算原料的质量

成品钢板的质量为7.85×2.0×8.0×0.028=3.5168t。

则原料质量为3.5168÷0.9031=3.89414t。

7.1.2.2　原料尺寸

由计算出的原料质量和连铸坯或初轧坯，钢锭的规格范围，考虑到压缩比，横轧时轧机送钢的最小长度，轧机允许最大轧件长度，加热炉允许装入长度等因素，决定原料的厚度、宽度和长度。

在选择原料尺寸时应注意尽可能采用倍尺轧制，即当计算出原料质量小于最大允许原料质量的一半时，应按倍尺轧制考虑选用厚的尺寸。由于厚板特别是较厚板的订货坯料一般不大，甚至几家用户订货的钢板需要编组在一起进行轧制，因此在选择厚板原料的计算中需要考虑的因素很复杂，而且这些因素互相影响，互相制约。

7.2　轧制规程的设计

中厚板的轧制规程主要包括压下制度、速度制度、温度制度和辊型制度。轧制规程设计就是根据钢板的技术要求、原料条件、温度条件和生产设备的实际情况，运用数学公式或图表进行人工计算或计算机计算，来确定各道次的实际压下量、空载辊缝、轧制速度等参数，并在轧制的过程中加以修正和应变处理，达到充分发挥设备能力、提高产量、保证质量、操作方便、设备安全的目的。

通常中厚板轧制规程设计的方法和步骤如下：

（1）在咬入能力允许的条件下按经验分配各道次压下量，确定各道次压下量分配率及各道次能耗负荷分配比；

（2）制定速度制度，计算轧制时间并确定逐道次轧制温度；

（3）计算轧制力、轧制力矩及总传动力矩；

（4）检验轧辊等部件的强度和电机力矩；

（5）进行必要的修正和应变处理。

7.2.1　坯料的选择

中厚板的原料的主体是连铸坯，其厚度虽然不受粗轧机轧辊最大开口度的限制，但为了确保成品钢板的综合性能，连铸坯与成品钢板间的最小压缩比也要保持在6∶1以上。连铸坯的宽度受到连铸机结晶器宽度的限制。

7.2.2　道次压下量分配的影响因素

道次压下量分配轧制总道次数应根据从坯料到成品钢板厚度上的压下量和平均压下量，参照类似的轧制规程来确定。对于单机架，总道次数应为奇数，对于双机架应为偶数，并且要考虑两架轧机的轧制节奏要大致平衡。

道次压下量的分配要考虑以下因素。

7.2.2.1　咬入条件

成形轧制阶段由于板坯的厚度大、温度高、轧制速度低、道次压下量大，所以咬入条件可能成为限制压下量的因素。每道次的压下量应该小于由最大咬入角所确定的最大压下量。

$$\Delta h_{max} = D\ (1 - \cos\alpha_{max})\ = D\left(1 - \frac{1}{\sqrt{1+f^2}}\right) \tag{7-2}$$

式中　D——轧辊直径，mm；

　　　f——摩擦系数。

平辊热轧碳钢中厚板时，当轧制温度在700℃以上时，轧制速度在5m/s以下时的摩擦系数f值可由下式计算：

钢质轧辊：　　　　$f = 1.05 - 0.0005T - 0.056v$

冷硬铸铁轧辊：　　$f = 0.94 - 0.0005T - 0.056v$

式中　T——轧制温度，℃；

　　　v——轧制线速度，$m \cdot s^{-1}$。

根据实验资料，平辊热轧时最大咬入角α与轧制速度v之间有如下近似的关系：

轧制速度v（m/s）：　0　0.5　1.0　1.5　2.0　2.5　3.5

最大咬入角α（°）：　25　23　22.5　22　21　17　11

二辊和四辊可逆式中厚板轧机的轧制速度可调，因此可以采用低速咬入，所以实际的最大咬入角可以达到22°~25°。在这类轧机中厚板，咬入条件将不是限制压下量的主要因素。实际生产中，热轧钢板时，咬入角一般为15°~22°，低速咬入可取为20°。

7.2.2.2　轧辊及辊颈的强度条件

中厚板轧制过程中，轧辊辊身的强度经常是限制压下量的主要原因，尤其是二辊轧机轧制宽钢板时更为突出。因此道次压下量的分配除了考虑咬入条件之外，还要考虑轧辊本身的强度条件。

7.2.2.3　主电机的能力限制

新建中厚板轧机的主电机不应成为一个限制最大压下量的因素，主电机能力限制是指电机允许温升和过载能力的直接关系，因此，必须通过设定的道次压下量来计算出轧制力和力矩，然后再来校核电机的温升条件和过载能力。

7.2.2.4　钢板性能质量的制约

轧制开始几个道次采用较大的道次压下量，可能会影响除鳞的效果，对钢板表面带来不良的影响，但可以强化轧制过程中奥氏体再结晶及晶粒细化，对提高钢板的综合性能有好处。升长轧制的终轧道次压下量偏大，可能会影响成品钢板的板形精度，但对促进奥氏体相变细化，提高钢板强韧性有好处。因此分配道次压下量时，不但要考虑咬入条件和轧辊强度等条件的限制，还要考虑压下量对产品尺寸精度和性能的影响。

7.2.3　道次压下量的分配规律

二辊和四辊可逆式中厚板轧机的轧制速度可调，因此可以采用低速咬入，所以实际的最大咬入角可以增大到22°~25°，在这类轧机上轧制中厚钢板，咬入条件将不是限制压下量的主要因素。因此，这类轧机在采用连铸坯或初轧坯作为原料时，除鳞道次之后可以采用大压下量轧制，中间道次为了充分利用钢坯温度高，变形抗力低的优势，采用较大的压下量。然后随着钢坯温度降低，压下量逐渐变小，最后1~2道次为了保证板形和温度精度也要采用较小的压下量，甚至最后一道采用平轧道次。

在双机架上轧制中厚板时，压下量的分配还要考虑一到两个机架间的轧制节奏匹配和轧机负荷的平衡，通常情况下粗轧机要承担总变形量的75%以上。

总压下量： $$\varepsilon_{\Sigma} = \frac{H-h}{H} \times 100\%$$

二辊压下量：一般在总压下量的75%以上，取85%。

则 $$\varepsilon_{\text{二辊}} = 85\% \times \varepsilon_{\Sigma}$$

所以 $$\frac{H-h_{\text{二辊出口}}}{H} \times 100\% = \varepsilon_{\text{二辊}}$$

可得 $h_{\text{二辊}}$数值。

总之，中厚板的原料的主体是连铸坯，其厚度虽然不受粗轧机轧辊最大开口度的限制，但为了确保成品钢板的综合性能，连铸坯与成品钢板间的最小压缩比也要保持在6: 1以上。连铸坯的宽度受到连铸机结晶器宽度的限制。

道次压下量分配轧制总道次数应根据从坯料到成品钢板厚度上的压下量和平均压下量，参照类似的轧制规程来确定。对于单机架，总道次数应为奇数，对于双机架应为偶数，并且要考虑两架轧机的轧制节奏要大致平衡。

7.3 轧制速度制度

轧制速度制度是指轧辊转速随时间的变化规律。由于二辊或四辊可逆式中厚板轧机可以随时间改变轧辊的转向和转速，所以从尽量缩短轧制周期、提高轧机产量的角度出发，有必要可以采取调速，可以逆转的轧制速度制度。

7.3.1 轧制速度图

轧制速度图描述了可逆式轧机一个轧制道次中轧辊转速的变化规律。它分为两种类型，图7-2所示为梯形轧制速度和三角形轧制速度。轧辊在咬入轧件之前，其转速从零空载加速到咬钢转速 n_y 并咬入轧件，然后轧辊带钢加速达到最大转速 n_d 并等速轧制一段时间，随后带钢减速到抛钢转速 n_p 抛出轧件，轧辊继续制动空载减速到零。然后轧辊反向

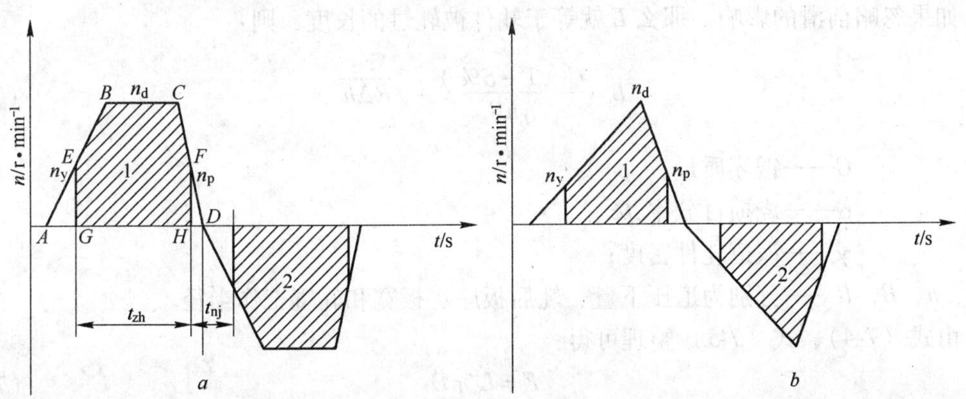

图7-2 两种速度轧制

a—梯形速度；*b*—三角形速度

启动进行下一道次轧制，重复上述过程。从咬入到抛出轧件的总时间（GH）为本道次的纯轧时间 t_{zh}，从抛出到下一道咬入的总时间（HI）为两道次间的间隙时间 t_{nj}。三角速度图没有等速轧制阶段。从图中可以看出，三角形速度的轧制的轧制节奏时间比梯形速度短，因此，设计过程中，粗轧可使用三角形速度轧制、精轧阶段用梯形速度轧制的设计思想。

由图 7-3 分析可知，转速曲线与横坐标围成的面积 F_g 可表示如下：

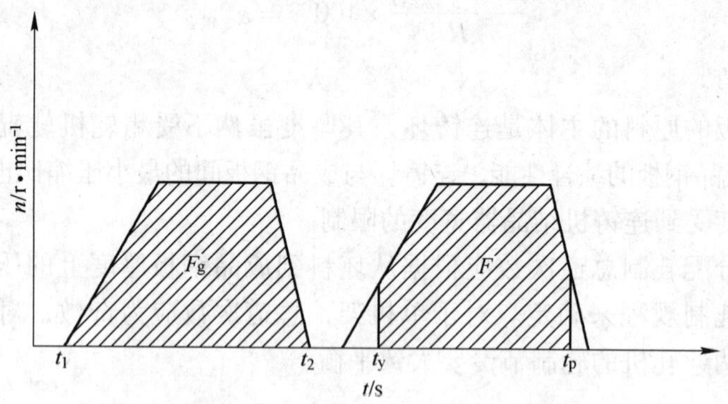

图 7-3　转速曲线下面积与辊面长度的关系

$$F_g = \int_{t_1}^{t_2} n\mathrm{d}t$$

从 t_1 到 t_2 时间间隔内转过的辊面长度 L_g 为：

$$L_g = \int_{t_1}^{t_2} v\mathrm{d}t = \int_{t_1}^{t_2} \frac{\pi nD}{60}\mathrm{d}t = \frac{\pi D}{60}F_g \tag{7-3}$$

同理，从咬入到抛出轧件转速曲线下的面积 F 就可以代表纯轧时间内所转过的轧辊工作面长度 L，即：

$$L = \int_{t_y}^{t_p} v\mathrm{d}t = \int_{t_y}^{t_p} \frac{\pi nD}{60}\mathrm{d}t = \frac{\pi D}{60}F \tag{7-4}$$

如果忽略前滑的影响，那么 L 就等于轧件被轧过的长度，则：

$$L = \frac{G\ (1-\alpha\%)}{\gamma hB} + \sqrt{R\Delta h} \tag{7-5}$$

式中　G——钢坯质量；

α——烧损百分率，%；

γ——该道轧件密度；

Δh，h，B，R——分别为道压下量、轧后板厚、板宽和轧辊工作半径。

由式（7-4）、式（7-5）整理可得：

$$F = L/\pi D \tag{7-6}$$

式（7-6）说明了当轧制条件一定时，且忽略前滑时，道次转速曲线与该道次纯轧时间所围成的面积 F 为一定值。它在数值上等于该道辊面转过轧件长度 L 对应的总转数。这一结论为我们讨论速度制度打下了基础。

7.3.2 轧制速度制度的确定

在选好速度图的基础上，确定轧制速度制度的内容包括有各道轧辊咬入和抛出速度，计算轧辊最大转速和纯轧时间以及确定间隙时间三项内容。

7.3.2.1 轧钢的咬入和抛出转速的确定

轧辊咬入和抛出转速确定的原则：获得较短的道次轧制节奏时间，保证轧件顺利咬入，便于操作和适合与电机的合理调速范围。由图7-4可以看出，咬入和抛出不仅会影响到本道次的纯轧时间，而且还会影响到两道次间的间隙时间。在保持转速曲线下面积相等的原则下，采用高速咬入、抛出会使本道次纯轧时间缩短，而使其间隙时间增加，因此，咬入和抛出转速的选择应兼顾上述两个因素。

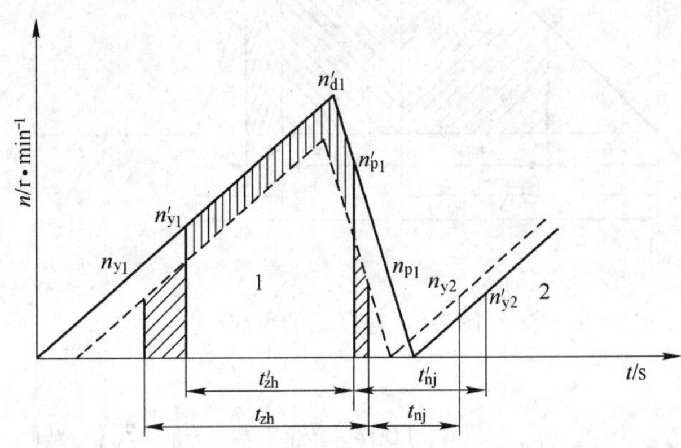

图7-4 咬入、抛出速度对轧制时间的影响

由于压下动作时间随各道次压下量而定，轧辊逆转、回送轧件时间可以根据所确定的咬入、抛出转速改变，所以考虑这3个时间的原则应当是：压下时间大于或等于轧辊逆转时间，要大于或等于回送轧件时间。这样轧辊咬入和抛出转速的选择就等于本着在调整压下时间之内完成轧辊逆转动作和在保证可靠咬入的前提下获得最短轧制时间这个原则。目前，可逆式中厚板轧机粗轧机的轧辊咬入和抛出速度一般在10～20r/min和15～25r/min范围内选择。精轧机的轧辊咬入和抛出转速一般在20～60r/min和20～30r/min范围内选择。

7.3.2.2 最大轧制转速和纯轧时间的计算

从图7-5可以看到，速度图上剖面线的面积 $F=F_1+F_2+F_3$，且有：

$$t_{dja}=\frac{n_d-n_y}{a}$$

$$F_1=\frac{n_d+n_y}{2\times60}\times t_{dja}=\frac{n_d+n_y}{2\times60}\times\frac{n_d-n_y}{a}=\frac{n_d^2-n_y^2}{120a}$$

$$F_2=\frac{n_d}{60}\times t_d$$

$$t_{dj}=\frac{n_d-n_p}{b}$$

$$F_3=\frac{n_d+n_P}{2\times 60}\times t_{dj}=\frac{n_d^2-n_p^2}{120b}$$

则
$$F=\frac{n_d^2-n_y^2}{120a}+\frac{n_d t_d}{60}+\frac{n_d^2-n_p^2}{120b}$$

$$t_d=\frac{60F}{n_d}-\frac{n_d^2-n_y^2}{2an_d}-\frac{n_d^2-n_p^2}{2bn_d}$$

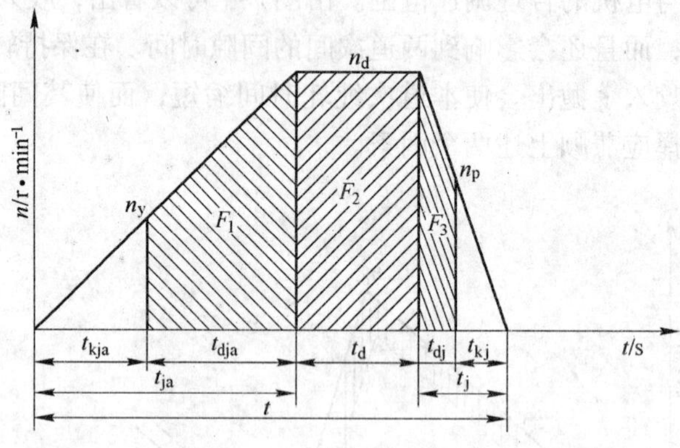

图 7-5　速度图的组成

一道次时间 t 为：

$$t=t_{ja}+t_d+t_j=\frac{n_d}{a}+\left(\frac{60F}{n_d}-\frac{n_d^2-n_y^2}{2an_d}-\frac{n_d^2-n_p^2}{2bn_d}\right)+\frac{n_d}{b}$$

令 $\frac{dt}{dn_d}=0$，求极值，并将上式带入，得到的最大转速计算公式为：

$$n_d=\sqrt{\frac{120abL}{(a+b)\ \pi D}+\frac{bn_y^2}{a+b}+\frac{an_p^2}{a+b}}$$

式中 a，b——轧辊加速与减速时的加速度。

对于三角形速度图，从上式可以计算出 n_d 值为最大转速，对于梯形速度图 n_d 值为等速转速。

（1）对于三角速度图的纯轧时间 t：

$$t=t_{dja}+t_{dj}=\frac{n_d-n_y}{a}+\frac{n_d-n_p}{b}$$

（2）对于梯形速度图的纯轧时间 t：

$$t=t_{dja}+t_d+t_{dj}$$

$$t=\frac{1}{n_d}\left[\frac{60L}{\pi D}+\frac{n_y^2}{2a}+\frac{n_p^2}{2b}-\frac{(a+b)\ n_d^2}{2ab}\right]$$

7.3.2.3　间隙时间的确定

可逆式中厚板轧机道次间的间隙时间是指轧件从上一道轧辊抛出到下一道轧辊咬入的间隔时间。这一时间通常取轧辊从上一道抛出转速到下一道咬入转速之间的时间间隔、轧辊压下时间和回送轧件（包括转 90°和对正）时间中的最长时间。根据经验数据，可逆式中厚板轧机的粗轧机一般间隙时间取 3 ~ 6s，精轧机取 4 ~ 8s。轧件需要转向或推床定心时取上限，否则取下限。

7.3.2.4　轧辊咬入和抛出转速的确定

确定的原则是：获得较短的道次轧制节奏时间，保证轧件顺利咬入，便于操作和适合于主电机的合理调速范围。目前，可逆式中的中厚板轧机粗轧机的轧辊咬入和抛出转速一般在 10 ~ 20r/min 和 15 ~ 25r/min 范围内选择。精轧机的轧辊咬入和抛出转速一般在 20 ~ 60r/min 和 20 ~ 30r/min 范围内选择。

由于咬入能力很富余，且咬入时速度高更有利于轴承油膜的形成，故可采用稳定速度咬入。所以在二辊阶段，咬钢速度选为 20r/min；四辊阶段，咬钢速度选为 40r/min；抛钢速度都选为 20r/min，加速度为 $40\text{r} \cdot \text{min}^{-1} \cdot \text{s}^{-1}$，减速度为 $60\text{r} \cdot \text{min}^{-1} \cdot \text{s}^{-1}$。

7.3.2.5　轧制速度表及轧制周期的计算

在各道咬入、抛出、最大转速确定以后，就可以着手进行速度制度表及轧制周期的计算。先计算各道轧件长度，后计算各道最大转速。当 n_d 大于限定转速时，取限定转速。各道纯轧时间中，等速轧制时间按 t_d 计算公式计算。带钢加、减轧制时间按 t_{dja} 和 t_{dj} 计算公式计算。纯轧时间按选用的三角形或梯形速度图计算。间隙时间按前面所述的原则选定。空载加、减速时间分别按下两式计算：

$$t_{kja} = \frac{n_y}{a}$$

$$t_{kj} = \frac{n_p}{b}$$

最后考虑到两块板坯之间的时间间隔，就可以求出轧制周期 T 来，即：

$$T = \sum t_{纯轧} + \sum t_{间隔} + t_0$$

7.4　温度制度的确定

温度是影响钢板组织和性能的最主要因素，要控制组织和性能，就必须首先在生产过程中控制温度制度。特别是四辊精轧后期，随着轧制速度的提高，冷却速度达不到要求，需要进行人为降温来达到需求的轧制温度，以保证轧制过程的顺利进行和产品的性能要求。

由此，必须采用近代的层流冷却技术，并利用计算机控制技术来实现冷却速度的自动调节。另外，加热温度的控制也很重要，因为板坯温度的高低及其均匀与否不仅直接影响终轧温度，而且关系到轧制过程能否正常进行。根据产品的化学成分和性能要求，选定板坯的加热温度、开轧温度、终轧温度。

钢材在轧制过程中的温度变化是由辐射、传导和对流引起的温降和变形热所引起的温升合成，很难有精确的理论计算公式。

高温时轧制温降可以按辐射散热计算，而认为对流和传导所散失的热量大致可与变形功所转化的热量相抵消。由于辐射散热所引起的温降：

$$\Delta t = T_1 - \frac{T_1}{\sqrt[3]{1 + 30Z\frac{FC}{GP}\left(\frac{T_1}{1000}\right)^3}}$$

式中　T_1——前一道的绝对温度，K；

Z——辐射时间，即上一道轧制至下一道轧制所延续的时间，即上一道的轧制时间与轧后间隙时隙之和，h；

C——辐射常数，对钢轧件 $C\approx16.75\mathrm{kJ/(m^2\cdot h\cdot K^4)}$；

G——轧件的质量，kg，$G=bhl\gamma$，其中 γ 为钢的密度；

F，P——散热面积（$\mathrm{m^2}$）及热容量，对碳钢 $P=0.7\mathrm{kJ/(kg\cdot K)}$。

热轧钢板时，辐射面积可表示为 $F=k_1bl$，此 k_1 为考虑散热条件的系数。在可逆式轧机上由于板坯下表面同辊道接触，辐射条件不如上表面，计算散热面积时，可近似取 $k_1=1.5$。

将 F、G、C 及 P 的数值代入，Z 以 s、h 以 mm 为单位代入上式，简化计算，则得：

$$\Delta t=T_1-\frac{T_1}{\sqrt[3]{1+0.0257k_1\cdot\frac{Z}{h}\times\left(\frac{T_1}{1000}\right)^3}}$$

式中　T_1——前一道的绝对温度，K；

Z——辐射时间，即上一道的纯轧时间与轧后间隙时间之和，s；

h——改道轧后厚度，mm；

k_1——考虑散热条件的系数。

当延续时间 Z 不太长时，上式经数学简化变为：

$$\Delta t=8.6k_1\cdot\frac{Z}{h}\times\left(\frac{T_1}{1000}\right)^4$$

当 k_1 取 1.5 时，则得：

$$\Delta t=12.9\times\frac{Z}{h}\times\left(\frac{T_1}{1000}\right)^4$$

当 k_1 取 2.0 时，则得：

$$\Delta t=17.2\times\frac{Z}{h}\times\left(\frac{T_1}{1000}\right)^4$$

有时为了简化计算，也可以采用以下经验公式：

$$\Delta t=\frac{t_1-400}{16}\times\frac{Z}{h_1}$$

式中　t_1，h_1——前一道轧制温度（℃）与轧出厚度（mm）。

$$\Delta t=t_1-t_2$$

式中　t_1——前一道次轧制温度，℃；

t_2——本道次轧制温度，℃。

公式 $\Delta t=\frac{t_1-400}{16}\times\frac{Z}{h_1}$ 也可改写为如下式：

$$t_2=b_0+b_1\times t_1+b_2\times\frac{(t_1-400)\times Z}{h_1}$$

式中，b_0、b_1、b_2 为回归系数，对于某中厚板厂二辊粗轧机 $b_0=234.27$，$b_1=0.78$，$b_2=-0.28$。

7.5 变形制度的确定

7.5.1 变形程度的计算

由塑性变形原理可知：

（1）当用绝对变形量表示，绝对变形量为轧制前后，轧件绝对尺寸之差表示的变形量就称为绝对变形量，$\Delta h = H - h$。

（2）用相对变形量表示，即用轧制前、后轧件尺寸的相对变化表示的变形量称为相对变形量。压下率 $\varepsilon = \frac{H-h}{H} \times 100\%$，真应变 $\eta = \ln \frac{H}{h}$。

7.5.2 平均变形速度

（1）轧辊线速度：

$$v = \pi nD/60$$

式中 n——轧辊的转速，r/min；

D——轧辊直径，mm。

（2）平均变形速度：

有很多计算轧制时平均变形速度的公式，下面介绍两种。

一种公式为：

$$\dot{\varepsilon} = \frac{2v\sqrt{\frac{\Delta h}{R}}}{H+h}$$

式中 R——工作轧辊半径；

H——轧件原始厚度；

h——轧件出口厚度。

变形速度还有另一种表示形式，如下式：

$$\dot{\varepsilon} = \frac{v}{l} \times \frac{\Delta h}{H}$$

式中 l——变形区长度，$l = \sqrt{R\Delta h}$，R 为工作轧辊半径；

Δh——压下量；

v——轧件出口速度。

7.5.3 变形抗力的计算

对变形阻力 σ，有多种形式数学模型。周纪华等人采用碳钢和合金在高温、高速下测定得到的变形温度、变形速度和变形程度对变形阻力影响的大量实测数据而建立了非线性回归模型。它是以各种钢种为单位，得到各回归系数值，结构如下式：

$$\sigma = \sigma_0 \exp(a_1 T + a_2)\left(\frac{u}{10}\right)^{a_3 T + a_4} \times \left[a_6\left(\frac{\gamma}{0.4}\right)^{a_5} - (a_6 - 1)\frac{\gamma}{0.4}\right]$$

式中 $T = \frac{t+273}{1000}$；

σ_0——基准变形阻力，即 $t = 1000℃$、$\gamma = 0.4$ 和 $u = 10s^{-1}$ 时的变形阻力，MPa；

t——变形温度,℃；

u——变形速度，s^{-1}；

γ——变形程度对数应变；

σ_0，$a_1 \sim a_6$——回归系数，其值取决于钢种。各回归系数值按钢种的分类列于表 7-1 ~ 表 7-10。

将此模型的计算结果与经典的变形抗力曲线图对比后发现，当变形速度在 $1 \sim 30s^{-1}$，变形温度在 850 ~ 1200℃之间时，结果能够很好地吻合曲线。

表 7-1　普通碳钢变形抗力数学模型回归系数

钢　种	回　归　系　数						
	σ_0/MPa	a_1	a_2	a_3	a_4	a_5	a_6
Q215	150.0	−2.793	3.556	0.2784	−0.2460	0.4232	1.468
Q235	150.6	−2.878	3.665	0.1861	−0.1216	0.3795	1.402
Q235-F	140.3	−2.923	3.721	0.3102	−0.2659	0.4554	1.520

表 7-2　优质碳素结构钢变形抗力数学模型回归系数

钢　种	回　归　系　数						
	σ_0/MPa	a_1	a_2	a_3	a_4	a_5	a_6
08F	136.1	−3.387	4.312	0.5130	−0.5320	0.5887	1.879
08AL	136.8	−2.999	3.818	0.3552	−0.3186	0.4996	1.742
10	151.4	−2.771	3.528	0.1147	−0.0353	0.4537	1.593
20	152.7	−2.609	3.321	0.2098	−0.1332	0.3898	1.454
45	158.8	−2.780	3.539	0.2262	−0.1569	0.3417	1.379

表 7-3　低合金钢变形抗力数学模型回归系数

钢　种	回　归　系　数						
	σ_0/MPa	a_1	a_2	a_3	a_4	a_5	a_6
16Mn	156.7	−2.723	3.446	0.2545	−0.2197	0.4658	1.566
16MnCu	160.1	−2.427	3.090	0.0637	0.0387	0.4005	1.499
14MnMoV	177.1	−2.694	3.429	0.2616	−0.2445	0.4157	1.499
20Mn	136.5	−3.057	3.892	0.3743	−0.3194	0.4337	1.515
20MnSi	163.0	−2.494	3.174	0.0653	0.0238	0.4247	1.492
10Ti	161.2	−2.527	3.217	0.1520	−0.0839	0.4090	1.460
15Ti	171.1	−2.071	2.640	0.1457	−0.0840	0.3698	1.926
10CrNi5MoV	161.2	−2.922	3.720	0.2451	−0.2086	0.3752	1.362
10CrNi2MoV	153.1	−2.919	3.716	0.2652	−0.2379	0.4042	1.419
28Cr2Ni2Mo	154.8	−3.057	3.892	0.2220	−0.1697	0.3792	1.384
30CrSiMo	159.9	−2.833	3.670	0.1627	−0.0945	0.3454	1.337
12Mn	160.9	−2.744	3.493	0.2270	−0.1865	0.4433	1.543
12MnNb①	164.5	−2.682	3.414	0.1216	−0.0508	0.4079	1.463

续表 7-3

钢种	回归系数						
	σ_0/MPa	a_1	a_2	a_3	a_4	a_5	a_6
12MnNb②	164.9	−2.532	3.224	0.1209	−0.0490	0.3846	1.423
12MnNb③	164.1	−2.645	3.367	0.1806	−0.1287	0.4021	1.467
12Mn *	164.7	−2.541	3.234	0.2186	−0.1825	0.4801	1.529
12MnNb① *	152.7	−2.270	2.890	0.0944	−0.0369	0.4927	1.578
12MnNb② *	154.0	−2.363	3.008	0.2264	−0.1982	0.5193	1.632
12MnNb③ *	157.4	−2.342	2.981	0.1378	−0.0933	0.5670	1.844
Y12CaS	168.6	−2.454	3.124	0.4122	−0.4437	0.6638	2.364
Y45CrCaS	157.6	−2.933	3.734	0.2118	−0.1378	0.5728	2.034
Si15AQ	154.3	−2.621	3.336	0.2394	−0.2072	0.6631	2.403

①②③表示 Nb 含量（质量分数）不同。

注：* 在进行变形抗力试验时，将试件加热到 1250℃，再冷却到 850 ~ 1150℃ 进行压缩得到变形抗力的试验数据。

表 7-4　合金结构钢变形抗力数学模型回归系数

钢种	回归系数						
	σ_0/MPa	a_1	a_2	a_3	a_4	a_5	a_6
09Mn2	162.1	−2.710	3.449	0.2248	−0.1731	0.4942	1.678
27SiMn	176.1	−3.114	0.965	0.3808	−0.3644	0.5788	1.994
20MnSiTi	168.6	−2.959	3.766	0.2631	−0.2214	0.3811	1.458
20MnV	156.3	−2.710	3.450	0.1499	−0.0740	0.3841	1.346
40MnSiV	173.8	−2.997	3.815	0.2926	−0.2338	0.3640	1.463
15CrA	165.6	−2.846	3.623	0.2189	−0.1772	0.5507	1.799
20Cr	148.4	−2.494	3.175	0.1878	−0.1309	0.4327	1.469
40Cr	153.4	−2.839	3.614	0.1731	−0.1050	0.3570	1.383
38CrSiA	186.6	−3.262	4.153	0.1928	−0.1258	0.1858	1.122
30CrMnSiA	168.7	−3.000	3.818	0.2953	−0.2508	0.4230	1.525
35CrMnSiA	189.7	−3.131	3.985	0.1860	−0.1126	0.1896	1.130
20CrMnTi	164.4	−2.729	3.472	0.1507	−0.0708	0.3980	1.423
15CrMoA	170.9	−2.731	3.477	0.1492	−0.0906	0.6010	2.033
20CrMoA	163.3	−2.729	3.473	0.1215	−0.0583	0.6283	2.138
35CrMoA	184.2	−3.222	4.101	0.1565	−0.0765	0.1900	1.093
42CrMo	153.0	−2.982	3.796	0.2508	−0.1810	0.4160	1.483
20CrMnMoA	173.7	−2.925	3.723	0.2386	−0.1948	0.4419	1.494
40CrMnMo	173.0	−3.132	3.987	0.1960	−0.1231	0.4183	1.484
12CrMoVA	194.0	−2.824	3.596	0.2729	−0.2587	0.2282	1.079
25Cr2MoVA	172.7	−3.031	3.858	0.1271	−0.0646	0.4410	1.510
45CrNiMoVA	178.9	−3.271	4.164	0.2147	−0.1545	0.4167	1.528
38CrMoAlA	180.2	−3.091	3.934	0.2540	−0.2171	0.4258	1.498
20MnVB	163.7	−2.725	3.470	0.1653	−0.0928	0.5429	1.797

续表 7-4

钢种	回归系数						
	σ_0/MPa	a_1	a_2	a_3	a_4	a_5	a_6
20Mn2TiB	162.0	-2.779	3.537	0.0955	0.0128	0.3144	1.297
40MnB	155.6	-3.055	3.890	0.1611	-0.0646	0.2301	1.180
45MnMoB	163.2	-2.903	3.695	0.2851	-0.2456	0.4920	1.643
40CrNiA	160.8	-3.180	4.048	0.2333	-0.1683	0.3863	1.415
18Cr2Ni4WA	183.3	-2.795	3.558	0.2753	-0.2662	0.5135	1.666
12CrNi4A	165.9	-2.872	3.656	0.2526	-0.2200	0.5269	1.703
23MnNiCrMo	177.7	-2.792	3.554	0.2880	-0.2693	0.4931	1.650

表 7-5　碳素工具钢变形抗力数学模型回归系数

钢种	回归系数						
	σ_0/MPa	a_1	a_2	a_3	a_4	a_5	a_6
T18A	135.4	-2.947	3.751	0.0340	0.1089	0.2781	1.312
T10A	141.8	-3.061	3.896	-0.0020	0.1698	0.6101	2.352
T12A	129.0	-3.216	4.094	0.1691	-0.0415	0.3591	1.564
T13A	133.1	-3.510	4.468	0.2851	-0.1771	0.4308	1.618

表 7-6　合金工具钢变形抗力数学模型回归系数

钢种	回归系数						
	σ_0/MPa	a_1	a_2	a_3	a_4	a_5	a_6
9SiCr	171.4	-3.586	4.565	0.3033	-0.2377	0.4686	1.739
CrMn	156.1	-3.868	4.924	0.3957	-0.3621	0.5510	2.123
CrWMn	140.8	-3.186	4.056	0.0979	0.0170	0.5173	1.916
Cr6WV	231.6	-3.431	4.368	0.2142	-0.1595	0.3938	1.616
9Mn2	157.6	-2.815	3.583	0.3224	-0.2812	0.5718	1.164
W6Mo5cRv2	290.1	-2.611	3.324	0.2965	-0.2906	0.2490	1.370

表 7-7　弹簧钢变形抗力数学模型回归系数

钢种	回归系数						
	σ_0/MPa	a_1	a_2	a_3	a_4	a_5	a_6
65Mn	147.5	-2.840	3.616	0.1153	0.0122	0.3666	1.493
60Si2MnA	172.8	-3.236	4.118	0.2588	-0.1945	0.5956	2.175
50CrVA	159.5	-3.209	4.085	0.2965	-0.2405	0.4435	1.554

表 7-8　轴承钢变形抗力数学模型回归系数

钢种	回归系数						
	σ_0/MPa	a_1	a_2	a_3	a_4	a_5	a_6
GCr9	149.6	-3.486	4.437	0.2717	-0.1817	0.3989	1.574
GCr15	153.4	-3.685	4.691	0.4480	-0.4121	0.3888	1.589
Cr2Ni4A	202.8	-2.973	3.785	0.3155	-0.3214	0.4802	1.654
20CrNiMoA	170.2	-3.108	3.956	0.2503	-0.2215	0.4761	1.572

表 7-9　不锈耐酸钢变形抗力数学模型回归系数

钢　种	回　归　系　数						
	σ_0/MPa	a_1	a_2	a_3	a_4	a_5	a_6
1Cr13	179.4	-1.966	2.541	0.0571	0.0295	0.5219	1.781
2Cr13	184.3	-2.345	2.986	-0.0006	0.1060	0.5920	2.010
3Cr13	196.8	-3.120	3.972	0.2847	-0.2527	0.4603	1.635
4Cr13	213.4	-3.203	4.077	0.2707	-0.2432	0.5297	1.904
1Cr18Ni9Ti	224.6	-2.258	2.875	0.3527	-0.3745	0.3225	1.278

表 7-10　硅钢变形抗力数学模型回归系数

钢　种	回　归　系　数						
	σ_0/MPa	a_1	a_2	a_3	a_4	a_5	a_6
D310	93.7	-3	2.709	0.1880	-0.0828	0.1613	1.150

7.6　轧制力能参数计算

7.6.1　轧制压力的计算

轧制力能参数计算的目的在于用以对设备能力（轧辊强度、主电机容量）进行校核，并根据校核结果，判断压下规程的合理性及对其进行相应的修正。

7.6.1.1　轧制力计算

轧制力 P 可按下式计算：

$$P = F\bar{p}$$

式中　F——轧件与轧辊的接触面积；

$\bar{p}$——平均单位压力。

接触面积计算如下式：

$$F = \bar{B}l$$

式中　l——变形区长度，$l=\sqrt{R\Delta h}$，R 为工作轧辊半径，Δh 为压下量；

$\bar{B}$——轧件的平均宽度，$\bar{B}=(B+b)/2$，B、b 为轧件的轧前和轧后宽度。

7.6.1.2　平均单位压力的计算

A　采利柯夫公式

a　采利柯夫计算公式

平均单位压力决定于被轧制金属的变形抗力和变形区的应力状态，用下式表示：

$$\bar{p} = m \cdot n_\sigma \cdot \sigma_s$$

式中　n_σ——应力状态系数；

σ_s——金属的变形抗力；

m——考虑中间主应力的影响系数，在 1～1.5 范围内变化。

板带材生产中忽略宽展，认为轧件产生平面变形，则 $m=1.15$，此时变形条件下的变形抗力，称为平面变形抗力，用 K 表示，$K=1.15\sigma_s$。

此时的平均单位压力计算公式为：

$$\bar{p} = n_\sigma K$$

b　应力状态系数的确定

应力状态系数决定于被轧金属在变形区内的应力状态。影响应力状态的因素有外摩擦、外端、张力等，因此应力状态系数 n_σ 可写成：

$$n_\sigma = n'_\sigma \cdot n''_\sigma \cdot n'''_\sigma$$

式中　n'_σ——考虑外摩擦影响的系数；

n''_σ——考虑外端影响的系数；

n'''_σ——考虑张力影响的系数。

c　n'_σ、n''_σ、n'''_σ 系数的确定

(1) 外摩擦影响系数 n'_σ 的确定。

$$n'_\sigma = \frac{2(1-\varepsilon)}{\varepsilon(\delta-1)} \times \left(\frac{h_\gamma}{h}\right) \times \left[\left(\frac{h_\gamma}{h}\right)^\delta - 1\right]$$

式中　ε——本道次变形程度，$\varepsilon = \Delta h/H$；

δ——系数，$\delta = 2fl/\Delta h$，$l = \sqrt{R\Delta h}$。

$$\frac{h_\gamma}{h} = \left\{\frac{1+\sqrt{1+(\delta^2-1)\left(\frac{1}{1-\varepsilon}\right)^\delta}}{\delta+1}\right\}^{1/\delta}$$

为简化计算，将 n'_σ 与 δ、ε 的函数关系作成曲线，如图 7-6*a* 所示。当 δ、ε 较小时，可用图 7-6*b* 所示的局部放大曲线。

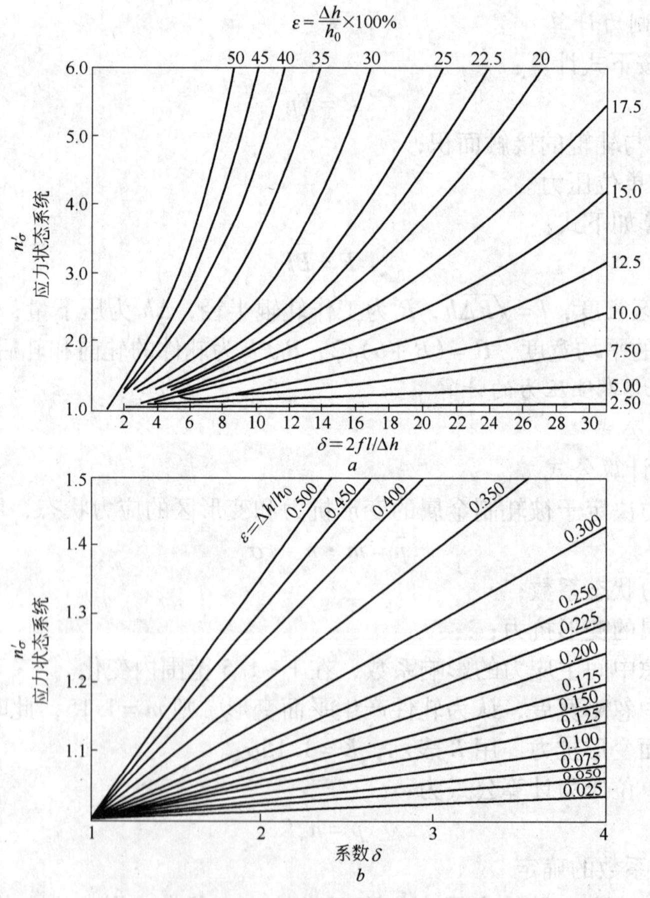

图 7-6　n'_σ 与 δ、ε 的函数关系

a—n'_σ 与 δ、ε 关系曲线；*b*—n'_σ 与 δ、ε 局部放大曲线

（2）外端影响系数 n''_σ 的确定。

外端影响系数 n''_σ 的确定是比较困难的，因为外端对单位压力的影响是很复杂的。在一般轧制板带的情况下，外端影响可忽略不计。实验研究表明，当变形区 $l/\bar{h}>1$ 时，n''_σ 接近于1，如在 $l/\bar{h}=1.5$ 时，n''_σ 不超过1.04，而在 $l/\bar{h}=5$ 时，n''_σ 不超过1.005。因此，在轧板带时，计算平均单位压力可取 $n''_\sigma=1$，即不考虑外端的影响。

实验研究表明，对于轧制厚件，由于外端存在使轧件的表面变形引起的附加应力而使单位压力增大，故对于厚件当 $0.5<l/\bar{h}<1$ 时，可用经验公式计算 n''_σ 值，即：

$$n''_\sigma=\left(\frac{l}{\bar{h}}\right)^{-0.4}$$

（3）张力影响系数 n'''_σ 的确定。

中厚板生产中轧件无前后张力，$n'''_\sigma=1$。如当轧件前后张力较大时，如冷轧带钢，必须考虑张力对单位压力的影响。张力影响系数可用下式计算：

$$n'''_\sigma=1-\frac{\delta}{2K}\times\left(\frac{q_H}{\delta-1}+\frac{q_h}{\delta-1}\right)$$

在 $\delta=2fl/\Delta h\geqslant10$ 时，上式可近似认为：

$$n'''_\sigma\approx1-\frac{q_H+q_h}{2K}$$

式中，q_H、q_h 分别为作用在轧件上的前、后张应力，即：

$$q_h=\frac{Q_h}{bh},\ q_H=\frac{Q_H}{BH}$$

式中，Q_h、Q_H 分别为作用在轧件上的前、后张力，B、H 为轧件轧制前的宽度和厚度，b、h 为轧后的宽度和厚度，K 为平面变形抗力。如纵向外力为推力时，Q_h、Q_H 取负值。

一般对中厚板生产，平均单位压力公式可记为：

$$\bar{p}=n'_\sigma K$$

采利柯夫公式可用于热轧，也可用于冷轧；可用于薄件轧制，也可用于厚件轧制。

B　R. B. Sims 公式及其简化式

轧制整个接触弧摩擦状态为全黏着状态，R. B. Sims 公式的应力状态影响系数表示为下式：

$$n_\sigma=\sqrt{\frac{1-\varepsilon}{\varepsilon}}\left(\frac{1}{2}\times\sqrt{\frac{R}{h}}\ln\frac{1}{1-\varepsilon}-\sqrt{\frac{R}{h}}\ln\frac{h_\gamma}{h}+\frac{\pi}{2}\mathrm{tg}^{-1}\sqrt{\frac{\varepsilon}{1-\varepsilon}}\right)-\frac{\pi}{4}\tag{7-7}$$

式中　R——轧辊半径；

ε——变形程度（相对压下量）；

h——轧制后轧件厚度；

h_γ——变形区中性面处的厚度。

式7-7中的 $\frac{h_\gamma}{h}$ 值可按以下公式求得：

$$\frac{h_\gamma}{h}=1+\frac{R}{h}\gamma^2$$

$$\gamma=\sqrt{\frac{h}{R}}\operatorname{tg}\left(\frac{1}{2}\operatorname{tg}^{-1}\sqrt{\frac{\varepsilon}{1-\varepsilon}}+\frac{\pi}{8}\ln(1-\varepsilon)\sqrt{\frac{h}{R}}\right)$$

平均单位压力：

$$\bar{p}=n_\sigma K$$

应力状态系数 n_σ 与压下率 ε 和 R/h 的关系如图 7-7 所示。

则总轧制压力为：

$$p=n_\sigma KBl$$

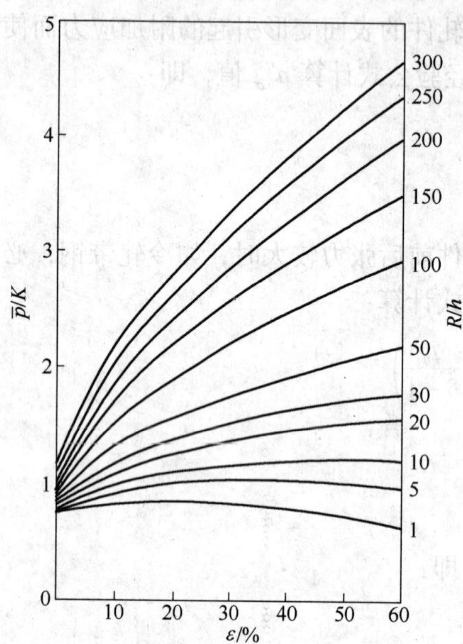

图 7-7　n_σ 与 ε 和 R/h 的关系

应力状态系数 n_σ 与压下率 ε 和 $\frac{R}{h}$ 的关系，如图 7-7 所示。知道 n_σ 值，就可求平均单位压力和轧制压力。虽然这一公式、图表较简易，但公式还是比较复杂的，不利运算，故在此基础上有些简化式。如志田茂的简化公式为：

$$n_\sigma=0.8+(0.45\varepsilon+0.04)\times\left(\sqrt{\frac{R}{H}}-0.5\right)$$

C　S. Ekelund 公式

S. Ekelund 公式是用于热轧时计算平均单位压力的半经验公式。

a　表达式

$$\bar{p}=(1+m)\ (K+\eta\cdot\dot{\bar{\varepsilon}})$$

式中　$1+m$——考虑外摩擦影响的系数；

K——平面变形抗力，N/mm^2；

η——金属的黏度，Pa · s；

$\dot{\bar{\varepsilon}}$——轧制时的平均变形速度，s^{-1}。

式中以乘积 $\eta\cdot\dot{\bar{\varepsilon}}$ 考虑轧制速度对变形抗力的影响。

b　公式中各项的计算

$$m=\frac{1.6f\sqrt{R\Delta h}-1.2\Delta h}{H+h}$$

式中　f——摩擦系数。

f 可由 Ekelund 求得：

$$f=a\ (1.05-0.0005t)$$

对钢轧辊 $a=1$，对铸铁轧辊 $a=0.8$。

$$K=(137-0.098t)(1.4+w(C)+w(Mn)+0.3w(Cr)),N/mm^2$$

式中　$w(Mn),w(Cr)$——分别为钢中碳、锰、铬的含量（质量分数），%；

t——轧制温度，℃。

近来，有人对 Ekelund 公式进行了修正，按下式计算黏性系数：

$$\eta=0.01\ (137-0.098t)\cdot c'$$

式中系数 c' 为轧制速度对 η 的影响系数，其数值见表 7-11。

表 7-11　轧制速度与关系 c'

轧制速度/$m \cdot s^{-1}$	系数 c'	轧制速度/$m \cdot s^{-1}$	系数 c'
<6	1	10 ~ 15	0.65
6 ~ 10	0.8	15 ~ 20	0.60

平均变形速度为：

$$\bar{\varepsilon} = \frac{2v\sqrt{\frac{\Delta h}{R}}}{H+h},\ s^{-1}$$

Ekelund 公式是用于计算热轧时平均单位压力的半经验公式，计算热轧低碳钢钢坯及型钢的轧制压力有比较正确的结果。但对轧制钢板用得较少。

D　粗轧道次，理论计算公式很多，例如根据滑移线理论计算公式如下：

$$n_\sigma = 0.25\left(\pi + \frac{l}{\bar{h}}\right),\ \frac{l}{\bar{h}} \geqslant 1$$

式中　$\bar{h}$——变形区轧件平均厚度；

l——变形区长度。

7.6.2　主电机的功率和力矩

传动力矩的组成：欲确定主电机的功率，必须首先确定传动轧辊的力矩。在轧制过程中，在主电机轴上传动轧辊所需力矩最多由下面 4 个部分组成：

$$M = \frac{M_Z}{i} + M_f + M_k + M_d$$

式中　M_Z——轧制力矩，用于使轧件塑性变形所需之力矩；

M_f——克服轧制时发生在轧辊轴承，传动机构等的附加摩擦力矩；

M_k——空转力矩，即克服空转时的摩擦力矩；

M_d——动力矩，此力矩为克服轧辊不匀速运动时产生的惯性力所需的；

i——轧辊与主电机间的传动比，由于使用人字齿轮传动，它是传速比为 1 的齿轮传动装置，因此 i 取为 1。

组成传动轧辊的力矩的前三项为静力矩，即：

$$M_0 = \frac{M_Z}{i} + M_f + M_k$$

7.6.2.1　轧制力矩

轧制力矩计算式：$M_Z = 2P\varphi l$

式中　P——轧制压力；

φ——力臂系数，对热轧中厚板取 0.40 ~ 0.50，粗轧道次取大值，随着轧件变薄取小；

l——变形区长度。

7.6.2.2　附加摩擦力矩的计算

轧制过程中，轧件通过轧辊间时，在轴承内以及轧机传动机构中由摩擦力产生，附加摩擦力矩是指克服这些摩擦力所需力矩，而且在此附加摩擦力矩的数值中，并不包括空转时轧机转动所需的力矩。

组成附加摩擦力矩的基本数值有两大项：一项为轧辊轴承中的摩擦力矩；另一项为传动机构中的摩擦力矩。

对二辊而言

$$M_f = \frac{M_{f_1}}{i} + M_{f_2}$$

式中　M_{f_1}——轧辊轴承中的附加摩擦力矩，$M_{f_1} = P \times d_1 \times f_1$；

P——轧制压力；

d_1——轧辊辊颈直径；

f_1——轧辊轴承摩擦系数，它取决于轴承构造和工作条件：

滑动轴承金属衬热轧时：$f_1 = 0.07 \sim 0.10$

滑动轴承金属衬冷轧时：$f_1 = 0.05 \sim 0.07$

滑动轴承塑料衬时：$f_1 = 0.01 \sim 0.03$

液体摩擦轴承：$f_1 = 0.003 \sim 0.004$

滚动轴承：$f_1 = 0.003$

M_{f_2}——传动机构中的摩擦系数，$M_{f_2} = \left(\frac{1}{\eta} - 1\right)\frac{M_Z + M_{f_1}}{i}$；

η——传动机构的效率，即从主电机到轧机的传动效率；一级齿轮传动的效率一般取0.96～0.98，皮带传动效率取0.85～0.90；

i——传动比，$i = \frac{n_{电}}{n_{轧}}$，参考相关资料，取$i = 1$。

对四辊而言

$$M_f = \frac{M_{f_1}}{i\eta} \times \frac{D_{工}}{D_{支}} + \left(\frac{1}{\eta} - 1\right)\frac{M_Z}{i}$$

式中　$D_{工}$——工作辊的直径；

$D_{支}$——支承辊的直径。

7.6.2.3　空转力矩

空转力矩是指空载转动轧机主机列所需的力矩。通常根据转动部分轴承中引起的摩擦力来计算。一般轧机的空转力矩按经验办法来确定，取电机额定力矩的3%～5%。

设计可按经验算法计算：

$$M_k = (0.03 \sim 0.06) M_H$$

式中　M_H——电动机的额定转矩，$M_H = 9549\frac{N_e}{n_e}$，N·m；

N_e——电机的额定功率，kW；

n_e——电机的额定转速，r/min。

对新式轧机可取下限，对旧式轧机可取上限。

7.6.2.4 动力矩

动力矩只发生于用不均匀转动进行工作的几种轧机中，如可调速的可逆式轧机，当轧制速度变化时，须产生克服惯性力的动力矩。设计轧制中采用的是变速轧制，有转速的变化，因此存在动力矩。

其数值可由下式确定：

$$M_d = \frac{\sum GD^2_{惯}}{375} \times \frac{\mathrm{d}n}{\mathrm{d}t}$$

式中 M_d——动力矩，T·m；

$\sum GD^2_{惯}$——折合到电机上的转动惯量，T·m²；

D——转动部分的惯性直径，m；

$\frac{\mathrm{d}n}{\mathrm{d}t}$——角加速度，r/(min·s)。

7.7 轧辊强度校核

对轧辊强度验算以判断工艺规程设计的合理性。轧辊的强度通常只按静载荷验算，板带轧辊的强度计算有以下几个特征：

(1) 轧制时，板带位于轧辊正中，轧制力按均匀分布载荷对待，轴承两侧的支持力相等；

(2) 辊身直径沿轴身长度方向不变，故辊身危险面在中央；

(3) 辊颈及辊头的危险断面在传动侧。

对四辊板带轧机，其强度验算项目，见表7-12。

表7-12 四辊可逆式轧机轧辊强度验算项目

驱动 \ 计算	工作辊			支撑辊		
	辊 身	辊 颈	辊 头	辊 身	辊 颈	辊 头
工作辊驱动	弯曲应力	略	扭转应力	弯曲应力	弯曲应力	—
支持辊驱动	弯曲应力（合成）	略	—	弯曲应力	弯扭合成应力	扭转应力

7.7.1 工作辊驱动轧辊强度校核

7.7.1.1 四辊轧机辊系受力分析

四辊轧机辊系受力分析（见图7-8）、工作辊受力图及其内力图（见图7-9*a*）、支持辊受力图及内力图（见图7-9*b*）。

7.7.1.2 工作辊强度校核

以下各公式中参数如图7-9所示。*M* 表示弯矩或扭矩，*W* 表示抗扭截面模量。

工作辊辊身垂直面最大弯矩：

$$M_{ZD1\max} = \frac{P}{2}\left(\frac{L}{4} - \frac{b}{4}\right)$$

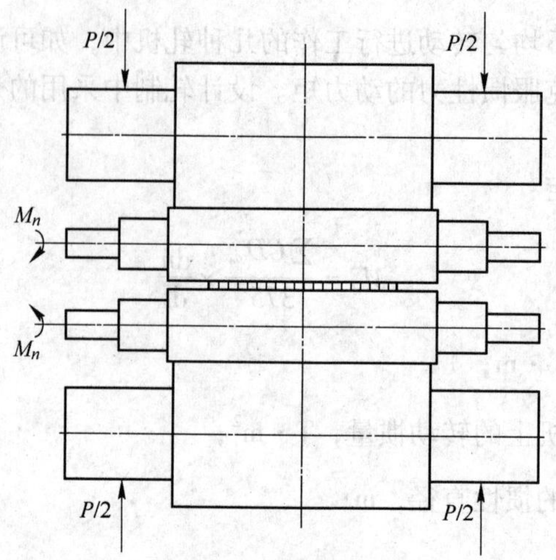

图 7-8　四辊轧机辊系受力分析

P—轧制压力；M_n—扭转力矩

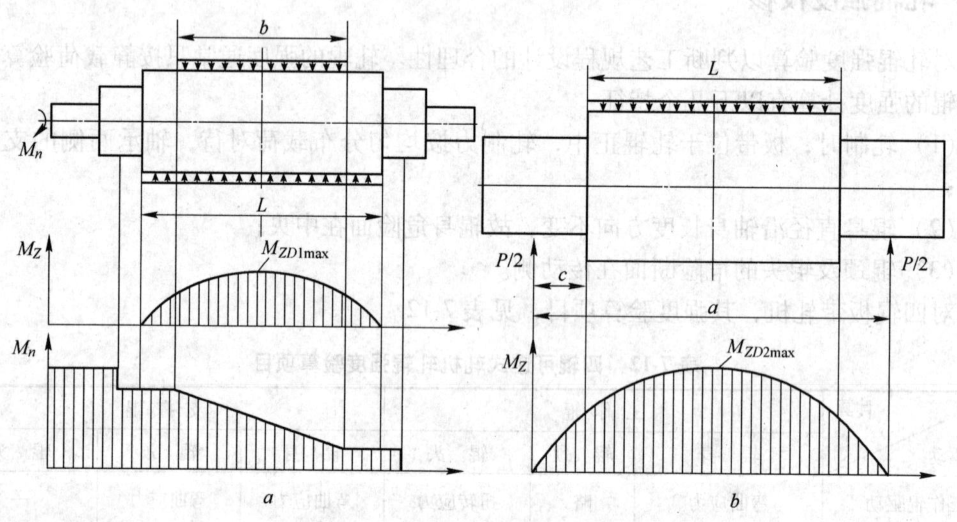

图 7-9　工作辊、支持辊受力及内力

a—工作辊受力及其内力；b—支持辊受力及内力

工作辊辊身最大弯曲应力：

$$\sigma_{1\max} = \frac{M_{ZD1\max}}{W_1} = \frac{M_{ZD1\max}}{0.1 \times D_1^3} \leqslant [\sigma]$$

如果工作辊材质是合金锻钢，则 $[\sigma] = 140 \sim 240\text{MPa}$。判断最大弯曲应力是否小于许用应力。

工作辊辊头所受的最大扭转剪应力：

$$\tau_{\max} = \frac{M_n}{W_n} \leqslant [\tau] = (0.5 \sim 0.6)[\sigma]$$

然后，比较最大剪应力 τ_{max} 是否小于许用剪应力 $[\tau]$。

7.7.1.3 支撑辊强度校核

辊身中央处所受弯矩最大：

$$M_{ZD2\max}=\frac{P}{2}\left(\frac{a}{2}-\frac{L}{4}\right)$$

辊身中央的弯曲应力：

$$\sigma_{2\max}=\frac{M_{ZD2\max}}{0.1D_2^3}=\frac{(2a-L)\ P}{0.8D_2^3}\leqslant[\sigma]$$

式中 $[\sigma]$——支撑辊的许用弯曲应力。

支撑辊辊颈弯曲应力校核：辊颈与辊身交接处所受弯矩最大，为危险断面。支撑辊辊颈最大弯矩：

$$M_{d2\max}=\frac{Pc}{2}$$

其所受的弯曲应力计算如下式：

$$\sigma_{d2\max}=\frac{M_{d2\max}}{0.1d_2^3}=\frac{P\times\ (a/4-l/4)}{0.1\times d_2^3}\leqslant[\sigma]$$

式中 a——压下螺丝中心距；

σ——所轧板带宽度；

l——辊身长度；

P——轧制力。

7.7.2 支持辊驱动轧辊强度校核

7.7.2.1 四辊轧机辊系受力分析

四辊轧机辊系受力分析（见图 7-10）、工作辊受力及其内力（见图 7-11a）、支持辊受力及内力（见图 7-11b）。

7.7.2.2 工作辊强度校核

A 工作辊辊身最大弯曲应力（垂直方向）

$$\sigma_{D1\max}=\frac{M_{ZD1\max}}{0.1D_1^3}=\frac{(L-b)\ P}{0.8D_1^3}\leqslant[\sigma]$$

B 工作辊辊身最大弯曲应力（水平）

工作辊承受支持辊沿辊身全长加于其上的水平摩擦力：

$$T=\frac{M_n}{D_2}$$

辊身中央的水平弯矩：

$$M_{yD1\max}=(2a_0-L)\ T/8$$

辊身中央的水平弯曲应力：

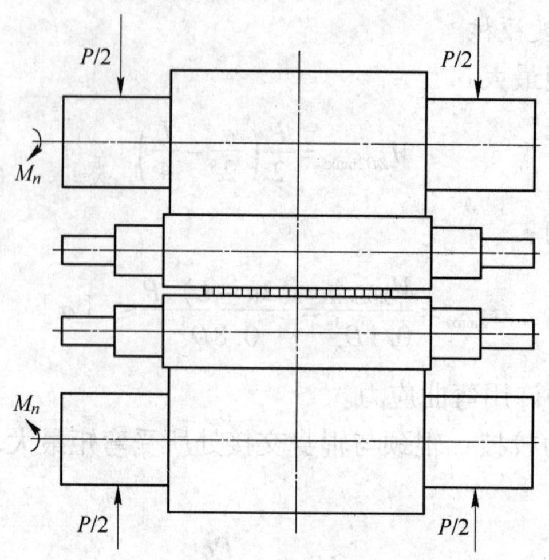

图 7-10　四辊轧机辊系受力分析

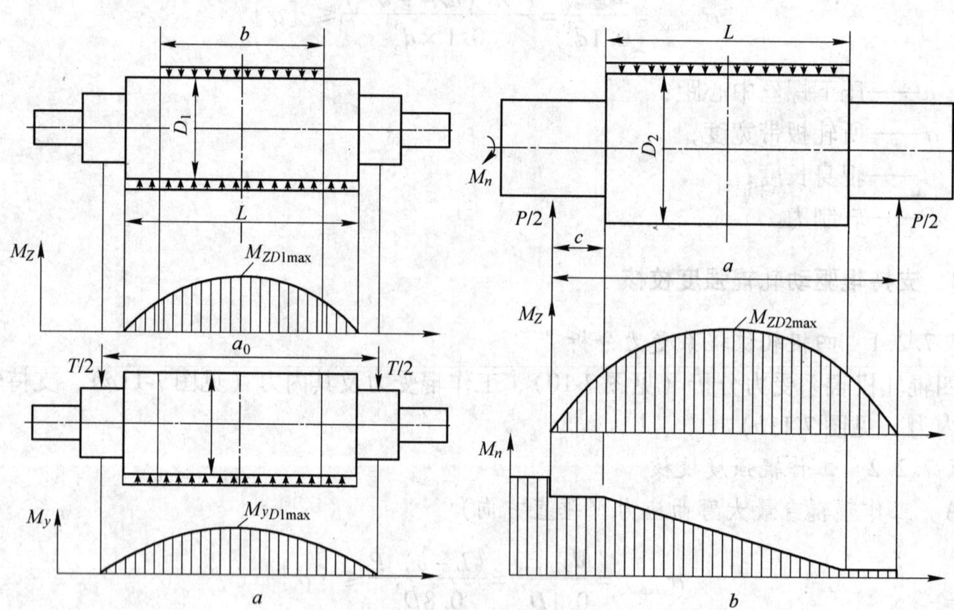

图 7-11　工作辊、支持辊受力及内力

a—工作辊受力及其内力；*b*—支持辊受力及内力

$$\sigma'_{D1\max}=\frac{M_{ZD1\max}}{W_1}=\frac{(2a_0-L)\ P}{0.8D_1^3}\leqslant[\sigma]$$

C　辊身中央之合成弯曲应力

$$\sigma_p=\sqrt{\sigma_{D1\max}^2+\sigma'_{D1\max}}\leqslant[\sigma]$$

7.7.2.3　支持辊强度校核

A　支持辊辊身最大弯曲应力

$$\sigma_{2\max}=\frac{M_{ZD2\max}}{W_2}=\frac{(2a-L)\ P}{0.8D_2^3}\leqslant[\sigma]$$

B　支持辊辊颈强度校核

支持辊辊颈最大弯曲应力：

$$\sigma_{d2\max}=\frac{Pc}{0.2d_2^3}=\frac{P\ (a-L)}{0.4d_2^3}\leqslant[\sigma]$$

支持辊辊颈危险断面扭转应力：

$$\tau_{d2}=\frac{M_n}{W_n}=\frac{M_n}{0.2d_2^3}\leqslant[\tau]$$

$$\sigma_p=\sqrt{\sigma_d^2+3\tau_d^2}\leqslant[\sigma]$$

C　支持辊辊头最大扭转剪应力

$$\tau_{\max}=\frac{M_{n1}/2}{W_n}=\frac{M_n}{W_n}\leqslant[\tau]=(0.5\sim0.6)\ \sigma$$

7.7.3　工作辊与支撑辊间的接触应力

四辊轧机（及有支撑辊的其他类型轧机）支撑辊和工作辊之间承载时有很大的接触应力，在轧辊设计及使用时应进行校核计算。

如假设辊间作用力沿轴向均匀分布，由弹性力学知，辊间接触问题可简化成一个平面应变问题。

H. 赫茨（Hertz）理论认为：两个圆柱体在接触区内产生局部的弹性压扁，存在呈半椭圆形分布的压应力（图 7-12）。半径方向产生的法向正应力在接触面的中部最大。

最大压应力及接触区宽度 $2b$ 可按下式计算：

$$\sigma_{\max}=\frac{2q}{\pi b}=\sqrt{\frac{2q\ (D_1+D_2)}{\pi^2\ (K_1+K_2)\ D_1D_2}}=\sqrt{\frac{q\ (r_1+r_2)}{\pi^2\ (K_1+K_2)\ r_1r_2}}$$

式中　　　q——加在接触表面单位长度上的负荷；

D_1，D_2 及 r_1，r_2——相互接触的两个轧辊的直径及半径；

K_1，K_2——与轧辊材料有关的系数，$K_1=\frac{1-\nu_1^2}{\pi E_1}$，$K_2=\frac{1-\nu_2^2}{\pi E_2}$；

ν_1，ν_2 及 E_2，E_1——两轧辊材料的泊松比和弹性模数。

$$b=\sqrt{\frac{2q\ (K_1+K_2)\ D_1D_2}{D_1+D_2}}$$

若两辊泊松比相同并取 $\nu_1=\nu_2=\nu=0.3$，则上式可简化为：

$$\sigma_{\max}=0.418\sqrt{\frac{qE\ (r_1+r_2)}{r_1r_2}}=0.637\times\frac{q}{b}$$

$$b=1.52\sqrt{\frac{qE\ (r_1+r_2)}{r_1r_2}}$$

此应力虽然很大，但对轧辊不致产生很大的危险。因为在接触区，材料的变形处于三向压缩状态，能承受较高的应力。

在辊间接触区中，除了需校核最大正应力 $\sigma_{\max}$ 外，对于轧辊体内的最大切应力也应进行校核。图 7-13 表示了辊内切应力分布的状况。主切应力 τ_{45° 在接触点 O 处其值为零，从 O 点到 A 点逐渐增大，A 点距接触表面深度 $z=0.78b$，该点 $\tau_{45^\circ(\max)}=0.304\sigma_{\max}$。为保证轧辊不产生疲劳破坏，$\tau_{45^\circ(\max)}$ 值应小于许用值：

$$\tau_{45^\circ(\max)}=0.304\sigma_{\max}\leqslant[\tau]$$

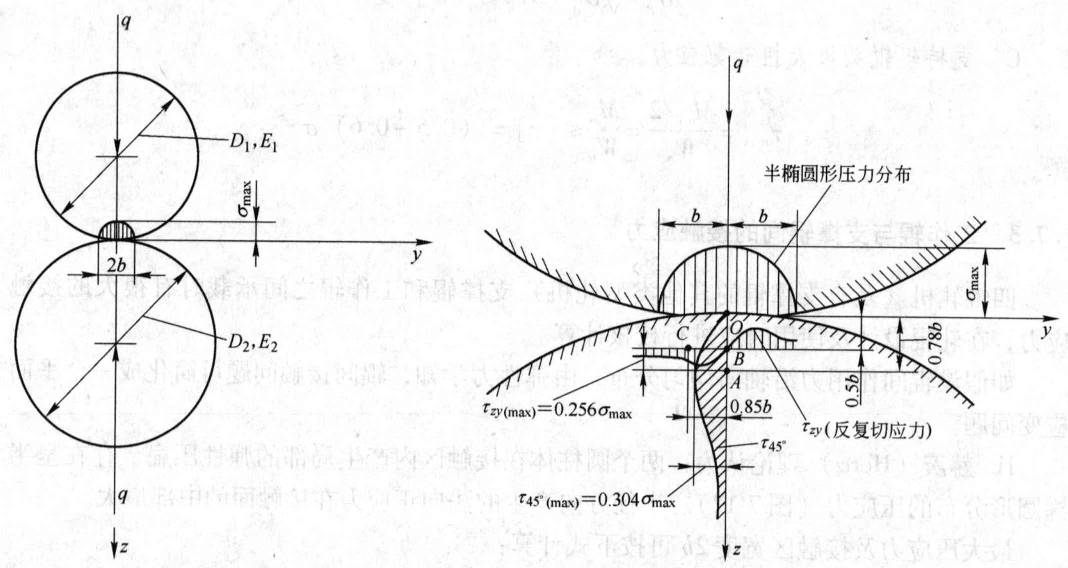

图 7-12　工作辊与支撑辊相接触的情况

图 7-13　在工作辊与支撑辊接触区上各主要应力的大小及分布

图 7-14 给出了轧辊接触应力与深度的关系，可以看出各应力分量 σ_x、σ_y、σ_z 及 τ_{45° 的分布状况（x 轴方向指轧辊轴向方向）。

辊身内部 zy 平面内的切应力 τ_{zy} 的存在，也是造成轧辊剥落的原因，τ_{zy} 沿 y 轴是反复交变存在的。由图 7-14 可见，τ_{zy} 在 $z=0.56$，$y=\pm0.85b$ 处（c 点）达到最大值。一般称 $\tau_{zy(\max)}$ 为最大反复切应力：

$$\tau_{zy(\max)}=0.256\sigma_{\max}$$

正应力和切应力的许用值与轧辊表面硬度有关，按照支撑辊表面硬度列出的许用值见表 7-13。

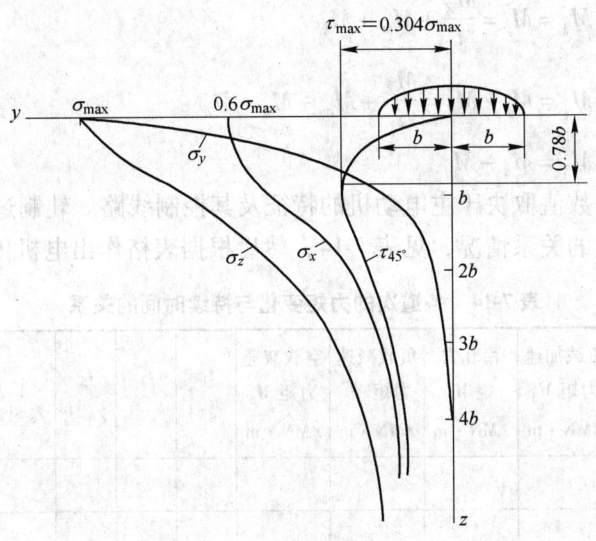

图 7-14　轧辊接触应力与深度的关系

表 7-13　许用接触应力值

支撑辊表面硬度 HS	许用应力［σ］/MPa	许用应力［τ］/MPa
30	1600	490
40	2000	610
60	2200	670
85	2400	730

7.8　轧机负荷图和发热校核

7.8.1　可逆式轧机传动负荷图

在可逆式轧机中，轧制过程是轧辊首先在低速咬入轧件，然后提高轧件的速度进行轧制，之后又降低轧制速度，实现低速抛出。因此轧件通过轧辊的时间由三部分组成：加速时间，稳定轧制时间，减速时间。同样，轧机在空转时也分为加速期、减速期和等速期 3 个阶段。由此我们知道轧制的每一道次在负荷图中显示有 6 个阶段。

由于轧制速度在轧制过程中是变化的，所以负荷图中考虑了动力矩，下面所画的负荷图是由静负荷和动负荷组合而成的。

主电机在加速度期的加速度用 a 表示，在减速期用 b 表示，则在各期间内的转动总力矩为：

空转加速期：　$M_1 = M_k + M_d$

加速轧制期：　$M_2 = M_j + M_d = \dfrac{M_Z}{i} + M_m + M_k + M_d$

等速轧制期：　$M_3 = M_j = \frac{M_Z}{i} + M_m + M_k$

减速轧制期：　$M_4 = M_j - M_d = \frac{M_Z}{i} + M_m + M_k - M_d$

空转减速期：　$M_5 = M_k - M_d$

加速度 a 和 b 的数值取决于主电动机的特征及其控制线路。轧制过程中四辊各道次的力矩变化与持续时间的关系情况，见表 7-14，然后根据表格作出电机传动负荷图。

表 7-14　各道次的力矩变化与持续时间的关系

道次	空转力矩 M_1 /MN·m	空载加速力矩 M_2 /MN·m	负载加速力矩 M_3 /MN·m	稳轧力矩 M_4 /MN·m	负载减速力矩 M_5 /MN·m	空载减速力矩 M_6 /MN·m	t_1 /s^{-1}	t_2 /s^{-1}	t_3 /s^{-1}	t_4 /s^{-1}	t_5 /s^{-1}	t_6 /s^{-1}	稳轧速度 /r·min^{-1}
1													
2													
⋮													
n													

注：n 为轧制总道次数，$t_1 \sim t_6$ 为道次轧制各阶段所需时间。

7.8.2　电机发热过载校核

当主电机的波动负荷图确定后，就可对电机的功率进行计算，这项工作包括两部分：一是由负荷图计算出等效力矩不能超过电动机的额定力矩；二是负荷图的最大力矩不能超过电动机的允许过载负荷和持续时间。

如果是新设计的轧机，则对电动机就不是校核，而是根据等效力矩和所要求的电动机转速来选择电动机。

轧机工作时电动机的负荷是间断式的不均匀负荷，而电动机的额定力矩是指电动机在此负荷下长期工作，其温升在允许的范围内的力矩。为此，必须计算出负荷图中的等效力矩。其值按下式计算：

$$M_{dx} = \sqrt{\frac{\Sigma M_n^2 t_n + \Sigma M_n'^2 t_n'}{\Sigma t_n + \Sigma t_n'}}$$

式中　M_{dx}——等效力矩；

Σt_n——轧制时间内各段纯轧时间的总和；

$\Sigma t'_n$——轧制周期内各段间隙时间的总和；

M_n——各段轧制时间所对应的力矩；

M'_n——各段间隙时间对应的空转力矩。

校核电动机温升条件为：　$M_{dx} \leqslant M_H$

校核电动机的过载条件为：　$M_{max} \leqslant K_G \times M_H$

式中　M_H——电动机的额定力矩；

M_{max}——轧制周期内的最大力矩；

K_G——电动机的允许过载系数，直流电动机 $K_G=2.0\sim2.5$；交流同步电动机，$K_G=2.5\sim3.0$。

7.9 轧制图表与生产能力计算

7.9.1 典型产品轧制图表

轧钢机的轧制图表，或称为轧制图表即是研究和分析轧制过程的工具。在轧制图表中表示了轧制过程中道次和时间的关系。通过这些关系的研究与分析可以清楚地看到：轧件在轧制的过程中所占用的轧制时间、各道次之间的间隙时间、轧制一根钢机组所需要的总的延续时间和轧制过程中轧件交叉轧制的情况、轧件在任一时间所处的位置等。

轧制图表在轧钢生产过程中的作用归结起来就是以下几点：

（1）分析与研究轧钢机工作情况，找出工序间的薄弱环节，以利于改进，使轧制过程趋于合理；

（2）准确计算轧制时间，同时轧钢时的交叉时间、各工序之间配合的时间以及轧制节奏时间等用于计算轧钢的产量；

（3）计算轧制过程中轧辊、机架等所承受的轧制压力和核算电动机传动轧机所承受的负荷情况。

7.9.2 典型产品小时产量

轧钢机单位时间内的产量称为轧机的生产率。其中小时产量为常用的生产率指标。在计算小时产量时，线材、钢板等成品轧机时按照生产出合格产品数量来计算的。因此，轧机实际小时产量用式 7-8 计算。

轧机实际小时产量：

$$A_g=\frac{3600}{T}\times Q\times k_1\times b \tag{7-8}$$

式中 T——轧制节奏时间（即开始轧制第一根钢到开始轧制第二根钢的延续时间），s，由轧制图表可得；

Q——原料质量，根据所选原料的质量得；

k_1——轧机利用系数，$k_1=0.80\sim0.85$，取 $k_1=0.80$；

b——成品率，取 $b=88\%$。

7.9.3 车间年产量计算

车间年产量是指一年内轧钢车间各种产品的综合产量，以综合小时产量为基础进行计算，其计算公式如下：

$$A=A_pT_{jw}K_2 \tag{7-9}$$

式中 A——车间年产量，t/a；

A_p——平均小时产量，t/a；

T_{jw}——轧机一年内计划工作时数，h；

K_2——时间利用系数，可取0.94。

轧机的平均小时产量由下式确定（各品种的小时产量及其含量见表7-15）：

$$A_p = \frac{1}{\frac{a_1}{A_1} + \frac{a_2}{A_2} + \cdots + \frac{a_n}{A_n}} \tag{7-10}$$

式中 a_1，a_2，…，a_n——不同轧制品种在总产品中的百分比例；

A_1，A_2，…，A_n——该品种的轧机小时产量，t/h。

表7-15 各品种的小时产量

钢 种	轧机平均小时产量 $A_i/t \cdot h^{-1}$	所占比例 a_1
1	A_1	a_1
2	A_2	a_2
⋮	⋮	⋮
n	A_n	a_n

这一年产量即为设计任务中要求的年产量。

8 引进的宽厚板轧制线过程控制简介

8.1 加速冷却设定模型（MULPIC）

MULPIC 为了克服普通喷淋系统的缺点于 1980 年开发成功；普通喷淋系统缺少灵活性、可控性、有限的冷却能力，在一些情况下还缺乏均匀性。其开发的主要目的是灵活性，例如仅用一个设备可以实现在线快速冷却、直接淬火和分级淬火。该开发是基于 WPC（水枕冷却）技术，大大加强了射流的打击强度。采用大量的喷头的目的是：

（1）在喷头产生较高的水速，因此在水枕区产生大量的紊流，能获得高的单位冷却能量；

（2）能确保优异的均匀冷却。

由于采用了特殊设计的高密度喷头，实现了极好地可控制性。最大与最小单位流量比约为 10，通过采用特殊的设计还可增加到 20。普通喷嘴单位流量比约是 3～4。

VAI 的 MULPIC 系统上部集管有一特殊的内部设计及一个“水凸度”控制阀，可以实现沿钢板宽度水流分配的调节。

加速冷却模型目的是：达到沿整个钢板长度的目标冷却速率和目标钢板冷却的停止温度。系统通过控制加速冷却机器和钢板通过机器的速度来控制钢板上水的体积来达到此目的，得到期望的冷却速率和正确的纵向温度轮廓。

以下部分描述 ACC 模型的工作和控制方法，以及传感器间的相互作用、跟踪、过程模型和基础自动化系统。这些描述只是系统功能的基础。

ACC 系统由以下子系统组成：

（1）钢板分段跟踪；

（2）设定点计算；

（3）前馈控制；

（4）均热后钢板温度反馈。

ACC2 级系统跟踪每块钢板通过冷却区。钢板跟踪是以段的形式进行，这些段用于形成钢板整个长度的动态冷却记录。

对于每块钢板，当 ACC 接收到 PDI 后，便完成初始的“几何”设定点计算。根据冷却的要求，冷却集管的数量被选择。集管总是从最开始选择（如果要求两组集管模块，则是选择集管 1 和 2），一般要求进行 4 次或 5 次计算，需要 1～1.5s 来完成。

最后轧制道次结束后，因为沿着冷却机器跟踪钢板，所以除了更新速度曲线计算外，ACC 系统重新计算水流速率。此计算要求进行 1 次和 2 次，需要 300～500ms。

随着钢板进入冷却设备，用从入口高温计获得的温度数据来调整水的速率并控制钢板的向前传动。钢板每移动 1m 计算 1 次。同时完成短期和长期适应，便于保持模型的绝对精度。

8.1.1　钢板分段跟踪

子跟踪系统可执行下列功能：

（1）钢板在出口辊道的微跟踪；

（2）分段跟踪；

（3）头尾跟踪；

（4）分段数据采集；

（5）数据确认。

跟踪区将在轧机机架出口开始，在冷床入口结束。

1级跟踪系统将利用从轧机机架和辊道处的速度测量值估计轧件头和尾位置。头和尾位置将被传输给2级系统，2级系统将进行分段跟踪。机架式金属探测器、热金属探测器和高温计信号用来使跟踪钢板实际位置。跟踪系统典型的是每50～100ms刷新一次。

钢板的跟踪轧机中的最后一个道次开始。当跟踪开始时，钢板将被分为几段，每段的过程数据包括测量的温度、钢板位置、流速、冷却水温度等。这些数据被保存作为冷却历史记录。

要使用下列钢板温度测量值：

（1）轧机出口温度；

（2）钢板冷却装置入口温度；

（3）热矫直机出口温度；

（4）冷床入口温度。

从轧机出口和钢板冷却装置入口高温计的测量值将被用于设定值计算和前馈控制，来自钢板冷却装置和热矫直机出口高温计的反馈将被用于自适应。

8.1.2　设定值的计算

当第一道次探测到金属在轧机中时，就进行几何形状的设定值计算。这个计算使用钢板的PDI，并以冷却集管的数量、流量、上框架的高度、速度曲线和钢板摆动形式来确定钢板冷却装置的工作区。一旦前面钢板离开钢板冷却装置，这些几何形状设定值就被下载到1级系统中。在下一块轧件进入钢板冷却装置之前，基础自动化系统将：

（1）调整上框架高度；

（2）打开/关闭冷却组的开闭阀；

（3）调整流量控制阀；

（4）调整旁通阀。

当轧机出口高温计测量到最后轧制道次钢板头部温度时，将通过流量设定值重新计算设定值。在此情况下，测量的数据在设定值计算中和钢板的PDI一起使用。修改的设定值被下载，基础自动化系统根据需要调整钢板冷却装置。

当钢板头部被钢板冷却装置入口高温计跟踪到时，再次进行流量计算。

计算的主要部分将在下面部分介绍。

8.1.2.1　主要数据

主要数据包括钢种、化学成分、目标轧出厚度、目标冷却速率、冷却策略、结束和最终冷却温度以及公差（设定或目标值）。

此外还需要下列数据：

（1）钢板头部的预期轧机出口速度；

（2）速度曲线（例如加速率）；

（3）计算的前滑。

主要数据将被用来评价产品范围表，表中规定了设定模型使用的产品参数。

8.1.2.2 *产品范围表（PRT）*

产品范围表为 ACC 系统需要的产品分类提供一个灵活的方法。某些预定的参数，例如钢种、化学成分、目标钢板厚度、目标冷却速率、冷却策略、目标结束和最终冷却温度将被用来定义可以选择产品决定参数的决策图表。

将被分类保存在决策图表中的参数将包括：

（1）冷却模型参数/策略；

（2）边部遮挡位置；

（3）平衡阀设定值；

（4）自适应参数。

8.1.2.3 *冷却策略*

冷却策略定义钢板使用的冷却类型。包括：

（1）快速冷却（轻度、中度和重度）和直接淬火冷却用的模型系数；

（2）速度极限；

（3）钢板摆动。

用于产品大纲内钢种的冷却策略，包括需要的冷却速率，将由 VAI 在调试开始之前最初提供。这些策略将由用户在热调试结束后作进一步修改。

8.1.2.4 *钢板温度模型*

钢板温度模型是由采用绝对有限差分法（FD）的物理、数学模型组成的，用来计算钢板中心线全厚度温度。节点数量根据钢板轧出厚度来优化，以达到过多计算和数字精度之间的平衡（典型是 11 个节点/层被用于钢板一半厚度）。

有限差分模型将钢板分为若干个小的单元（数量随厚度变化），并计算单元之间的热通量，对于外部单元，还计算各个冷却区的热交换。

有限差分模型将对以下两种变化进行精确处理：

（1）化学成分原因导致传导率的变化；

（2）同元素异形体的变化引的热交换。

8.1.2.5 *热导模型*

在轧机机架和钢板冷却装置之间，钢板由于自然辐射和热板与辊道辊传导原因产生热损失。同样情况也适用与钢板离开冷却装置的时候。在冷却装置中，传热的主要方式是钢到水的热传递，总的传热量大多数在此区段发生。冷却速率由许多参数决定，但是实际上，要考虑下面因素：

（1）钢板厚度；

（2）钢板表面温度和水温差；

（3）供水量；

（4）传热系数；

（5）钢种；

（6）系统配置，例如物理设定，集管的利用等；

（7）集管效率。

8.1.2.6　冷却策略

冷却装置外部采用相同的基本原理，不同的是传热机理是辐射引起的。辐射量由散热系数决定的，而不是传热系数决定的。

8.1.2.7　传热系数

冷却过程中至关重要的一个参数是传热系数，他描述了从热钢板到水流传热的传热系统。传热函数受到下列参数的影响：

（1）钢板表面和水温度之间的温度差；

（2）钢板上单位水冲击量。单位水冲击量由冷却区内开启的冷却集管数量和实际水压力决定；

（3）水温度。

为了能够容易地适应传热系数，传热函数以温度差和单位水冲击量的形式参数化表示。

8.1.2.8　速度曲线

钢板冷却装置的速度曲线是用来补偿钢板沿长度方向上的温度降低。这保证在整个钢板上面有恒定的冷却速率。速度曲线决定钢板进入冷却装置的速度和在冷却中通过冷却装置的加速度。

8.1.2.9　钢板摆动

具体某个产品的冷却策略可能需要钢板在机器内摆动。这个工艺确定摆动的次数和最大钢板速度。

为了尽量保证整个钢板长度方向有恒定的冷却速率，每次摆动都与上一次不同，例如减速和加速中的冷却不针对钢板的具体某一段。

8.1.3　前馈控制

前馈控制使用全部钢板温度模型。一旦钢板温度被冷却装置入口处的高温计测量到，模型就循环执行，用于补偿钢板进入温度的变化。

前馈计算使用钢板主要数据和测量的数据（例如钢板速度、进入温度和钢板厚度）以计算每个分段的修改流量。

ACC系统然后根据钢板分段位置计算每一段的流量。修改的流量被载入到基础自动化系统中，调整流量控制阀，以实现理想的冷却流量。

8.1.4　均热后钢板温度的反馈

钢板离开冷却装置后，钢板温度模型运行预测均热后的钢板温度。

当钢板沿厚度方向温度达到正常稳定状态时，均热完成。任何由于板心温度高导致的表面“返温”可以忽略不计。

8.1.5 模型自适应

自动化系统的关键特点就是应用模型的自学习功能。包括两个层次的模型参数自适应：

（1）短期：在道次间进行模型参数自适应，用于本块钢板的适应。

（2）长期：修改的自适应系数是逐块钢板计算的，用于不是接下来轧制的相同材料级别的钢板。

自适应使用保存的钢板每段的冷却历史数据，并且只有测量的过程数据有效时才启动。

8.2 轧机区的控制功能

8.2.1 控制功能

轧机区的自动化系统控制以下设备：

（1）轧机机前辊道；

（2）轧机传动；

（3）轧机出口辊道；

（4）立辊轧机的 AWC/回拉缸；

（5）立辊轧机的压下；

（6）轧机入口推床；

（7）轧机 AGC 缸；

（8）轧机压下；

（9）轧机弯辊缸；

（10）轧机窜辊缸；

（11）轧机出口推床；

（12）钢板除鳞喷淋；

（13）机架系统（辊平衡、辊冷却等）；

（14）辊更换设备；

（15）区域内的介质系统。

以下为此区域内所提供的功能：

1 级 TCS

（1）辊缝的预设定；

（2）自动宽度控制（AWC）；

（3）自动厚度控制（AGC）；

（4）平面形状轧制控制；

（5）自动板形和平直度控制；

（6）液压推床控制。

1 级 PLC

（1）轧件的传输；

(2) 区域内的轧件跟踪;
(3) 传动速度的预设定;
(4) 主速度控制;
(5) 拉紧力控制;
(6) 速度冲击补偿;
(7) 向上/向下（钢板滑动形式）控制;
(8) 旋转辊道;
(9) 工作辊更换和支撑辊更换;
(10) 钢板除鳞;
(11) 开始和停止请求介质系统的收发;
(12) 泵程序控制;
(13) 程序控制;
(14) 互锁;
(15) 通讯;
(16) 错误监控和信号发送;
(17) 显示和监控功能。

8.2.2 一级 TCS 的功能描述

8.2.2.1 辊缝的预设定——自动

A 立辊轧机

通过轧机的设定模型对于每个立辊轧制道次计算出立辊轧机辊缝的设定值，这些设定值在立辊轧制开始之前传送至 AWC 系统。当计算出新的辊缝设定值时，而此时若轧机中没有轧件，AWC 系统将对定位至下一个轧制道次。

B 轧机

为了穿带产品，在辊子轧制力的基础上对辊缝进行预定位。每个道次的辊缝设定将利用螺丝和液压缸的一定顺序动作来完成。辊缝设定值基于 L2 的轧制时间表。

在一个新道次的开始处:

(1) 液压缸将移至轧制线;

(2) 螺丝将移至本道次所需的出口辊缝处;

(3) 当螺丝到达道次的设定点，液压缸的位置将根据任何螺丝设定错误和选择值来设定。

总之，螺丝将根据以下辊缝参考来设定，并在 2 级中计算:

$$G_s = Z_s + h - S + G_{pu} + G_0$$

式中 G_s——螺丝设定参考（从 2 级）;

Z_s——螺丝零点数据;

h——所要求的道次出口厚度;

S——预计的延展（以预计的轧制力和轧机延展数据为基础）;

G_{pu}——选择值，轧制线以上的液压缸偏移将减少卷曲影响;

G_0——辊缝偏移。由辊子的加热，辊子的磨损和厚度的偏移组成；

同时缸将设定以下参考：

$$G_c = Z_c - G_{pu}$$

式中　G_c——液压缸设定参考（从 L2 级下载）；

Z_c——液压缸的零点数据（有效的轧制线）；

G_{pu}——选择值，轧制线以上的缸偏移将减少卷曲影响。

一旦设立完成，在接收到一个不同的设定值或轧件进入辊缝之前，液压缸将一直保持在设定值处。一旦轧件进入辊缝，任何进一步的辊缝移动都是由在线厚度控制调节，以补偿辊缝设定值的错误、轧件厚度和硬度的变化。

8.2.2.2　立辊轧机/轧机的辊缝调节

辊缝调节的子功能补偿压下设定的错误，并且保证能够尽快地计算出新的立辊轧机和轧机的辊缝设定值。图 8-1 提供了应用在立辊轧机上的辊缝调节子功能平面图。

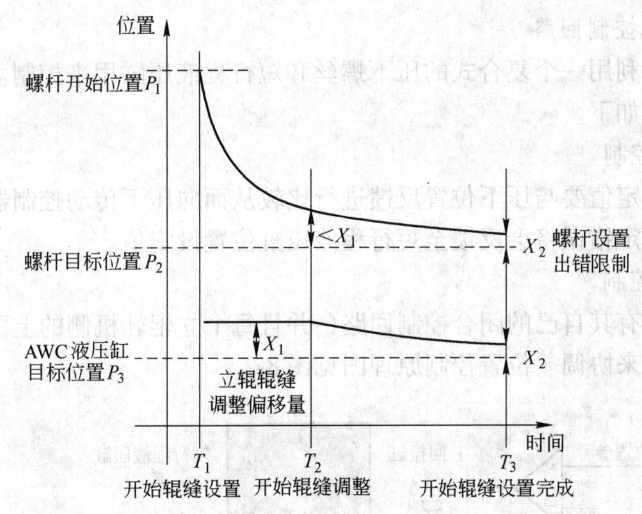

图 8-1　在辊缝设定期间 AWC 液压缸和压下位置

辊缝调节程序操作如下：

（1）在 T_1 时间处，辊缝设定顺序开始，分别计算出压下螺丝和 AWC 液压缸位置设定值 P_2 或者 P_3。作为准备，AWC 液压缸位置设定值将加上立辊轧机辊缝偏移 X_1；

（2）一旦计算出新的设定值，压下螺丝即开始移动到相应的设定值位置；

（3）在 T_2 时间处，压下设定错误减少到比立辊轧机辊缝调节偏移 X_1 小；

（4）压下螺丝继续移动至其目标位置。随着压下设定错误的减少，加在 AWC 液压缸位置设定值的辊缝调节偏移也减少了同样的量。因此，在 T_2 时间处为辊缝的目标设定点；

（5）时间 T_3 处，压下设定错误已经减少到比压下错误极限 X_2 小。在此点辊缝设定程序被认为完成，AWC 液压缸和压下螺丝停止运动。

立辊轧机辊缝调节偏移 X_1 和压下设定错误极限 X_2 为可调值，在调试阶段设定。

8.2.2.3　自动宽度控制（AWC）

自动化宽度控制系统（AWC）控制轧件的宽度以此来达到最终热轧板的最小宽度

公差。

立辊轧机配备有液压辊缝控制系统。为了控制液压调节，利用一个工业计算机系统，它行使以下功能：

（1）AWC 辊缝控制：

1）压下位置控制；

2）液压位置控制；

3）同步控制。

（2）宽度控制：

1）绝对辊缝控制；

2）短行程控制；

3）划痕补偿。

（3）调节位置和机架特征的校验；

（4）AWC 保护功能。

A　AWC 辊缝控制回路

立辊轧机配置利用一个复合式的压下螺丝和短行程液压缸用来控制立辊的辊缝和轧制力。控制回路描述如下。

a　压下位置控制

压下的位置设定值要与压下位置反馈进行比较从而向压下传动控制器产生一个错误信号。任何螺丝的设定错误将会反馈至短行程液压缸位置设定值。

b　液压位置控制

每个液压缸具有其自己的闭合控制回路，并且每个立辊轧机侧的上下调节缸通过一个同步速度控制回路来协调。位置控制原理图见图 8-2。

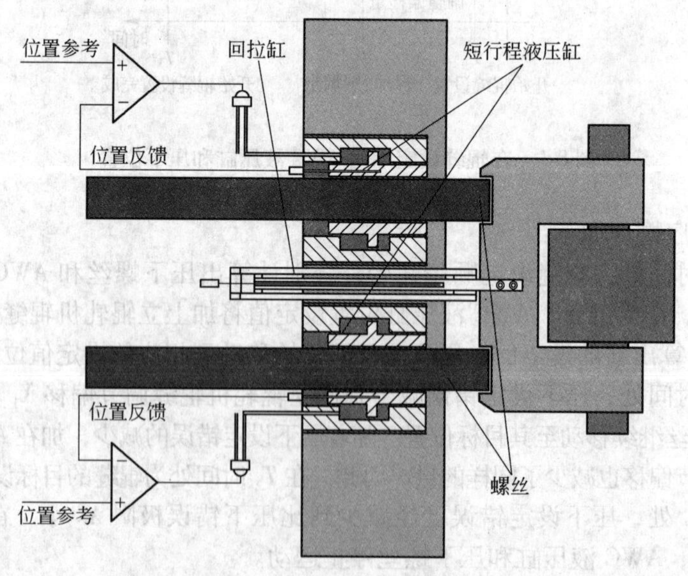

图 8-2　立辊轧机位置控制

（1）位置测量。线性位置测量系统用于测量液压辊缝控制系统的活塞的位置。

通过对位置传感器输出信号的评估和基本原理测试，AWC 系统检测严重的传感器缺陷并采取适当的措施来减少损坏。

（2）边部轧制力的测量。边部的轧制力的测量通过仅位于一个机架侧的调节缸内的压力传感器来进行（每个活塞上一个传感器，环面侧一个）。

（3）边部轧制力测量的校验。在开口立辊轧机处断裂影响边部轧制力的测量被设定为零。在校验阶段，调整位置控制。

（4）液压调节的定位。液压缸的定位通过伺服阀来控制。液压先导控制截止阀位于每个伺服阀的上游和下游。所以，在发生错误时才有可能液压地阻塞缸。

c 同步控制

（1）每侧的控制。在立辊轧机的每侧有两个缸，一个在上面，一个在下面。为了保证立辊的垂直，在所有的情况下两个缸都有必要同步移动。这通过监控缸的伸展（与设定位置有关）之间的不同来完成的，并且把此信号反馈至基本位置控制回路。立辊轧机液压缸的同步见图 8-3。

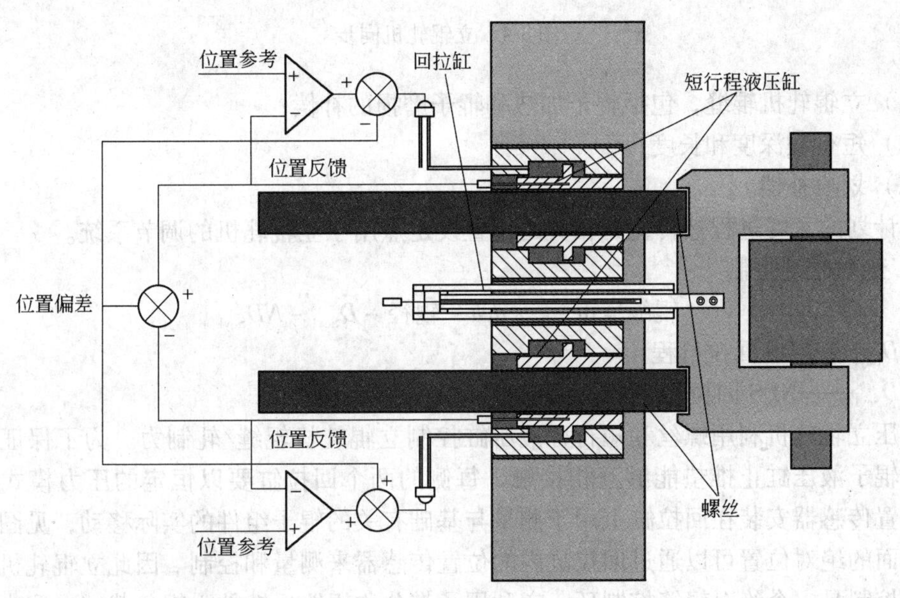

图 8-3 立辊轧机液压缸的同步

（2）从一侧到另一侧的控制。为了保证轧件在立辊轧机的中心线上，立辊轧机的每侧有必要同步的移动。这通过监控回拉位置传感器之间的不同来完成（与设定位置有关）并且把此信号反馈至基本位置控制回路。立辊轧机同步原理见图 8-4。

B 宽度控制

自动宽度控制的控制原则是以过程控制区内的一个模型支撑绝对辊缝控制（model-supported absolute gap control）原则为基础的。

L2 过程计算机传输轧制时间表和特定材料模型参数至 AWC 系统。这些参数包括以下内容：

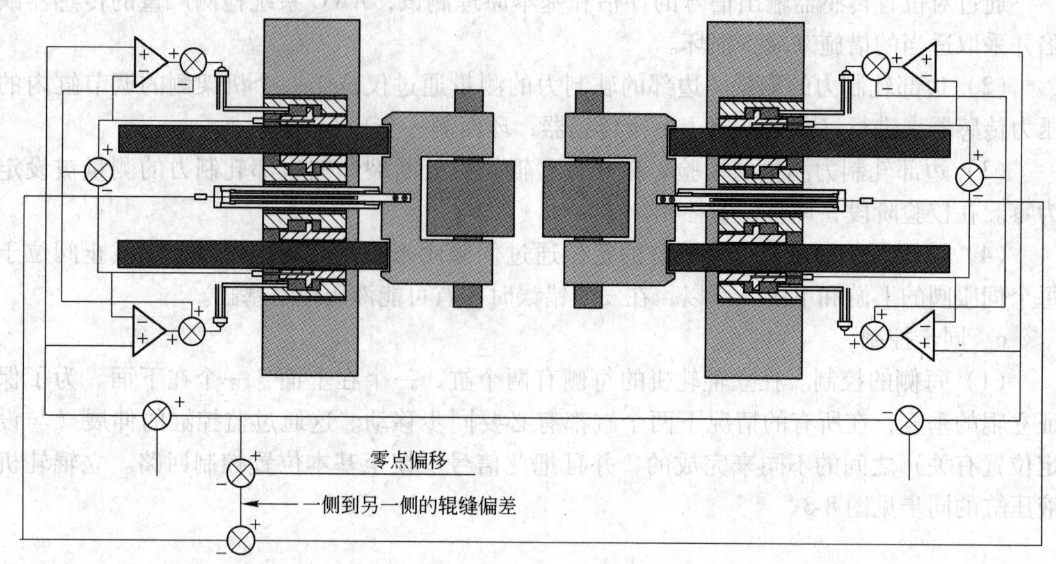

图 8-4　立辊轧机同步

（1）立辊轧机辊缝，包括辊子加热和辊子磨损的补偿；

（2）短行程深度和长度；

（3）划痕补偿。

所计划的宽度过程被转化为相关的位置设定点用于立辊轧机的调节系统。

a　绝对辊缝控制

$$辊缝 = df - 2 \times dch - 辊径 - D_{\mathrm{Scyl}} - ND_{\mathrm{Scyl}}$$

式中　D_{Scyl}——DS 回拉行程；

ND_{Scyl}——NDS 回拉行程。

液压立辊轧机利用螺丝和短行程液压缸控制立辊轧机辊缝/轧制力。为了保证辊子轴承座和辊子液压缸止推垫能够互相接触，每侧的两个回拉缸要以恒定的压力模式进行操作。位置传感器安装在回拉缸上用于测量与基础有关的辊子组件的实际移动，见图 8-5。

辊面的绝对位置可以通过回拉缸内的位置传感器来测量和控制。因此立辊轧机上利用的主要控制是一个绝对辊缝控制环，它利用了带公称辊缝反馈的立辊负载缸，取决于：

（1）回拉缸线性移位传感器的测量；

（2）与已知零值相对应的引锭杆宽度。

在绝对辊缝控制下，辊缝反馈信号从回拉缸位置传感器中得到。此测量值与辊缝参考信号做比较，两者之间的错误被用来传动辊负载缸伺服阀，用这样的方法使缸以一种方式移动把错误降为零，见图 8-6。

b　短行程控制（SSC）

在一个固定边部位置上，缩颈会发生在产品的头端和尾端，它是在轧机轧制时，在这些区域中材料增加的延长产生的。

为了抵消这种不符合需要的效果，立辊轧机辊缝在头部闭，在尾部开。液压调节缸执行短行程操作。

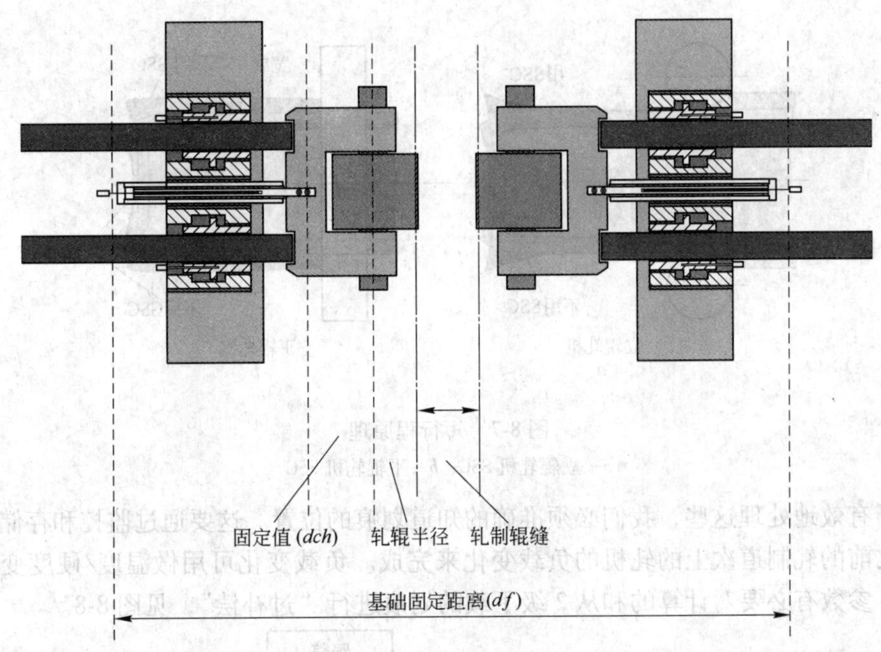

图 8-5　辊缝计算

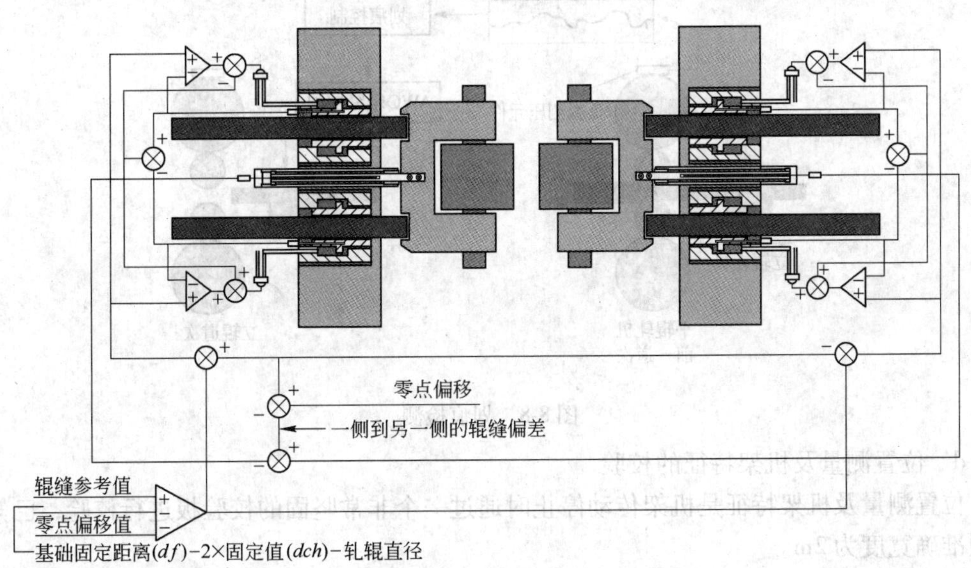

图 8-6　绝对辊缝控制

模型参数（长度和行程）要求调节修正的计算，或者从 L2 系统下载或者通过 HMI 系统进入，见图 8-7。

c　划痕补偿

当边部带有一个固定辊缝时，在立辊轧机的出口处的杆具有一个固定宽度。然而当杆进入并在机架内滚动时，机架出口处的宽度会随轧机上的轧制负载而变化，特别是在冷却器划痕的位置处。在这些区域中，轧机上的 AGC 系统将运用一个高负载并使其边部延展比其他区域的更多。为了补偿，有必要在立辊轧机的这些点处对宽度进行“过补偿”。

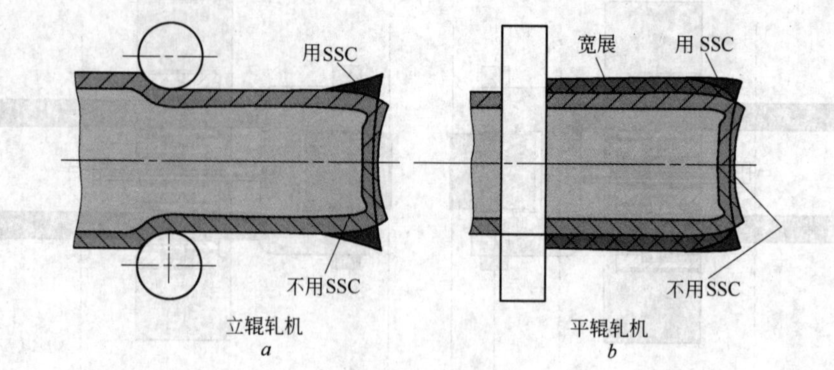

图 8-7　短行程原理

a—立辊轧机 SSC；*b*—平辊轧机 SSC

为了有效地处理这些，我们必须准确的知道划痕的位置。这要通过监控和存储边部轧制道次之前的轧制道次上的轧机的负载变化来完成。负载变化可用做温度/硬度变化的直接测量。参数有必要对计算的和从 2 级下载的划痕进行"过补偿"，见图 8-8。

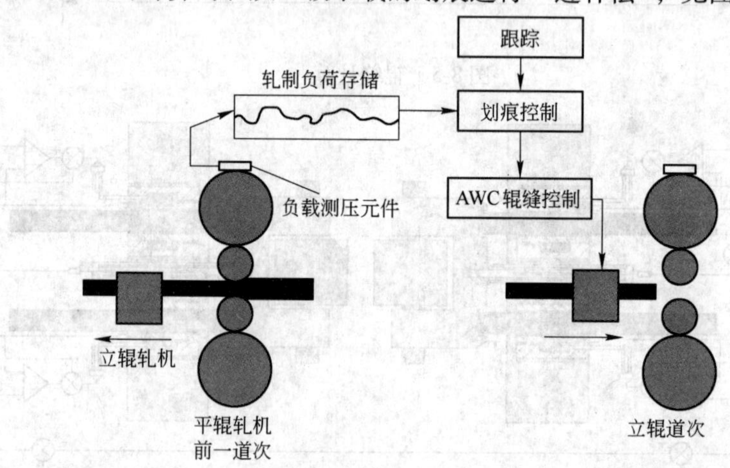

图 8-8　划痕检测

d　位置测量及机架特征的校验

位置测量及机架特征是机架传动停止时通过一个非常坚固的校验板进行校验，已知的典型准确宽度为 2m。

位置测量校验是在一个特定轧制力条件下，使立辊紧靠校验板来进行的。在此点，绝对辊缝测量值被设定为校验板的宽度，此过程每年要进行 2 次或 3 次。每次换辊后都要进行位置测量的校验。

机架特征是由当立辊紧靠校验板，轧制力从零增至到最大时记录下液压缸位置对于所测量的轧制力之间的关系决定的。

由轧机伸展决定的机架特征接近于二次顺序曲线图形式。在机架特征校验期间，用于接近曲线的 3 个确定系数是从 5 ~ 10 轧制力点计算出的，运用了最小错误计算方法。

e　AWC 保护功能

（1）测试。

1）自动轧制力极限及轧机保护：对轧机上的轧制力进行不断监控，以避免发生在轧机上的不必要的高轧制力。整个系统包括 3 个极限级，每一个都能引起不同的动作。

①负载极限 1。当达到此极限时所有的 AWC 动作都将冻结；

②负载极限 2。当达到此极限时，辊缝为开着的，以保持轧制力在此极限内。在此阶段，钢板宽度不是所需要的宽度；

③负载极限 3。如果达到此极限，液压缸就会如以下所述那样进行全排放。

2）供电失败：由于主 AC 供应切断或一个内部错误引起的供电失败，系统将自动地松解液压泵并通过螺线管阀释放缸内的液压力。这避免了在伺服阀失控的情况下液压缸高轧制力的产生。

3）伺服阀错误。伺服阀的参考和反馈被不断监控并且如果有一致的不规则报警产生就会告知操作者。

（2）操作。在基本设计阶段将对在每个错误条件下所进行的操作进行讨论和确认。

1）缸排放。在此模式下，AWC 液压缸会通过驱动伺服阀对油进行全排放。当更换辊子及特定的紧急条件下，此模式将被自动选择。

2）缸锁定。在此模式下，进入（或流出）立辊液压缸的油流量将被控制，从而锁定缸的位置并以固定的辊缝轧制，直至完成当前的板坯轧制或者缸被排空。

为了能够有效锁定液压缸及防止漏油，锁定阀应该定期检查。

8.2.2.4 自动厚度控制（AGC）

自动厚度控制（AGC）系统控制产品厚度，无论外部因素的影响如何，都可以达到一个预先的设定点。

为了控制液压系统，运用一个工业计算机系统来执行以下功能：

（1）液压辊缝控制：

1）位置控制；

2）轧制力控制；

3）非线性控制；

4）倾斜控制。

（2）厚度控制：测厚仪。

（3）补偿回路：

1）辊子的离心率补偿；

2）油膜轴承补偿；

3）压缩油补偿。

（4）辊缝校验（调零）；

（5）机架特征的校验；

（6）轧制道次的设定；

（7）AGC 轧机保护功能。

A 液压辊缝控制

液压辊缝控制协调调节系统的基本动作。它以位置控制模式或轧制力控制模式来操作。每个液压缸内有一个控制回路。同时，层次倾斜控制增加了可调的倾斜的辊缝位置精度。

辊缝利用一个压下螺丝和液压缸的复合结构设定。2 级系统计算出辊缝设定值后，

AGC 系统计算出相应的压下螺丝和液压缸位置。然后驱动压下螺丝至要求的位置，任何压下螺丝的定位错误将由液压缸位置进行补偿。

a　位置控制

位置控制提供了厚度控制系统的基本功能。当辊缝被打开，位置控制必将导致被控辊子的运动。在有负荷的情况下，位置控制接管层次控制回路的附加设定点，见图 8-9。

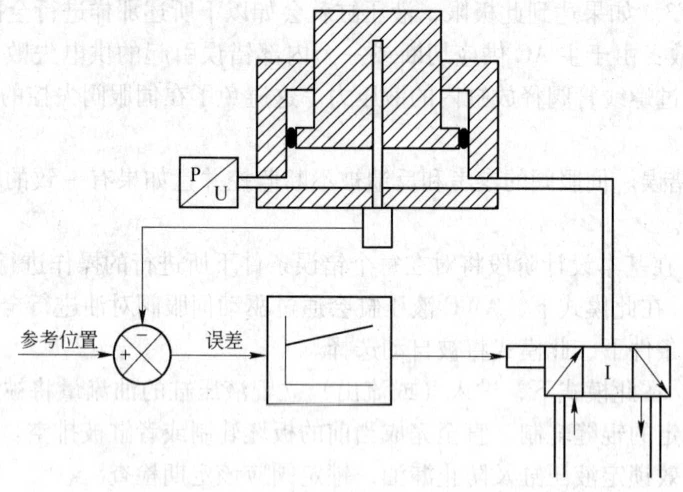

图 8-9　位置控制

(1) 位置测量：线性位置测量系统用于测量液压轧辊调节系统的活塞位置，它通过一个安装在液压缸中心的下面的传感器来实现。

AGC 系统通过评估位置传感器的输出信号以及基本原理测试来检测严重的传感器故障，并采取适当的措施把损坏降至最小。

(2) 位置测量的校验：液压缸被重新定位在尾端位置，同时，设定位置传感器到零点位置。

(3) 液压调节的定位：液压缸的定位通过伺服阀来控制。液压的先导控制截止阀位于每个伺服阀的上游和下游。如果出现故障，液压缸就有可能被关闭一小段时间。

b　轧制力控制

轧制力控制提供了用于轧机校验的基本功能，在普通的轧制操作过程中是不会用此模式的。在轧制力控制模式下，将会产生一个确定的轧制力，见图 8-10。

(1) 轧制力的测量：轧制力是通过安装在轧机压下螺丝下面、轧机顶部上的压头来测量的。除了直接轧制力的测量之外，位于液压缸内的压力传感器（活塞侧有一个传感器）用来间接地测量轧制力。

(2) 轧制力测量的校验：当进行轧制力测量时，在辊缝开口处，辊系质量和辊系平衡的干扰效应被设定为零。在校验期间，这种调节是基于位置控制的。

c　非线性控制

为了实现液压辊缝调节的高动态性能，VAI 开发了用于液压缸调节的特殊非线性控制器。控制器的设计基于最新的微分几何方法。所设计的控制器带有精确（输入/输出）的线性化。它考虑到了液压缸移动的实际动态行为，而非液压调节系统所用的传统线性化方法，这也是 VAI 的一个特色，见图 8-11。

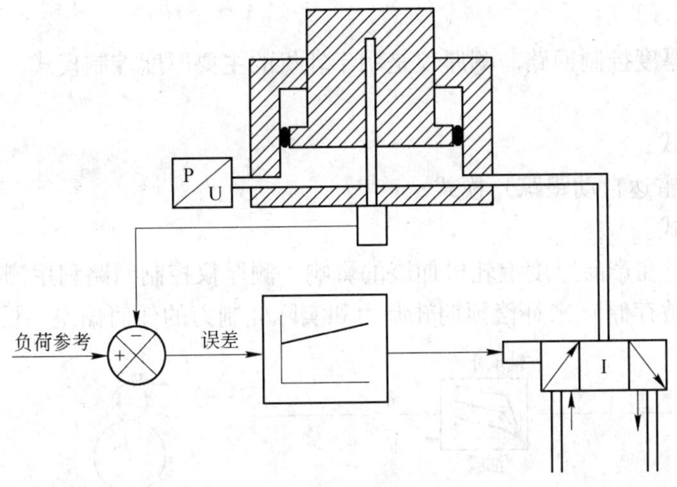

图 8-10　轧制力控制

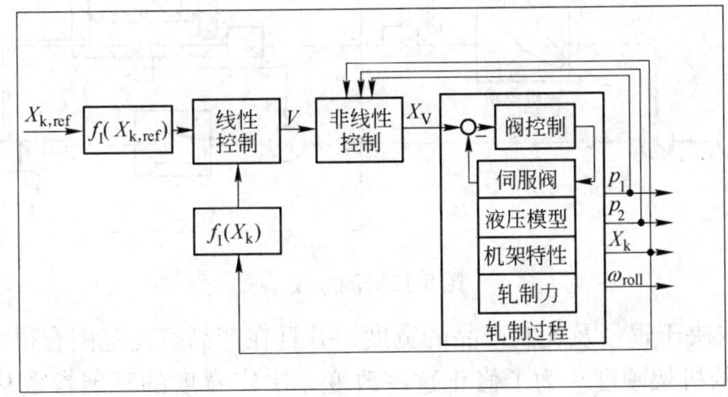

图 8-11　非线性控制

非线性控制器的优点：

（1）动态控制的高性能：很短的响应时间及非凡的对称运动甚至在跨越整个缸行程的单缸操作情况下。

（2）对于参数多变的稳定性：例如，实际缸行程，泄漏情况。

（3）厚度性能的提高：层次控制回路可以更快地进行反应。

（4）在液压油柱压缩情况下的快速修正：在无液压油柱补偿的情况下，长行程缸的线性效果非常小。

（5）简单的调整参数：有两个调整参数，它们可以像 PI 控制器那样来处理。

d　倾斜控制

位置控制同时具有倾斜控制功能，特别是在调节系统（同步运动）的运动过程中，保证了一个确定的倾斜轧辊位置。此功能对于产品/钢板移动及产品/钢板平直度具有实质性的影响。

倾斜运动独立于任何自动厚度控制，它可以在任何时间进行。

B　厚度控制

液压辊缝控制同时具有厚度控制功能。各种类型的厚度控制的应用取决于产品的厚度和长度。

利用以下的厚度控制回路。测厚仪是用于轧机的主要厚度控制模式。这种模式可以被分为3个模式：

（1）绝对模式；

（2）相关（雷达自动跟踪）模式；

（3）条件模式。

测厚仪环补偿在产品厚度上轧机伸展的影响。测厚仪控制回路利用测量的轧制力和伸展特征（校验后被存储）来补偿预期轧制力和实际轧制力的任何偏差。见图8-12。

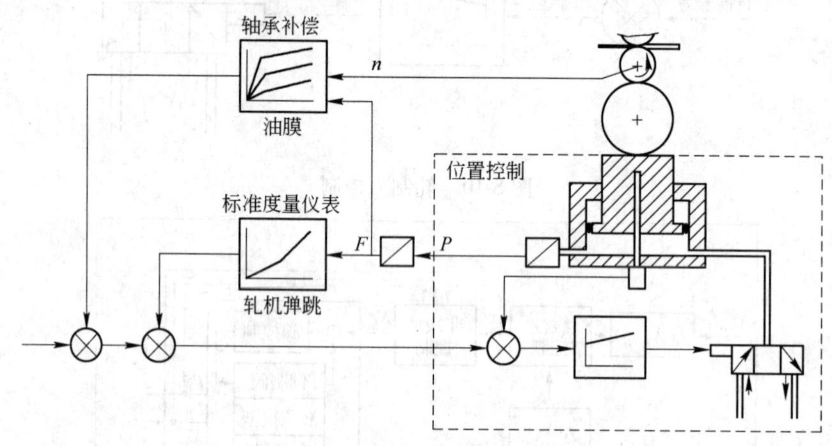

图8-12　测厚仪

辊子的变形取决于辊径及轧制产品的宽度，并且在产品宽度范围有很大不同的情况下可以改变达20%的机架硬度。为了修正这些改变，决定宽度的延展参数从2级系统计算和下载。

测厚仪增加了由辊子离心率所引起的轧制力变化，并且在处理辊离心率过程中有特殊的测量要求（辊子离心率控制）。

如果在产品头部的实际轧制力与所预期的轧制力不同（比如不正确的产品温度、轧制规程的错误等），厚度偏差会发生在产品的头部。由于特殊的边界条件，在传送杆整个长度方向上的一个恒定产品厚度偏差可能会比逐级增大的厚度偏差要更合适。

厚度控制的操作模式要考虑以下因素：

（1）绝对厚度控制：在绝对控制处，预设值通常被当做产品厚度的设定点来运用。在与所预期的轧制力有偏差的情况下，一个厚度楔形会发生在产品的头端。

（2）相对厚度控制：厚度控制的相对模式会产生一个从产品头部到尾部的恒定厚度过程。如果预期的轧制力与实际轧制力有偏差，将会产生产品的绝对偏差厚度。

（3）有条件的相对厚度控制：有条件的相对厚度控制操作用一个窗口描述预期轧制力和实际轧制力之间的不同。如果这种不同在此窗口范围内，执行绝对厚度控制，如果轧制力在此窗口之外，执行相对厚度控制。

C　补偿回路

a　辊子离心率补偿（REC）

该功能测量支撑辊离心率，并且计算出一个轧机两侧的修正信号，同时添加到液压缸位置的设定值，以避免由于辊子离心率的变化而在钢板上留下印痕。

离心率补偿功能补偿包括3个级别：

（1）离心率补偿方案基于以下事实：支撑辊离心率是随辊子旋转速率变化的基本频率而周期性变化的。采用Fourier分析，离心率的变化被分解成若干部分。

（2）离心率补偿功能从支撑辊的角位分析轧制力信号的变化，目的在于计算与辊子关联的和谐系数。计算出来的系数代表受辊子离心率影响的信号变化的幅度和相位。与辊子角位相关的系数组合起来，计算出位置修正值，然后提供给液压缸，从而消除由离心率变化引起的印痕。

（3）离心率补偿功能是把压力转化为位置设定值，然后减去轧机两侧设定值，从而消除产品厚度的离心率。

经过分析与瞬时测量的支撑辊的角位有关的轧制力信号，使REC包能够区别每个支撑辊，然后建立一个每个辊子的离心率轮廓用的数学模型，此信息储存在积分器里，便于在轧制开始时，产生精确的修整信号而不用考虑与支撑辊相关的角位。由于支撑辊间的相位角修正信号已被精确定义，系统能够在最短时间内跟踪到由离心率干扰的当前相位。系统在支撑辊旋转后实施跟踪。

操作者可以利用设备实现或禁止钢板与钢板之间、道次与道次间的离心率补偿。

b　油膜轴承补偿

随着机架或机架上面轧制力的速度变化，支撑辊轴承里的油膜厚度也变化。油膜厚度的变化足够大时，将导致正在被轧制的材料的厚度干扰。

为了补偿这些厚度干扰，AGC系统包括油膜补偿功能。此功能提供一个轴承油膜厚度，用来补偿轧制力和速度引起的厚度干扰。补偿所用的油膜数据是轴承生产商的数据或在系统安装/调试期间凭经验导出的数据。

c　油压缩补偿

当钢板的头端被咬入时，由于轧制力增大，引起液压油缸的油被压缩。位置控制回路将仅在瞬间延迟后进行纠正，导致材料的头端大于预期厚度、钢板内部发生错误流动。

油压缩补偿通过在材料进入轧机轧制前，增加油缸里参与作业的油量，从而使油缸的油膨胀来克服这个问题。当材料在咬入时被探测，补偿的移动与轧制力的变化速度成比例的，材料离开时，液压油缸回复到正确位置。

D　辊缝的校准（调零）

校准辊缝目的在于决定辊缝的零基准点。辊缝校准的开始条件是：

（1）上支撑辊必须完全离开辊子平衡系统；

（2）上工作辊必须完全离开辊子平衡系统；

（3）下支撑辊轨道必须降低，使支撑轴承座与油缸紧密接触；

（4）下辊子必须被迫支撑下部支撑辊（通过平衡系统）。

从换辊完全结束开始，将执行以下过程：

（1）在计算的额定轧制线下，油缸大约膨胀5mm；

（2）调整螺丝到计算的额定轧制线；

（3）油缸膨胀直到辊子达到给定负荷（典型是200t）；

（4）调节油缸直到两边一样；

(5) 主传动开始运行；

(6) 油缸膨胀直到达到调零负荷（典型2000t)，两边负荷一样；

(7) 固定螺丝、油缸位置、轧制力；

(8) 油缸缩回到开始位置。

E　机架特性的校准

为了准确设定辊缝和控制测厚仪，必须了解轧制力作用下轧机辊系的偏离。通常称为轧机弹跳（或轧机硬度）特性。这一种特性定义了由于辊子碾平，辊子弯曲和机架拉伸引起的辊系的偏离总和，因此被看做轧制力的函数。

轧机拉伸决定的机架特性接近第二次命令出现的曲线。机架特性校准期间，接近曲线的3个起决定作用的系数是从5～10个轧制力作用点计算得到的，采用最小误差范围。每次支撑辊换辊后校准机架特性。

现场工程师使用特定的设备得出用于以后辊缝设定的轧机弹跳曲线（见图8-13）。

此图显出此设备的典型HMI显示。从图8-13中，工程师可以启动轧机弹跳测量方

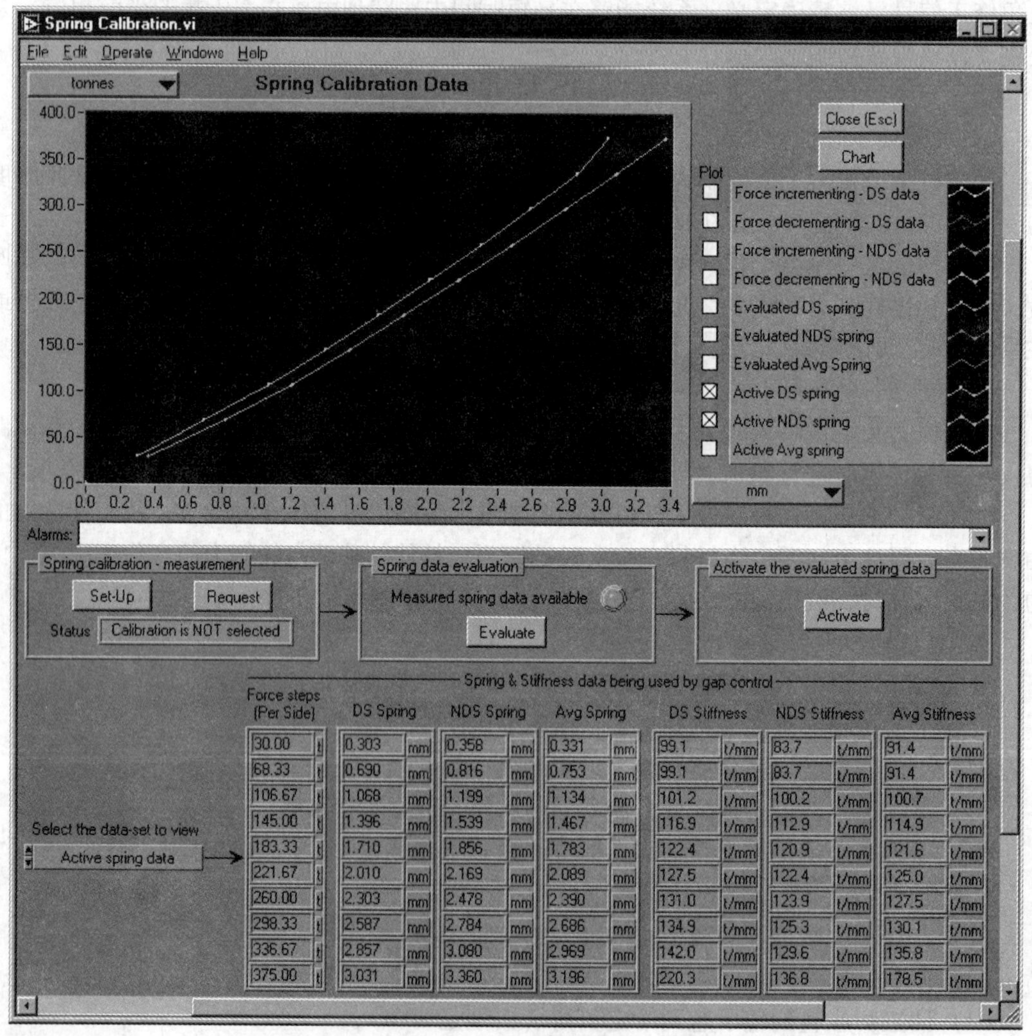

图8-13　轧机弹跳曲线

法，查看结果。若工程师对轧机弹跳测量的结果满意，数据将被传输到2级系统的模型计算中使用。

以下是轧机弹跳的一个典型次序：

（1）辊缝闭合，轧机拉伸开始，每侧的轧制力约100t；

（2）轧机拉伸过程中，一旦探测到轧制力，系统即开始移动油缸，每侧以固定的40t增量增加轧制力；

（3）每次增加后，液压油缸停止，有次序的暂停可使支撑辊旋转几次（通常旋转两次）以便轧机机架“固定”。当支撑辊旋转后，系统将对随后的支撑辊旋转（通常两次）取样和记录液压油缸轧制力和位置；

（4）油缸的运动次序、时间设定和取样一直持续到轧机轧制力达到最大轧机拉伸负荷；

（5）油缸向相反方向运动，同时仍按此次序进行。通过增加相同的轧制力，油缸缩减，直到达到最小轧机拉伸负荷；

（6）系统切换到位置控制状态，油缸回到最初位置；

（7）运动次序完成后，利用外推方法产生多项式系数，该系数描述了轧机每侧测量值的最佳曲线。轧机模数将从这些曲线计算出来的，它等于轧制力变化与油缸位置变化的比值。

F 轧制线设定

系统计算出设置轧制线要求的油缸拉伸，用于以下任意尺寸的辊子的组合。

最大轧制线计算如下：

$$PL = E_{\text{max rolls}} + H_{\text{cyl}} + H_{\text{chock}} + \frac{D_{\text{bumax}}}{2} + D_{\text{wrmax}}$$

式中 PL——牌坊窗口底部以上的轧制线高度；

$E_{\text{max rolls}}$——最大辊子的轧制线的油缸拉伸；

H_{cyl}——油缸高度；

H_{chock}——油缸上面到支撑辊中心的距离；

D_{bumax}——最大支撑辊的直径；

D_{wrmax}——最大工作辊的直径。

一套额定辊子用的轧制线计算如下：

$$PL = E_{\text{nom}} + H_{\text{cyl}} + H_{\text{chock}} + \frac{D_{\text{bu}}}{2} + D_{\text{wr}}$$

式中 E_{nom}——额定辊系的轧制线的油缸伸长；

D_{bu}——额定支撑辊的直径；

D_{wr}——额定工作辊的直径。

因为轧制线是恒定的，上面方程式是相等的。重新组合得：

$$E_{\text{max rolls}} + \frac{D_{\text{bumax}}}{2} + D_{\text{wrmax}} = E_{\text{nom}} + \frac{D_{\text{bu}}}{2} + D_{\text{wr}}$$

从以上看出设定额定套辊的轧制线要求的油缸伸长可以算出：

$$E_{\text{nom}} = E_{\text{max rolls}} + \frac{D_{\text{bumax}}}{2} + D_{\text{wrmax}} - D_{\text{bu}} - \frac{D_{\text{wr}}}{2}$$

G　AGC 轧机保护功能

（1）自动轧制力限制和轧机保护：应一直监控轧机的轧制负荷，以免轧机出现没有必要的高负荷。系统包括三级限制，每级有不同的作用。

1）负荷限制 1 所有的 AGC 动作将被冻结。

2）负荷限制 2 当达到此限制时，辊缝打开以便保持此负荷。在此期间，钢板厚度将不是预期的厚度。

3）负荷限制 3 如果达到此限制，油缸中的油将全部排放。

（2）电源供电失败：由于主 AC 供应切断或一个内部错误引起的供电失败，系统将自动地松解液压泵并通过螺线管阀释放缸内的液压力。这避免了在伺服阀失控的情况下液压缸高轧制力的产生。

（3）行程超越保护：通过监控位置传感器反馈的信息来防止行程超越，从而可以保护油缸。如果行程达到极限，油缸将产生阻塞或进行排放。

（4）伺服阀失控：通过不断监控伺服阀的反馈信息，如果出现连续的不规律警报，系统将会产生一个信息，以便通知操作工进行维护。

（5）措施：在基本设计期间，每种失败条件下采取的措施已经讨论和达成共识。

1）油缸排放：此模式下，AWC 液压油缸通过驱动伺服阀进行放油。在某些紧急或者换辊情况下，系统才会选择这一模式。

2）油缸阻塞：在此模式下，立辊轧机液压油缸的流入（流出）被抑制，油缸的位置被锁定，而轧机仍以固定的辊缝继续轧制，直到完成当前板坯的轧制，在这种情况下，油缸就可能发生阻塞。

应该定期被检查闭塞阀，以决定他们冻结油缸和防止漏油的能力。

（6）轧制平面图——自动/手动：为了改善终轧钢板的板型，可以在转钢前，以特定方式沿长度方向改变钢板的厚度。图 8-14 所示为沿长度方向钢板厚度的变化过程。

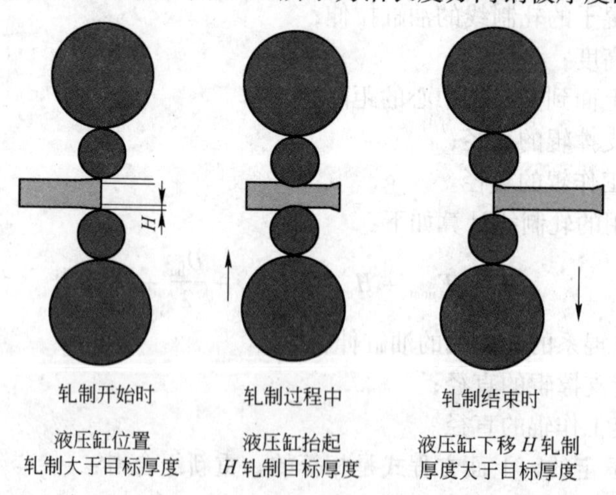

图 8-14　厚度变化

厚度 H 和长度上的变化通过 2 级系统里的 PVR 模型计算或由操作者通过 HMI 系统进入输入的。这些数据下载到 AGC 系统。AGC 系统通过轧机跟踪钢板，同时，这种变化被动态应用到钢板轧制过程。轧制速度经过优化（在 2 级）以便利用 AGC 油缸的最大可用速度。

8.2.2.5 自动板形和平直度控制（APC，AFC）

自动板形控制（APC）和自动平直度控制（AFC）系统确保了钢板的良好板形和平直度。

轧制力的偏离改变辊子的弯曲条件，引起辊缝轮廓的变化，这种变化导致了产品板形和平直度的缺陷。

在厚板产品的成形过程中，材料沿轧制方向以一定角度开始流动，通过分别控制辊子弯曲和辊子窜动，从而改变产品外形，见图5-5。

然而，对于某些厚度的产品，材料的交叉流动是可以被忽略的。如果没有严重的平直度缺陷，板形控制没有必要进行。在最后道次中使辊子弯曲来改变产品的平直度。

包括以下功能：

（1）工作辊弯曲；

（2）工作辊窜动。

A 工作辊弯曲

轧制时，通过改变弯曲力，以受控方式来改变辊缝轮廓。弯曲力是由液压驱动的弯辊油缸产生的。使用安装在油缸内的压力传感器测量、控制弯曲力。控制弯曲力的设定值是由板形和平直度设定模型预先设定（在2级系统）。

辊子弯曲系统的各种力的改变反馈到自动厚度控制系统的轧制力测量部分，自动厚度控制系统将会以此为基础进行补偿。图8-15所示为弯曲力对钢板厚度影响。

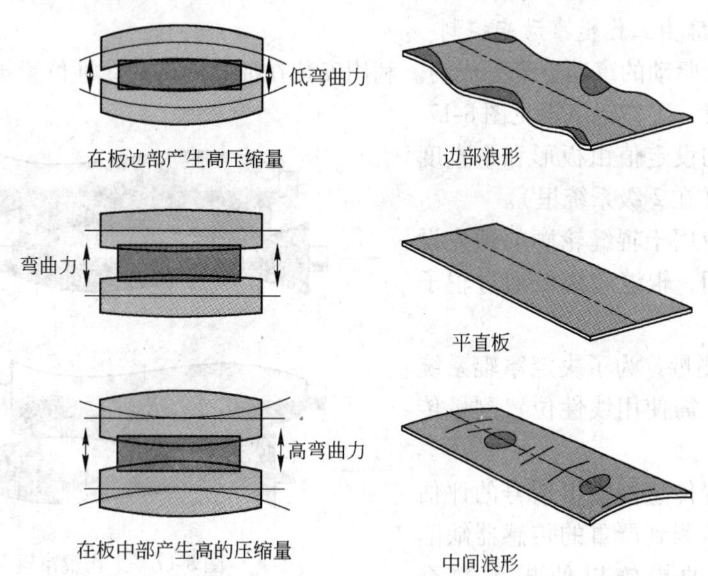

图8-15 弯曲力对钢板厚度的影响

（1）弯曲力测量：轧制力通过位于液压缸内的压力传感器测得。

（2）弯曲力测量的校准：辊子弯曲测量时，任何辊平衡干扰效应在辊缝打开时设定为零。

（3）液压调节的控制：液压缸通过快速反应比例阀来控制。

（4）在线钢板的弯曲控制：当材料被轧制时，轧制力不断变化，为了控制辊缝轮廓，有必要改变弯曲力使之与实际的轧制力相匹配。把实际轧制力传送到辊子弯曲系统，然后调整利用线性化传输功能从 2 级下载的弯曲设定值，见图 8-16。

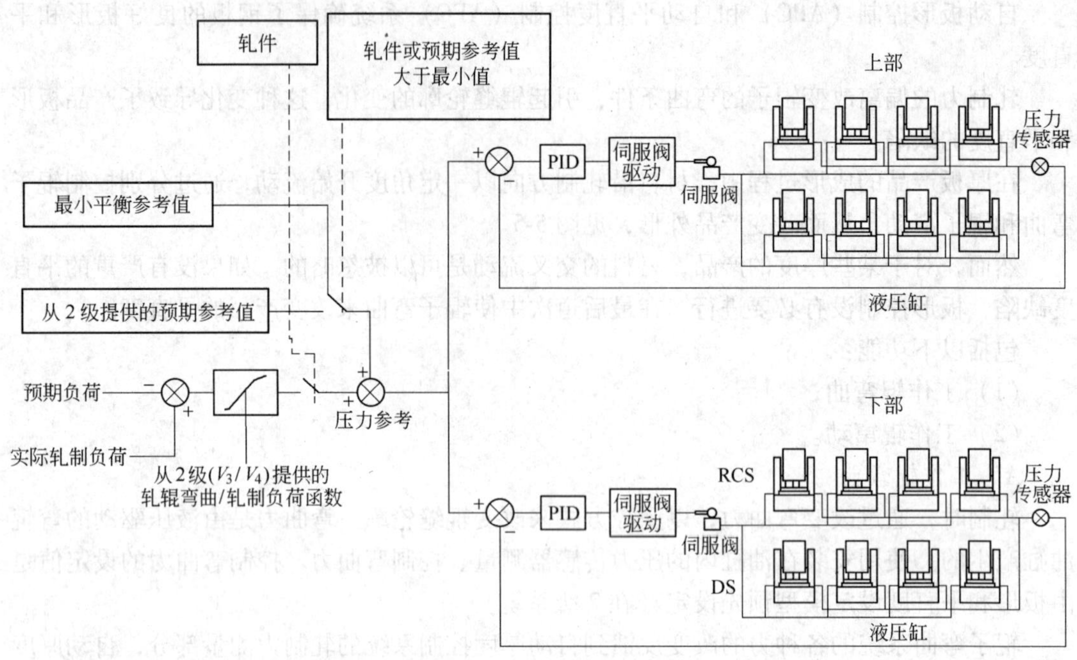

图 8-16　工作辊弯曲

B　辊缝轮廓由工作辊窜动来控制

窜动由液压驱动的窜动缸来完成的。利用安装在油缸内部的线性位置指示器可以测量和控制窜动位置。工作辊窜辊见图 8-17。

窜动位置的设定值由板形和平直度模型预先设定（在 2 级系统里）。

窜辊仅被应用于辊缝轮廓的预先设定。在轧制期间，辊缝轮廓仅通过辊子弯曲来改变。

（1）位置测量：为了决定窜辊系统液压缸的位置，需使用线性位置测量传感器。

通过对位置传感器输出信号的评估和试验，系统检测到严重的传感器缺陷时，采取适当的措施以使损失减至最小。

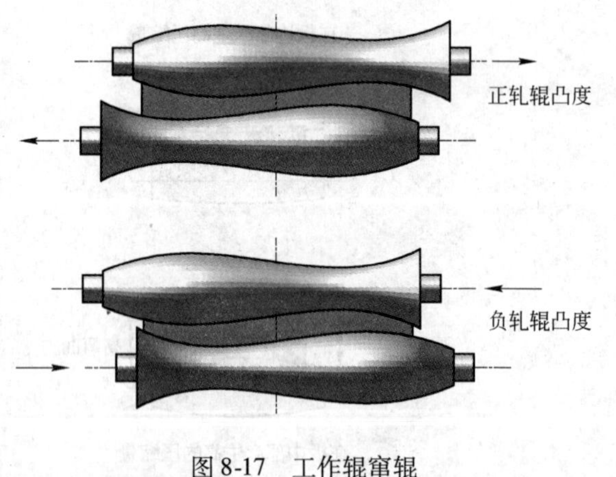

图 8-17　工作辊窜辊

（2）位置测量的校准：液压缸被重置在它的末端位置。位置传感器被设定到油缸零位置。

（3）液压调节的定位：油缸定位通过快速反应比例阀来实现。

8.2.2.6　推床控制——自动/手动

推床由布置在轧机两侧的两排平行推头组成。每个推头由两个推杆支撑，每个推杆又由牌坊里的滑道支撑。每个推头分别由一个液压缸控制。每个液压缸装有集成的位置传感器。

每个缸的位置控制是利用位置反馈的集成位置传感器和伺服阀来实现。所有缸的位置都是同步的，以便每个推头保持平行，并在轧机中心线附近均匀的运动。推床控制图见图8-18。

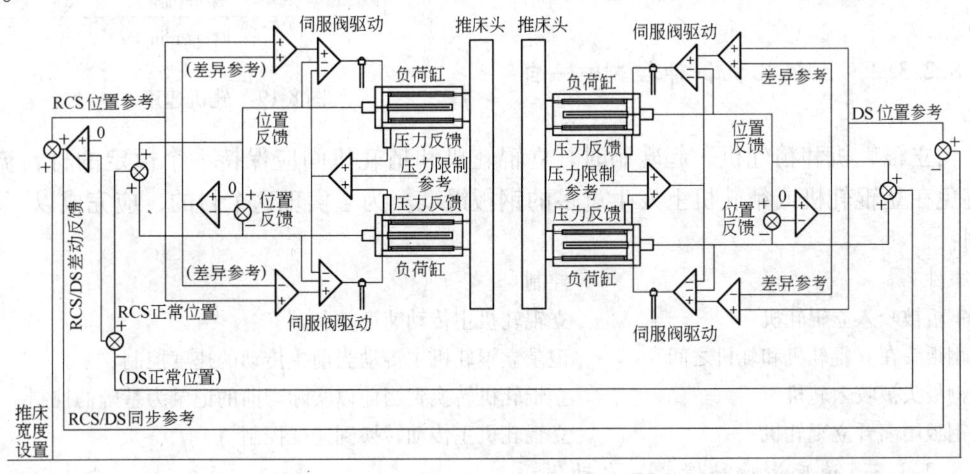

图 8-18　推床控制

在自动状态下，推床不与钢板接触。但是在某些情况下，操作者使推床与钢板接触，以便钢板沿中心线通过钢板。为了保持推床居中，有必要在“维护模式”下独立地操作推床。这种操作可以在换辊台执行。

A　位置测量

用线性位置传感器来决定液压油缸的位置。

B　位置测量的校准

液压缸被重置在它的末端位置。位置传感器被设定到油缸零位置。

C　液压调节的定位

油缸定位通过快速反应比例阀来实现。

D　压力极限控制

为了避免多余的力作用钢板上，有一个总的压力极限控制。此控制监控推床液压缸的作用力，如果超出了预设定作用力极限，推床将停止运动。

8.2.3　一级 PLC 功能说明

一级 PLC 功能包括以下功能。

8.2.3.1　主速度控制——自动化

轧制期间，1 级系统给出主速度设定值，根据道次压下量进行调整后下传给所有的传动装置。

（1）入口辊道主速度；

（2）立辊轧机主速度；

（3）轧机主速度；

（4）出口辊道主速度＋导速度。

在加速，匀速和减速的整个过程中，这些关系将会一直得到维护。钢板轧制期间，当钢板进入轧机时，轧机开始加速；当钢板离开轧机时，轧机开始减速，见图8-19。

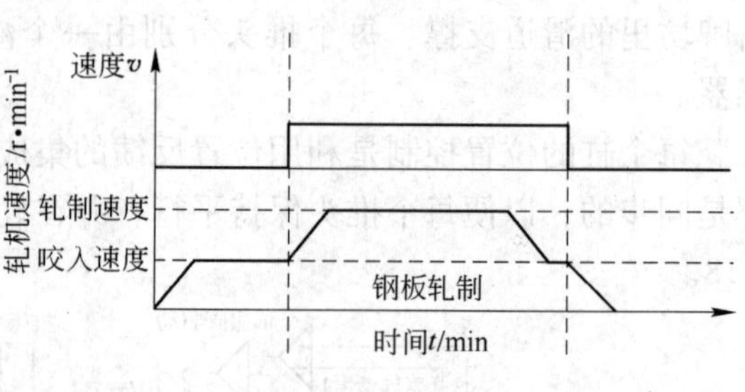

图8-19　轧机速度

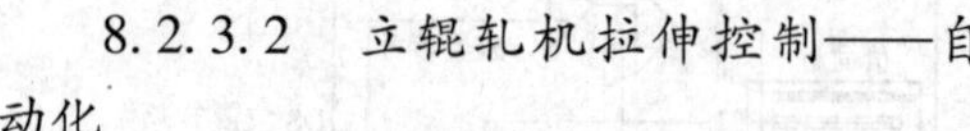
8.2.3.2　立辊轧机拉伸控制——自动化

当立辊轧机和精轧机一起轧制时，立辊轧机和精轧机间应保持一个恒定的材料流动，以避免在立辊轧机或精轧机上发生过多的钢板滑动。为了实现这个目的，应完成以下顺序控制：

事件	控制
钢板被咬入立辊轧机	立辊轧机主传动速度控制
钢板头在立辊轧机和轧机之间	记录立辊轧机主传动当前主传动的速度控制
钢板头被咬入轧机	立辊轧机转换到当前以实际当前的记录为基础的控制
钢板尾离开立辊轧机	立辊轧机主传动转换到速度控制

8.2.3.3　速度影响补偿——自动化

系统工作目的在于当材料进入轧机机架时，最大可能地减少速度的降低和当材料离开机架时最大可能地减少速度的增加（见图8-20）。

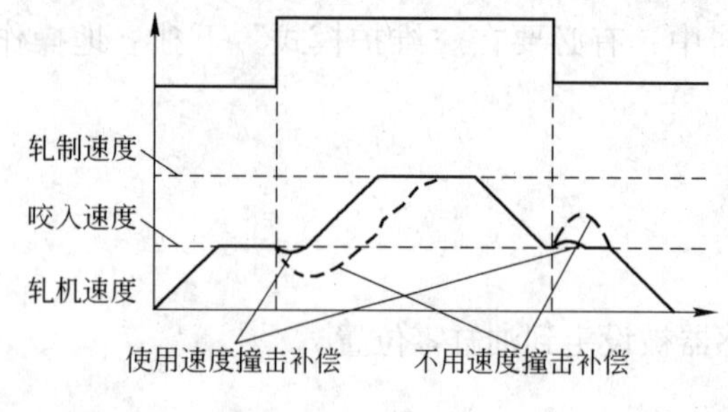

图8-20　速度影响补偿

从图8-20中可以看出速度补偿对轧机速度的影响：

（1）速度补偿是通过传动生产商的不同技术来实现的。

（2）速度补偿在传动内部实现。从电机扭矩的增加检测轧机内的材料。

8.2.3.4　上翻/下翻的控制——手动

轧制期间，钢板头部一般会产生上翘或下扣。这会对轧机和辊道造成破坏，并有可能对下游工序如ACC和热矫直机造成影响。理想情况是，钢板应该在头端做小幅度的上翻，来减小对辊道的影响。

上翻和下翻受到许多参数的影响，如：

（1）轧制线高度；

（2）上、下表面的温度；

（3）工作辊表面条件；

（4）钢板厚度；

（5）厚度减少；

（6）钢板材料；

（7）轧辊冷却条件等。

为了尽量控制由上述原因造成的上翻和下翻，可以向两个传动装置发送不同的速度设定值，从而以不同速度驱动上部和下部工作辊。系统上限时，经过调试，可以得到最佳的效果。

如果调节与上翻相悖，上辊速度增加。为了控制下翻，上辊速度减少。

不同速度设定值由操作工设定。

8.2.3.5　翻转辊道控制——手动

为了在每个轧制阶段旋转钢板，在轧机的每侧有旋转辊道。这些辊道的操作如下：

在翻转前，随着钢板离开轧机，旋转辊道自动地开始旋转钢板。一旦操作工看见钢板完全翻转后，操作工将通过操作台上的操作杆来停止旋转，然后用推床来测量钢板宽度。宽度测量程序将对准在轧机中心线上的轧机前面的钢板，为进入和进行下一个道次的轧制做好准备。

8.2.3.6　工作辊、立辊和支撑辊换辊——半自动/手动

A　工作辊换辊

工作辊换辊装置由以下部分组成：

（1）换辊车。这个车用来拖拉旧辊离开轧机到轧机机架前面的侧移辊道上。小车也被用来推送新的辊子到轧机里。同时还把旧辊道从侧移辊道运送辊间，后又从辊间运送新辊到侧移辊道上。

（2）侧移辊道这些辊道把旧辊移出轧机中心线和移送新辊道轧机中心线。

1 级自动化系统将控制所有与半自动或手动换辊程序有关的装置（如主轴点，辊插销，刮板，侧移辊道，换辊小车等）。

在手动模式下，所有的运动都由操作者通过换辊台来控制。

在半自动模式下，换辊次序可分为若干个子次序，若干子次序自动运行，直到子次序末端换辊次序停止，等待着操作者输入信息。

B　立辊轧机的换辊

立辊轧机换辊可手动可半自动进行，由操作者从换辊台控制。

C　支撑辊换辊

支撑辊换辊可手动可半自动进行，由操作者从换辊台控制。

注：（1）轧机和立辊轧机主轴定位；

（2）主轴定位在传动内用传动脉冲发生器作为位置反馈装置来完成。

8.2.3.7　钢板除鳞——自动/手动

轧机机架每侧都有高压除鳞集管，用集管清除材料表面形成的任何氧化铁皮。利用除鳞集管的道次，最初由 2 级系统指定。然而，操作者可以圈定观察到钢板氧化铁皮的部分。除鳞通常在轧机的入口侧完成。

8.2.3.8　辊子冷却——自动化/手动

工作辊用安装在轧机牌坊内部的冷却喷头冷却。喷头可以根据宽度、或仅中心部分、或整个宽度进行选择。冷却宽度的选择可以由 1 级自动化自动选择，或由操作者手动选择。

8.2.3.9　钢板传输/辊道控制——自动化

8.2.3.10　钢板跟踪——自动化

8.3 快速冷却区的控制功能

8.3.1 控制功能

冷却区自动控制系统包括以下设备：

（1）预矫直机传动（选项）；

（2）ACC 辊道；

（3）冷却集管。

冷却区功能如下：

（1）轧件传送；

（2）区域内的轧件跟踪；

（3）传动速度的预设定（选项）；

（4）预矫直机辊缝控制（选项）；

（5）冷却控制；

（6）集管高度控制；

（7）边挡控制；

（8）开始和停止请求介质系统的收发；

（9）泵的次序控制；

（10）互锁；

（11）通讯；

（12）错误监控和信号生成；

（13）显示和监控功能。

8.3.2 功能描述

8.3.2.1 预矫直机辊缝控制（选项）

预矫直机辊缝控制是由 4 个液压缸来实现的。辊缝是以从 2 级系统下载的设定值为基础的。为了补偿由于机架伸展造成的辊缝变化，矫直期间将不断地调节辊缝。

8.3.2.2 辊道速度设定

钢板速度独立于轧机速度。通过冷却区的速度由 2 级系统根据钢板要求的冷却速度来计算。

8.3.2.3 冷却控制——自动

A 概述

控制理念：由 2 级处理计算机系统提供的以模型为基础的闭合回路控制。对于每块轧件，2 级计算机提供用于冷却设备每部分的流量速度。

B 钢板跟踪

（1）钢板头部跟踪：当钢板的头部通过轧机机架时，跟踪系统开始跟踪。通过位于机架传动侧的脉冲发生器测量距离，直到钢板到达激光测速装置，随后的距离由激光测速器测量。

钢板头端在冷却区通过每个金属探测器时，距离窗口打开。当光电管显现在窗口内时，通过同步计算得到距离。

(2) 钢板尾端跟踪：钢板尾端跟踪是在尾端离开轧机机架时开始的。

安装在快速冷却入口处的激光测速装置可以测量出距离钢板尾部的距离。

C 冷却集管控制

流量控制阀通过控制流向集管的流量来控制冷却集管。集管有 3 个区，被布置成 4 排。第一排每个集管的流量（6 关）可以控制，每个区横过宽度。其他排集管流量可以横过宽度控制。每排流量相同。集管冷却系统的设定取决于操作模式的设定。

D 上/底部流量平衡

为了使钢板上、下表面均匀冷却，必须设定上、下部集管之间的流量比率，以便钢板上/下表面的冷却速度一样。流量比率作为冷却设备设定值的一部分从 2 级系统下载。

E 操作模式

两种操作模式：

(1) 半自动操作：半自动操作期间，操作者可以对冷却部分进行设定。

(2) 全自动操作：全自动操作期间，冷却水流量比率、速度与温度由 2 级过程优化系统计算。手动干预将被禁止。

F 集管高度控制——自动化

上集管安装在用压下螺丝固定的可以上升和下降的移动框架上。集管高度可以由 1 级自动化系统基于钢板厚度自动调节，也可以由操作者从操作台手动调节。

G 边部遮挡控制——自动化

为了避免钢板边部过冷，用可移动管道转移钢板边部的冷却水。这些管道由电机和螺丝来定位的。位置的调节可以由 1 级自动化系统基于钢板宽度自动定位，或由操作者从操作台手动控制。边部遮挡装置可以互相独立地进行设定，这样即使钢板不在辊道中央仍可以被正确遮挡。这项功能使用了来自于轧机出口处的侧宽仪的数据。

8.3.2.4 钢板传送/辊道控制——自动化

8.3.2.5 钢板跟踪——自动化

9 我国宽厚板生产线简介

9.1 宝钢5m宽厚板轧机采用的技术及装备

宝钢5m宽厚板轧机是我国厚板领域首套特宽幅现代化厚板轧机，工程是宝钢股份公司“十五”规划建设的最大项目，是宝钢股份公司调整产品结构，满足国内市场对大口径输油气管线、高强度船板、高强度建筑结构板、压力容器板需求的重大举措。作为我国第一套特宽幅现代化厚板轧机，它的建设将带动我国厚板生产技术的跳跃式发展，对提升我国厚板产品档次，增强我国综合国力发挥积极作用。宝钢宽厚板轧机立足于生产高档次高强度控轧控冷产品、热处理产品及宽幅产品，为此广泛采用当代厚板领域的新技术及先进装备，以达到高效、低成本生产高质量的产品。

宝钢宽厚板轧机工程由国内技术总成，点菜式引进关键技术及装备，充分利用国内设备设计及制造能力，采用联合设计、制造，或国内设计、制造方式。主作业线设备由德国SMS－Demag及Siemens公司负责提供，热处理线由德国LOI公司负责提供，板坯库及加热炉区设备主要由国内负责设计、国内供货。该工程已投产。车间平面布置图见图9-1。

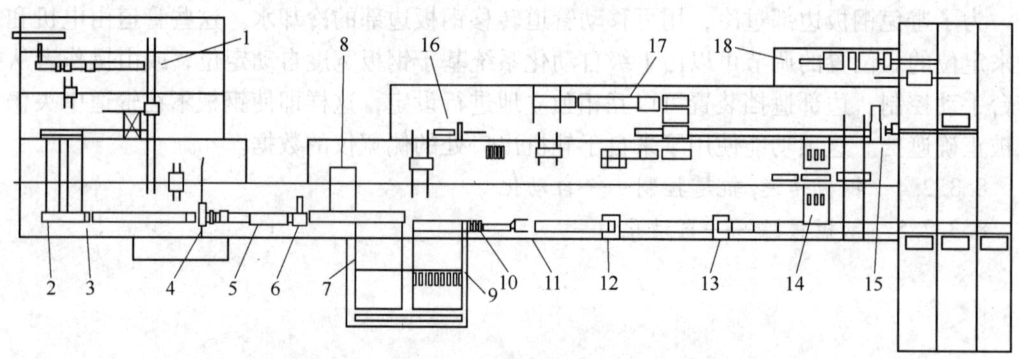

图9-1 宝钢5m一期宽厚板平面布置简图

1—板坯二次切割线；2—连续式加热炉；3—高压水除鳞箱；4—精轧机；5—加速冷却装置；6—热矫直机；7—宽冷床；8—特厚板冷床；9—检查修磨台架；10—超声波探伤装置；11—切头剪；12—双边剪和剖分剪；13——定尺剪；14—横移修磨台架；15—冷矫直机；16—压力矫直机；17—热处理线；18—涂漆线

9.1.1 产品及原料

9.1.1.1 *产品*

宝钢宽厚板轧机工程采用双机架5m四辊式轧机，分期建设。一期采用单机架5m精轧机，设计年产量为140万t。在粗轧机等预留设施建成后最终设计年产量为180万t。

A *产品品种*

产品有管线钢板、造船钢板、结构钢板、锅炉容器钢板、耐大气腐蚀钢板以及模具钢板等。

B 产品规格

厚度：5～150 mm，将来扩至最大厚度400mm；宽度：900～4800 mm；成品最大长度：25000 mm；最大单重：24 t，将来扩至45 t。产品按常规轧制、控轧和控轧控冷（TMCP）、热处理状态交货，比例为：普通轧制产品52%，控轧控冷40%，热处理8%。产品中有16.8万t（总量的12%）涂漆后交货。

9.1.1.2 原料

一期工程年产140万t成品钢板，需用坯料约150.54万t，其中：连铸坯140万t、初轧坯10.54万t。

一期原料为连铸坯及少量初轧坯。连铸坯由厚板连铸机提供。合格的倍尺连铸坯通过输送辊道从厚板连铸机送入宽厚板轧机板坯接收，再由二次切割线切割成定尺坯，定尺初轧坯由汽车送入宽厚板轧机板坯库。将来粗轧机投产后将增加大钢锭或锻坯、使用少量自开坯替代初轧坯。

初轧板坯（一期）：

厚度　　120mm、160mm、320mm、400mm

宽度　　1300mm、1550mm

长度　　2600～4800mm

单重　　3.16～23.2t

连铸板坯：

厚度　　220mm、250mm、300mm

宽度　　1300～2300mm，200mm进级

长度　　2600～4800mm

单重　　5.7～25.8t

自开坯（二期）：

在步进炉中加热的自开坯，其尺寸不超过上述连铸坯和初轧坯的尺寸范围。

9.1.2 采用的技术及装备

9.1.2.1 连铸板坯热装技术

厚板厂连铸板坯的热送热装工艺始于20世纪70年代，日本许多厚板工厂已做了大量工作，取得成效。日本现有的8套宽幅厚板轧机普遍采用热装技术，热装比均在50%以上（日本热装定义基准：温度≥200℃，标准较低）由于各厂生产情况的差异，热送热装工艺在各厂的实施情况差别较大；由于厚板产品批量小，所用板坯规格多，热装计划的实施难度比热轧带钢厂大。欧洲的厚板厂，除钢质原因需保温、热装外，无热装工艺宝钢宽厚板轧机与厚板连铸机毗邻布置，为实施板坯热送热装工艺奠定了基础。将采用连铸板坯热送热装技术，一期设置一座保温坑，预留一座。L4计划系统具有热装计划编制及组织实施功能，投产初期目标热装率为20%，热装温度大于400℃，投产后随操作和管理水平的提高而逐步提高。

9.1.2.2 新型双套步进梁式加热炉及间歇车底式炉

厚板产品批量小、钢种及尺寸规格多，要求加热炉炉温调整灵活性高、板坯温度控制

精度高且温度要均匀。

为适应双排装料，宝钢宽厚板轧机连续式加热炉左右设置双套步进机构，分升降框架和平移框架，配备各自的传动机构，提高加热炉的操作灵活性。炉形采用多区供热的箱形结构，便于分区控制各段温度，适应热坯加热和冷热坯混装时的加热要求。各供热段用隔墙适当分隔，能独立地进行流量调节和温度控制整个加热炉将采用高精度燃烧控制系统，热工控制和装、出炉设备控制实现全自动化。

为了使宝钢宽厚板轧机投产后产品尽快占领厚板市场，生产出特殊规格要求的产品，一期专门配备一座车底式炉，用于加热小尺寸板坯、小批量特殊加热要求的板坯，包括试验材，提高生产组织的灵活性，同时预留两座车底式炉用于将来加热大单重坯料。连续加热炉的技术性能参数见表 9-1。

表 9-1　连续加热炉的技术性能参数

序号	项目名称	单　位	技 术 数 据
1	加热炉用途		板坯轧制前加热
2	加热钢种		管线钢板、造船钢板、锅炉钢板、结构钢板、容器钢板、耐候钢板工程机械钢等
3	板坯尺寸	mm	初轧坯厚：120、160、320、400 连铸坯厚：220、250、300 初轧坯宽：1300、1550 连铸坯宽：1300 ~ 2300，200 进级 初轧坯长：2600 ~ 4800 连铸坯长：2600 ~ 4800
4	板坯质量	t	初轧坯单重：3.16 ~ 23.2 连铸坯单重：5.7 ~ 25.2
5	标准板坯尺寸	mm × mm × mm	250 × 1700 × 3900
6	炉　形		双排装料、节能型，8 段自动控制
7	炉子有效长 × 内宽	m × m	51.9 × 10.7
8	炉子生产能力	t/h	额定：265　最大：325
9	单位炉底面积产量	kg/(m^2 · h)	623
10	装入温度	℃	冷装：20；热装：400 ~ 700
11	出炉温度	℃	900 ~ 1250
12	燃料种类及热值	kJ/m^3	燃料为高焦、高天、高焦天混合煤气 热值分别 9211、10218 和 9711
13	最大燃料消耗（标态）	m^3/h	53000
14	单位热耗	kJ/kg	1380（额定产量，碳钢冷坯）
15	最大空气消耗（标态）	m^3/h	117660
16	空气预热器形式		带插入件管状
17	空气预热温度	℃	554（最大）
18	最大烟气量（标态）	m^3/h	160060
19	装料方式		装钢机
20	出料方式		出钢机
21	步进梁布置		直型布置
22	步进梁传动方式		全液压传动
23	步进梁运动周期		50
24	步进机械数量	套/炉	2

9.1.2.3　高性能轧机及高精度轧制技术

为了在宝钢宽厚板轧机采用高水平控轧控冷（TMCP）工艺，提高轧制长度，确保高生产率，精轧机采用大力矩、高刚性、高轧制速度、CVC^{PLUS}板形可控机型。轧机主要参数如下：

A　四辊可逆式

轧机形式	CVC^{PLUS}四辊可逆式
最大轧制力	100000kN（轧制可用）
	108000kN（轧制控制）
	115000kN（轧制泄压）
轧机模数（实测值）	8400kN/mm（60MN轧制力）
轧制速度	0±3.16/7.30 m/s
工作辊	ϕ1210/1110mm×5300mm
支撑辊	ϕ2300/2100mm×4950mm
工作辊轴承	4列滚柱轴承
支撑辊轴承	MORGOIL®2050-76
工作辊窜动行程	±150mm
弯辊力	max4000kN/侧
轧机开口度	550mm（新辊时）
机械压下提升行程	750mm
机械压下速度	0~50mm/s
机械压下精度	±0.1mm
机械压下电机	2×AC560kW，800r/min
压下螺丝	S900×60mm
液压压下活塞直径	ϕ1650mm
液压AGC工作压力	29MPa
液压AGC行程	95mm
液压AGC有效行程	85mm
液压压下速度	max24mm/s
液压压下精度	0.01mm
主传动电机	2×AC10000kW（主电机采用BF布置）
主传动电机转速	0~±50/120 r/min
主传动电机输出力矩	额定力矩1910kN·m
	最大力矩4298kN·m
	切断力矩5252kN·m
轧机牌坊质量	约397t
牌坊立柱断面尺寸	940mm×1000mm
牌坊尺寸	15200mm×4670mm×2300mm
牌坊材质	GS20Mn5V
最大轧制力时牌坊缩颈量	1.97mm

牌坊中心距	7000mm

B　立辊轧机参数

形式	双电机上传动近接式
最大轧制力	5000kN
最大减边量（两侧合计）	50mm
轧制速度	0 ±7.3m/s
轧辊开口度	1200 ~5000mm
机架高度净空	1180mm
与水平轧机中心距	4800mm
轧辊直径	ϕ1000/900mm
辊身长度	800mm
辊面硬度	HS 42 ~47
机械压下电机	2 ×350kW，0 ~920r/min
机械压下速度	150mm/s 每侧
机械压下精度	±0.5mm
液压压下缸	ϕ680/520mm ×60mm
压下有效行程	50mm
液压压下工作压力	290×10^5Pa
液压压下精度	±0.1mm
主传动电机	2 ×1250kW，0 ~150/538 r/min
主传动速比	3.47

为了满足用户对高尺寸精度产品的要求，同时获得高成材率，宝钢宽厚板轧机采用最新高精度轧制技术，包括：厚度控制技术、平面形状控制技术、板形控制技术。

C　多功能厚度控制技术

轧后钢板的厚度精度取决于轧机设定模型精度、AGC 控制水平。宝钢宽厚板轧机采用高精度多点式设定模型，采用高响应液压 AGC 技术，具有监控 AGC、绝对 AGC 等功能；同时在水平机架出口侧近距离布置 γ 线测厚仪，减小监控 AGC 控制盲区，改善钢板头尾厚度精度。同时利用绝对 AGC 及模型多点设定功能，轧制变厚度（LP）钢板，满足桥梁及造船界的特殊要求。

D　平面形状控制技术

宝钢宽厚板轧机采用 MAS 轧制法控制钢板平面形状。MAS 轧制法的控制原理是，在成形、展宽轧制的最后一个道次，利用绝对 AGC 功能，改变中间坯长度方向上厚度，使其在旋转后展宽、精轧阶段轧制的第一个道次上，由于宽度方向上压下率不同，而产生不均匀延伸，以补偿板坯头尾部的不均匀变形，达到改善钢板平面形状的目的，使钢板平面形状呈矩形状。同时配置与水平机架呈近距离布置的立辊机架，采用 AWC 短行程（SSC）功能，进一步改善钢板平面形状，提高宽度绝对精度。

E　板形控制技术

国外厚板轧机板形控制，普遍采用工作辊弯辊及高刚性轧机，也有少量轧机采用 CVC 或 PC 板形控制技术。针对宝钢宽厚板轧机的产品定位及考虑到将来的发展，轧机采

用 CVC^{PLUS} 和工作辊弯辊板形控制技术。工作辊窜动行程：±150mm；弯辊力：max4000kN/侧。工作辊窜动在道次间歇时间内完成，由于采用高次 CVC 曲线方程，凸度调节能力能满足生产的要求。

CVC^{PLUS} 板形控制技术的优势主要体现在下列三方面：

(1) 由于 CVC 轧机具有较大的板凸度调节能力，在精轧最后数道次（4~6 道次）可实施大压下轧制，对部分品种及规格的钢板，与常规轧制相比可减少两个以上轧制道次。瑞典 SSAB 厚板厂采用 CVC 轧机后可用 215mm 厚度的板坯经过 11 道次的轧制生产出 6mm 厚的钢板，减少了自开坯轧制工序，提高生产率及成材率。

(2) 对于控轧工艺而言，最终数道次上可实施累积大压下，这有利于进一步提高钢板性能；

(3) 由于 CVC 轧机具有较大的板凸度调节能力，可降低目标凸度值。即：采用低平凸度控制方式，有利于提高成材率及提高厚度均匀性采用高精度轧制技术，生产的产品除满足用户的要求外，还将大大提高成材率，宝钢宽厚板轧机设计成材率目标为 93%，为世界一流指标。

9.1.2.4 控制轧制和控制冷却（TMCP）技术

控制轧制和控制冷却技术在国际上普遍称为 TMCP（Thermo-Mechanical Control Process）技术，是当代宽厚板轧机生产高性能、高强度钢板必须具备的技术。采用控制轧制和控制冷却技术，通过对加热温度、轧制温度、压下量和随后冷却过程的冷却速率和开始冷却及终冷温度进行控制，可以控制钢板最终的组织及比例，显著改善钢材的性能，获得具有良好综合性能的材料。可实现产品强度、韧性、可焊性的统一，降低合金含量，缩短工序，提高生产率，降低能耗。

宝钢宽厚板轧机的精轧机具有高刚性、大力矩、高速度等特点，同时采用 CVC 板形控制技术，可实现低温大压下，提高控轧效果。宝钢宽厚板轧机一期投产后就将采用控制轧制工艺，生产高强度船板、管线钢等 TMCP 型产品。为减少控轧过程中间待温冷却对产量的负面影响，将采用多块钢交叉轧制工艺及中间喷水冷却工艺。在工艺选择、平面布置、粗轧机预留位置的确定及过程控制系统等方面充分考虑到控轧工艺的基本要求，最多可实施 4 块钢串联式交叉轧制。如何针对不同的钢种性能要求采用最佳的控轧工艺需进行深入研究，在投产后逐步优化完善。

宝钢厚板轧机加速冷却装置采用喷射冷却和层流冷却组合形式，主要技术参数如下：

冷却钢板厚度	10~100mm
冷却段长度	30.4m（喷射段：4.6m；层冷段：24m）
最大冷却速率（$t=20$mm）	35℃/s
喷射段最大水量	7000m³/h
层冷段最大水量	13000m³/h

对常规控冷产品采用层流冷却方式，对高冷却速率的控冷产品采用喷水冷却和层流冷却组合的方式，在该装置上可实现直接淬火（DQ）工艺，全套装置具有冷却速率高及冷却速率调节范围广等特点。冷却过程采用计算机自动控制，在硬件设备及计算机控制功能方面，具备实施控冷工艺的基本要求，但如何针对不同的钢种性能要求采用最佳的控冷工艺需进行研究。

9.1.2.5　全液压矫直机及自动化控制技术

控轧控冷技术的发展及控冷产品强度级别的提高，使得控冷产品的热矫直温度降低、矫直时热屈服强度提高；另外，用户要求钢板具有较好的平直度、极小的内应力。当代热矫直机设备需适应及满足上述两方面的要求。

宝钢宽厚板轧机采用的热/冷矫直机具有强力、高刚性、辊缝全液压调节及配备自动化控制系统等特点。

热矫直机采用可逆强力机型，最大矫直力为44000kN，能满足超低温控冷材热矫直要求。矫直机采用预应力立柱及高刚性框架，矫直辊上辊系采用高响应伺服阀液压压下装置，具有动态控制功能（AGC），同时满足矫直变厚度钢板的要求；上辊系具有整体前后倾动，左右倾动，预设定正、负弯辊，以尽可能改善平直度；出入口辊可单独调整，保证矫直后钢板平直地离开热矫直机。

冷矫直机采用可逆9/5辊变辊数矫直机，最大矫直力为35000kN。对于薄规格产品采用小辊距九辊矫直，对厚规格产品采用大辊距五辊矫直，钢板有效矫直厚度范围比常规矫直机扩大50%，采用小变形量最大矫直厚度可达50mm，能满足部分热处理后钢板冷矫直的需求。

该台冷矫直机矫直辊位置均可单独调整，从而可采用灵活的矫直工艺，能显著降低钢板的残余应力、且分布均匀；同时可矫直更高强度的薄规格产品，最高屈服强度可达1200 MPa；上下辊系单独进行弯辊辊缝补偿，可显著改善钢板头尾的平直度。矫直辊采用单独传动，根据各矫直辊处的钢板弯曲半径给矫直辊以精确的转速控制，避免矫直辊附加力矩的产生，防止钢板表面损伤。减少矫直辊磨损，生产安全性显著提高。

热矫直机参数如下：

型号	HPL360/380×5200/9/6-6
矫直钢板尺寸	
宽度	1300～4900mm
厚度	min10mm，（最大厚度根据钢板屈服点确定）
长度	52m
最大输送厚度	250mm
矫直温度	400～1100℃
矫直速度	0～60/150 m/min
矫直机牌坊净空	5200mm
矫直机刚度模数	8000～10000kN/mm
公称矫直力	40000kN
最大矫直力	44000kN
最大弯辊力	2800kN
主传动电机	3×650kW，0～600/1500 r/min
上矫直辊	4×ϕ360mm×5200mm，HRC56±2
下矫直辊	5×ϕ360mm×5200mm，HRC56±2
矫直辊辊距	380mm
支撑辊	48，HRC48±2

支撑辊直径　　　　　　　上支撑辊 370mm，下支撑辊 360mm

支撑辊辊身长度　　　　　2～8 号矫直辊对应的支撑辊辊身长度为 500mm，进出口矫直辊对应的支撑辊辊身长度为 1386mm

压下液压缸　　　　　　　4×ϕ560/450mm×530mm

压下液压缸工作压力　　　max. 45MPa

热/冷矫直机均采用计算机自动控制，由 L2 设定模型计算辊系辊缝、单辊调整量、辊系倾斜量、弯辊量等参数设定值，Ll 负责矫直过程动态控制。

9.1.2.6　在线自动化超声波探伤技术及设备

针对宝钢宽厚板轧机现有场地、需探伤的管线钢产品为主导产品，本套轧机采用德国 NDT 公司提供的自动超声波探伤（UST）装置。该装置采用多通道宽束脉冲反射式探头，探伤频率 5MHz。可对厚度不大于 60mm 的钢板进行全板面（100%）自动连续探伤。采用在线布置方式，以减少钢板在此工序前后的储存及上下线操作、大大缩短了探伤周期时间，从而大幅度提高了探伤的劳动生产效率。采用这种在线探伤的另一个优点是节省了探伤场地，使精整区物流通畅。同时工厂内部可根据需要对试验材等产品进行探伤，掌握实物质量，达到改进质量的目的。

该套探伤装置可根据相关标准或用户要求进行自动检测及评判，所有探测缺陷均自动记录在 C 形扫描图上。当探伤结果不能明确判定时，需将钢板吊至线下探伤区，由人工根据 C 扫描图示出的缺陷位置进行复探。

探伤装置控制系统与剪切线计算机系统相连，探伤执行标准及要求由上位机下达，探伤结果自动传送至剪切线过程机系统，为优化剪切服务。由特厚板冷床输出的特厚钢板以及热处理后的钢板，如需探伤，一期需采用人工方式进行。

9.1.2.7　滚切式剪切机及自动化剪切技术

宝钢宽厚板轧机剪切线采用 SMS-Demag 公司开发的多轴多偏心滚切式剪切机。该形式剪切机主要特点为：剪切时上弧形刀刃在下直型刀刃上滚动剪切，剪切变形区小，剪切钢板不易弯曲变形，毛刺少，剪切质量高。由于采用多轴传动，可剪切极高强度的钢板，剪切速度快，生产效率高。剪切机的双边剪基本技术参数如下。

A　双边剪

主要技术参数：

形式　　　　　　　　　三轴三偏心滚切式

剪切钢板厚度　　　　　5～50mm

剪切钢板宽度　　　　　1300～4900mm（轧制后）

剪切钢板长度　　　　　6000～52000mm

钢板温度　　　　　　　max150℃

剪切钢板最大质量　　　26000kg

剪切钢板抗拉强度　　　40mm 时 1200MPa

　　　　　　　　　　　50mm 时 750MPa

移动剪调整行程　　　　3750mm（1200～4950mm）

移动剪调整速度　　　　100mm/s

切边量　　　　　　　　20～150mm/边（当钢板厚度大于 20mm 时，切边量至少

	为钢板的厚度）
自动剪切最小长度	6500mm
手动剪切最小长度	6000mm
剪切次数	16～30 次/min（所有厚度均可按 30 次/min 的次数进行剪切）
剪切步长	厚度≤40mm 时 1300mm
	厚度>40mm 时 1050mm
剪刃间隙调整范围	0.5～4.5mm
剪刃重合量	约 5mm
剪切角度	板厚 40mm 时为 5.5°
剪切力	切边 6500kN/侧
	碎边 3000kN/侧
剪刃尺寸	
上剪刃	厚（50～100）mm×高（158～170）mm×长 2080mm
下剪刃	厚（50～100）mm×高（136～160）mm×长 2075mm
剪刃硬度	约 52＋2HRC
夹送辊	
输送速度	max2.0m/s
输送加速度	max3.4m/s^2
入口夹送辊	4×ϕ700mm×350mm
出口夹送辊	4×ϕ700mm×350mm
夹送辊夹送力	约 5MPa（板厚<10mm）
	约 10MPa（板厚>10mm）
夹送辊开口度	100mm
入口夹送辊传动电机	4×42kW/0～1000r/min
出口夹送辊传动电机	4×42kW/0～1000r/min
主传动电机	4×(0～350)kW/0～1000r/min

整条剪切线采用自动化剪切技术，采用钢板形状检测装置（PSG）的测量数据及上位机下达的剪切指令，对钢板剪切过程实施优化剪切。优化剪切系统由钢板温度预测、钢板平面形状跟踪、剪切机位置计算等功能组成。温度预测模型计算钢板剪切时的钢板温度，剪切机位置根据 PSG 的钢板形状测量数据及钢板温度。进行优化计算，根据 PSG 的测量结果和每一个剪切设备的剪切结果，计算钢板当时的板形数据。作为钢板平面形状跟踪，为剪切位置计算功能服务。

B　剖分剪

剖分剪采用滚切式，弧形上剪刃缓慢沿着直线型下剪刃滚动实现对钢板的剪切。剖分剪主要用于将倍宽轧制的钢板纵向剖分，对于不同宽度的钢板也可进行剖分，即非对称剖分。通过剖分，可以使轧机轧制倍宽或组合宽度的钢板来提高轧机产量。

它的主要组成部分包括：机架、传动装置、刀架及剪刃固定装置、剪刃间隙和重合量调整装置、剪刃后退机构、压紧装置、剪机的横移装置、夹送辊等。

剖分剪主要技术参数：

形式	双轴双偏心滚切式
剪切钢板厚度	5 ~ 50mm
剪切钢板抗拉强度	厚度 32mm 时 1200MPa
	厚度 50mm 时 500MPa
剪切钢板宽度	1200 ~ 4800mm
剖分后钢板宽度	
固定侧	900 ~ 2400mm
移动侧	900 ~ 3200mm
剪机移动行程	1550mm
剪机移动速度	100mm/s
最大剪切力	11000kN
上剪刃圆弧半径	约 25000mm
剪切次数	16 ~ 30 次/min
剪切步长	厚度≤40mm 时 1300mm
	厚度 >40mm 时 1050mm
间隙调整范围	0.5 ~ 4.5mm
重合量调整范围	-5 ~ +15mm
夹紧辊直径	ϕ400mm
导向辊直径	ϕ390mm
剪刃尺寸	
上剪刃	170/138mm × 100mm × 2500mm
下剪刃	150mm × 100mm × 2500mm
剪刃硬度	约 52 +2HRC
剪切角度	约 3°
夹送辊开口度	100mm
夹送辊	
尺寸及数量	4 × ϕ700mm × 350mm
速度	max2.0m/s
加速度	max3.4m/s^2
传动电机	4 ×42kW/0 ~ 1000r/min
主传动电机	2 ×400kW/0 ~ 800r/min

C 定尺剪

滚切式定尺剪设置在双边剪及剖分剪的下游。定尺剪的主要作用是将钢板切成所需要的定尺长度，当钢板需要取样时也由定尺剪切出“最大长度为 450mm 的大样”通过试样运输皮带送到试验室，剪切后的头尾废料通过废料运输皮带输送到厂外收集。剪刃更换装置布置在剪机的非传动侧。

该剪机为滚切式，弧形上刀刃沿着直线型下刀片滚动实现剪切。主要组成部分有：机架、传动装置、刀架及剪刃固定装置、剪刃间隙调整机构、压紧装置、推尾装置、长度测量装置、摆动辊道、剪刃更换装置等组成。

定尺剪主要技术参数：

机架	闭口式（无 C 形口）
形式	滚切式
剪切钢板厚度	5～50mm
剪切钢板抗拉强度	40mm 时 max1200MPa
	50mm 时 max750MPa
剪切钢板宽度	1300～4900mm
定尺长度	3000～26000mm
废料最小长度	20mm（钢板厚度大于 20mm 时此数值应等于钢板厚度）
剪切温度	max150℃
剪刃尺寸	
上剪刃厚	100/50mm×高 190/166mm×长 5200mm
下剪刃厚	100/50mm×高 150/126mm×长 5200mm
剪刃半径	约 80000mm
剪刃硬度	52＋2HRC
剪切角	约 2°（厚度为 40mm 时）
剪刃开口度	约 200mm
最大剪切力	约 16000kN
剪刃重合度	5～6mm
剪刃间隙	0.5～7mm
剪切次数	24 次/min（连续工作）
	18 次/min（起停工作）
剪切周期	4.5s
入口夹送辊	
夹送辊尺寸	4×ϕ700mm×350mm
夹送辊开口度	150mm
表面硬度	HRC50
输送速度	0～2.0m/s
加速度	max2.0m/s^2
移动行程	4000mm
主传动电机参数	2×(0～800)kW/(0～1000)r/min

9.1.2.8　热处理设备及其技术特点

A　概述

宝钢热处理设备采用氮气保护辐射管加热辊底式连续热处理炉和压辊式连续淬火机，热处理线包括以下设备：

(1) 输入辊道包括对中装置和测长装置；

(2) 辊底式淬火炉；

(3) 淬火机；

（4）输出辊道；

（5）淬火供水系统。

行车放置一块钢板在上料辊道上后，钢板将在液压对中装置作用下进行对中。钢板离开对中装置后，经带光栅的测长光电管进行测长。

钢板的测量长度与计算机传递的钢板 ID 参数进行对照，如果存在偏差，操作工必须确认或拒收钢板。钢板进入装料炉门前或者已有前一块钢板，钢板的尾部间距保持约 1m。该位置将用第二排光栅进行控制。

PLC 跟踪系统检测到淬火炉装料区域有足够的空间装下新钢板长度，装料炉门将打开，钢板以最快速度 20m/min 入炉，之后炉门关闭。

在淬火炉内钢板以必要的最低速度输送，并在淬火炉跟踪钢板。钢板速度取决于钢板的厚度、宽度、长度、处理温度和每块钢板的保温时间并由 PLC 系统设定。

沿着炉长以一定间隔安装的光电管跟踪系统同步跟踪钢板，PLC 系统计算的钢板头部位置与光电管测量的确切位置对比，如果偏差存在，PLC 系统计算位置将用测量值进行修正。

每块钢板在炉内跟踪直到钢板头部离出料炉门有约 1m。

炉门开启后，淬火机喷水系统将启动，钢板将离开淬火炉由 PLC 系统根据计算机设定必要的速度进入淬火机。淬火机上下框架精确间隙已经根据钢板厚度调节好，在进入淬火机之前将用检测辊道测定钢板的厚度，如果钢板触击到辊道，液压系统将快速提升上框架。

根据钢板厚度，钢板在淬火机内连续通过或者在低压区摆动一段时间。

在常化处理时，钢板以最快速度（40m/min）通过淬火机，而上框架固定在最高位置。显然，在钢板输出前将跟踪确认出料辊道是否有钢板或者淬火机有无故障，否则，将不会输出钢板。

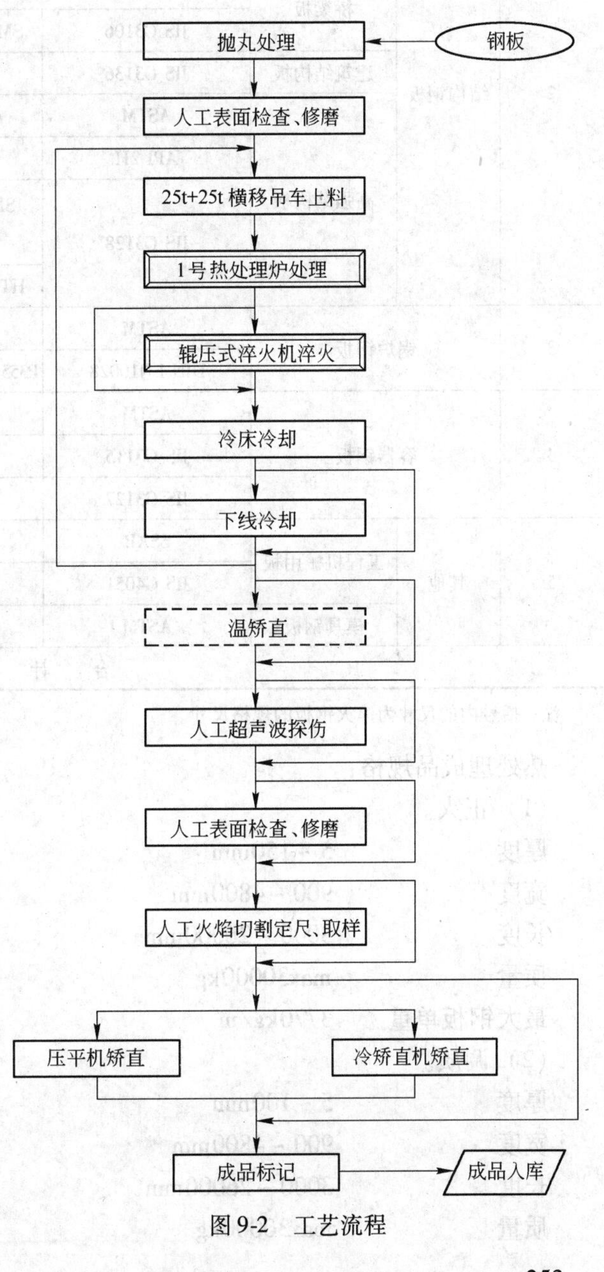

图 9-2　工艺流程

工艺流程如图 9-2 所示，热处理

产品大纲见表9-2。

表9-2　热处理产品大纲

序号	产品品种		执行标准	代表钢号	产品规格 厚×宽×长/mm×mm×mm
1	造船钢板		有关船级社	E，AH，DH，EH，FH	（5～100）×（900～4500）×约25000
2	结构钢板	普通结构板	DIN EN10025	S355JR	（5～150）×（900～4800）×约25000
			JIS G3101	SS490，SS540	
		桥梁板	ASTM	A709 Grade 50、50W	
			JIS G3106	SM490，SM520，SM570	
		建筑结构板	JIS G3136	SN400，SN490	
		高强结构板	ASTM	A573，A633，A710	
			API 2H	Grade 42，50	
			JIS G3128	SHY 685，SHY 685N，SHY 685NS	
				HT-590、610、690、780	
3	锅炉钢板		ASTM	A299，A537	（5～150）×（900～4800）×约18000
			DIN EN10028	P355GH，BHW35（DIN 454）	
4	容器钢板		ASTM	A537，A203，A387	（5～150）×（900～4800）×约18000
			JIS G3115	SPV450，SPV490	
			JIS G3127	SL3N255～440	
5	其他	工程机械用板	SSAB	HARDOX500	（5～150）×（900～4800）×约25000
			JIS G4051	S40C-S58C	
		模具钢板	ASTM	A681-P20	
合　计					

注：括号内的尺寸为淬火钢板的规格尺寸。

热处理成品规格：

（1）正火。

厚度　　5～150mm

宽度　　900～4800mm

长度　　3000～26000mm

质量　　max30000kg

最大钢板单重　　3770kg/m

（2）调质。

厚度　　5～100mm

宽度　　900～4800mm

长度　　3000～26000mm

质量　　max30000kg

最大钢板单重　　3770kg/m

B　热处理设备

a　输入辊道和钢板对中测长装置

(1) 输入辊道。辊道考虑运行时承受热应力和机械应力。辊道架是型钢牢固焊接在一起安装辊道，每根辊道单独有齿轮电机传动以便调节钢板位置和移动。传动系统与淬火炉传动系统连锁。输入辊道技术参数见表9-3。

表9-3　输入辊道技术参数

总　长	约50000mm
宽　度	5100mm
辊　数	51根
辊　径	400mm，壁厚30mm
辊　距	1000mm
速　度	0.25~20m/min

(2) 钢板对中装置。安装在淬火炉前至少35m辊道间，对中装置目的是使钢板安全通过热处理炉和淬火机。由于最长板坯26m，安装有一定间隔的5组对中设备。

钢板必须用行车放置在对中装置区域的辊道上，否则，钢板必须运输到对中装置区域辊道上。钢板在辊道上运到对中装置处后，带小辊道的提升架提升对中的钢板，对中过程中，5个对中装置的两组凸轮从辊道架边缘同步移动到中心，钢板对中后停止运行。之后，凸轮恢复到原始位置，对中装置由两台液压油缸通过同步轴移动。

提升标高应高于辊道约15mm。

整个对中装置包括：提升装置和对中装置。

(3) 测长装置。在淬火炉前约27m安装测长装置系统，它包括光电管和其附近辊道上的脉冲发生器。当钢板前头通过光电管时，脉冲发生器开始对辊道运行计数直到钢板尾部离开光电管。

如果几块最窄900mm宽度钢板平行放在辊道上，沿钢板厚度方向上有一束光能够识别钢板组的头尾。

第2排装在淬火炉门前也作为安全调节。

b　1号辊底式热处理炉

(1) 概述。热处理炉是上下加热的常化和回火辊底式热处理炉，用自带换热器辐射管加热，热处理炉最大炉温为1000°C。

热处理炉总长约63.22m，在氮气保护气氛下加热。

气密性热处理炉炉壳是具有结构加强件的焊接钢板结构。在热处理炉入口和出口，安装有钢帘隔离室。

热处理炉上面采用纤维块，下面采用硬质耐材隔热，热处理炉参数见表9-4。

表9-4　热处理炉参数

热处理炉炉形	辊底式上下加热热处理炉
应　用	常化和回火
热处理炉主要尺寸	全长63220mm 有效长度60.11m 内宽5100mm 内高3025mm
传输方式	齿轮电机单独传动辊道

续表 9-4

热处理炉炉形	辊底式上下加热热处理炉
输送速度	0.25～20m/min（热处理炉主区） 0.25～40m/min（热处理炉出口区）
辊道数量 辊道外径 辊道壁厚 辊道长度 辊道有效长度 辊道间距	109 根 380mm 30mm 6915mm 5100mm 580mm
操作模式	连续或摆动
控制系统	LevelⅠ/Ⅱ，DCS，PLC
控制区数量	20
区构造	上和下
烧嘴形式	自换热烧嘴，安装辐射管
烟囱形式	强制抽风
出料温度 常　化 淬　火 回　火	 920～950℃ 920～950℃ 450～750℃
加热率 常　化 淬　火 回火 650℃ 回火 450℃	 1.4～1.6min/mm 1.4～1.6min/mm 2.3～2.5min/mm 3.6～3.8min/mm
保温时间 常　化 淬　火 回火 650℃ 回火 450℃	 10min 5min 20min 30min

（2）热处理炉炉壳、炉门、钢帘和钢结构。

1）热处理炉炉壳。热处理炉炉壳用标准型钢分段制作并涂层，包括炉辊支撑和烧嘴密封设备。

热处理炉两侧有操作和维修平台、通道、楼梯，以便靠近烧嘴区域、机械设备、检查门、控制和切断阀、挡板、测量装置、传感器和热电偶等。

在热处理炉炉墙上设置检修门以便进行必要的清理和修补工作，这些门用螺栓封闭并内衬易于拆除的陶瓷纤维隔热材料。

氮气（99.999%）供给口沿热处理炉炉顶以一定间隔布置，氮气排放点设置在进出隔离室。为减少氮气损耗，热处理炉应高速装料和出料，之后关闭炉门。慢速装料和出料也是可以实现的。

两套氧气测量装置安装在进出区域以识别富氧含量。

2）热处理炉炉门。为最大限度减少空气进入热处理炉，在热处理炉入口和出口设有隔离室，每个隔离室用两道钢帘分割热处理炉炉区，在开炉时以防止降低气氛损耗和热处理炉热量损耗。每个隔离室安装有带压紧机械装置的炉门以紧密关闭热处理炉。

压紧机械用气缸操作，通过带辊子的杠杆以压紧关闭时水冷框架炉门。

3）钢帘。进口和出口隔离室各有两道钢帘，目的是防止在炉门打开时空气渗入炉内。

4）气密性热处理炉观察孔。

10 个炉顶热电偶连接口；

10 个炉辊下热电偶连接口；

8 个带气密帽的观察口；

6 个氮气供给点连接口；

2 个热氮排放连接口。

（3）炉辊。热处理炉辊道承受加热钢板到最大温度 970°C，热处理炉安装有 109 根辊道，辊道间距 580mm。辊道外径 380mm、壁厚 30mm。辊道材质应适合工作温度，辊道离心铸造，材质 DIN1. 4852（25% Cr、35% Ni 和 1. 5% Nb 合金钢）。

为保证热处理炉炉墙上辊道的密闭性，辊道两端焊接锥体和轴，锥体安装密封和轴承，锥体静态浇注材质为 DIN1. 4852 而轴材质为 1. 0570（St50）。为防止热态辊道中心到轴的热量辐射，锥体内衬绝热纤维。

在热处理炉炉壳外侧，辊道支撑在气密性法兰轴承座上，辊道传动侧轴承是固定端，而非传动侧是自由端这样能够保证辊道在高温下延伸。

辊道用齿轮电机和万向轴单独传动，每个齿轮电机用一个变频器控制以达到要求速度。

热处理炉主炉区辊道速度能够在 0. 25 ~ 20m/min 变化，出炉区辊道速度变化为0. 25 ~ 40m/min。钢板厚度超过 75mm 在回火处理时需要降低速度，在热处理炉内摆动生产。

在淬火闲置时整个炉内辊道应向前和向后（约 1. 5m）摆动钢板，保持炉辊以速度 1. 5 ~ 3m/min 移动防止辊道下垂。

缺陷辊道更换用特殊换辊道架移动更换，辊道更换只能在热处理炉冷却情况下进行。

（4）燃烧系统。

1）概述。混合煤气用于燃烧系统，热处理炉燃烧系统包括烧嘴、控制阀、测量装置和切断系统；热处理炉由 20 个温度控制系统组成。

烧嘴采用 ON/OFF 循环脉冲操作模式。即是：调节烧嘴操作时间和关闭时间将根据各燃烧区加热要求，每个区的烧嘴不是开启就是关闭，所有烧嘴循环使用。

主要的燃料集气管包括燃料压力控制自动安全切断系统。临界状态发生如燃料或燃烧空气压力低时安全切断系统将自动关闭。安装 1 台韦伯装置，燃烧系统能够补偿变化的韦伯值/燃值。

2）烧嘴和辐射管。热处理炉是保护气氛下带自身换热式烧嘴的辐射管加热热处理炉，单端型辐射管外管材质是耐热钢 DIN2. 4879（28% Cr，48% Ni，Nb）。烧嘴和辐射管安装在热处理炉辊道上下相对的炉墙左侧和右侧。在上辐射管端部和中部安装悬挂在炉顶上的耐热托架，而下辐射管支撑在绝热砖上。烧嘴在 ON/OFF 和循环操作控制模式运行以提高效率和钢板温度均匀性。

烧嘴参数：

安装有268根辐射管烧嘴，每个烧嘴安装有自动点火和火焰监控设备。

每个烧嘴装备有：

控制箱，电缆连接到端子板上；

带HV和点火塞的火花发射器，安装在外壳上；

电磁阀用硅胶电缆；

安装在控制箱成套差压开关；

点火电极；

火焰监视设备。

每个烧嘴煤气配套：

煤气连接法兰，包括密封；

煤气电磁阀；

膨胀器。

每个烧嘴燃烧空气配套：

连接法兰；

带流量调节阀燃烧空气电磁阀；

用纤维加劲的挠性管道，用于将空气管线连接到阀上。

烧嘴参数见表9-5，辐射管参数见表9-6。

表9-5 烧嘴参数

烧嘴（形式 Ecomax）		烧嘴（形式 Ecomax）	
烧嘴数量	268	13+14区	22×100kW（Size3）
烧嘴等级		15+16区	12×100kW（Size3）
1+2区	28×175kW（Size4）	17+18区	12×60kW（Size3）
3+4区	32×175kW（Size4）	19+20区	12×60kW（Size3）
5+6区	40×120kW（Size4）	总　计	31940kW
7+8区	40×120kW（Size4）	点　火	每个烧嘴火花点火，火焰监控设备
9+10区	40×100kW（Size3）	控制模式	ON/OFF循环脉冲控制
11+12区	30×100kW（Size3）		

辐射管附件：辐射管悬挂支撑包括约210根上辐射管挂钩装置，耐热铸钢，等级DIN1.4848，25%Cr20%Ni，下辐射管用安装在炉膛上的192根耐热支架支撑。

辐射管内管参数见表9-7。

表9-6 辐射管参数

辐射管参数	
数　量	268
外　径	300mm
等　级	2.4879（28%Cr，48%Ni，Nb）
长　度	2935mm
厚　度	10mm
传热有限长度	约2400mm

表9-7 辐射管内管参数

辐射管内管 SiC	
数　量	268×4节=1072节
外　径	270mm
材　质	SiC（Silicane Carbide）
火焰管长度	约2400mm
厚　度	5mm
成分	
SiC	88%
游离 Si	12%

3）燃烧空气风机。燃烧空气用1台离心风机并安装1台备用风机。为了降低噪声，提供隔音罩，噪声等级为85dB（A）。

风机性能参数如下：

数量	1+1
风量（标态）	约37000m^3/h
风压	约210kPa
电机功率	约160kW
风速	约1450r/min

燃料煤气带安全关闭1台压力控制阀和1台韦伯测量装置。

（5）温度控制。热处理炉分为20个温度控制区，每区安装1台温度控制仪。当上面温度仪损坏后，下面温度仪将控制相同段的上下燃烧区，反之亦然。20个燃烧温度控制将用软件PID控制系统执行。温度仪的确切值将通过线性转换器输入PLC。PID控制器输出将由PLC完成烧嘴ON/OFF控制。

打开煤气阀、燃烧空气阀和点火级将点燃单个烧嘴。点火之后火焰将由电极监控。“烧嘴ON”和“烧嘴紊乱”信号将输送到PLC系统，这些信号在MMI上每个烧嘴是可视的。对于操作者有以下5种控制热处理炉操作：

1）每个控制区手动温度设定。

2）设定点到获得一个目标温度。

3）从PLC跟踪系统自动设定温度点。

4）从PLC优化计算机系统设定最佳温度点。

5）周末程序：热处理炉自动降温和自动再加热。

（6）废气系统。在废气系统入口吸收烧嘴周围空气以降低废气温度。

废气用两台废气风机吸收到烟道，风机设计温度最大300°C，并安装1台备用风机。噪声等级为85dB（A）。

废气风机特性参数如下：

数量	2+1
风量（标态）	约40000m^3/h
风压	约2kPa
电机功率	约90kW
风速	约1450r/min

废气烟道外衬绝热层。

两个烟囱：烟囱设计为碳素钢管，在车间区域外衬矿渣棉毯，高于厂房高度约5m；横断面900mm×2000mm，在烟囱下面设两个取样孔。

（7）耐材。热处理炉炉膛内衬陶瓷纤维耐材和绝热材料以避免钢结构外部过热和减少热损失。

在辊道上面炉顶应安装陶瓷纤维块，陶瓷纤维块将借助不锈钢固定件固定在热处理炉炉壳上。在热处理炉下面将安装绝热砖来减少因钢板输送而造成炉衬损坏的可能性。

（8）热处理炉集中润滑系统，见表9-8。

（9）气动系统。该系统用于热处理炉装料和出料炉门压紧气缸装置用。包括：空气过滤器、截止阀、油水分离器、油杯、压力调节器、压力表、带消音器换向阀、气缸。

c　压辊式淬火机

(1) 概述。连续淬火机使离开淬火炉钢板获得均匀的淬火钢板，淬火机分为高压段和低压段。长度小于18m的钢板在淬火机内可以在低压段内摆动，该设备没有夹紧装置从而不在钢板表面上留下黑色或破坏钢板表面。其特性之一是快速冷却段(高压段)。第一部分高压段使用合适压力的水量冲击钢板表面以最大限度吸收钢板热量。为避免翘曲变形，系统设计以保持钢板上下表面相同的冷却率。

表9-8　润滑系统参数

泵形式	马达驱动柱塞泵	
用户点	输出辊道	102（润滑点）
	对中装置	84（润滑点）
	热处理炉辊道	230（润滑点）
	总　计	416
最大干油排量	22L/h	
双线系统切换压力	350MPa	
设计温度	60℃	

1）检测辊道：钢板离开淬火炉将通过运输辊道直到在淬火机入口的检测辊道。如果从淬火炉出来的钢板厚度大于设定的上辊道高度，将使上框架液压快速提升。检测辊道感应到错误，将提升装置升高防止钢板破坏辊道或水帘喷嘴。如果钢板上表面有碎片也会动作。检测辊道固定在上框架两只臂上，检测辊道能够在输送方向沿弧线旋转到上限位置。检测辊道接触钢板表面有两个功能：第一作用保护缝隙喷嘴，如果钢板有镰刀弯或高浪出现，钢板能破坏喷嘴。对于这种情形，钢板在提升上部检测辊道，限位开关给PLC信号，液压提升系统快速提升上框架300mm位置。检测辊道第二功能是挡水作用，防止有时高压水从淬火机出来的水进入淬火炉内。检测辊道用水冷却。

2）辊道传动：上下框架根据其在钢板运输线的不同位置安装有不同设计和直径的辊道。辊道由三相电机驱动上下主轴和链条传动。通过斜齿轮箱，两根主轴连接5根万向节轴，每根万向节轴驱动5根辊道。变频控制使淬火炉出口和淬火机的两个速度传感器保持同步，两个速度传感器分别安装在淬火炉最后辊道和淬火机一根辊道上。淬火机辊道装有双链轮，安装短链和胀紧装置。双链传动特别适合高速和高减速比传动，滑动和有良好反转特性。辊道轴承是带3个干油密封室的自调心轴承，干油由集中润滑系统送到干油密封室。

3）上框架调节：上框架固定在垂直导向架中，可由安装在液压缸（100mm/s）和其上电动螺旋（1~2mm/s）传动来升降，传动电机是带机械联动的三相齿轮电机。螺旋传动是根据钢板厚度来调节上下辊道间隙。螺旋传动系统安装在水分配系统之上的上框架最高位置，传动电机安装在框架区中间位置。矩形边连接两根万向节轴和斜齿轮箱，斜齿轮箱连接左右螺旋传动件。上下框架最大距离能达到1000mm。安装在螺旋传动件末端的液压油缸快速提升上框架以保护水帘喷头。

上框架高度由线性位置转换器调节，该转换箱安装有线圈和弹簧。该转换箱固定在上框架，而框架能够上下传动。线圈头固定在比转换器最高位置高约0.3m，而转换箱固定钢结构外框架的立柱上。如果上框架从最高位置下降，线圈从转换器转出，转换器给PLC一个位置信号。上框架上升时，转换箱弹簧回转线圈。在淬火机四个角安装有4个线性位置转换器。

4）水喷嘴和水帘：在入口处3对辊道后面是高压水帘箱，一个在钢板的上面，另一个在下面。缝隙喷嘴的开口度、喷水角度和喷嘴与钢板距离是可调的。缝隙喷嘴分为3个控制区（上和下），分配管线和喷嘴包括供给到阀块配管是不锈钢材质1.4301（18% Cr，10% Ni，2% Mn）。分配管线和喷嘴也是不锈钢材质而供水管线是普通的碳钢材质。

沿淬火机长度方向，淬火喷水系统分为两个区而沿板宽最多为3个区（高压段）。高压段包括上下水帘，水帘安装便于水直接冲击钢板宽度的每个位置。水冲击钢板的位置命名为“第一喷射点”，可以调节该点。

在高压区的较低强度后面是淬火机的缝隙喷嘴区，该区水量利用分为两部分，便于有较大灵活性控制淬火水压力和钢板平直度。目的是在钢板表面保持强紊流大流量水，这样保持或降低钢板在水帘区获得表面温度。

在水帘后面是上下装有两排喷嘴的“喷水箱”，也用不锈钢材质1.4301（18% Cr，8% Ni）且用同样的高压泵供水，喷水箱分为3个控制区（上和下），到集管的供水管用不锈钢材质制作，高压段包括两根集管，每个集管供给6排高压喷嘴。

淬火水最后段分为3组低强度区即低压区。低压区有16根集管，每根集管供给3～4排喷嘴，这些喷嘴是按朝着板坯输送线的不同角度钻孔的（上下各51排）。这些集管包括供水管也是不锈钢制作的。

5）排水和吸水系统：在缝隙喷嘴之后的高压区辊道设计为螺旋辊道，这些辊道使淬火水沿钢板跑，使钢板在未淬火到的地方不留下黑印以避免出现回火带。在缝隙喷嘴和其后螺旋辊道间安装一个吸水系统以最大限度降低水量高度。水柱也决定于钢板宽度。喷嘴箱水枪离钢板比缝隙喷嘴有较高的距离。在钢板上到外部的水量取决于水的高度，平行于钢板的水量减少了喷嘴箱水枪的影响。对于5m宽的钢板水高度是2.5m宽钢板水高度的2倍。螺旋辊道不能够减少钢板水柱高度使钢板在约2.5m宽度内保持恒定的水柱值。为了达到这种目的，有必要安装一套吸水系统。该系统能够使超过约2.5m的钢板宽度减少水柱高度。吸水系统沿淬火机宽度的孔上有一个间隙喷嘴，分为两段使淬火水从钢板移向两侧。该系统用两套离心泵和两套真空泵工作。

6）水分配系统：对于上框架，供水配管包括带法兰的耐热橡胶软管。闸阀和流量设定阀用液压控制球阀。电动阀只用在流量控制阀。对于上下框架有单独的流量阀和闸阀，供水系统是相似的。高压段上下阀台共同控制和关闭，低压段水阀分为3个区域。

7）上喷嘴保护：在淬火操作模式和上摆动操作模式中，检测辊道保护上喷嘴。当水阀关闭时，上喷嘴将填充水。当常化、回火和摆动操作时，喷嘴将被钢板的热量辐射。这些操作，钢板将以最快速度（40m/min）通过淬火机辊道区，而该区辊道没有水冷却。对于常化、回火和摆动操作，上框架将设定在最高位置以保护喷嘴。约15块钢板通过后，低压区到高压区的7个保护旁通阀打开，上喷嘴用水冷却。下部喷嘴有填充水冷却。在摆动操作模式，只在高压区域保护上喷嘴。

8）水刮板和气刀系统：为了得到从淬火机出来干板，在淬火机出口侧安装有橡胶刮板和风机，吹扫钢板上表面的水，该系统安装在淬火机可动的上框架内。空气用风机提供。

(2) 淬火机技术参数，淬火机有关技术参数见表9-9。

表 9-9 淬火机技术参数

淬火机主要尺寸	
淬火炉最后辊道到狭缝喷嘴中间距离	约 2433mm
狭缝喷嘴中间到高压段最后一根辊道中间距离大约等于高压段	约 3273mm
高压段最后一根辊道中间到低压段最后一根辊道中间距离大约等于低压段	约 19431mm
总长	合计 25137mm
淬火炉最后辊道到输出辊道光栅距离	约 26200mm
内宽	5100mm
产量 （与淬火炉最大产量一致）	最大 58t/h
速度	0.5～40m/min
控制区	
长度方向	高压/低压
横段方向	3 区（900/3000/900）mm 仅狭缝喷嘴和喷嘴箱
水流量	
高压段	$90m^3/min$（0.8MPa）
低压段	$150m^3/min$（0.4MPa）
上框架传动	
高速时间（液压 300mm）	3s
低速时间（螺旋 700mm）	350s

辊道其他参数：

辊道材质	碳钢
辊道间距	381mm
速度	0.5～40m/min
传动功率	150kW
高压段	
喷射区长度	3273mm
水流量	$90m^3/min$
压力	0.8MPa（顶部）
低压段	
长度	19431mm
水流量	$150m^3/min$
压力	0.4MPa（顶部）

钢板在运行速度约 0.5～40m/min 时连续进行淬火处理。钢板在淬火机低压水处理段出口温度最大为 80℃。

（3）操作模式。连续淬火操作模式：在连续淬火操作模式中，钢板将以恒定速度从淬火炉通过淬火机到输出辊道。钢板输送速度决定于钢板厚度。恒定速度通过调节淬火炉输出辊道电机、淬火机传动电机和输出辊道电机同步性获得。当钢板通过淬火机时它将通过淬火水所有区域。

淬火水第一区域为高压区，包括两排水帘。一排水帘快速激冷钢板上表面，一排水帘冷却钢板下表面。通过该区后到达其他高压段，该区分为两段以便允许有较大的板形控制。高压段的目的是以大流量紊流水冷却钢板表面以便在高压区获得均匀的淬火效果。

在高压区之后是3段低压区，低压区操作数量决定于钢板的厚度和同时淬火钢板的产量。低压区的目的是进一步带走从钢板中心传导到表面的热量以防止余热回火。

在连续淬火过程中，淬火机上辊道降低使钢板和上辊道接触，这样保持钢板平直度。

1）连续加摆动操作模式：连续加摆动淬火是连续淬火的延伸，随着钢板厚度的增加钢板通过淬火机的速度将降低，淬火速度减少到最小约0.5m/min。然而，如果钢板厚度约50mm将要以3m/min处理，钢板在输出辊道将由于钢板中心热量传导到表面而出现余热回火。为克服上述淬火影响，淬火机将自动在限定的低压区摆动钢板，摆动时间由优化计算机设定。

2）摆动操作模式：该种模式只在低压区冷却钢板。

该种模式上框架必须在高位。钢板以最大速度从淬火炉输送到低压区。如果到达低压区末端，钢板开始在低压区摆动，喷水系统投入。该模式仅用于冷却，不用于淬火。摆动之后钢板运到输出辊道上。

3）常化和回火空过模式：在常化和回火时钢板以最快（40m/min）通过淬火机以缩小钢板热辐射淬火机的时间。另外，上框架将设定在最高位置。上喷嘴不同于下部喷嘴，由于水系统阀关闭而缺少水冷却特别危险。约15块钢板通过后，低压区到高压区的7个保护旁通阀打开，上喷嘴用水冷却。下部喷嘴有填充水冷却。

d　输出辊道

在淬火机之后安装有31m长的辊道。所有辊道由齿轮电机单独传动以便调节钢板的输送。常化处理的热钢板将均匀放置在输出辊道上，辊道带盘以避免热钢板和辊身直接接触。输出辊道参数见表9-10。

表9-10　输出辊道参数

总　长	约30000mm	速　度	0.25～40m/min
宽　度	5100mm	传　动	13.2kW变频控制
辊　数	31	辊道形式	带盘厚壁管
辊　径	400mm盘480mm，壁厚30mm	轴承形式	自调心轴承
辊　距	1000mm		

e　淬火供水系统

5m高架水箱：可减少泵的能力，以及在电源故障时可供给淬火机4min事故水。

有效容积　　1000m^3

水位高度（min）　　+34m

水位高度（max）　　+34.5m

水箱内部直径　　18m

水位高度　　30m

淬火机高压段水泵（水平）：供给淬火机高压段冷却水。

输送能力	$1800m^3/h$
扬程	0.5MPa
马达功率	315kW
泵台数	3+1pcs

热水池：收集淬火机回水，部分水用泵送至冷却塔，部分水溢流至混合水池。

有效容积	$1200m^3$
	水池长度 24m
水池宽度	10m
水池深度	10m

热水泵（立式）：将热水输送至冷却塔。

输送能力	$1800m^3/h$
扬程	0.2MPa
马达功率	160kW
泵数量	2+1pcs

9.1.2.9 四级计算机管理及控制技术

宝钢宽厚板轧机采用四级计算机管理及控制，它们是：

（1）L4：整体产销系统；

（2）L3：生产控制级；

（3）L2：过程控制级；

（4）L1：基础自动化控制级。

L4 级计算机系统主要功能：接受宽厚板订货、建立产品规范和制造规范、质量设计和生产设计、合同组合、板坯设计、材料申请、编制生产计划、收集生产实绩、检化验信息处理、质量保证书制作、编制出厂计划、合同跟踪、结算、结案、货款、账务进行管理、编制点检计划、检修计划等。

L3 级计算机系统的主要功能：板坯库的管理、冷热装炉管理、二次板坯切割计划管理、轧制计划管理、轧制作业管理、磨辊管理、精整计划管理、精整作业管理、发货计划管理、发货作业管理、中间库管理、成品库管理、质量管理、通讯管理和吊车管理。系统配置 3 台小型机作为服务器。其中，一台小型机作为宽厚板轧机轧制区域的数据库服务器在线运行，另一台小型机作为宽厚板轧机精整区域的数据库服务器在线运行，第三台小型机作为备用服务器。

L2 级过程控制计算机主要负责从板坯进加热炉直到成品入库全过程不同工艺阶段的控制参数设定、物流跟踪、数据采集和处理、数据通信、人机对话、打印生产报表等。全厂过程控制级计算机系统共设置 6 台服务器，即：板加区计算机、轧机计算机、快速冷却和热矫设定计算机、剪切线计算机、数据库计算机和备用计算机。另外，在计算机房还设置 1 台热处理线数学模型计算机和 1 台冷矫工作站。

L1 级基础自动化系统是全厂整个计算机控制系统的第一级，它主要完成对生产过程的时序辊控制和精度控制，并直接对各个生产设备进行监控操作。在系统配置方面，根据不同区域工艺控制的难度和精度，选用不同类型的 SIMATIC 控制器、高性能的 TDC 控制站、普通的 S7-400 控制站、S7-300 控制站和 HMI 操作员站。

四级计算机系统结构合理、硬件先进、应用软件功能完善，使整个厚板工厂的生产管理、质量管理、过程控制及操作都纳入计算机管理和控制，有利于协调生产计划，保证工艺设备的最佳化运转，充分发挥设备能力，稳定生产高质量产品。

9.1.3 宝钢产品大纲和产品标准

厚板一期和二期产品大纲见表 9-11，另附 JIS 厚板钢标准。

表 9-11 厚板一期和二期产品大纲

序号	产品品种	执行标准	代表钢号	产品规格 厚×宽×长 /mm×mm×mm	产量 $t \cdot a^{-1}$	产量 %
1	管线钢板	API 5L	X52-X80①，X100	(5～40)×(1500～4800)×约 18000	280000 360000②	20 20
2	造船钢板	有关船级社	A，B，D，E AH32～AH40，DH32～DH62，DH69 EH32～EH62，EH69，FH32～FH62，FH69	(5～100)×(900～4500)×约 25000	420000 540000	30 30
3	结构钢板：普通结构板	ASTM	A36，A283，A529	(5～150)×(900～4800)×约 25000， (5～400)×(900～4800)×约 25000	420000 504000	30 28
		DIN EN10025	S185，S235JR，S275JR，S355JR			
		JIS G3101	SS400，SS490，SS540			
	结构钢板：桥梁板	ASTM	A572，A709 Grade 36，50，50W，100，100W			
		JIS G3106	SM490，SM520，SM570			
	结构钢板：建筑结构板	ASTM	A572，A573，A633			
		JIS G3136	SN400A、B、C，SN490B、C			
	结构钢板：高强结构板	ASTM	A572，A573，A633，A678，A710			
		API 2W/2H	Grade 50T，60/Grade 42，50			
		JIS G3128	SHY 685，SHY685N，SHY685NS			
			HT-590，610，690，780，950			
4	锅炉钢板	ASTM	A202，A299，A302，A387，A515，A516，A537	(5～150)×(900～4800)×约 18000， (5～400)×(900～4800)×约 18000	56000 72000	4 4
		DIN EN10028-2	P235GH，P265GH，P355GH，BHW35(DIN 454)			
		JIS G3103	SB410，SB450，SB480			
		JIS G3119	SBV 1A，SBV 1B，SBV 2，SBV 3			
5	容器钢板	ASTM	A662，A302，A517，A537，A387，A203，A533，A353	(5～150)×(900～4800)×约 18000， (5～400)×(900～4800)×约 18000	84000 144000	6 8
		JIS G3115	SPV235，SPV355，SPV410，SPV450，SPV490			

续表 9-11

序号	产品品种	执行标准	代表钢号	产品规格 厚×宽×长 /mm×mm×mm	产量 t·a^{-1}	产量 %
5	容器钢板	JIS G3118	SGV410,SGV450,SGV480	(5~150)×(900~4800)×约18000,(5~400)×(900~4800)×约18000	84000 144000	6 8
		JIS G3120	SQV1A，2A，3A，SQV1B，2B,3B			
		JIS G4109	SCM V1~V5,V6			
		JIS G3126	SLA235A、B，SLA325A、B，SLA360,SLA410			
		JIS G3127	SL2N255，SL3N255 ~ 440，SL5N590,SL9N520~590			
6	其他 耐大气腐蚀板	ASTM	A242,A588,A871,A572,A709	(5~150)×(900~4800)×约25000	140000 180000	10 10
		JIS G3114	SMA400A、B、C,SMA490A、B、C,SMA570			
		JIS G3125	SPA-H			
	其他 工程机械用板	JIS G4051	S10C-S58C	(5~150)×(900~4800)×约18000,(5~400)×(900~4800)×约18000		
		SSAB	HARDOX 400,HARDOX 500			
	其他 模具钢板	ASTM	A681-P20			
合计					1400000 1800000	100 100

① 一期应能生产耐 H_2S 腐蚀的 X70 级管线钢；

② 带下划线者为二期增加的产品、规格、产量和比例。

附 JIS 厚板钢标准

一、JIS G3101 一般结构钢

牌号：

SS330、SS400、SS490、SS540

命名：以 SS(STEEL STRUCTURE)＋抗拉强度的下限来命名。

二、JIS G3106 焊接结构钢

牌号：

SM400A、SM400B、SM400C、SM490A、SM490B、SM490C、SM490YA、SM490YB、SM520B、SM520C、SM570

命名：以 SM(STEEL MARINE)＋抗拉强度的下限＋韧性等级＋(热处理记号)来命名。

热处理记号：N——正火，T——回火，Q——调质，TMC——TMCP。

三、JIS G3114 耐大气腐蚀焊接结构钢

牌号：

SMA400AW、SMA400BW、SMA400CW、SMA400AP、SMA400BP、SMA490AW、SMA490BW、SMA490CW、SMA490AP、SMA490BP、SMA490CP、SMA570W、SMA570P

命名：以 SMA(STEEL MARINE ATMOSPHERIC) + 抗拉强度的下限 + 韧性等级 + 使用种类 +(热处理记号)来命名。

使用种类：W：通常裸露使用(含 Ni 且 Cr、Cu 的含量更多)P：通常涂装使用。

热处理记号：N——正火，Q——调质，TMC——TMCP。

四、JIS G3128 焊接结构用高屈服强度钢

牌号：

SHY685、SHY685N、SHY685NS、SHY685NS-F

命名：以 SHY(STEEL HIGH-YIELD Y(焊接)) + 屈服强度的下限命名。

N：NICKEL S：SPECIAL F：FINE。

五、JIS G3129 铁塔用高强度钢

牌号：

SH590P

命名：以 SH(STEEL HIGH STRENGTH) + 抗拉强度下限 + P(PLATE)表示。

六、JIS G3136 建筑结构钢

牌号：

SN400A、SN400B、SN400C、SN490B、SN490C

命名：以 SN(STEEL NEW STRUCTURE) + 抗拉强度的下限 + 韧性等级 +(热处理记号) +(UT 记号)来命名。

热处理记号：N——正火，T——回火，TMC——TMCP。

七、JIS G3103 锅炉及压力容器用碳素钢板及钼钢板

牌号：

SB410、SB450、SB450M、SB480、SB480M

命名：SB(STEEL BOILER) + 抗拉强度的下限 +(热处理记号)M—MOLYBDENUM。

热处理记号：

N——正火，TN——试验片热处理记号，SR——试验片去应力处理。

例：SB450N

SB480NSR、SB480TNSR、SB480TN3SR

八、JIS G3115 常温压力容器用钢板

牌号：

SPV235、SPV315、SPV355、SPV410、SPV450、SPV490

命名：SPV(STEEL PRESSURE VESSEL) + 屈服强度的下限 +(热处理记号)。

热处理记号：N——正火，TN——试验片热处理记号，SR——试验片去应力处理，TMC——TMCP，Q——调质，TQ——试验片调质。

例：SPV410TMC

SPV450Q、SPV450NSR、SPV450TN、SPV490TNSR、SPV490TN3SR、SPV490TQ2SR

九、JIS G3118 中、常温压力容器用碳素钢板

牌号：

SGV410、SGV450、SGV480

命名：SGV(STEEL GENERAL VESSEL)+抗拉强度的下限+(热处理记号)。

热处理记号：N——正火，TN——试验片热处理记号，SR——试验片去应力处理，TMC——TMCP。

例：SGV410N、SGV480NSR、SGV480TNSR、SGV480TMCSR

9.2 莱芜钢铁公司 4300mm 厚板厂情况简介

9.2.1 生产规模

一　期	120 万 t/a
二　期	180 万 t/a

9.2.2 产品规格

厚　度	5～100mm
宽　度	1500～4100mm
长度	
成　品	3000～12000mm
轧　制	max43000mm
单　重	max 约 22.2t

9.2.3 产品交货状态

(1) 一期：

控轧控冷交货	40%，480000t/a
普通热轧及热处理交货	60%，720000t/a

(2) 二期：

控轧控冷交货	67%，1206000t/a
普通热轧及热处理交货	33%，594000t/a

9.2.4 原料规格

厚　度	200mm、250mm、300mm
宽　度	1500mm、1600mm、1800mm、2000mm、2300mm
长　度	2500～4100mm
坯　料	max22.2t

9.2.5 车间面积

主厂房面积	159.576m^2

板坯库　13716m²（含 No.1、No.2 板坯库，加热炉上料跨）

成品库　57618m²（含剪切线电气室、冷床及检查台架区域）

磨辊间　6732m²

特厚板及热处理中转跨　18414m²

热处理及成品跨　22704m²

9.2.6 产品大纲

产品大纲见表9-12。

表9-12 产品大纲

品种	代表钢号	钢板规格 /mm×mm	一期产量		二期产量	
			万 $t \cdot a^{-1}$	%	万 $t \cdot a^{-1}$	%
碳素结构板	Q195～Q275 SS330、SS400、SS490、SS540	(5～100)×(900～4000)	18	15	9	5
优质碳素结构板	08、20、45、55 S45C、S50C、S58C	(5～100)×(900～4000)	12	10	18	10
低合金高强度板	Q295、Q345、Q390、Q420 SM400、SM490、SM520、SM570 A572、A573、A633	(5～100)×(900～4000)	18	15	27	15
造船及海洋石油平台用板	A、B、D、E、AH32、AH36、AH40、DH32、DH36、DH40、EH32、EH36、EH40、FH32、FH36、FH40	(5～100)×(900～4000)	26.4	22	45	25
管线钢板	X42～X80	(5～100)×(900～4000)	18	15	36	20
工程机械用板	09CuCrNi、16CuCr、StE460	(5～100)×(900～4000)	6	5	10.8	6
锅炉板	20g、16Mng、15MnVg SB410、SB450、SB480 A202、A299、A302、A516	(5～100)×(900～4000)	6	5	9	5
压力容器板	16MnR、15MnVR SPV355、SPV490 A622、A203、A517	(5～100)×(900～4000)	6	5	9	5
桥梁板及耐大气腐蚀板	Q235q、Q345q、Q370q、16Mnq、09CuPCiNn SM490、SM540、SM570 A709Grade50、50W、100、100W	(5～60)×(900～4000)	6	5	9	5

9.2.7 设备参数

（1）粗轧机参数：

工作辊　ϕ1120/1020 × 4300mm
支撑辊　ϕ2150/2000 × 4200mm
最大轧制压力　80000kN
刚性模数　> 8.5MN/mm
主电机容量　AC6000kW × 2
主电机转速　0/40 ~ 80r/min
轧制速度　max4.69m/s
轧制力矩　2 × 3580kN · m
最大开口度　400mm

（2）立辊轧机参数：

立辊形式　双电机上传动
轧辊　ϕ1000/900
最大轧制力　5000kN
轧辊开口度　1350 ~ 4300mm
主传动电机　N = 1200kW × 2，AC

（3）精轧机参数：

工作辊　ϕ1120/1020mm × 4300mm
支撑辊　ϕ2150/2000mm × 4200mm
最大轧制压力　80000kN
刚性模数　> 8.5MN/mm
主电机容量　AC7500kW × 2
主电机转速　0/50 ~ 120r/min
轧制速度　max7.03m/s
轧制力矩　2 × 3580kN · m
最大开口度　400mm

（4）ACC 装置（DQ 系统预留）：

集管数　24（上部） + 24（下部）
喷嘴数　约 50000
平均流量　5000m^3/h（在 0.25MPa 时）
尖峰流量　12900m^3/h（在 0.15MPa 时）
侧喷流量　750m^3/h（在 1MPa 时）
冷却速率（ΔT = 300℃）
　20mm　30℃/s
　30mm　20℃/s
　50mm　10℃/s

（5）热矫直机参数：

形式　四重 9 辊全液压可逆式
矫直钢板规格　厚度 5 ~ 60（100）mm
　宽度 1200 ~ 4200mm

	长度 max 约 43000mm
矫直辊直径	ϕ320mm
矫直辊辊身长度	4300mm
矫直辊开口度	max 约 300mm
最大矫直力（AGC）	35000kN
主传动	AC600kW ×2　0/60/120r/min

（6）冷床参数

数量	3 座
冷床形式	1 号、2 号辊盘式
	3 号冷床步进式（厚板冷床）
1 号、2 号冷床宽度	43000mm
3 号冷床宽度	30000mm
1 号、2 号冷床有效面积	5600m^2
3 号冷床有效面积	1100m^2

（7）剪机参数：

形式	
切头剪、定尺剪	双轴双偏心滚切式
双边剪	三轴三偏心滚切式
剪切钢板规格	（5 ~50）mm ×（1200 ~4150）mm ×约 43000mm
钢板冷态抗拉强度	
厚度 40mm	max1200MPa
厚度 50mm	max750MPa
剪切次数	
切头剪	max18 次/min（启-停工作制）
定尺剪	max18 次/min（启-停工作制）
双边剪	15 ~30 次/min

9.3　首秦 4300mm 厚板厂情况简介

9.3.1　生产规模

一　期	120 万 t/a
二　期	180 万 t/a

9.3.2　产品规格

厚　度	5 ~120mm
宽　度	1500 ~4100mm
长　度	3000 ~12000mm
	（28000mm）
单　重	max 约 21.39t

9.3.3 产品交货状态

（1）一期：

控轧控冷交货	60%，72 万 t/a
普通热轧交货	40%，48 万 t/a

（2）二期：

控轧控冷交货	70%，126 万 t/a
热处理交货	16.7%，3 万 t/a
普通热轧交货	13.3%，2.4 万 t/a

9.3.4 原料量及金属平衡（连铸坯）

（1）一期：

需要量	127.78 万 t/a
热送率	40%
综合成材率	93.91%

（2）二期：

需要量	191.8 万 t/a
热送率	60%
综合成材率	93.85%

9.3.5 原料规格

（1）1 号连铸机：

厚　度	150mm、180mm、220mm、250mm
宽　度	1200mm、1400mm、1600mm
长　度	2200 ~4100mm
坯　料	3.10 ~12.8t

（2）2 号连铸机：

厚　度	200mm、250mm、320mm
宽　度	1500mm、2000mm、2400mm
长　度	2200 ~4100mm
坯　料	5.15 ~24.4t

9.3.6 车间面积

主厂房面积	128.35m^2
板坯库	14157m^2（含 No.1、No.2 板坯库）
成品库	17388m^2（含 No.1、No.2 成品库）

9.3.7 产品大纲

（1）一期产品大纲（表 9-13）

表 9-13　一期产品大纲

序号	产品品种	代 表 钢 号	产品规格/mm × mm × mm	年产量/万 t · a⁻¹	比例/%
1	造船及海洋平台用板	A,B,D,E,AH32-D,Z15-Z35,E390	(5 ~ 50) × (1500 ~ 4100) × 约 12000	20.0	16.67
2	管线用钢板	X42 ~ X80	(5 ~ 40) × (1500 ~ 4100) × 约 12000	15.0	12.50
3	桥梁板	16q,16MnCuq,16Mnq,15MnVq	(5 ~ 60) × (1500 ~ 4100) × 约 12000	10.0	8.33
4	汽车大梁板	9SIVL,16MnL,16MnREL,09SiVL,08TiL	(5 ~ 20) × (1500 ~ 4100) × 约 12000	3.0	2.5
5	锅炉板	16Mng,20g,15CrMoVg,13MniCrMoNbg,12CrIMoVg	(5 ~ 60) × (1500 ~ 4100) × 约 12000	5.0	4.17
6	压力容器板	16MnR,15MnVR,20R	(5 ~ 60) × (1500 ~ 4100) × 约 12000	5.0	4.17
7	机械工程用板	KQ450,HJ58	(5 ~ 60) × (1500 ~ 4100) × 约 12000	3.0	2.5
8	优质板	40Cq,10 号 ~ 50 号,20Mn ~ 70Mn	(5 ~ 60) × (1500 ~ 4100) × 约 12000	5.0	4.17
9	普碳钢板	Q235A,Q235B,Q235C,Q235D	(5 ~ 100) × (1500 ~ 4100) × 约 12000	22.0	18.33
10	高强度低合金板	Q345A ~ E,Q390A ~ E,Q420A ~ E,Q460A ~ E	(5 ~ 100) × (1500 ~ 4100) × 约 12000	20.0	16.67
11	高层建筑用板	Z15,Z25,Z35 等	(5 ~ 100) × (1500 ~ 4100) × 约 12000	12.0	10.00
	合 计			120	100

(2) 二期产品大纲（表 9-14）

表 9-14　二期产品大纲

序号	产品品种	代 表 钢 号	产品规格/mm × mm × mm	年产量/万 t · a⁻¹	比例/%
1	造船及海洋平台用板	A,B,D,E,AH32 ~ AH40,DH32 ~ DH40,EH32 ~ EH40,FH40,ZCE36-Z35,E390	(5 ~ 100) × (1500 ~ 4100) × 约 28000	40.0	22.22
2	管线用钢板	X42 ~ X100	(5 ~ 40) × (1500 ~ 4100) × 约 16000	25.0	13.89

续表 9-14

序号	产品品种	代表钢号	产品规格/mm×mm×mm	年产量/万 t·a⁻¹	比例/%
3	桥梁板	16q,16MnCuq,16Mnq,15MnVq 15MnVNq14MnNbq	(5~100)×(1500~4100)×约 12000	20.0	11.11
4	汽车大梁板	9SiVL,16MnL,16MnRWL, 09SiVL,08TiL	(5~20)×(1500~4100)×约 12000	3.5	1.94
5	锅炉板	16Mng,20g,22g,15MnVg 15CrMoVg,13MniCrMoNbg	(5~100)×(1500~4100)×约 12000	4.0	2.22
6	压力容器板	16MnR,15MnVR,20R,15MnVNR 18MnMoNbR,15CrMoR	(5~100)×(1500~4100)×约 12000	5.0	2.78
7	机械工程用板	KQ450,HJ58	(5~100)×(1500~4100)×约 12000	3.5	1.94
8	耐用板	09CuP,09CuPCrNi,16CuCr	(5~100)×(1500~4100)×约 12000	5.0	2.78
9	优质板	40Cr,10 号~50 号,20Mn~70Mn	(5~100)×(1500~4100)×约 12000	10.0	5.56
10	模具钢	Cr12,35CrMo,42CrMo, Cr12MoV CrWMn	(5~100)×(1500~4100)×约 12000	5.0	2.78
11	普碳钢板	Q235A,Q235B,Q235C,Q235D	(5~100)×(1500~4100)×约 12000	14.0	7.78
12	高强度低合金板	Q345A~E,Q390A~E,Q420A~E, Q460A~E,Q390C,Q390D,Q390E	(5~100)×(1500~4100)×约 12000	25.0	13.89
13	高层建筑用板	Z15,Z25,Z35 等	(5~100)×(1500~4100)×约 12000	20.0	11.11
	合　计			180	100

9.3.8 设备参数

（1）四辊轧机参数：

工作辊　　ϕ1150/1050mm×4300mm

支撑辊　　ϕ2150/2000mm×4250mm

最大轧制压力　　90000kN

刚性模数　　10MN/mm

主电机容量　　AC9000kW×2

　　交变频调速系统

主电机转速　　0/50/120r/min

轧制速度　　max7.2m/s

（2）立辊轧机参数：

立辊形式　　双电机上传动
轧辊　　$\phi1000/900mm \times 450mm$
最大轧制力　　4000kN
轧辊开口度　　1350 ~ 4300mm
主传动电机　　$N = 1200kW \times 2$，AC

（3）热矫直机参数：

形式　　四重 11 辊全液压可逆式
矫直钢板规格
　　厚度 8 ~ 60（100）mm
　　宽度 1200 ~ 4200mm
　　长度 max 约 52000mm
矫直辊直径　　$\phi285mm$
矫直辊辊身长度　　4500mm
上矫直辊开口度　　max 约 300mm
公称矫直力　　34000kN
最大矫直力　　36000kN
最大弯辊力　　约 3000kN

（4）冷床参数：

数量　　3 座
冷床形式　　1 号、3 号辊盘式
　　2 号冷床步进式（厚板冷床）
1 号、3 号冷床宽度　　54000mm
2 号冷床宽度　　30000mm
冷床总有效面积　　$(54 + 30) \times 37.5 + 54 \times 59 = 6336m^2$

（5）剪机参数：

形式
切头剪、定尺剪　　双轴双偏心滚切式
双边剪　　三轴三偏心滚切式
剪切钢板规格　　$(5 \sim 50)mm \times (1200 \sim 4200)mm \times$ 约 54000mm
钢板冷态抗拉强度：
　　厚度 40mm　　max1200MPa
　　厚度 50mm　　max750MPa
剪切次数
切头剪　　max12 次/min（启-停工作制）
定尺剪　　max18 次/min（启-停工作制）
双边剪　　16 ~ 30 次/min

9.4　舞钢 4100mm 宽厚板厂情况简介

舞钢新建百万吨宽厚板工程采用当今世界最先进的技术工艺，设计生产能力为年产钢

113.4 万 t、连铸坯 110 万 t、宽厚钢板 100 万 t。包括 4100mm 高刚度宽厚板轧机、100t 超高功率电炉、300mm×2500mm 大厚度宽板坯连铸机等。该工程建设周期两年，于 2005 年 8 月 20 日开工，12 月 16 日主厂房钢结构开始安装，2007 年 5 月 20 日一期工程建成投产。二期工程增加一个粗轧机架，正在建设中。

9.4.1 产品与产量

轧制宽度	1300～3750mm
成品宽度	1150～3700mm
厚度	6.0～100mm（一期）
	6.0～150mm（二期）
年产量	100 万 t（一期）
	160 万 t（二期）
产品	船板，管线用钢，舰艇板，结构板，船板等。

9.4.2 除鳞机

厚度范围	150～300mm（一期）
	150～400mm（二期）
宽度	2500mm（max）

9.4.3 四辊可逆轧机

最大轧制力	8600t
功率	2×8500kW
速度	0～7.9m/s
机架	
凸度控制	±150mm 轴向移动和 350t 每侧辊颈弯辊力

9.4.4 立辊轧机

轧制力	500t
功率	2×1200kW
速度	0～7.9m/s
压下	电动/液压

9.4.5 加速冷却系统

冷却速率	10～40℃/s
调节比	20:1
最大流速	11750m³/h
可加速冷却和直接淬火	

9.4.6 热矫直机

矫直辊数量	9（4 个上辊，5 个下辊）

矫直力	3300t(max)
执　行	液压
厚　度	6～100mm
功　率	3×650kW
矫直速度	2.0m/s(max)

9.4.7　冷床

冷却厚度	6～80mm
最大厚度	100mm(一期)
	150mm(二期)

9.4.8　切头剪

剪切力	16000kN
功　率	2×750kW
剪切速度	10次/min(max)
剪切厚度	50mm(max)

9.4.9　双边剪

剪切力	6500kN
功　率	4×470kW
剪切速度	30次/min(max)
剪切厚度	50mm(max)

9.4.10　分断剪

剪切力	16000kN
剪切速度	15次/min(max)
功　率	2×750kW
剪切厚度	50mm(max)

9.4.11　冷矫直机

矫直辊数量	11(5个上辊，6个下辊)
矫直力	2750t(max)
执　行	液压
矫平厚度	6～35mm
功　率	11×65kW
矫平速度	1.0m/s(max)

9.4.12　试样剪

类　型	液压

剪切力　　约1500t

剪切速度　　6次/min

剪切厚度　　50mm(max)

9.5 湘钢3800mm厚板厂情况简介

9.5.1 原料与品种规格

9.5.1.1 原料种类

碳素结构钢板、优质碳素结构钢板、低合金高强度结构钢板、造船板、管线板、锅炉板、压力容器用钢板、桥梁及耐候板、工程机械用板、汽车大梁钢板用板坯。

9.5.1.2 原料规格

厚　度	180mm，220mm，260mm，300mm
宽　度	1200~2300mm
长　度	双排2200~3600mm
	单排4200~7500mm
标准板坯尺寸	220mm×2100mm×3300mm
最大坯料尺寸	
单排料	260mm×2300mm×7500mm
双排料	260mm×2300mm×3600mm

9.5.1.3 原料技术要求

连铸坯的外形、尺寸和表面质量执行YB2012—2004及有关标准。

9.5.1.4 原料尺寸测量

厚度	在离连铸坯端面200~300mm处避开圆角测量
宽度	在连铸坯长度方向的中部测量
长度	在连铸坯宽度方向的中心线测量

9.5.2 加热炉性能与工艺参数

9.5.2.1 炉子用途

板坯轧制前加热。

9.5.2.2 加热钢种

碳素结构钢板、优质碳素结构钢板、低合金高强度结构钢板、造船板、管线板、锅炉板、压力容器用钢板、桥梁及耐候板、工程机械用板、汽车大梁钢板用钢。

9.5.2.3 步进梁式加热炉设备有关参数

钢坯规格	(180~300)mm×(1200~2300)mm×(2200~7500)mm
装料温度	冷装，常温，热装
出料温度	1050~1250℃
炉子额定加热能力	160t/h(冷坯，标准板坯：220×2100×3300)
最大加热能力	185t/h(冷坯，标准板坯：220×2100×3300)
设计有效炉底强度	606kg/(m^2·h)

设计燃料种类、燃料发热量	转焦混合煤气 $Q_{低}=(1800\sim2200)\times4.18$kJ/kg
设计单位燃耗(冷坯)	320 ×4. 18kJ/kg
燃料最大消耗量(标态)	34150m^3/h
空气最大消耗量(标态)	58436m^3/h
最大烟气量(标态)	92877m^3/s
供热方式	空气、煤气双预热
空气预热温度	500 ~550℃
煤气预热温度	250 ~300℃
空气预热器形式	带插入件金属管状
煤气预热器形式	金属管状
步进机构形式	双轮斜轨式、液压传动
步进机构行程	
升降	200mm
水平	590mm
步进周期	45s
净循环水耗量	550 ~660t/h
浊循环水耗量	150 ~180t/h
冷却水压力	0. 35 ~0. 45MPa
炉子尺寸	
炉子有效长度	40m
炉子内宽	8. 12m
烧嘴数量	85 个，其中加热Ⅰ段 26 个，加热Ⅱ段 33 个，均热段 26 个
布料方式	
双排布料料长	2200 ~3600mm
单排布料料长	4200 ~7500mm
装出料方式	
装料	1 号、2 号炉推钢机装料(3 号炉装钢机装料)
出料	托钢机出料
激光检测点位置	
距炉子出料侧砌砖线	1400mm
炉子装出料辊道中心距	47200mm
炉子砌砖线长	4140mm
装料辊道中心线至装料端砌砖线	2900mm
烟囱	
高度	85m
内径	3. 0m
烧嘴	烧嘴配置见表 9-15

烧嘴型号见表 9-16。

表 9-15　烧　嘴　配　置

序号	分段名称	烧嘴形式	烧嘴数量/个	每个烧嘴能力（标态）/$m^3 \cdot h^{-1}$	各段能力配备		各段正常用量	
					（标态）$m^3 \cdot h^{-1}$	%	（标态）/$m^3 \cdot h^{-1}$	%
1	均热段上部	平焰烧嘴	20	150	3000	11. 1	2368	8. 8
2	均热段下部	侧部调焰烧嘴	6	750	4500	16. 7	3552	13. 2
3	加热Ⅱ段上部	平焰烧嘴	25	250	6250	23. 2	4933	18. 3
4	加热Ⅱ段下部	侧部调焰烧嘴	8	1100	8800	32. 7	6946	25. 8
5	加热Ⅰ段上部	平焰烧嘴	20	250	5000	18. 5	3946	14. 6
6	加热Ⅰ段下部	侧部调焰烧嘴	6	1100	6600	24. 5	5210	19. 3
合　计					34150	126. 7	26955	100

表 9-16　烧　嘴　型　号

均热段上部	MRP-150 型平焰烧嘴	加热Ⅱ段下部	MTY-1100 型调焰烧嘴
均热段下部	MTY-750 型调焰烧嘴	加热Ⅰ段上部	MRP-250 型平焰烧嘴
加热Ⅱ段上部	MRP-250 型平焰烧嘴	加热Ⅰ段下部	MTY-1100 型调焰烧嘴

炉内水冷管水管支撑立柱间距　　2600mm

炉内活动梁间距　　1380mm

炉内固定梁间距　　1380mm

9. 5. 2. 4　入炉辊道

数量　　88 根

辊子直径　　ϕ400mm

辊身长度　　2500mm

辊子间距　　600mm

传递速度　　0 ~2m/s

电机功率　　13kW

9. 5. 2. 5　出炉辊道

数量　　65 根

辊子直径　　ϕ400mm

辊身长度　　2500mm

辊子间距　　600mm

传递速度　　0 ~2m/s

电机功率　　13kW

9. 5. 3　粗轧机组

粗轧机组由轧机前的入旋转辊道、粗轧机前侧导板、四辊可逆式轧机、立辊轧机、粗轧机后侧导板、轧机后的出口转盘组成。

9. 5. 3. 1　轧机前的入口旋转辊道

位置：带有侧导板的输入旋转辊道位于带有立辊轧机的四辊可逆式轧机前。

功能：输入旋转辊道用于运输和有时用于旋转轧件。

数量：1 套。

技术参数：

形　式	单独传动的锥形实心锻钢辊子
辊道长度	7200mm
辊子间距	600mm
辊子数量	13 个
辊子直径	450/400mm
辊颈直径	190mm
辊身长	5400mm
辊子速度	0 ~ ±5.39m/s
辊子形式	锻钢锥形实心辊，辊身水冷
传动	单独直接传动

9.5.3.2　粗轧机前侧导板

位置：位于轧机入口侧，辊道的上方，将板坯导入立辊轧机和在往复操作时将板坯保持在轧制中心线上。

功能：侧导板的功能是对中和导向轧件。

数量：1 套。

技术参数：

形　式	两侧液压传动
板坯质量	max35t
导板开度	min1150mm
	最大 5400mm
移动速度	每侧最大 250mm/s
导板总长大约	7000mm
传动	液压

9.5.3.3　四辊可逆式粗轧机

位置：四辊可逆式中板轧机位于带导板的旋转辊道之间，在入口侧装有附着式立辊轧机。

功能/特点：轧机机架设计用于根据产品大纲的要求对钢板实行几个道次的轧制。工作辊由 AC 马达通过滑块式接轴传动。

主要技术参数：

产品数据(供参考)

板坯厚度	180mm，220mm，260mm，300mm
板坯宽度	1200 ~ 2300mm
板坯长度	
双排装料	2200 ~ 3600mm
单排装料	4800 ~ 7500mm
板坯质量	

双排装料　　　　最大 16.8t

单排装料　　　　最大 35t

钢板厚度　　　　6 ~ 120mm

钢板宽度(轧制)　　1500 ~ 3650mm

钢板长度(轧制)　　最大 74m

轧机参数:

形式　　　　　　四辊可逆式轧机

名义轧制力　　　≥50000kN

轧机模数(供参考)　7900kN/mm

轧辊尺寸

工作辊　　　　ϕ1030/940mm × 3800mm

支撑辊　　　　ϕ2000/1800mm × 3700mm

机架窗口高度　　大约 9000mm

主传动:

马达数据(仅供参考)

形式　　　　　　双传动

主传动功率　　　2 × 5000kW

马达速度　　　　0 ~ ±40/100r/min

额定转矩　　　　2 × 1194kN · m

轧制扭矩(最大)　2 × 2388kN · m(200%)

最大过载扭矩(马达)　2 × 2985kN · m(250%)

切断扭矩(马达)　2 × 3283kN · m(275%)

工作辊最大圆周速度　最大辊颈 5.39m/s

传动轴形式　　　滑块式传动轴

轧辊轴承:

工作辊　　　　　4 排圆锥形滚子轴承

支撑辊　　　　　油膜轴承，KLS72-75

机械压下系统:

工作辊之间的开口度(新辊)　330mm

轧机牌坊:

封闭式设计的轧机牌坊由上下横梁连接。牌坊用于安放工作辊和支撑辊轴承座。

上横梁设计用于安放上支撑辊平衡机构。

轧机牌坊材料为铸钢，横梁材料为结构钢。

上支撑辊平衡机构

位置：上支撑辊平衡设备布置在轧机牌坊上部的横梁中。

功能：支撑辊平衡设备用于提升上支撑辊而消除机械压下系统的间隙。

技术参数:

平衡缸的数量　　　1 台缸，位于中部

油缸尺寸　　　　　大约直径 ϕ600/550mm × 850mm

缸压力　　18MPa

平衡质量　　约265t

辊缝设置系统：

位置：机械辊缝设置系统位于轧机机架的上部。

用途：机械辊缝设置系统用于在轧制道次间调节辊缝。不提供抗轧制力的调节。

工作辊的平衡：

位置：下工作辊平衡系统位于牌坊立柱的附着块上。

上工作辊平衡系统位于支撑辊轴承座的延伸块。

作用：工作辊平衡用于在轧制过程中平衡工作辊。

数量：1套。

技术参数：

平衡缸数量	共16台
缸尺寸	ϕ200/160mm × 172mm
系统压力	max18MPa
锁紧钢数量	共4台
缸尺寸	ϕ70/40mm × 54mm
系统压力	max18MPa

9.5.3.4　入口和出口导卫

位置：带工作辊冷却设备的入口和出口侧导卫布置在传动侧和操作侧的牌坊立柱之间。

作用：带工作辊冷却设备的入口和出口侧导卫用于引导轧材通往轧机机架，结合不同的水集管保持所有供水喷头处于恒定的状态。

数量：入口和出口侧的上导卫装置1套。

9.5.3.5　除鳞系统

位置：上除鳞集管结合安装在上入口导卫装置内，下除鳞集管位于入口侧机架辊下方，轧辊和与其相邻的机架辊之间。

作用：除鳞系统用于清除轧机上下表面的氧化铁皮。集管布置在轧机的入口侧。

技术参数：

介质	水
除鳞水压	min16MPa
水流量	480m^3/h
喷嘴形式	平射式

9.5.3.6　工作辊换辊系统

位置：工作辊换辊系统位于轧机外侧。

作用：通过液压伸缩缸将成套工作辊从轧机中拉出，同时用侧移平台侧移。

9.5.3.7　支撑辊换辊设备

位置：通过一台液压拖车装置实现支撑辊换辊。拖车从轧机移至磨辊间跨。

9.5.4　立辊轧机

位置：立辊轧机附着在可逆式轧机的入口侧。

作用：立辊轧机用于轧制轧件的边缘以改善宽度公差，补偿水平道次的宽展并少量减宽。

只对厚的轧件在最初的道次进行轧边，以避免轧件弯曲。对薄的规格的后面道次，立辊不与轧件接触。

组成：立辊轧机原则上包括水平轧件牌坊，轧辊轴承座及内装立辊、上部直齿轮、调节系统和轧辊平衡系统。

主要技术参数：

轧辊直径	max900mm
最大轧制力	4500kN
最大辊径的轧制速度	0 ~ ±2.3/5.39m/s
主传动功率	2 ×750kW
轧辊开度(工作范围内)	1300 ~3800mm
到四辊轧机的中心距离	约4100m
每道次的最大减宽	在260mm 厚度最大可达40mm

粗轧机后的侧导板

位置：位于轧机出口侧，辊道的上方，将板坯导入立辊轧机和在往复操作时将板坯保持在轧制中心线上。

功能：侧导板的功能是对中和导向轧件。

数量：1 套

技术参数：

形式	两侧液压传动
板坯质量	max35t
导板开口度	
min	1150mm
max	5400mm

9.5.5 精轧机组

精轧机组由精轧机前输入辊道、精轧机前侧导板、四辊可逆式精轧机、精轧机后侧导板、精轧机后输出辊道组成。

9.5.5.1 轧机前的输入辊道

位置：带有侧导板的输入辊道位于四辊可逆式轧机前。

功能：输入辊道用于运输轧件。

数量：1 套。

技术参数：

形式	单独传动的实心锻钢辊子
辊子直径	450mm
辊颈直径	190mm
辊身长	3800mm
辊子速度	0 ~ ±7.55m/s

辊子形式　　　　　　锻钢实心辊，辊身水冷

9.5.5.2　精轧机前侧导板

位置：位于轧机入口侧，辊道的上方，将板坯导入轧机和在往返操作时将板坯保持在轧制中心线上。

功能：侧导板的功能是对中和导向轧件。

技术参数：

形式	两侧液压传动
板坯质量	最大 35t
导板开度	
最小	1300mm
最大	3800mm
移动速度	每侧最大 250mm/s
导板总长	约 7000mm

9.5.5.3　四辊可逆式精轧机

位置：四辊可逆式精板轧机位于带导板的输送辊道之间。

功能/特点：轧机机架设计用于根据产品大纲的要求对钢板实行几个道次的轧制。

轧机牌坊设计特点：封闭式设计的轧机牌坊由上横梁连接。牌坊用于安放工作辊和支撑辊轴承座，液压辊缝设置系统和工作辊弯辊装置。

主要技术参数：

轧机参数

形式	四辊可逆式轧机
名义轧制力	75000kN
轧机模数(供参考)	79000kN/mm
轧辊尺寸	
工作辊	ϕ1030/940mm × 3800mm
支撑辊	ϕ2000/1800mm × 3700mm
机架窗口高度	大约 9000mm

主传动：

马达数据

形式	双传动
主传动功率	2 × 7500kW
马达速度	0 ~ ±60/140r/min
额定转矩	2 × 1194kN · m
轧制扭矩(最大)	2 × 2388kN · m(200%)
最大过载扭矩(马达)	2 × 2985kN · m(250%)
切断扭矩(马达)	2 × 3283kN · m(275%)
工作辊最大圆周速度	最大辊径 7.55m/s
传动轴形式	滑块式传动轴

轧辊轴承：

工作辊　　4 排圆锥形滚子轴承
支撑辊　　油膜轴承，KLS72-75

上支撑辊平衡机构：

位置：上支撑辊平衡设备布置在轧机牌坊上部的横梁上。

功能：支撑辊平衡设备用于提升上支撑辊而消除机械压下系统的间隙。

技术参数：

平衡缸的数量	1 台缸，位于中部
油缸尺寸	大约直径 ϕ600mm/550mm × 850mm
油缸压力	18MPa
平衡质量	约 265t

工作辊弯辊

位置：下工作辊弯辊系统位于牌坊立柱的附着块上。上工作辊弯辊系统位于支撑辊轴承座的延伸块。

作用：工作辊弯辊用于钢板的板形和平直度控制，在轧制过程中用弯曲工作辊来进行同板控制。

数量：1 套。

技术参数：

弯辊缸数量	共 16 个
油缸尺寸	ϕ200/160mm × 172mm
系统压力	max29MPa
锁紧缸数量	共 4 台
油缸尺寸	ϕ70/40mm × 54mm
系统压力	max18MPa
弯辊力	max3000kN(辊颈)

9.5.5.4　除鳞系统

位置：上除鳞集管结合安装在上入口导卫装置内，下除鳞集管位于入口侧机架辊下方，轧辊和与其相邻的机架辊之间。

作用：除鳞系统用于清除轧机上下表面的氧化铁皮。集管布置在轧机的入口侧。

技术参数：

除鳞水压	min16MPa
水流量	480m^3/h
喷嘴形式	平射式

9.5.6　钢板加速冷却设备——层流冷却装置(ACC)

9.5.6.1　钢板冷却区域辊道

位置：辊道安装在 ACC 冷却系统区域。

功能：辊道用于冷却工艺输送钢板或者运送钢板通过 ACC 冷却系统。

技术参数：

类型	通过万向接轴分别直接驱动辊子

辊道长　　24000mm
辊子间距　　800mm
辊子数量　　31
辊子直径　　400mm
辊身长度　　3500mm
辊子速度　　0 ±2.5m/s

9.5.6.2 钢板加速冷却设备——层流冷却装置(ACC)

冷却装置安装在轧机输出辊道区域，用于钢板的加速冷却。与热机轧制结合的加速冷却系统用以确保在同样化学成分下更高的机械特性(尤其是抗拉强度与屈服强度)或同样机械特性下更简单的化学成分(意味着更低的碳当量及更好的焊接性)。

一般技术参数：

加速冷却的钢板尺寸

厚度　　12 ~120mm
宽度　　1500 ~3650mm
长度　　max74m
冷却宽度　　大约3750mm
钢板运送速度　　max2.5m/s
钢板冷却速度　　min0.5m/s

9.5.7 热矫直机

功能：获得平直的板形。

技术参数：

型号　　WBR280/300 ×3800/9
驱动矫直辊数量　　9
矫直辊布置
　支撑上矫直辊　　4
　支撑下矫直辊　　5

矫直辊：

直径　　280mm
辊身长度　　3800mm
硬度　　约56HRC
最大矫直力　　约24000kN
矫直速度　　0 ~60/150m/min

9.5.8 双边剪

双边剪由切边剪输入辊道、切边剪设备、切边剪输出辊道组成。

9.5.8.1 激光对中装置

位置：激光对中装置布置在切边剪前的辊道中。

功能：激光对中装置设备在切边剪前的辊道中，自动对中钢板。

激光对中装置横跨在滑板上，滑板承载光学激光系统，由传动轴进行横移。激光系统固定在固定侧的门架上。

9.5.8.2　*磁力对中装置*

位置：磁力对中装置布置在切边剪前的辊道中间。

9.5.8.3　*滚切式双边剪*

位置：滚切式双边剪布置在冷床的下游。

功能：在操作员对中钢板后，双边剪自动从钢板上连续切下废边。双边剪包括一台固定在底板上的固定剪和一台可以横移的移动剪。采用剪刀的滚切原理，在进行剪切前，弧形线上刀刃沿直形下刀刃滚动。由于这一运动，上、下刀刃之间只有轻微的重叠。

技术参数：

钢板厚度	6～50mm
钢板宽度	
毛边宽	1500～3650mm
切边宽	1400～3600mm
钢板长度	max41000mm
钢板质量	max35t
钢板温度	≤150℃

9.5.9　定尺剪

定尺剪部分由定尺剪入口辊道、定尺剪、定尺剪输出辊道组成。

技术参数：

形式	滚切式
固定侧	物流右侧
钢板厚度	6～50mm
钢板宽度	1500～3600mm
定尺后钢板长度	2000～18000mm

附表 常用钢号对照表

附表 1 碳素结构钢

中国	国际		原苏联		美国				日本			德国	英国		法国
GB/T 700	ISO 3573	ISO 630	GOST 535	GOST 380	ASTM A283M	ASTM A573M	ASTM A284M	ASTM A709M	JIS G3101	JIS G3131	JIS G3106	DIN EN10025	BS970 Partl	BS EN10025	NF EN10025
Q195	HR2			CT1KP CT1CP CT1PC	Gr. B				SS330 (SS34)	SPHC SPHD			040A10		
Q215A	HR1		CT2KP-2 CT2PC-2 CT2CP-2		Gr. C	Cr. 58			SS330 (SS34)	SPHC		Fe360C	040A12	Fe360C	Fe360C
Q215B			CT2KP-3 CT2PC-3 CT2CP-3		Gr. C	Gr. 58	Gr. C		SS330 (SS34)	SPHC SPHD			040A12		
Q235A		Fe360A	CT3KP-2 CT3PC-2 CT3CP-2		Gr. D				SS400 (SS41)		SM400A (SM41A)	Fe360B Fe360C	080A15	Fe360B Fe360C	Fe360B Fe360C
Q235B		Fe360D	CT3KP-3 CT3PC-3 CT3CP-3		Gr. D				SS400 (SS41)		SM400A (SM41A)	Fe360B Fe360C	080A15	Fe360B Fe360C	Fe360B Fe360C
Q235C		Fe360D	CT3KP-4 CT3PC-4 CT3CP-4		Gr. D	Gr. 65	Gr. D				SS400A (SS41A) SM400B	Fe360C	080A15	Fe360C	Fe360C
Q235D		Fe360D	CT3KP-4 CT3PC-4 CT3CP-4						SS400A (SS41A)			Fe360D1 Fe360D2		Fe360D1 Fe360D2	Fe360D1 Fe360D2
Q255A			CT4KP-2 CT4PC-2 CT4CP-2					Gr. 36 [250]	SS400 (SS41)		SS400A (SS41A)				
Q255B			CT4KP-3 CT4PC-3 CT4CP-3					Gr. 36 [250]	SS400 (SS41)		SS400A (SS41A)				
Q275		Fe430A	CT5KP-2 CT5CP-2						SS490 (SS50)						

附表 2　优质碳素结构钢

项　目	中国 GB，YB	日本 JIS	德国 DIN(W-Nr.)	美　国			英国 BS	法国 NF	前苏联 ГОСТ	国际 ISO
				ASTM	AISI	SAE				
(1)普通含锰量钢组	05F			1005		1005	015A03		05kn	
	08F			1006	1006	1006	040A04		08kn	
	8	S09CK (S9CK)	C10(1.0301) CK10(1.1121)	1008	1008	1008	050A04		8	
	10F			1010	1010	1010	040A10		10kn	
	10	S10C	CK10(1.1121)	1010	1010	1010	040A10, 050A10, 060A10	XC10	10	
		S12C		1012	1012	1012	040A12, 050A12, 060A12	XC12		
	15F						040A15		15kn	
	15	S15C, S15CK	C15(1.0401), CK15(1.1141), Cm15(1.1140)	1015	1015	1015	040A15, 050A15, 060A15		15	
		S17C		1017	1017	1017	040A17, 050A17, 060A17	XC18		
	20F						040A20		20kn	
	20	S20C, S20CK		1020	1020	1020	050A20, 060A20		20	
		S22C	C22(1.0402), CK22(1.1151)	1023	1023	1023	040A22, 050A22, 060A22			
	25	S25C		1025, 1026	1025, 1026	1025, 1026	060A25, 080A25	XC25	25	R683/ IC25e
		S28C		1029	1029	1029	060A27, 080A27			
	30	S30C		1030	1030	1030	060A30, 080A30, 080M30	XC32	30	R683/ IC30e
		S33C		1035	1035	1035	060A32, 080A32			
	35	S35C	C35(1.0501), CK35(1.1181), Cm35(1.1180)	1035, 1037	1035, 1037	1035, 1037	060A35, 080A35	XC35	35	R683/ IC35e

续附表2

项　目	中国 GB，YB	日本 JIS	德国 DIN（W-Nr.）	美国 ASTM	美国 AISI	美国 SAE	英国 BS	法国 NF	前苏联 ГОСТ	国际 ISO
(1)普通含锰量钢组		S38C		1038	1038	1038	060A37 080A37	XC38		
	40	S40C		1040 1039	1040 1039	1040 1039	060A40 080A40 080M40		40	R683/IC40e
		S43C		1042 1043	1042 1043	1042 1043	060A42 080A42	XC42		
	45	S45C	C45(1.0503) CK45(1.1191) Cm45(1.1201)	1045 1046	1045 1046	1045 1046	060A47 080A47 080M46	XC45	45	R683/IC45e
		S48C		1045 1046 1049	1045 1046 1049	1045 1046 1049	060A47 080A47	XC48		
	50			1050 1053	1050 1053	1050 1053	080M50		50	R683/IC50e
		S53C		1055	1055	1055	060A52 080A52			
	55	S55C	C55(1.0535) CK55(1.1181) Cm55(1.1209)	1055	1055	1055	070M55 060A57 080A57	XC55	55	R683/IC55e
	60	S58C	C60(1.0601) CK60(1.1221) Cm60(1.1223)	1060	1060	1060	060A62 080A62		60	R683/IC60e
	65			1065	1065	1065	060A67 080A67	XC65	65	
	70			1070	1070	1070	060A72 070A72 080A72	XC70	70	
	75			1074	1074	1074	060A78 070A78 080A78		75	
	80			1080	1080	1080	060A82 080A82	XC80	80	
	85			1084	1084	1084	060A86 080A86		85	

续附表 2

项　目	中国 GB，YB	日本 JIS	德国 DIN(W-Nr.)	美国			英国 BS	法国 NF	前苏联 ГОСТ	国际 ISO
				ASTM	AISI	SAE				
(2) 较高含锰量钢组	15Mn		17Mn4(1.8044)	1016，1019	1016，1019	1016，1019	080A15，080A17		15Г	
	20Mn			1021，1022	1021，1022	1021，1022	080A20，070M20	XC18	20Г	
	25Mn	S28C		1026	1026	1026	070M26		25Г	
	30Mn	S30C		1030	1030	1030	080A30，080A32	XC32	30Г	
	35Mn	S35C		1037	1037	1037	080A35		35Г	
	40Mn	S40C	40Mn4(1.5038)	1039，1040	1039，1040	1039，1040	080A40		40Г	
	45Mn	S45C		1043，1046	1043，1046	1043，1046	080A47		45Г	
	50Mn	S53C		1050，1053	1050，1053	1050，1053	080A52，080M50	XC48	50Г	
	60Mn			1561		1561	080A64		60Г	
	65Mn			1566		1566 -1066			65Г	
	70Mn			1572		1572			70Г	

附表 3　合金结构钢

项　目	中国 GB，YB	日本 JIS	德国 DIN(W-Nr.)	美国			英国 BS	法国 NF	前苏联 ГОСТ
				ASTM	AISI	SAE			
(1) 锰钢组	09Mn2								09Г2
	10Mn2			1513		1513			10Г2
	15Mn2								15Г2
	20Mn2	SMn420 (SMn21)		1024	1024	1524 -1024	150M19		20Г2
	30Mn2	SMn433 (SMn1)	28Mn6(1.5065)，30Mn5(1.5066)	1330	1330	1330	150M28		30Г2
	35Mn2	SMn438 (SMn2)	36Mn5(1.5067)	1335	1335	1335	150M36		35Г2
	40Mn2	SMn443 (SMn3)		1340	1340	1340			40Г2
	45Mn2	SMn443 (SMn3)		1345	1345	1345			45Г2
	50Mn2			1052	1052	1552 -1052			50Г

续附表3

项　目	中国 GB，YB	日本 JIS	德国 DIN(W-Nr.)	美国 ASTM	美国 AISI	美国 SAE	英国 BS	法国 NF	前苏联 ГОСТ
(2)硅锰钢组	27SiMn								27СГ
	35SiMn		37MnSi5(1.5122)						35СГ
	42SiMn		46MnSi4(1.5121)						43СГ
(3)锰钒钢组	15MnV		15MnV5(1.5213)						
	42Mn2V		42MnVT(1.5223)						
(4)铬钢组	15Cr	SCr415 (SCr21)		5115		5115		12C3	15Х
	20Cr	SCr240 (SCr22)		5120	5120	5120	527A19，527M20	18C3	20Х
	30Cr	SCr430 (SCr2)		5130，5132	5130，5132	5130，5132	530A30，530A32	32C4	30Х
	35Cr	SCr435 (SCr3)	34Cr4(1.7033)，37Cr4(1.7034)	5135	5135	5135	530A36	38C4	35Х
	40Cr	SCr440 (SCr4)	41Cr4(1.7035)	5140	5140	5140	530A40，530M40	42C4	40Х
	45Cr	SCr445 (SCr5)		5147，5145	5147，5145	5147，5145		45C4	45Х
	50Cr			5150	5150	5150			50Х
(5)铬硅钢组	38CrSi								38ХС
	40CrSi								40ХС
(6)铬锰钢组	38CrMn							16MC5	15ХГ，18ХГ
	15CrMn		20MnCr4(1.7147)					20MC5	20ХГ
	40CrMn								40ХГ
(7)铬锰硅钢组	20CrMnSi								20ХГС
	25CrMnSi								25ХГС
	30CrMnSi								30ХГС
	35CrMnSi								35ХГСА
(8)铬钒钢组	20CrV		22CrV4(1.7513)						20ХψА
	40CrV		42CrV6(1.7561)						40ХψА
	50CrV	SUF10	50CrV4(1.8159)	6150	6150	6150	735A50	50CV4	50ХψА
(9)铬锰钛钢组	30CrMnTi								30ХГТ
(10)钼钢组	16Mo		15Mo3(1.5415)						16М

续附表 3

项　目	中国 GB，YB	日本 JIS	德国 DIN（W-Nr.）	美　国			英国 BS	法国 NF	前苏联 ГОСТ
				ASTM	AISI	SAE			
（11）铬钼钢组	12CrMo		13CrMo44 （1.7335）				1501- 620Gr 27	12CD4	12XM
	15CrMo	SCM415 （SCM21）	16CrMo44 （1.7337）					12CD4	15XM
	20CrMo	SCM420 （SCM22）	25CrMo4 （1.7218）					18CD4 20CD4	20XM
	30CrMo	SCM430 （SCM2）	34CrMo4 （1.7220）	4130	4130	4130		30CD4	30XM
	35CrMo	SCM435 （SCM3）	34CrMo4 （1.7220）	4135	4135	4135	708A37	35CD4	35XM
	42CrMo	SCM440 （SCM4）	42CrMo4 （1.7225）	4140	4140	4140	708M40， 708A42， 709M40	42CD4	
		SCM421 （SCM23）							
		SCM418		4118	4118	4118			
		SCM445 （SCM5）	50CrMo4 （1.7228）	4145	4145	4145			
		SCM822 （SCM24）	25CrMo4 （1.7218）					25CD4	
	38CrMoAl	SACM645 （SACM1）	34CrAlMo5 （1.8507）				905M39		38XMюA
（12）铬锰钼钢组	15CrMnMo		15CrMo5 （1.7262）						
	20CrMnMo		20CrMo5 （1.7264）						18XГM
	40CrMnMo			4140	4140	4140	708A42		40XГM 38XГM
（13）铬锰钒钢组	12CrMoV 12Cr1MoV 24CrMoV 35CrMoV		24CrMoV55 （1.7733）						12XMψ 12X1Mψ 35ψMψA
（14）镍铬钢组	12CrNi2	SNC415 （SNC21）						10N11， 16NC11	12XH2
	12CrNi3A	SNC815 （SNC22）	14NiCr10 （1.5732）			–3415	665M13	10NC12， 14NC12	12XH3A

续附表 3

项　目	中国 GB，YB	日本 JIS	德国 DIN(W-Nr.)	美国 ASTM	美国 AISI	美国 SAE	英国 BS	法国 NF	前苏联 ГОСТ
(14) 镍铬钢组	12Cr2Ni4A				(E3310)，(E3316)	(3310)，3316		12NC15	12X2H2A
	20CrNi				-3120	-3120	635M15	20NC6	20XH
	20CrNi3A							20NC11	20XH3A
	20Cr2Ni4A					-3325		30NC14	20X2H4A
	30CrNi3A	SNC631 (SNC2)				-3435	635M31	30NC11，30NC12	30XH3A
	37CrNi3A	SNC836 (SNC3)				-3335		35NC15	
	40CrNi	SNC236 (SNC1)			-3140	-3140	640M40	35NC6	40XH
	45CrNi				(A3145)	-3145			45XH
(15) 镍铬钼钢组	40CrNiMoA	SNCM439 (SNCM8)		4340	4340，-4337	4340，4337	817M40，816M40		40XMA
		SNCM220 (SNCM21)		8620	8620	8620	805M20	20NCD2	
		SNCM240 (SNCM6)		8640	8640	8640	945M38，945A40		
		SNCM415 (SNCM22)			4315				
		SNCM420 (SNCM23)		4320	4320	4320			
		SNCM431 (SNCM1)			-4337	-4337			
		SNCM447 (SNCM9)			4347				
		SNCM625 (SNCM2)					830M31		
		SNCM815 (SNCM25)					835M15		
(16) 硼钢组	40B				TS14B35				
	40B				50B36H				
	40MnB				TS14B35H				
	40MnB				TS14B50H				

附表4　碳素工具钢

项　目	中国 GB，YB	日本 JIS	德国 DIN（W-Nr.）	美　国			英国 BS	法国 NF	前苏联 ГОСТ
				ASTM	AISI	SAE			
	T7	SK7，SK6		W1-7				1204Y275， 1304Y375	У7
	T8	SK6，SK5		W1-71/2					У8
	T8Mn	SK5							У8Г
	T9	SK4，SK5		W2-81/2， W1-81/2			WB1A		У9
	T10	SK3，SK4		W2-91/2， W1-91/2			BW1B	1203Y290， 1303Y390	У10
	T11	SK3		W1-101/2				1202Y2105	У11
	T12	SK2		W1-111/2			BW1C	1201Y2120	У12
	T13	SK1		W2-13， W1-121/2				1200Y2135	У13
	T7A							1105Y165	У7А
	T8A		C80W1 （1.1525） （VDEh）					1104Y175	У8А
	T8MnA		C85WS （1.1830） （VDEh）						У8ГА
	T9A							1103Y190	9УА
	T10A		C105W1 （1.1545） （VDEh）						У10А
	T11A							1102Y1105	У11А
	T12A							1101Y1120	У12А
	T13A								У13А

附表5　不锈耐酸钢

项目	中国 GB，YB	日本 JIS	德国 DIN（W-Nr.）	美　国			英国 BS	法国 NF	前苏联 ГОСТ
				ASTM	AISI	SAE			
	0Cr13	SUS405	X7Cr13（1.4000）		405		405S17		08X13（0X13）
		SUS429			429				
		SUS416			416		416S21	Z12CF13	
	1Cr17	SUS430	X8Cr17（1.4016）		430		430S15	Z8C17	12X17（X17）
		SUS430F	X12CrMoS17（1.4104）		430F			Z10CF17	
		SUS434	X6CrMo17（1.4113）		434		434S19	Z8CD17-01	
	1Cr28		X8Cr28（1.4083）						15X28（X28）
	0Cr17Ti								08X17T（0X17T）
	1Cr17Ti		X8CrTi17（1.4510）						

续附表 5

项目	中国 GB,YB	日本 JIS	德国 DIN(W-Nr.)	美国 ASTM	 AISI	 SAE	英国 BS	法国 NF	前苏联 ГОСТ
	1Cr25Ti								25X25T(X25T)
	1Cr17Mo2Ti		X8CrMoTi17(1.4523)						
	1Cr13	SUS410, SUS403	X10Cr13(1.4006), X15Cr13(1.4024)		410, 403		410S21, 403S17	Z12C13	12X13(1X13)
		SUS410S	X7Cr13(1.4000)	410S				Z6C13	08X13(0X13)
	2Cr13	SUS420J1	X20Cr13(1.4021)		420		420S37 420S29	Z20C13	20X13(2X13)
		SUS420F			420F			Z30CF13	
	3Cr13	SUS420J2					420S45	Z30C13	30X13(3X13)
	4Cr13		X40Cr13(1.4034)					Z40C14	40X13(4X13)
	1Cr17Ni2	SUS431	X22CrNi17(1.4057)		431		431S29		14X17H2(1X17H2)
	9Cr18								95X18(9X18)
	9Cr18MoV		X90CrMoV18(1.4112)						
		SUS440A			440A				
		SUS440B			440B				
		SUS440C			440C			Z100CD17	
		SUS440F		440F					
		SUS305	X5CrNi1911(1.4303)		305		305S19	Z8CN18-12	
	00Cr18Ni10	SUS304L	X2CrNi189(1.4306)		304L		304L12	Z2CN18-10	03X18H11(000X18H11)
	0Cr18Ni9	SUS304	X5CrNi189(1.4301)		304		304S15	Z6CN18-09	08X18H10(0X18H10)
	1Cr18Ni9	SUS302	X12CrNi188(1.4300)		302		302S25	Z10CN18-09	12X18H9(X18H9)
	2Cr18Ni9								17X18H9(2X18H9)
		SUS303	X12CrNiS188(1.4305)		303		303S12	Z10CNF18-09	
		SUS303Se			303Se		303S14		12X18H10E(X18H10E)
		SUS201			201				
		SUS202			202		284S16		12X17Г9AH4(X17Г9AH4)
		SUS301			301		301S21	Z12CN17-07	
	0Cr18Ni9Ti	SUS321	X10CrNiTi18 9(1.4541)		321		321S12	Z6CNT18-11	08X18H10T(0X18H10T)
	1Cr18Ni9Ti		X10CrNiTi18 9(1.4541)				321S20	Z10CNT18-11	12X18H10T(X18H10T), 12X18H9T(X18H9T)
	1Cr18Ni11Nb	SUS347	X10CrNiNb18 9(1.4550)		347		347S17	Z10CNNb18-10	08X18H12ь(0X18H12ь)
		SUS384			384			Z6CNC18-16	
		SUS385			385				
		SUSXM7		XM7				Z6CNU18-10	
		SUS XM15J1		XM15					

续附表 5

项目	中国 GB,YB	日本 JIS	德国 DIN(W-Nr.)	美国 ASTM	美国 AISI	美国 SAE	英国 BS	法国 NF	前苏联 ГОСТ
	2Cr13Mn9Ni4								20Х13Н4Г9(2Х13Н4Г9)
	1Cr18Mn8Ni5N								15Х17АГ14(Х17АГ14)
	0Cr18Ni2Mo2Ti		X10CrNiMoTi18 10(1.4571)					Z8CNDT17-12	10Х17Н13М2Т (Х17Н13М2Т)
	1Cr18Ni12Mo2Ti		X10CrNiMoTi18 10(1.4571)					Z8CNDT17-12	10Х17Н13М2Т (Х17Н13М2Т)
		SUS308			308				
		SUS309S			309S				
		SUS310S			310S				
	00Cr17Ni14Mo3	SUS317L	X2CrNiMo18 10(1.4438)		317L		317S12	Z2CND19-15	
	0Cr18Ni12Mo3Ti						320S17	Z8CNDT17-13	
	1Cr18Ni12Mo3Ti							Z8CNDT17-13	
		SUS317			317		317S16		
		SUS316	X2CrNiMo18 10(1.4401)		316			Z6CND17-12	
		SUS316L	X2CrNiMo18 10(1.4404), X2CrNiMo18 12(1.4435)		316L		316S12	Z2CND17-12, Z2CND17-13	03Х17Н14М2 (000Х17Н13М2)
	00Cr18Ni14-Mo2Cu2	SUS316J1L							
	0Cr18Ni18-Mo2Cu2Ti		X5CrNiMoCuTi18 18(1.4506)						
	0Cr17Ni7Al	SUS631	X7CrNiAl17 7(1.4568)	631				Z8CNA17-7	09Х17Н7ю (0Х17Н7ю)
		SUS630		630					

附表 6 合金工具钢

项目	中国 GB,YB	日本 JIS	德国 VDEh(W-Nr.)	美国 ASTM	美国 AISI	美国 SAE	英国 BS	法国 NF	前苏联 ГОСТ	国际 ISO
(1) 量具刃具用钢组	9SiCr		90CrSi5(1.2108)						9ХС	
	8MnSi		C75W3(1.1750)							
	CrMn		145Cr5(1.2063)						ХГ	
		SKS51		L6	L6					
	CrW5	SKS1							ХВ5	

续附表 6

项 目	中国 GB,YB	日本 JIS	德国 VDEh(W-Nr.)	美 国			英国 BS	法国 NF	前苏联 ГОСТ	国际 ISO
				ASTM	AISI	SAE				
(1) 量具刃具用钢组		SKS11		F2	F2					
		SKS7		O7	O7			2142 110WC20		
	CrO6	SKS8	140Cr3(1.2008)					1230 Y2135C	13X	
	Cr2		100Cr6(1.2067), 105Cr5(1.2060)	L3					X	
	9Cr2		85Cr7(1.2064)						9X	
		SKS2						2141 100WC10	B1	
	V	SKS43		W2-91/2, W1-91/2			BW2	1162 Y1105V	ψ	
	W	SKS21		F1			BF1			
(2) 耐冲击工具用钢组	4CrW2Si	SKS41	35WCrV7(1.2541), 45WCrV7(1.2542)	S1	S1		BS1	2341 55WC20	4XB2C	
	5CrW2Si		45WCrV7(1.2542)				BS1		5XB2C	
		SKS42	80WCrV8(1.2552)							
	6CrW2Si								6XB2C	
		SKS44		W2-81/2						
(3) 冷作模具钢组	Cr12	SKD1	X210Cr12 (1.2080)	D3	D3		BD3	2233 Z200C12	X12	
	Cr12MoV	SKD11	X165CrMoV12 (1.2601)	D2	D2		BD2, BD2A	2235 Z160CDV12	X12M	
	Cr6WV								X6Bψ	
		SKD12		A2	A2		BA2	2231 Z100CDV5		
	9Mn2			O2	O2					
	9Mn2V		90MnV8 (1.2842)	O2	O2		BO2	2211 90MV8		
	MnCrWV			O1	O1		BO1			
	CrWMn	SKS31	105WCr6 (1.2419)					2212 90MCW5	XBГ	
	9CrWMo	SKS3							9XBГ	
		SKD2	X210CrW12 (1.2436)	D7	D7					

续附表 6

项　目	中国 GB,YB	日本 JIS	德国 VDEh(W-Nr.)	美国 ASTM	AISI	SAE	英国 BS	法国 NF	前苏联 ГОСТ	国际 ISO
(4) 热作模具钢组	5CrMnMo	SKT3	40CrMnMo7(1.2311)	6G(ASM)	6G				5XГМ	
		SKT5	48CrMoV67(1.2323)	6G(ASM)	6G					
		SKT2		6150	6150	6150				
	5CrNiMo	SKT4	55NiCrMoV6 (1.2713)	6F2(ASM)	6F2			3381 55NCDV7	5XГМ	
	3Cr2W8V	SKD5	X30WCrV53 (1.2567)	H21	H21		BH21, BH21A	3543 Z30WCV9	3X2B8Ф	
	4SiCrV		38SiCrV8(1.2248) 45SiCrV6(1.2249)						4XC	
	8Cr3								8X3	
	4Cr5MoVSi	SKD6	X38CrMoV51 (1.2343)	H11	H11		BH11	3431 Z38CDV5		
		SKD4							4X2B5ФМ	
		SKD61	X40CrMoV51(1.2344)	H13	H13		BH13			
		SKD62		H12	H12		BH12	3432 Z38CDWV5		

附表 7　滚动轴承钢

项目	中国 GB，YB	日本 JIS	德国 VDEh	美国 ASTM	AISI	SAE	英国 BS	法国 NF	前苏联 ГОСТ	国际 ISO
	GCr6		105Cr2 (1.3501)	E50100		50100		100C3	ШХ6	
	GCr9	SUJ1	105Cr4 (1.3503)	E51100	51100	51100	534A99	100C5	ШХ9	
	GCr15	SUJ2	100Cr6 (1.3505)	E52100	52100	52100	534A99	100C6	ШХ15	
	GCr9SiMn	SUJ3		A485-Gr. 1						
	GCr15SiMn		100CrMn6 (1.3520)						ШХ15СГ	

附表 8　耐热钢

项目	中国 GB,YB	日本 JIS	德国 DIN(W-Nr.)	美国 ASTM	AISI	SAE	英国 BS	法国 NF	前苏联 ГОСТ
	1Cr13Si3		X10CrSi13(1.4722)						
	1Cr18Si2		X10CrSi18(1.4741)		442				
	1Cr13SiAl		X10CrAl13(1.4724)						10X13СЮ(1X12СЮ)

续附表 8

项目	中国 GB,YB	日本 JIS	德国 DIN(W-Nr.)	美国 ASTM	 AISI	 SAE	英国 BS	法国 NF	前苏联 ГОСТ
	1Cr13	SUS410, SUS403	X10Cr13(1.4006) (DIN) X15Cr13(1.4024) (DIN)		410, 403		410S21, 403S17	Z12C13	12X13(1X13)
	2Cr13								20X13(2X13)
	1Cr5Mo		12CrMo19 5(1.7362)		501, 502			Z12CD5	15X5M(X5M)
	1Cr11MoV								15X11Mψ(1X11Mψ)
	4Cr9Si2	SUH1	X45CrSi9(1.4718)				401S45	Z45CS9	40X9C2(4X9C2)
	4Cr10Si2Mo	SUH3						Z40CSD10, Z45CSD10	40X10C2M(4X10C2M)
	1Cr18Ni9Ti		X10CrNiTi18 9(1.4541)(DIN)				321S20	Z10CNT18-11	12X18H10T(X18H10T) 12X18H9T(X18H9T)
	1Cr18Ni12Ti								12X18H12T(X18H12T)
	1Cr23Ni13	SUH309			309		309S24	Z15CN24-13	20X23H13(X23H13)
	1Cr20Ni14Si2		X15CrNiSi20 12(1.4828)						20X20H14C2 (X20H14C2)
	1Cr25Ni20Si2	SUH310	X15CrNiSi25 20(1.4841)		310			Z12CN25-20	20X25H20C2 (X25H20C2)
	4Cr14Ni14W2Mo								45X14H14B2M (4X14H14B2M)
		SUH31					331S42	Z25CNWS14-14	
	1Cr15Ni36W3Ti								XH35BT
		SUH35					349S52		
		SUH36					349S54		
		SUH37					381S34		
		SUH330			330			Z12NCS36-16	
		SUH660		660				Z6NCTDV25 -15B	
		SUH661		661					
		SUH21	CrA12 05(1.4767) (DIN)						
		SUH409			409				
		SUH446			446				
		SUH4					443S65	Z80CSN20-02	
		SUH11						Z45CS9	
		SUH600						Z20CDNbV11	
		SUH616		616					15X12BHMψ (1X12BHMψ)

附表 9 高速工具钢

项目	中国 GB，YB	日本 JIS	德国 VDEh	美国 ASTM	美国 AISI	美国 SAE	英国 BS	法国 NF	前苏联 ГОСТ	国际 ISO
	W18Cr4V	SKH2	S18-0-1 (1.3355)	T1	T1		BT1	4201 Z80WCV 2018-4-1	P18	
		SKH3	S18-1-2-5 (1.3255)	T4	T4		BT4	4271 Z80WKCV 18-05-04-01		
		SKH4A		T5	T5		BT5	4275 Z80WKCV 18-10-04-02		
		SKH4B		T6	T6		BT6			
		SKH10	S12-1-4-5 (1.3202)		T15		BT15	4175 Z165WKCV 12-05-05-04	P10K5 Φ5	
		SKH9	S6-5-2 (1.3343)	M2	M2		BM2	4301 Z85WDCV 06-05-04-02		
		SKH52		M3-1	M3-1					
		SKH53	S6-5-3 (1.3344)	M3-2	M3-2					
		SKH54			M4		BM14	4361 Z130WDCV 06-05-04-04		
		SKH55	S6-5-2-5 (1.3243)					4371 Z85WDKCV 06-05-05-04-02		
		SKH56		M36	M36					
		SKH57	S10-4-3-10 (1.3207)							
	W12Cr4V4Mo		S12-4 (1.3302)						P14Φ4	

附表 10 易切结构钢

项目	中国 GB，YB	日本 JIS	德国 DIN（W-Nr.）	美国 ASTM	美国 AISI	美国 SAE	英国 BS	法国 NF	前苏联 ГОСТ	国际 ISO
	Y12	SUM12		1109	1109	1109		10F2	A12	
	Y15		10S20（1.0721）	1119	1119	1119	220M07			
	Y20	SUM32	22S20（1.0724）					20F2	A20	
	Y30		35S20（1.0726）						A30	
	Y40Mn			1139	1139	1139	225M36	45MF4	A40Г	

续附表 10

项　目	中国 GB，YB	日本 JIS	德国 DIN（W-Nr.）	美　国			英国 BS	法国 NF	前苏联 ГОСТ	国际 ISO
				ASTM	AISI	SAE				
		SUM21		1212	1212，1112	1212				R683/Ⅸ1
		SUM22		1213	1213，1113	1213				R683/Ⅸ
		SUM22L		12L13		12L13				R683/Ⅸ2Pb
		SUM23				1215				
		SUM24L		12L14	12L14	12L14				
		SUM31		1117	1117	1117				
		SUM41		1137	1137	1137				
		SUM42		1141	1141	1141				
		SUM43		1144	1144		225M44	45MF4		

参 考 文 献

[1] 宝钢、济钢、舞钢、首钢、武钢、湘钢等中厚板生产厂资料.

[2] 曲克. 轧钢工艺学[M]. 北京：冶金工业出版社，1995.

[3] 孙本荣，王有铭. 中厚板生产[M]. 北京：冶金工业出版社，1993.

[4] 袁康. 轧钢车间设计基础[M]. 北京：冶金工业出版社，1988.

[5] 王廷溥. 轧钢工艺学[M]. 北京：冶金工业出版社. 1981.

[6] 王有铭，李曼云，韦光. 钢材的控制轧制和控制冷却[M]. 北京：冶金工业出版社，2005.

[7] 冯光纯. 板带钢生产工艺学. 重庆：重庆大学出版社，1990.

[8] 熊及滋. 压力加工设备[M]. 北京：冶金工业出版社，1992.

[9] 赵志业. 金属塑性变形与轧制理论[M]. 北京：冶金工业出版社，2004.

[10] 板带车间机械设备设计(上). 武钢设计院，1980.

[11] 崔忠圻. 金属学与热处理[M]. 北京：机械工业出版社，1988.

[12] [美]金兹伯格. 板带轧制工艺学[M]. 北京：冶金工业出版社，1998.

[13] [苏]A H 采利科夫. 轧制原理手册[M]. 北京：冶金工业出版社，1988.

[14] [美]V B 金兹伯格著. 控制轧制与控制冷却[M]. 北京：冶金工业出版社，2000.

[15] [苏]A H 采利科夫等著. 轧制原理手册. 北京：冶金工业出版社，1989.

[16] [美]金兹伯格. 板带轧制工艺学[M]. 北京：冶金工业出版社，1997.

[17] [日]山田道一. 板带材生产原理与工艺[M]. 北京：冶金工业出版社，1995.

[18] 丁修堃. 轧制过程自动化[M]. 北京：冶金工业出版社，1986.

[19] 孙一康，带钢热连轧的模型与控制[M]. 北京：冶金工业出版社，2002.

[20] 宋佩莼，韦光. 板带钢生产工艺学[M]. 北京：冶金工业出版社，1995.

[21] 施卫红. 沙钢宽厚板项目工艺装备特点[J]. 宽厚板. 2005.

[22] 东涛，孟繁茂，王祖滨，傅俊岩. 神奇的 Nb－铌在钢铁中的应用. 北京：中信美国钢铁公司，1999.

[23] 孙一康. 带钢冷连轧计算机控制[M]. 北京：冶金工业出版社，2002.

[24] 贺达伦，袁建光，杨敏. 建设中的宝钢 5m 宽厚板轧机[J]. 轧钢，2003(6).

[25] 李华. 板带材轧制新工艺、新技术与轧制自动化及产品质量控制实用手册[M]. 北京：冶金工业出版社，2006.

[26] [日]小指军夫. 控制轧制与控制冷却[M]. 北京：冶金工业出版社，2002.

[27] 杨固川. 中厚板生产设备概述[J]. 轧钢. 2004(2).

[28] 孙决定. 中厚板生产技术的进步与不足[J]. 冶金管理. 2006(10).

[29] 赵元国. 轧钢生产机械设备操作与自动化控制技术实用手册. 北京：中国科技文化出版社，2005.

[30] 王定武. 世界 5 米级特宽厚板轧机态势浅析[J]. 冶金管理，2007. 8.

[31] 陈永来，周惠来. 最新冶金工业轧机分类设计与安装、调试、维修及设备改造新工艺新技术实用手册，北京：冶金工业出版社，2006.

[32] 蔡乔方. 加热炉. 北京：冶金工业出版社，1989.

冶金工业出版社部分图书推荐

书　　名	作　者	定价（元）
现代钢管轧制与工具设计原理	李国祯	56.00
铝合金无缝管生产原理与工艺	邓小民	60.00
钢管生产知识问答	高秀华	32.00
材料成形工艺学（本科教材）	齐克敏	69.00
加热炉（第3版）（本科教材）	蔡乔方	32.00
金属压力加工概论（第2版）（本科教材）	李生智	29.00
材料成形实验技术（本科教材）	胡灶福	16.00
金属压力加工理论基础（职业技术学院教材）	段小勇	37.00
铜合金管及不锈钢管	鲍　波	20.00
钢管连轧理论	王先进	35.00
小型无缝钢管生产（上册）	李连诗	30.00
轧钢基础知识（职业技能培训教材）	孟延军	39.00
中型型钢生产（职业技能培训教材）	袁志学	28.00
中厚板生产（职业技能培训教材）	张景进	29.00
高速线材生产（职业技能培训教材）	袁志学	39.00
热连轧带钢生产（职业技能培训教材）	张景进	35.00
板带冷轧生产（职业技能培训教材）	张景进	42.00
热工仪表及其维护（职业技能培训教材）	张惠荣	26.00
连续铸钢生产（职业技能培训教材）	冯　捷	45.00
冶金液压设备及其维护（职业技能培训教材）	任占海	35.00
冶炼设备维护与检修（职业技能培训教材）	时彦林	49.00
轧钢设备维护与检修（职业技能培训教材）	袁建路	28.00

双峰检